多変数関数の概念

AIなどで使われているニューラルネットワークは，多変数の関数（第5章 2 178ページ）の集まりで表現される。ニューラルネットワークの学習とは，それらの関数の極値問題（第6章 2 216ページ）を解くことである。多変数関数のグラフには馬の鞍のような点（鞍点）（第5章 2 練習1, 180ページ）もあり，極値問題は注意を要する。

まえがき

本書は，高校数学の現今の教育課程（または，それに相当する内容）を修めた人が，大学以降で微分積分学を学ぶための教科書ならびに参考書として，日常的に使用することを想定して書かれている。特に，次の点は本書の特徴である。

・高校数学から大学数学への自然で連続的な接続を図っている。

・読み手それぞれのニーズに合わせて多様な読み方ができる。

最初の点については，この教科書が，高校数学の教科書や参考書を長年にわたり手がけてきた出版社から出版されることによる利点が，最大限に活かされている。例えば，第0章や，その他多くの場所で，高校数学の復習や，大学数学への橋渡しを行うための工夫がなされている。また，高校教科書と同じ体裁で組版されていることも，本書の特徴である。これらによって，高等学校で読み慣れてきた教科書の自然な延長として，読者はすぐにこの教科書に親しんでもらえるものと思う。

また，ひとくちに微分積分学と言っても，読み手の専門や学修の状況に応じて，学びのスタイルは多様であろう。例えば，基本的な計算方法や概念的手法を手早く習得したいという読者もいるであろうし，定理の証明やその仕組みまでじっくり学びたいという人もいるだろう。また，当初は必要ないと思われたことが，何年も後になって必要になるということもあるかもしれない。そういう場合，過去に読み慣れた教科書に，その先のことがちゃんと書いてあると，新たに別の本を読み始めるよりも理解は早いものである。このような多様な読み方に，これ一冊で応えるために，この教科書は〈自己完結的〉になっている。したがって，本書は，最初に微分積分学を一通り学修する段階ではそのすべてを読む必要はないが，その先のことも同じトーンで書いてあるので，最初の学修以後も必要に応じて日常的に参照できるであろう。このような多様な読み方ができるところも，本書の特徴である。

このように，本書には様々な〈使い方〉がある。大学の微分積分学との最初の出会いから，大学卒業後も日常的に読まれる参考書として，本書が長く読まれることになれば，著者として幸甚である。

加藤文元

目次

第0章 高校数学 ＋大学数学の準備

1　数と式，集合と証明　6
2　数学の議論に必要な取り決め　9
3　三角関数に関する公式　9
4　写像の基礎　10
5　大学数学で扱う記号，用語や表現　11

第1章 実数と数列

1　実数の連続性　14
2　数列の収束と発散　23
3　単調数列とコーシー列　37
4　発展：上極限と下極限　45
5　発展：小数展開　50

第2章 関数（1変数）

1　関数の極限　56
2　極限の意味　61
3　関数の連続性　71
4　初等関数　75
5　補遺：定理の証明　83

第3章 微分（1変数）

1　微分可能性と微分　92
2　微分法の応用　103
3　ロピタルの定理　112
4　テイラーの定理　120

第4章 積分（1変数）

1　積分の概念　130
2　積分の計算　134
3　広義積分　147

4　積分法の応用　154
5　発展：リーマン積分　160

第5章 関数（多変数）

1　ユークリッド空間　170
2　多変数の関数　178
3　補遺：定理の証明　190

第6章 微分（多変数）

1　多変数関数の微分　196
2　微分法の応用　213
3　陰関数　219
4　発展：写像の微分　227
5　発展：微分作用素　234
6　補遺：定理の証明　237

第7章 積分（多変数）

1　重積分　244
2　重積分の応用　260
3　広義の重積分とその応用　266
4　発展：重積分の存在　273
5　補遺：定理の証明　281

第8章 級数

1　級数　292
2　整級数　301
3　整級数の応用　312

第9章 微分方程式

1　微分方程式の基礎　322
2　線形微分方程式　329

答の部　343
索引　351

手引き

章トビラ　各章のはじめにその章で扱う節レベルの話題を抜粋した。
そして，その章で扱われる主題への導入をはかった。

例 1　本文の理解を助けるための具体例である。

例題 1　基本的な問題，および重要で代表的な問題である。
「解答」や「証明」は，解答の簡潔な一例である。

練習 1　例・例題の内容を反復学習するための問題である。
よって，例・例題を学んだのち，まず学習者自身で練習することが望ましい。

章末問題　各章の終わりにある。その章で学習した内容の全体問題である。Aは主に計算問題を，Bは主に証明問題と，やや程度の高い問題である。

注意　本文解説を補い，注意喚起を促す。

研究　本文の内容に関連したやや程度の高い内容を扱った。省略してもよい。

発展　大学1年生の微分積分学の範囲を超えた内容を扱った。省略してもよい。

補遺　本文に証明を載せなかった定理の証明を扱った。必ずしも知っておかなければならないものではなく，省略してもよい。

Column コラム　本文の内容に関連した興味深い話題を取り上げた。
（執筆は編集部，および外部協力者によるもの。）

＊本文中の練習や章末問題の答えは巻末に記載してある。そこでは証明問題などの解は略されているが，これらも本書の姉妹書『チャート式シリーズ　大学教養　微分積分』の中では詳しく解説されている。

学習の目安

本書は，半期（クオータ制），および通年の講義に対応する「微分積分学」の教科書である。

まえがきにもあるように，自己完結的になっているので，本格的な微分積分学に出会う大学1年時から，大学卒業後に日常的に読むようなすべての読者の要求にこたえられるようになっている。

大学では主に座学で微分積分学を学ぶことになるため，以下に，その読書や学習の進度の目安を示す。

通年講義の場合（理学部数学科）

前期　1から4章。

目安：4回で第2章3節まで，8回で3章2節まで。8回目の周辺で小テスト。

12回で4章2節まで。14回で残り。このとき，発展は除き進める。

15回で前期テスト。

後期　5から9章。

目安：20回で6章，24回で7章2節くらいまで。24回周辺で小テスト。

27回で8章まで（ここで適宜3章4節を対比する），29回で9章まで。

30回で期末テスト。

半期講義の場合（数学科以外の理学部，および工学部全般）

目安：2回で，1章は2節のみ，2章は1，4，3節のみ行う。5回で，3章2節，4章2節を中心に行う（逆三角関数，双曲線関数は飛ばさない）。

6回でテイラーの定理，7回で広義積分（いずれも1変数）。

8回以降で2変数の微分法と積分法の応用を行う。余力で微分方程式の基本。

＊クオータ制の場合，通年を4分割すればよい。

＊第0章は，微分積分学を含む解析学の基礎に密接に関連のある高校数学の話題であるため，とくに ε 論法で対応する極限概念を学習する際には，適宜振り返ると良い。

第 0 章

高校数学＋大学数学の準備

□1　数と式，集合と証明／□2　数学の議論に必要な取り決め
□3　三角関数に関する公式／□4　写像の基礎
□5　大学数学で扱う記号，用語や表現

　この章では，第1章以降の大学の微分積分学を学習する上で必要になる高
等学校の数学の内容のうち特に重要なものや，大学以降の数学特有の用語や
表現を抜粋して掲載している。

　大学の微分積分学を学ぶ上で，高等学校の数学の微分・積分，特に数学Ⅲ
の微分・積分の知識はもちろん必須であるが，数学Ⅲの復習は適宜，本文内
で扱っている。よって，この0章で扱った高等学校の数学の内容は数学ⅠⅡ
ＡＢの範囲のものである。

　第1章以降で第0章の内容が絡む場合は，フィードバックできるように，
引用頁・番号等を，本文中や脚注で示してある。

　□1では，主に第1章，第2章の解説に現れる記号や証明の際に必要とな
る三角不等式と，命題と条件，証明法についてまとめている。

　□2では，定義など，数学の議論に必要な取り決めについてまとめている。

　□3では，極限や微分積分の計算を行う際に必要となる三角関数に関する
公式についてまとめた。

　□4では，第5章，第6章で扱う写像について，基本的な事項をまとめた。

　□5では，高等学校の数学ではあまり登場しない，大学以降の数学特有の
用語や表現について本書で扱っているものをまとめている。また，ギリシャ
文字の一覧表を最後に示した。

1 数と式，集合と証明

　大学数学の微分積分学の冒頭では，実数の連続性と数列の極限に関して学習する。高校数学では漠然と理解してきたことを数学的に厳密に考察するが，その証明方法などは最初は戸惑うであろう。その中で，高校数学の範囲内ではあるが，教科書ではあまり扱われていなかった内容で重要なもの，および大学数学の初めに学習する内容を抜粋して紹介しよう。なお，高校数学では扱われていない内容のタイトルは，赤字で示した（2 以降も）。

◆ 最大値・最小値，実数の整数部分を表す記号

max $\{a, b\}$, min $\{a, b\}$

　実数 a, b のうちで，max $\{a, b\}$ は最大値の方を表し，min $\{a, b\}$ は，最小値の方を表す。$a=b$ ならば，max $\{a, b\}=$min $\{a, b\}=a=b$ となる。
　$\{\ \}$ の中の実数が 3 個以上の場合も同じで，$\{\ \}$ の中の実数のうち，max $\{\ \}$ は最大値を表し，min $\{\ \}$ は最小値を表す。例えば，$a=b>c$ なら max $\{a, b, c\}=a=b$, min $\{a, b, c\}=c$ である。

ガウス記号 $[\ \ ]$

　実数 x に対し，ガウス記号 $[\ \ ]$ を用いて $[x]$ と表された数は，実数 x の**整数部分**を表し，具体的には，不等式 $n \leqq x < n+1$ を満たす整数 n のことである。また，実数 x の**小数部分**とは $x-[x]$ のことで，$0 \leqq x-[x] < 1$ である。x が負の数のときの $[x]$ には注意する。例えば，$[-1.8]=-2$（-1 ではない）。

◆ 三角不等式

　a, b を実数とすると，不等式 $|a+b| \leqq |a|+|b|$ が成り立つ。
　この不等式を **三角不等式** という。
　これを変形すると $|a+b|-|a| \leqq |b|$ となる。ここで $a+b=c$ とすると $|c|-|a| \leqq |c-a|$ となる。この形の三角不等式も，よく使われる。
　　三角不等式の拡張として，$|a_1+a_2+\cdots\cdots+a_n| \leqq |a_1|+|a_2|+\cdots\cdots+|a_n|$ も成り立つ。三角不等式は，第 1 章の $\varepsilon-N$（イプシロン－エヌ）論法での証明や，第 2 章の $\varepsilon-\delta$（イプシロン－デルタ）論法での証明によく使われる。

◆ 命題と条件

　命題　正しいか正しくないかが明確に決まる式や文章を **命題** という。また，命題が正しいことを **真** であるといい，正しくないことを **偽** であるという。

6　第 0 章　高校数学＋大学数学の準備

条件 変数 x, y, $\cdots$ を含んだ式や文章で，変数 x, y, $\cdots$ の値が決まると真偽が決まるものを，x, y, $\cdots$ に関する **条件** という。

仮定と結論 命題は，2 つの条件 p, q を用いて「p ならば q」の形に表されるものが多い。命題「p ならば q」を $p \Longrightarrow q$ と書き，p をこの命題の **仮定**，q を **結論** という。

また，命題「$p \Longrightarrow q$ かつ $q \Longrightarrow p$」を，$p \Longleftrightarrow q$ と書く。

条件の否定 条件 p に対して，「p でない」という条件を p の **否定** といい，$\overline{p}$ で表す。$\overline{\overline{p}}$，すなわち $\overline{p}$ の否定は，p である。

「かつ」，「または」の否定 2 つの条件 p, q について次のことが成り立つ（命題におけるド・モルガンの法則）。

$$\overline{p \text{ かつ } q} \Longleftrightarrow \overline{p} \text{ または } \overline{q}, \qquad \overline{p \text{ または } q} \Longleftrightarrow \overline{p} \text{ かつ } \overline{q}$$

「すべての」と「ある」の否定 条件 p に対して

「すべての x について p」の否定は「ある x について $\overline{p}$」

「ある x について p」の否定は「すべての x について $\overline{p}$」

◆ 集合に関する記号のまとめ

記号	意味
$a \in A$	a が集合 A の要素である
$a \notin A$	a が集合 A の要素でない
$A \subset B$	集合 A が集合 B の部分集合である
$A = B$	集合 A，B の要素が完全に一致する
$A \cap B \cap \cdots\cdots$	集合 A，B，$\cdots\cdots$ のいずれにも属する要素全体の集合
$A \cup B \cup \cdots\cdots$	集合 A，B，$\cdots\cdots$ の少なくとも 1 つに属する要素全体の集合
$\overline{A}$	全体集合の要素で，集合 A に属さない要素全体の集合

◆ 命題と証明

命題の逆，裏，対偶 命題 $p \Longrightarrow q$ に対して

$q \Longrightarrow p$ を **逆**，$\overline{p} \Longrightarrow \overline{q}$ を **裏**，$\overline{q} \Longrightarrow \overline{p}$ を **対偶** という。

対偶を利用した証明法 命題 $p \Longrightarrow q$ とその対偶 $\overline{q} \Longrightarrow \overline{p}$ の真偽は一致するから，命題 $p \Longrightarrow q$ を証明するには，その対偶 $\overline{q} \Longrightarrow \overline{p}$ を証明してもよい。

注意 数学の専門書では，証明終わりを示す記号■などを最後に付けることが多い（本書でも使っている）。

1 数と式，集合と証明

背理法 ある命題を証明するのに，その命題が成り立たないと仮定すると矛盾が導かれることを示し，それによって命題が成り立つと結論づける方法。

数学的帰納法 自然数 n に関する命題 $P(n)$ を証明するのに，次のような方法をとる証明法。

[1] $P(1)$ が真である。

[2] $P(k)$ (k は自然数) が真であるならば $P(k+1)$ が真である。

[1], [2] が証明されると，命題 $P(n)$ は，すべての自然数 n について成り立つことになる。

◆ 論理記号

大学数学で扱う論理式 (命題を，記号，あるいは記号と簡単な英語で表したもの) に使われる記号を論理記号という。

以下にいくつか紹介する。

∀：「任意の～」を表す。意味は「すべての～」と同じで，英訳「ALL」の頭文字Aを逆さまにしたものである。

　(例)　「任意の正の数 a」を「$\forall a > 0$」などと表す。

∃：「ある～が存在する」を表す。英訳「EXIST」の頭文字Eを逆さまにしたものである。

　(例)　「ある負の数 x が存在する」を「$\exists x < 0$」などと表す。

∧：「かつ」を表す記号で，論理積という。

　(例)　条件 p, q について「p かつ q」を「$p \wedge q$」と表す。

∨：「または」を表す記号で，論理和という。

　(例)　条件 p, q について「p または q」を「$p \vee q$」と表す。

¬：「～でない」，すなわち「否定」を表す。記号の ̄ と同じ。条件 p に対して，$\neg p$ は p の否定を表す。

◆ 命題 $p \Longrightarrow q$ の否定

一般に，全体集合を U とする命題 $p \Longrightarrow q$ において

　　条件 p を満たす U の要素全体の集合を P

　　条件 q を満たす U の要素全体の集合を Q

とすると，命題 $p \Longrightarrow q$ が真であることと $P \subset Q$ が成り立つことは同値である。

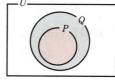

よって，命題 $p \Longrightarrow q$ の否定，つまり命題 $\neg(p \Longrightarrow q)$ が真であるということ

は，$P \subset Q$ が成り立たないことであるから，下の図1～図3のいずれかのようになるときである。

つまり，命題 $p \Longrightarrow q$ の否定とは「p であって，かつ q でないことがある」ということであり，図3のような $P \cap Q = \emptyset$ の場合だけではない，すなわち「$p \Longrightarrow \bar{q}$」が成り立つことではないことに注意する。論理式で表すと「$\neg(p \Longrightarrow q) \Longleftrightarrow p \wedge \bar{q}$」となる。

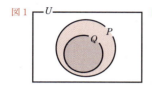
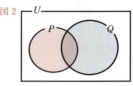
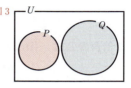

2 数学の議論に必要な取り決め

定義 概念，記号や用語の意味を明確に規定するために作られた文章や式を **定義** という。定義を出発点として，さまざまな議論を行い，最終的な主張を導く。その主張のことを，公理，定理，補題，系などと呼び，先の命題とあわせ以下のように区別する。

公理 無証明命題ともいわれる，証明なしに認められる事柄を **公理** という。現在の数学は基本的には，公理から組み立てられている。

定理 数学的論証によって正しいと証明された結果（事実）を述べたものを **定理** という。数学的な主張のゴールである。

補題 定理や命題を証明するための補助として，必要な事実を述べた主張を **補題** という。補助定理ともいわれる。補題の後に登場する定理の証明のポイントになっていることも多い。

系 証明済みの定理，命題，または補題の証明の過程で得られる事実や，その事実から比較的すぐに得られる主張を **系** という。系が現れたら，どの定理，命題や補題に対するものなのか，を読みとるとよい。

注意 $p.19$ で述べる「アルキメデスの原理」や $p.32$ の「はさみうちの原理」など **原理** という用語は，数学では「定理」や，場合によっては「公理」と同じ意味で使われる。

$\boxed{3}$ 三角関数に関する公式

加法定理
$$\sin(\alpha+\beta)=\sin\alpha\cos\beta+\cos\alpha\sin\beta$$
$$\sin(\alpha-\beta)=\sin\alpha\cos\beta-\cos\alpha\sin\beta$$
$$\cos(\alpha+\beta)=\cos\alpha\cos\beta-\sin\alpha\sin\beta$$
$$\cos(\alpha-\beta)=\cos\alpha\cos\beta+\sin\alpha\sin\beta$$
$$\tan(\alpha+\beta)=\frac{\tan\alpha+\tan\beta}{1-\tan\alpha\tan\beta} \qquad \tan(\alpha-\beta)=\frac{\tan\alpha-\tan\beta}{1+\tan\alpha\tan\beta}$$

2倍角の公式
$$\sin 2\theta=2\sin\theta\cos\theta$$
$$\cos 2\theta=\cos^2\theta-\sin^2\theta=2\cos^2\theta-1=1-2\sin^2\theta$$
$$\tan 2\theta=\frac{2\tan\theta}{1-\tan^2\theta}$$

半角の公式
$$\sin^2\frac{\theta}{2}=\frac{1-\cos\theta}{2} \qquad \cos^2\frac{\theta}{2}=\frac{1+\cos\theta}{2} \qquad \tan^2\frac{\theta}{2}=\frac{1-\cos\theta}{1+\cos\theta}$$

3倍角の公式
$$\sin 3\theta=3\sin\theta-4\sin^3\theta \qquad \cos 3\theta=-3\cos\theta+4\cos^3\theta$$

積 ⟶ 和の公式
$$\sin\alpha\cos\beta=\frac{1}{2}\{\sin(\alpha+\beta)+\sin(\alpha-\beta)\}$$
$$\cos\alpha\sin\beta=\frac{1}{2}\{\sin(\alpha+\beta)-\sin(\alpha-\beta)\}$$
$$\cos\alpha\cos\beta=\frac{1}{2}\{\cos(\alpha+\beta)+\cos(\alpha-\beta)\}$$
$$\sin\alpha\sin\beta=-\frac{1}{2}\{\cos(\alpha+\beta)-\cos(\alpha-\beta)\}$$

和 ⟶ 積の公式
$$\sin\alpha+\sin\beta=2\sin\frac{\alpha+\beta}{2}\cos\frac{\alpha-\beta}{2}$$
$$\sin\alpha-\sin\beta=2\cos\frac{\alpha+\beta}{2}\sin\frac{\alpha-\beta}{2}$$
$$\cos\alpha+\cos\beta=2\cos\frac{\alpha+\beta}{2}\cos\frac{\alpha-\beta}{2}$$
$$\cos\alpha-\cos\beta=-2\sin\frac{\alpha+\beta}{2}\sin\frac{\alpha-\beta}{2}$$

三角関数の合成
$$a\sin\theta+b\cos\theta=\sqrt{a^2+b^2}\sin(\theta+\alpha)$$
ただし $\sin\alpha=\dfrac{b}{\sqrt{a^2+b^2}}, \quad \cos\alpha=\dfrac{a}{\sqrt{a^2+b^2}}$

4 写像の基礎

◆集合と写像・逆写像

2つの集合 A, B において，集合 A の1つの要素 a を定めたとき，それに対応する集合 B の要素 b が必ず1つ定まるとき，この対応を，集合 A から集合 B への **写像** といい，文字 f などを使って，$f: a \longmapsto b$ とか $f(a)=b$ などと書く。
また，$f(a)$ を，写像 f による要素 a の **像** という。

集合 B が実数や複素数などの数の集合のとき，写像 f は関数 f と呼ぶのが一般的である。

集合 A の異なる2つ以上の要素それぞれに対して，集合 B の同じ要素1つに対応する場合，この対応は集合 A から B への写像といえるが，集合 A の要素1つに対して，集合 B の要素が対応しないだとか2つ以上の要素に対応するという場合，この対応は，集合 A から B への写像とはいわない。これは，関数でも同じである。

また，写像 f により，集合 A のすべての要素に対して集合 B の要素が1対1に対応し，なおかつ像全体の集合が集合 B に一致するとき，f による対応を逆にした，集合 B から集合 A への写像も存在する。それを写像 f の **逆写像** といい，f^{-1} で表す。このとき，$f(a)=b$ に対して，$f^{-1}(b)=a$ となる。

A と B が数の集合であるとき，関数 $f(x)$ の逆写像 $f^{-1}(x)$ を，関数 f の逆関数という。

5 大学数学で扱う記号，用語や表現

◆いろいろな数の集合を表す記号

大学数学では，右の表のように，数の集合を記号で表す。

記号	意味
C	複素数全体
R	実数全体
Q	有理数全体
Z	整数全体
N	自然数全体

◆近傍

点 a からの距離がある正の実数 ε より小さい点 x 全体を，$x=a$ の **ε 近傍**，または単に **近傍** という。これは「$x=a$ の周り」，「$x=a$ の近く」などと読み替えても差し支えない。

◆「～が従う」

「～が従う」は「～が得られる」，「～が導かれる」と同じ意味である。

◆ 一意性, 一意的

ある条件を満たすものがただ1つしかないという性質を 一意性 といい, そういう性質をもつものを「**一意的な〜**」などと表現する。

◆「評価する」

計算や証明に必要な不等式を得ることを「**評価する**」ということがある。

◆「任意に固定する」

「**任意に固定する**」は「**とる**」や,「**定数として考える**」と同じ意味である。多くの場合, 与えられた文脈から判断される。

◆ 狭義単調関数, 広義単調関数

$x_1 < x_2$ なら $f(x_1) < f(x_2)$ である関数 $f(x)$ を **狭義単調増加** する関数, $x_1 < x_2$ なら $f(x_1) > f(x_2)$ である関数 $f(x)$ を **狭義単調減少** する関数といい, これらをまとめて, 狭義単調関数という。これに対し, $x_1 < x_2$ なら $f(x_1) \leqq f(x_2)$ である関数 $f(x)$ を **広義単調増加** する関数, $x_1 < x_2$ なら $f(x_1) \geqq f(x_2)$ である関数 $f(x)$ を **広義単調減少** する関数といい, まとめて **広義単調関数** という。

◆ ギリシャ文字一覧

大文字	小文字	読み方
A	α	アルファ
B	β	ベータ
Γ	γ	ガンマ
Δ	δ	デルタ
E	ε	エ（イ）プシロン
Z	ζ	ゼータ

大文字	小文字	読み方
H	η	エータ
Θ	θ	シータ
I	ι	イオタ
K	κ	カッパ
Λ	λ	ラムダ
M	μ	ミュー

大文字	小文字	読み方
N	ν	ニュー
Ξ	ξ	クシー
O	o	オミクロン
Π	π	パイ
P	ρ	ロー
Σ	σ	シグマ

大文字	小文字	読み方
T	τ	タウ
Υ	υ	ユプシロン
Φ	ϕ, φ	ファイ
X	χ	カイ
Ψ	ψ	プサイ
Ω	ω	オメガ

第1章

実数と数列

1 実数の連続性／2 数列の収束と発散／3 単調数列とコーシー列／
4 発展：上極限と下極限／5 発展：小数展開

　この章の 1 では，実数の部分集合に関して，上界，下界という概念を学ぶ。さらに実数の部分集合の上限，下限という概念とその性質から実数の連続性公理にいたり，実数全体には「すき間がない」ことを確認し，アルキメデスの原理，有理数の稠密性を学ぶ。

　次に，2 では，数列の収束と発散に関して，1 の実数の連続性の概念に基づいて，高校数学で学んだ数列の極限を，厳密な形で定式化し，収束・発散することを証明していく。数列の極限の求め方や極限値の存在の証明方法（$\varepsilon-N$ 論法）が高校数学とは異なるため，最初は面食らうことがあるだろうが，これまである意味天下り的に覚えてきた内容が，数学的に式でしっかり示されるので，理解できればストンと腑に落ちることだろう。

　そして，3 では単調に増加・減少する数列とコーシー列という数列について学び，高校数学でも扱った数列の極限なども求めていく。有界で，単調に増加または減少する数列は収束する，という大切な性質も厳密に証明していく。

　4，5 はそれぞれ「上極限と下極限」，「小数展開」という内容でこれらはともに，発展的な内容である。これらを学ばなくても 2章 以降の学習には支障はないが，数学的興味があるなら，是非とも一読願いたい。

1 実数の連続性

高等学校で学んだように，実数とは数直線上の点に対応した数である。
ここでは，実数を集合の立場からとらえ，その性質をより詳しく調べることにする。

◆ 数の集合と上界・下界

実数の全体 R を全体集合とすると，2つの集合 $A=\{x\,|\,x\leqq 1,\ x\in \mathrm{R}\}$，$B=\{x\,|\,x>\sqrt{2},\ x\in \mathbb{Q}\}$ は，ともに R の部分集合である。

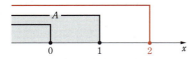
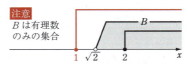

注意 B は有理数のみの集合

例えば，A に属するすべての数 x（実数）について，次の関係 ① は成り立つが，② は成り立たない。また，B に属するすべての数 x（有理数）について，次の関係 ③ は成り立つが，④ は成り立たない。

　① $x\leqq 2$　　② $x\leqq 0$　　③ $x\geqq 1$　　④ $x\geqq 2$

① における実数の 2 のように，A に属するどんな数よりも大きいかまたは等しい実数を A の **上界** といい，③ における実数 1 のように，B に属するどんな数よりも小さいかまたは等しい実数を B の **下界** という。

一般に，実数の部分集合の上界と下界を，次のように定める。

> **定義 1-1　上界と下界**
> S を実数の部分集合とし，a を実数とするとき
> [1]　S に属するすべての数 x について，
> 　　$x\leqq a$ が成り立つとき，a を S の上界という。
> [2]　S に属するすべての数 x について，
> 　　$x\geqq a$ が成り立つとき，a を S の下界という。

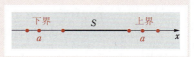

練習1　次の実数の中から，集合 $S=\{x\,|\,-2\leqq x<3,\ x\in \mathrm{R}\}$ の上界，また下界であるものを選べ。　　-2.1，　-2，　-1.9，　2.9，　3，　3.1

a が S の上界で，$b\geqq a$ であれば，b も S の上界である。また，a が S の下界で，$b\leqq a$ であれば，b も S の下界である。

(1) 集合 $A=\{x \mid x \leq 1,\ x \in \mathbb{R}\}$ について，1以上のすべての実数はAの上界である。
また，Aの下界は存在しない。

(2) 集合 $B=\{x \mid x > \sqrt{2},\ x \in \mathbb{Q}\}$ について，$\sqrt{2}$ 以下のすべての実数はBの下界である。
また，Bの上界は存在しない。

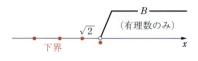

注意 上界，下界の定義から，実数の部分集合Sと実数aについて，次が成り立つ。
aはSの上界でない $\iff$ $x > a$ となるSの要素xが存在する
aはSの下界でない $\iff$ $x < a$ となるSの要素xが存在する

実数の部分集合Sが上界をもつとき，Sは **上に有界** であるという。また，Sが下界をもつとき，Sは **下に有界** であるという。集合Sが上にも下にも有界であるとき，単にSは **有界** であるという。

次の集合は，上または下に有界であるか。有界であるときは，上界や下界をそれぞれ1つ答えよ。
$A = \{2n \mid n \in \mathbb{Z}\}$　　　$B = \{x \mid x < \sqrt{2},\ x \in \mathbb{Q}\}$　　　$C = \{x \mid x^2 < 2,\ x \in \mathbb{R}\}$

実数の部分集合Sに対して，その上界全体の集合を $U(S)$，下界全体の集合を $L(S)$ と表すことにしよう。このとき，定義1-1により，これらの集合は，論理記号を用いて次のように定義される。
$$U(S) = \{a \mid \forall x \in S\ (x \leq a)\}, \quad L(S) = \{a \mid \forall x \in S\ (x \geq a)\}$$
ここで，$\forall x$ とは，0章の $p.8$ にも示してあるが，「任意のx」を表す。

Sが上界をもつことは，$U(S)$ が少なくとも1つの要素をもつこと，つまり $U(S)$ が空集合ではないことに他ならない。よって，以下が成り立つ。

Sは上に有界である $\iff$ $U(S) \neq \emptyset$ ……①
同様に，次も成り立つ。

Sは下に有界である $\iff$ $L(S) \neq \emptyset$ ……②

練習3　上の①，②を証明せよ。

1 実数の連続性

例2
(1) 集合 $A=\{x \mid x \leq 1, x \in \mathbb{R}\}$ について，$U(A)=\{x \mid x \geq 1, x \in \mathbb{R}\}$ であり，また $L(A)=\emptyset$ である。
(2) 集合 $B=\{x \mid x>\sqrt{2}, x \in \mathbb{Q}\}$ について，$U(B)=\emptyset$ であり，また $L(B)=\{x \mid x \leq \sqrt{2}, x \in \mathbb{R}\}$ である。

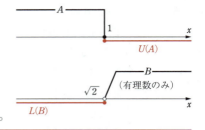

練習4 練習2の集合 A，B，C おのおのについて，上界の集合 $U(A)$，$U(B)$，$U(C)$，および下界の集合 $L(A)$，$L(B)$，$L(C)$ を求めよ。

◆ 上限と下限

次のように，上界および下界のうち，最小，最大なものは，重要な意味をもつ。

定義1-2 上限と下限
[1] 実数 $\mathbb{R}$ の部分集合 S が上に有界であるとき，その上界の中で最小の実数が存在するなら，それを S の上限といい，記号で $\sup S$ と書く。
[2] 実数 $\mathbb{R}$ の部分集合 S が下に有界であるとき，その下界の中で最大の実数が存在するなら，それを S の下限といい，記号で $\inf S$ と書く。

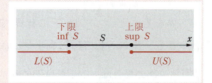

上限と下限は，0章の $p.6$ で示した記号を用いると次のように書ける。
$$\sup S = \min U(S) \quad \inf S = \max L(S)$$

なお，sup は supremum（上限），inf は infimum（下限）の略記である。

注意 上限・下限は必ずしも集合 S に属さなくてよい。

例3
(1) 集合 $A=\{x \mid x \leq 1, x \in \mathbb{R}\}$ は上に有界であり，その上限は 1 である。
すなわち $\sup A = \min U(A) = 1$
(2) 集合 $B=\{x \mid x>\sqrt{2}, x \in \mathbb{Q}\}$ は下に有界であり，その下限は $\sqrt{2}$ である。すなわち $\inf B = \max L(B) = \sqrt{2}$

練習5 練習4の各集合のうち上に有界であるものについて，その上限を答えよ。また，下に有界であるものについて，その下限を答えよ。

$[a, b]$ のような閉区間の集合においては，b は最大値であり，それが上限に一致している。同様に，a は最小値であり，それが下限に一致している。一般に，次のことが成り立つ。

[1]　集合 S が最大値 b をもつならば，b は S の上限である。

[2]　集合 S が最小値 a をもつならば，a は S の下限である。

実際，b が S の最大値ならば，S に属するすべての数 x について $x \leqq b$ である。つまり，b は S の上界である。また，b は S の要素なので，S の任意の上界 y について，$b \leqq y$ である。

よって，b は S の最小の上界なので，S の上限であり，[1] が成り立つ。

[2] が成り立つことも，同様である。

一方で，(a, b) のような開区間の集合には，b や a は要素として含まれないので，最大値も最小値も存在しない。しかし，このような場合でも，上限や下限を考えることはできる。

したがって，上限・下限の概念は，最大値・最小値の概念よりも，広い種類の集合に対して適用できる概念である。

◆ 上限・下限の性質

上に有界な集合 S が上限 $\sup S$ をもつとき，$a < \sup S$ となるすべての実数 a は，S の上界でない。同様に，下に有界な集合 S が下限 $\inf S$ をもつとき，$a > \inf S$ となるすべての実数 a は，S の下界でない。

したがって，上限・下限の定義は，次の [1]，[2] のように述べることができる。

[1]　上に有界な集合 S について，実数 a がその上限であることは，次の2つの条件がともに満たされることである。
(A)　S に属するすべての数 x について　$x \leqq a$
(B)　$a' < a$ ならば，$a' < x$ となる S に属する数 x が存在する。

[2]　下に有界な集合 S について，実数 a がその下限であることは，次の2つの条件がともに満たされることである。
(A)　S に属するすべての数 x について　$x \geqq a$
(B)　$a' > a$ ならば，$a' > x$ となる S に属する数 x が存在する。

1　実数の連続性　17

[1] の上限において，(A)は a が上界であること，(B)は a より小さい上界はないこと，すなわち a は最小の上界であることを意味している。[2] の下限についても同様である。

> **例 4**
> (1) $S=\{x \mid x \leq \sqrt{3},\ x \in \mathrm{R}\}$ のとき，$\sqrt{3}$ は S の上限である。
> (2) $S=\{x \mid x > -2,\ x \in \mathrm{R}\}$ のとき，-2 は S の下限である。

次に，実数の部分集合 $S,\ T$ が $T \subseteqq S$ となっているとき，$\sup S$ と $\sup T$ の大小を比べよう（「$T \subseteqq S$」は，「$T \subset S$ かつ $T \neq S$」または「$T = S$」が成り立つことを強調して表したもので，「$T \subset S$」と意味は同じである）。

a が S の上界ならば，S のすべての要素 x に対して $x \leq a$ となるが，$T \subseteqq S$ なので，T のすべての要素 x に対しても $x \leq a$ が成り立つ。
よって，S の上界はすべて，T の上界でもある。
したがって，$U(S) \subseteqq U(T)$ が成り立つ。
よって，$U(S)$ の最小値は，$U(T)$ の最小値以上である。
以上より，次が成り立つ。

[1]　$T \subseteqq S$ ならば　$\sup S \geqq \sup T$

つまり，集合が大きくなると，上限は変わらないか，あるいは大きくなる。
同様に考えると，次のこともわかる。

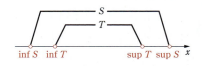

[2]　$T \subseteqq S$ ならば　$\inf S \leqq \inf T$

つまり，集合が大きくなると，下限は変わらないか，あるいは小さくなる。

◆ 実数の連続性

実数の中には $\sqrt{2}$ のような無理数も存在するので，有理数の集合 Q を数直線上で考えると「すき間だらけ」になっている。他方，実数全体の集合 R は，数直線をすき間なく覆い尽くしているものと考えられる。この「すき間がない」という性質を **実数の連続性** と呼ぶ。

実数の連続性を表現するための方法の 1 つを考えることにしよう。

> **例 5**
> 実数の部分集合 $S=\{x \mid x^2 < 2,\ x \in \mathrm{R}\}$ は有界で，その上限は $\sqrt{2}$，下限は $-\sqrt{2}$ である。

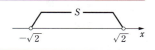

例 5 において，$\sqrt{2}$，$-\sqrt{2}$ は有理数ではないので，有理数の全体Qの中では S の上限も下限も存在しないが，実数全体Rの中では存在する。したがって，このような集合の上限や下限が存在することは，実数全体にはすき間がないということを意味していると考えられる。

これを踏まえて，本書では実数の連続性を表現した次の公理[1] を認め，以後，この公理を出発点として，実数についての精密な議論を展開していくことにする。

> **公理 1-1** 実数の連続性公理
> 実数の部分集合 S が上に有界であるとき，S の上限が存在する。
> 実数の部分集合 S が下に有界であるとき，S の下限が存在する。

日常的に使われる「すき間」のような言葉は曖昧で，実数についての精密な議論には向いていない。そこで，上で定義された上限や下限という言葉を用いて，実数の連続性を表現したのが，この公理である。この公理は「**ワイエルシュトラスの公理**」とも呼ばれている。この公理を今後の議論の出発点として認めることの重要性は，現段階ではなかなかわかりにくいかもしれないが，以後の議論の中で次第に明らかになっていくであろう。

◆ アルキメデスの原理[2]

前項で導入した公理 1-1 (実数の連続性公理) の 1 つの帰結として，次の定理は重要である。これは，後の項目で解説する数列の極限とも深い関係がある。

> **定理 1-1** アルキメデスの原理
> 任意の正の実数 a と，任意の実数 b に対して，$an > b$ となるような自然数 n が存在する。

証明 背理法で証明する。

アルキメデスの原理が成り立たないと仮定すると，すべての自然数 n について $an \leqq b$ すなわち $n \leqq \dfrac{b}{a}$ を満たす正の実数 a と実数 b が存在する。

よって，公理 1-1 から自然数の集合Nは上に有界であり，Nの上限が存在する。Nの上限を s とすると，$s-1$ はNの上界ではないので，$s-1 < m$ となる自然数 m が存在する。

1 実数の連続性 | 19

このとき，$s < m+1$ であるから s より大きい自然数 $m+1$ が存在する。このことは，すべての自然数 n について $n \leq s$ であることに矛盾する。したがって，アルキメデスの原理が成り立つ。　■

定理 1-1 ($p. 19$) が主張している内容は，b がとても大きい実数で，a がとても小さい正の実数のときに，特にわかりやすい。このような場合，a が b に比べてどんなに小さい数でも，十分大きい自然数を掛ければ b を超えることができるということ，いわば「塵も積もれば山となる」ということを意味している。

この定理を少し変形すれば，次の系[3] が得られる。

系 1-1

任意の正の実数 a と，任意の実数 b に対して，$a > \dfrac{b}{n}$ となる自然数 n が存在する。

証明　正の実数 a と実数 b に対して定理 1-1 を適用すると，$an > b$ となるような自然数 n がとれる。
　　　　よって，$an > b$ の両辺を n で割ると，$a > \dfrac{b}{n}$ が成り立つから，題意の自然数 n が存在する。　■

これも定理 1-1 のときと同様，b がとても大きい正の実数で，a がとても小さい正の実数の場合を考えるとよい。a が b に比べてどんなに小さい数でも，b を十分大きい自然数で割れば，a よりも小さくすることができるということである。

例題 1　集合 $A = \left\{ \dfrac{1}{n} \,\middle|\, n \in \mathbb{N} \right\}$ の下限は 0 であることを示せ。

証明　任意の自然数 n について $0 < \dfrac{1}{n}$ なので，0 は集合 A の下界である。

　　　　a を任意の正の実数とすると，系 1-1 より $a > \dfrac{1}{n}$ となる自然数 n

　　　　が存在するので，どんな正の実数 a も A の下界ではない。
　　　　よって，正でない実数，すなわち 0 以下の実数はすべて A の下界であり，0 は A の最大の下界であるから，A の下限である。　■

練習 6　次の各集合の上限，下限を答えよ。

(1) $A = \left\{ 3 - \dfrac{2}{n} \,\middle|\, n \in \mathbb{N} \right\}$　(2) $B = \left\{ 1 + \dfrac{1}{3n} \,\middle|\, n \in \mathbb{N} \right\}$　(3) $C = \left\{ \dfrac{1}{2^n} \,\middle|\, n \in \mathbb{N} \right\}$

20 　第 1 章　実数と数列

例題 2

2つの実数 a, b について，いかなる正の実数 ε に対しても $|a-b|<\varepsilon$ が成り立つならば，$a=b$ であることを示せ。また，任意の自然数 n について $|a-b|\leqq\dfrac{1}{n}$ ならば，$a=b$ であることを示せ。

証明 （前半）$a\neq b$ とすると，$|a-b|>0$ であるから，$\varepsilon=|a-b|$ とする。ところが，仮定より $|a-b|<\varepsilon$ であるから，矛盾である。よって，$a=b$ である。

（後半）$a\neq b$ とすると，$|a-b|>0$ であるから，系 1-1 より

$|a-b|>\dfrac{1}{n}$ となる自然数 n が存在する。ところが，仮定より

$|a-b|\leqq\dfrac{1}{n}$ であるから，矛盾である。よって，$a=b$ である。∎

◆ 有理数の稠密性

実数の中には $\sqrt{2}$ のような無理数も存在するので，有理数の集合は実数全体の中で「すき間だらけ」になっていることは，以前述べた。しかし，そのすき間の形として，長さのある区間のようなものを想像してはいけない。実際，次の定理が示すように，任意の空（くう）でない（「空」とは空集合を表す）開区間 (a, b) は，その幅 $|b-a|$ がどんなに小さくても，必ず有理数を含んでいる。

定理 1-2 有理数の稠密性（ちゅうみつせい）
空集合でない開区間の中には，少なくとも1つ有理数が存在する。

証明 開区間 (a, b) $(a<b)$ を考える。$a<0<b$ なら開区間 (a, b) は有理数 0 を含む。$a<b<0$ のとき，開区間 $(-b, -a)$ が有理数 r を含むなら，開区間 (a, b) は有理数 $-r$ を含む。よって，$0<a<b$ のときを証明すれば十分である。

正の実数 $b-a$ と 1 に対して定理 1-1 より，$(b-a)n>1$ となる自然数 n がとれる。このとき，$a+\dfrac{1}{n}<b$ である。次に，正の実数 $\dfrac{1}{n}$，a に対して定理 1-1 より，$\dfrac{m}{n}>a$ となる自然数 m がとれる。これが成り立つような最小の m をとれば，$\dfrac{m-1}{n}\leqq a<\dfrac{m}{n}$ となる。

___

＊) 1) 公理，2) 原理，3) 系については，0章の p.9 を参照。

1 実数の連続性 21

このとき　　$a < \dfrac{m}{n} = \dfrac{m-1}{n} + \dfrac{1}{n} \leqq a + \dfrac{1}{n} < b$　　である。

よって，有理数 $\dfrac{m}{n}$ は開区間 (a, b) に属している。　■

　この証明で，$(b-a)n > 1$ を満たす n は無数にとれる。

よって，1つの開区間 (a, b) の中ですら上のような $\dfrac{m}{n}$ は無数に存在しうるのであるから，実数全体の集合Rの中で，有理数全体Qは「すき間だらけ」であるとはいえ，極めて密に入っていることがわかる。

系 1-2

α を任意の実数とし，ε を任意の正の実数とする。

このとき，$|\alpha - a| < \varepsilon$ を満たす有理数 a が，少なくとも1つ存在する。

証明　開区間 $(\alpha - \varepsilon, \alpha + \varepsilon)$ を考える。$\varepsilon > 0$ であるから，この開区間は空ではない。定理 1-2 (p.21) より，この開区間の中には少なくとも1つの有理数 a が存在する。

$a \in (\alpha - \varepsilon, \alpha + \varepsilon)$ なので，$|\alpha - a| < \varepsilon$ である。　■

系 1-2 は，α が無理数であるときが重要である。このとき，無理数 α にいくらでも近い有理数がとれることを示している。

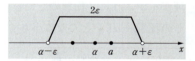

このことからも，実数全体の集合Rの中で，有理数全体Qが極めて密に入っているということがわかるであろう。

例 6

(1) $|\sqrt{2} - a| < 0.01$ を満たす有理数 a を考えよう。例えば，$a = 1.41$ は適するが，$a = 1.43$ は適さない。

(2) $\pi = 3.141592\cdots\cdots$ を円周率とするとき，$|\pi - a|$ について考えよう。有理数 $a = 3.14$ は $|\pi - a| < 0.001$ を満たさないが，$|\pi - a| < 0.002$ を満たす。

練習 7

次の条件を満たす有理数をそれぞれ1つ求めよ。

(1) $1.4142 < \sqrt{2} < 1.4143$ であることを用いて，$|\sqrt{2} - a| < 0.001$ を満たす有理数 a を1つ求めよ。

(2) $3.141 < \pi < 3.142$ であることを用いて，開区間 $(\pi, \pi + 0.01)$ に属する有理数を1つ求めよ。

2 数列の収束と発散

　数列の収束・発散の概念は，微分法・積分法の理論を組み立てる上で，最も重要な基盤の1つである。また，数列の極限は，前節で導入した実数の連続性の概念とも，密接に関係している。数列の極限を簡単に復習し，極限の意味を詳しく考えよう。

◆数列の収束と発散

　一般に，数列 $\{a_n\}$ において，n を限りなく大きくするとき，a_n が一定の値 α に限りなく近づくならば

$$\lim_{n \to \infty} a_n = \alpha \qquad \text{または} \qquad n \longrightarrow \infty \text{ のとき } a_n \longrightarrow \alpha$$

と書き，この値 α を数列 $\{a_n\}$ の **極限値** という。このとき，数列 $\{a_n\}$ は α に **収束** するといい，$\{a_n\}$ の **極限** は α であるともいう。

例 1　$a_n = \dfrac{(-1)^n}{n}$ である数列 $\{a_n\}$ の各項は

$$-1, \ \frac{1}{2}, \ -\frac{1}{3}, \ \frac{1}{4}, \ -\frac{1}{5}, \ \cdots\cdots$$

となり，n を限りなく大きくすると，a_n の値は 0 に限りなく近づく。
よって，数列 $\{a_n\}$ は 0 に収束する。
すなわち　$\lim_{n \to \infty} a_n = 0$

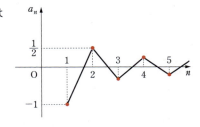

数列 $\{a_n\}$ が収束しないとき，$\{a_n\}$ は **発散** するという。

例 2
(1)　$a_n = 3n - 1$ である数列 $\{a_n\}$ の各項は

$$2, \ 5, \ 8, \ 11, \ 14, \ \cdots\cdots$$

となり，n を限りなく大きくすると，a_n の値は限りなく大きくなる。
よって，数列 $\{a_n\}$ は発散する。

(2)　$a_n = -n^2$ である数列 $\{a_n\}$ の各項は

$$-1, \ -4, \ -9, \ -16, \ -25, \ \cdots\cdots$$

となり，n を限りなく大きくすると，a_n の値は限りなく小さくなる。
よって，数列 $\{a_n\}$ は発散する。

$p.23$, 例2(1)のような場合，数列$\{a_n\}$は **正の無限大に発散する**，または数列$\{a_n\}$の**極限は正の無限大である**といい，次のように書き表す．

$$\lim_{n\to\infty} a_n = \infty \quad \text{または}$$

$$n \longrightarrow \infty \text{ のとき } a_n \longrightarrow \infty$$

また，例2(2)のような場合，数列$\{a_n\}$は**負の無限大に発散する**，または$\{a_n\}$の**極限は負の無限大である**といい，次のように書き表す．

$$\lim_{n\to\infty} a_n = -\infty \quad \text{または}$$

$$n \longrightarrow \infty \text{ のとき } a_n \longrightarrow -\infty$$

注意 $\lim_{n\to\infty} a_n = \infty$（または $=-\infty$）となる数列は（ある意味）極限をもつという点で，「∞ に収束する（または $-\infty$ に収束する）」という表現を用いた本もある．

$a_n = (-1)^{n+1}$ である数列$\{a_n\}$の各項は
$$1, \ -1, \ 1, \ -1, \ 1, \ \cdots\cdots$$
となり，一定の値に収束しない．すなわち，数列$\{a_n\}$は発散する．

第n項が次の式で表される数列の収束，発散について調べよ．
(1) $2-5n$ (2) $\dfrac{1}{3n}$ (3) $\sqrt{n+1}$ (4) $(-1)^{n+1}\dfrac{1}{n}$

一般に，収束する数列について，次の定理が成り立つ（証明は後で行う）．

定理 2-1　**数列の極限の性質**

数列$\{a_n\}$, $\{b_n\}$が収束して，$\lim_{n\to\infty} a_n = \alpha$, $\lim_{n\to\infty} b_n = \beta$ とするとき

1　$\lim_{n\to\infty} ka_n = k\alpha$　　ただし，kは定数

2　$\lim_{n\to\infty} (a_n + b_n) = \alpha + \beta$

3　$\lim_{n\to\infty} a_n b_n = \alpha\beta$

4　$\lim_{n\to\infty} \dfrac{a_n}{b_n} = \dfrac{\alpha}{\beta}$　　ただし，$\beta \neq 0$

第n項が次の式で表される数列の極限を求めよ．
(1) $\dfrac{n}{n+1}$ (2) $\dfrac{2n+1}{5n^2-3}$ (3) n^3-4n^2 (4) $\sqrt{n^2+n}-n$

◆極限の意味

　p.23, 例1 の数列 $a_n = \dfrac{(-1)^n}{n}$ の各項は次の表のようになり，a_n の値は 0 に限りなく近づく。

n	1	2	⋯	10	100	1000	10000	⋯⋯
a_n	-1	0.5	⋯	0.1	0.01	0.001	0.0001	⋯⋯

このとき，a_n の値が 0 に限りなく近づくとは，それらの差 $|a_n - 0|$ がいくらでも小さくなることを意味している。例えば

　　第 100 項より先の項では，$|a_n - 0|$ の値は 0.01 より小さくなり，

　　第 1000 項より先の項では，$|a_n - 0|$ の値は 0.001 より小さくなる。

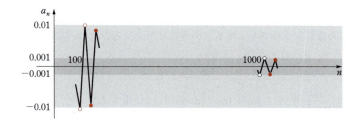

　一般に，数列 $\{a_n\}$ が α に収束するというとき，私達が意図していることは，上記のようなことだと考えられる。すなわち

数列 $\{a_n\}$ が α に収束するとは，どんな小さな正の実数に対しても，ある項より先の項では，$|a_n - \alpha|$ の値はその正の数よりも小さくなる

ということである。

　このことは，次のように考えてもよい。

　①の例題 2（*p.21*）で確かめたように，実数 a と α が，任意の正の実数 ε について $|a - \alpha| < \varepsilon$ を満たすとき，$a = \alpha$ となるのであった。数列 $\{a_n\}$ の各項 a_n については，一般には $a_n \neq \alpha$ なので，$|a_n - \alpha| < \varepsilon$ とはならないかもしれない。しかし，数列 $\{a_n\}$ が α に限りなく近づいていくならば，差 $|a_n - \alpha|$ はどんどん小さくなっていくので，十分に番号 n を大きくしていくことで，いずれは $|a_n - \alpha| < \varepsilon$ となるであろう。

　以上のことを数学的に厳密に表現したのが，次の定義 2-1 である。

② 数列の収束と発散 | 25

> **定義 2-1　数列の収束**
> 任意の正の実数 ε に対して，ある自然数 N が存在して，$n \geq N$ であるすべての自然数 n について $|a_n - \alpha| < \varepsilon$ となるとき，数列 $\{a_n\}$ は α に収束するという。

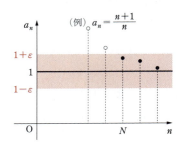
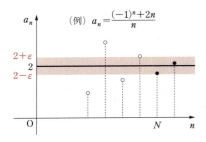

どんなに ε を小さくしても，ある番号 N より先の項 a_n は，すべて $(\alpha - \varepsilon, \alpha + \varepsilon)$ の範囲に入る。

例 4　$a_n = \dfrac{n}{n+1}$ である数列 $\{a_n\}$ は $\alpha = 1$ に収束する。

$\varepsilon = 0.01$ として，$|a_n - \alpha| < \varepsilon$ を満たす n の値の範囲を求める。

n が自然数であるとき，$\dfrac{n}{n+1} < 1$ であるから，解くべき不等式は

$$1 - \dfrac{n}{n+1} < 0.01$$

これを解くと　　$n > 99$

よって，例えば $N = 100$ とすると，$n \geq N$ であるすべての自然数 n について，$|a_n - \alpha| < \varepsilon$ が成り立つ。

練習 3　例 4 において，$\varepsilon = 0.001$ とすると，自然数 N の値はどうとればよいか。また，任意の正の数 ε に対し，自然数 N をどのようにとればよいか。

◆ $\varepsilon - N$ 論法

高等学校で学んだ極限の求め方との違いを示そう。ここで極限の意味を詳しく考えること，つまり数学的に厳密に記述することこそが大学で学ぶ数学の導入である。

例題 1 $\lim_{n\to\infty}\dfrac{1}{n}=0$ を示せ。

証明 任意の正の実数 ε について，ε と 1 に対して系 1-1 を適用する。このとき，$\varepsilon > \dfrac{1}{N}$ となる自然数 N がとれる。N 以上のすべての自然数 n について，$\dfrac{1}{n} \leqq \dfrac{1}{N}$ であるから，以下が成り立つ。

$$\left|\frac{1}{n}-0\right| = \frac{1}{n} \leqq \frac{1}{N} < \varepsilon$$

以上より，どんな正の実数 ε が与えられても，その ε に応じて，N 以降のすべての番号 n について $\left|\dfrac{1}{n}-0\right| < \varepsilon$ が成り立つような，番号 N がとれることが示された。
よって，題意が示された。 ■

注意 定義 2-1 において，一般に，番号 N のとり方は正の実数 ε に応じて変化するので，異なる ε の値に対しては，異なる番号 N を選び直す必要がある。

例えば，例題 1 において，番号 N は $\varepsilon > \dfrac{1}{N}$ を満たすようにとらなければならないが，これがどんな正の実数 ε についても成り立つように番号 N をとることはできない。実際，どんな正の実数 ε に対しても $\varepsilon > \dfrac{1}{N}$ となる番号 N がとれるなら，① の例題 2（$p.21$）から $\dfrac{1}{N}=0$ となってしまい，これは明らかに不合理だからである。

N は任意に定めた正の実数 ε の値それぞれに依存するものであって，一般には，オールマイティに同じ N をとるということではない。

以上のように，数列の収束を正の数 ε や番号 N などを用いて議論する方法を，$\varepsilon - N$（イプシロン-エヌ）論法という。

 第 n 項が次の式で表される数列が，$n \longrightarrow \infty$ のときに，それぞれ括弧内の値に収束することを，$\varepsilon - N$ 論法を用いて証明せよ。

(1) $\dfrac{n}{n+1}$　[1]　　(2) $\dfrac{1}{3n}$　[0]　　(3) $\dfrac{1}{2^n}$　[0]

注意 数列 $\{a_n\}$ が実数 α に収束するということを，$\varepsilon-N$ 論法を用いた論理式（0 章，$p.8$ 参照）で書くと，次のようになる。

$$\forall \varepsilon > 0 \quad \exists N \in \mathbb{N} \quad \text{such that} \quad \forall n \in \mathbb{N} \quad (n \geq N \implies |a_n - \alpha| < \varepsilon)$$

◆ $\varepsilon-N$ 論法の応用

$\varepsilon-N$ 論法は，与えられた数列が特定の値に収束することを厳密に証明する上で，非常に強力な論法である。

$\lim\limits_{n\to\infty} a_n = 0$ であるとき，$\lim\limits_{n\to\infty} \dfrac{a_1 + a_2 + a_3 + \cdots\cdots + a_n}{n} = 0$ であることを $\varepsilon-N$ 論法を用いて証明せよ。

証明 $\lim\limits_{n\to\infty} a_n = 0$ であるから，任意の正の実数 ε に対して，ある自然数 N が存在して，$n \geq N$ であるすべての自然数 n について $\quad |a_n| < \varepsilon$

三角不等式により

$$|a_{N+1} + a_{N+2} + \cdots\cdots + a_n| \leq |a_{N+1}| + |a_{N+2}| + \cdots\cdots + |a_n|$$
$$< \varepsilon + \varepsilon + \cdots\cdots + \varepsilon = (n-N)\varepsilon$$

であるから $\quad \dfrac{|a_{N+1} + a_{N+2} + \cdots\cdots + a_n|}{n} < \dfrac{n-N}{n}\varepsilon < \varepsilon \quad \cdots\cdots \text{①}$

$N' = \dfrac{|a_1 + a_2 + \cdots\cdots + a_N|}{\varepsilon} + 1$ とおくと，$N' > 0$ であり

$n \geq N'$ のとき

$$\dfrac{|a_1 + a_2 + \cdots\cdots + a_N|}{n} \leq \dfrac{|a_1 + a_2 + \cdots\cdots + a_N|}{N'} < \varepsilon \quad \cdots\cdots \text{②}$$

$M = \max\{N, N'\}^{*)}$ とする。このとき，①，② により，$n \geq M$ であるすべての自然数 n について

$$\dfrac{|a_1 + a_2 + \cdots + a_n|}{n} \leq \dfrac{|a_1 + a_2 + \cdots + a_N|}{n} + \dfrac{|a_{N+1} + a_{N+2} + \cdots + a_n|}{n}$$
$$< \varepsilon + \varepsilon$$

よって，任意の正の実数 2ε に対して

$n \geq M$ ならば $\quad \left|\dfrac{a_1 + a_2 + \cdots\cdots + a_n}{n}\right| < 2\varepsilon \quad \cdots\cdots \text{※}$

が成り立つような M が存在することが示された。

したがって $\quad \lim\limits_{n\to\infty} \dfrac{a_1 + a_2 + a_3 + \cdots\cdots + a_n}{n} = 0 \quad \blacksquare$

注意 例題 2 の証明の N', M は実数で, 自然数とは限らないことに注意する。また, ε は任意の正の実数を動くので, 2ε も任意の正の実数を動くから, ✳ で ε ではなく 2ε であっていても, 何ら問題はない。*⁾max{ } は, *p.*6 参照。

$\varepsilon - N$ 論法は, 数列が収束しないことを証明したり, 無限大に発散したりすることを厳密に定義したりすることにも使える。

例題 3 第 n 項が $a_n = (-1)^n$ で定義される数列 $\{a_n\}$ は収束しないことを示せ。

証明 数列 $\{a_n\}$ がある実数 α に収束するとして, 背理法で証明する。

数列 $\{a_n\}$ が α に収束する条件を, 特に $\varepsilon = 1$ のときに適用すると, ある番号 N が存在して, $n \geqq N$ であるすべての番号 n に対して
$$|a_n - \alpha| < 1 \quad となる。$$
n が偶数のときは $a_n = 1$ であるから $|1 - \alpha| < 1$, 特に
$$1 - \alpha < 1 \quad \cdots\cdots ① \quad となる。$$
n が奇数のときは $a_n = -1$ であるから $|-1 - \alpha| < 1$, 特に
$$1 + \alpha < 1 \quad \cdots\cdots ② \quad となる。$$
このとき, ① から $\alpha > 0$, ② から $\alpha < 0$ これは矛盾である。
よって, 数列 $\{a_n\}$ はいかなる実数値 α にも収束しない。 ■

例題 3 の数列は, -1 と 1 を交互に繰り返すので, これが収束しないことは, 直観的には明らかである。$\varepsilon - N$ 論法を用いると, そのようなことにも, 論理的な証明を与えることができる点が, ここでは重要であり, 例題 3 の意図もそこにある。

練習 5 第 n 項が次の式で表される数列は, 収束しないことを示せ。
(1) $\dfrac{(-1)^n}{2}$ (2) $2n$ (3) $(-1)^n n$

数列 $\{a_n\}$ が正の無限大に発散するとは, その値が限りなく大きくなることを意味している。すなわち, どんな実数に対しても, ある項より先の項はその実数より大である, ということである。同様に, 数列 $\{a_n\}$ が負の無限大に発散するとは, その値が限りなく小さくなること, すなわち, どんな実数に対しても, ある項より先の項はその実数より小である, ということである。

2 数列の収束と発散 | 29

以上により，正の無限大への発散と負の無限大への発散は，次のように定義することができる。

定義 2-2　正の無限大・負の無限大への発散

(1)　任意の実数 M に対して，ある自然数 N が存在して，$n \geqq N$ となるすべての自然数 n について $a_n > M$ となるとき，数列 $\{a_n\}$ は正の無限大に発散するという。

(2)　任意の実数 M に対して，ある自然数 N が存在して，$n \geqq N$ となるすべての自然数 n について $a_n < M$ となるとき，数列 $\{a_n\}$ は負の無限大に発散するという。

例題 4　第 n 項が $a_n = n$ で定義される数列 $\{a_n\}$ は正の無限大に発散することを示せ。

証明　M は任意の実数として，定理 1-1 を正の実数 1 と実数 M に対して適用すると，$N > M$ となる自然数 N が存在する。

このとき，$n \geqq N$ となるすべての自然数 n について $a_n = n > M$ である。よって，$\{a_n\}$ は正の無限大に発散する。　■

注意　上の証明では，定理 1-1 を使って N を求めたが，この例題の場合は，次のように具体的に N を M を用いて表してもよい。

任意の実数 M に対して，$|M|$ の整数部分[*)] に 1 を加えた数 $[|M|] + 1$ を N とする。こうすれば，$n \geqq N$ である任意の自然数 n について $a_n > M$ である。また，例題4はアルキメデスの原理（定理 1-1）の言い換えであると解釈することもできる。

練習 6　練習 5 の各数列について，正の無限大に発散する，負の無限大に発散する，または振動（すなわち，収束せず正の無限大にも負の無限大にも発散しない）するかを答え，証明せよ。

注意　数列 $\{a_n\}$ が正の無限大に発散することを論理式で書くと，次のようになる。

$$\forall M \in \mathrm{R} \quad \exists N \in \mathrm{N} \text{ such that } \forall n \in \mathrm{N} \ (n \geqq N \implies a_n > M)$$

また，数列 $\{a_n\}$ が負の無限大に発散するということを論理式で表すと，次のようになる。

$$\forall M \in \mathrm{R} \quad \exists N \in \mathrm{N} \text{ such that } \forall n \in \mathrm{N} \ (n \geqq N \implies a_n < M)$$

---

*) 整数部分については，0 章の *p.6* を参照。

30　第 1 章　実数と数列

◆収束する数列の性質

一般に，数列 $\{a_n\}$ が収束するとき，その極限値はただ1つに定まる。このことは収束の意味を考えると，直観的には明らかなことであるが，$\varepsilon-N$ 論法を用いると，論理的に証明することができる。

> **定理 2-2　極限の一意性**[*]
> 数列 $\{a_n\}$ が収束するとき，その極限値は一意的[*]に定まる。

指針　一意的に定まることを証明するには，見かけ上2つの極限値 α, β があったときに，実は $\alpha=\beta$ であることを示せばよい。

証明　$\{a_n\}$ が α にも β にも収束するとして，任意の正の実数 ε を考える。

$\{a_n\}$ は α に収束するので，ある自然数 N' が存在して，$n \geq N'$ であるすべての自然数 n について $|a_n-\alpha|<\varepsilon$ となる。

また，$\{a_n\}$ は β に収束するので，ある自然数 N'' が存在して，$n \geq N''$ であるすべての自然数 n について $|a_n-\beta|<\varepsilon$ となる。

ここで，$N=\max\{N', N''\}$ とする。

このとき，三角不等式から
$$|\alpha-\beta|=|\alpha-a_N+a_N-\beta| \leq |\alpha-a_N|+|a_N-\beta|<\varepsilon+\varepsilon=2\varepsilon$$

よって，$\boxed{1}$ の例題 2 ($p.21$) より，$\alpha=\beta$ である。　■

数列 $\{a_n\}$ が与えられたとき，数列の各項の値の全体からなる実数の部分集合 $\{a_n \mid n \in \mathbb{N}\}$ を考えることができる。この集合が上に有界，下に有界，または有界であるとき，数列 $\{a_n\}$ は **上に有界**，**下に有界**，または **有界** であるという。例えば，数列 $\{a_n\}$ が有界であるとは，この数列の各項の絶対値が，ある一定の正の値を超えないこと，つまり，ある正の定数 M が存在して，すべての自然数 n について，$|a_n| \leq M$ が成り立つことである。

(1) $a_n=n$ で定義される数列 $\{a_n\}$ は，$n \geq 1$ より，下に有界であるが，上に有界ではない。

(2) $a_n=\dfrac{1}{n}$ で定義される数列 $\{a_n\}$ は，$0<\dfrac{1}{n} \leq 1$ より，有界である。

(3) $a_n=(-1)^n$ で定義される数列 $\{a_n\}$ は，$|(-1)^n| \leq 1$ より，有界である。

---

[*]「一意性」，「一意的に定まる」については，0章の $p.12$ を参照。

練習7 第 n 項が次の式で表される数列について，上に有界，下に有界，または有界のいずれであるか答えよ。

(1) $1-2n$　　(2) $\dfrac{(-1)^n}{n}$　　(3) $\dfrac{n}{n+1}$　　(4) $\dfrac{n^2}{n+1}$

注意 数列 $\{a_n\}$ が上に有界なら上限をもち，下に有界なら下限をもつ。すなわち，有界な数列は，上限と下限をもつ。

定理 2-3 収束数列の有界性
　収束する数列 $\{a_n\}$ は有界である。

証明 $\displaystyle\lim_{n\to\infty}a_n=\alpha$ とする。数列 $\{a_n\}$ が α に収束するという条件を，特に $\varepsilon=1$ のときに適用すると，ある番号 N が存在して，$n\geqq N$ であるすべての番号 n に対して $|a_n-\alpha|<1$ となる。
三角不等式（0 章 $p.6$ 参照）により $|a_n|-|\alpha|\leqq|a_n-\alpha|$ なので，$n\geqq N$ であるすべての番号 n に対して

$$|a_n|<|\alpha|+1$$

が成り立つ。ここで，N 個の実数

$$|\alpha|+1,\ |a_1|,\ |a_2|,\ \cdots\cdots,\ |a_{N-1}|$$

の中で最大のものをとり，これを M とする。
このとき，$n\geqq N$ の場合も，$n<N$ の場合も $|a_n|\leqq M$ が成り立つ。
よって，数列 $\{a_n\}$ は有界である。■

注意 定理 2-3 の逆は成り立たない。つまり，数列 $\{a_n\}$ が有界であっても収束するとは限らない。例えば，$a_n=(-1)^{n+1}$ で定義される数列は，その各項が 1 と -1 の 2 つの値しかとらないので，すべての n に対して $|a_n|\leqq1$ であり，よって有界である。しかし，この数列は例 3（$p.24$）で確かめたように，収束しない。

　次の定理は，高等学校の数学で学んだ，**はさみうちの原理** である。この原理を $\varepsilon-N$ 論法によって確認してみよう。

定理 2-4 はさみうちの原理
　3 つの数列 $\{a_n\}$，$\{b_n\}$，$\{c_n\}$ について，すべての自然数 n に対して $a_n\leqq b_n\leqq c_n$ が成り立ち，数列 $\{a_n\}$ と数列 $\{c_n\}$ が共通の値 α に収束するとする。このとき，数列 $\{b_n\}$ も α に収束する。

32　第 1 章　実数と数列

証明 ε を任意の正の実数とする。数列 $\{a_n\}$ が α に収束するので，ある番号 N' が存在して，$n \geqq N'$ であるすべての番号 n に対して $|a_n - \alpha| < \varepsilon$ となる。特に，$n \geqq N'$ であるすべての n に対して

$$-\varepsilon < a_n - \alpha$$

が成り立つ。

また，数列 $\{c_n\}$ が α に収束するので，ある番号 N'' が存在して，$n \geqq N''$ であるすべての番号 n に対して $|c_n - \alpha| < \varepsilon$ となる。特に，$n \geqq N''$ であるすべての番号 n に対して

$$c_n - \alpha < \varepsilon$$

が成り立つ。

$N = \max\{N', N''\}$ とすると，$n \geqq N$ であるすべての番号 n に対して

$$-\varepsilon < a_n - \alpha \leqq c_n - \alpha < \varepsilon$$

が成り立つが，$a_n - \alpha \leqq b_n - \alpha \leqq c_n - \alpha$ なので

$$|b_n - \alpha| < \varepsilon$$

が成り立つ。

以上より，任意の正の実数 ε に対して，番号 N が存在して，$n \geqq N$ であるすべての番号 n に対して $|b_n - \alpha| < \varepsilon$ となることが示されたので，数列 $\{b_n\}$ が α に収束することが示された。　■

　数列 $\{a_n\}$ に対して，その番号 n 全体の中から，無限個の番号を部分的にとり出して，小さいものから並べたもの

$$n_1 < n_2 < \cdots\cdots < n_k < n_{k+1} < \cdots\cdots$$

を考える。

このとき，$k = 1, 2, \cdots\cdots$ を番号にして，数列

$$a_{n_1}, \ a_{n_2}, \ \cdots\cdots, \ a_{n_k}, \ a_{n_{k+1}}, \ \cdots\cdots$$

を考えることができる。

　このようにして得られた数列を $\{a_{n_k}\}$ と書き，数列の $\{a_n\}$ の **部分数列** あるいは **部分列** という。

定理 2-5　**部分列の極限**

　$\{a_n\}$ を実数 α に収束する数列とする。このとき，$\{a_n\}$ の任意の部分列 $\{a_{n_k}\}$ も α に収束する。

2　数列の収束と発散 ｜ 33

証明 任意の正の実数 ε をとる。条件より $\lim\limits_{n\to\infty} a_n = \alpha$ なので，$n \geqq N$ であるすべての番号 n について $|a_n - \alpha| < \varepsilon$ となるような，番号 N をとることができる。

ここで，$n_K \geqq N$ となるような，番号 K をとる。

このとき，$k \geqq K$ であるすべての番号 k について，$n_k \geqq N$ である。

よって，$|a_{n_k} - \alpha| < \varepsilon$ が成り立つ。

すなわち，任意の正の実数 ε に対して，$k \geqq K$ であるすべての番号 k について $|a_{n_k} - \alpha| < \varepsilon$ となるような，番号 K をとることができた。

これは，$k \longrightarrow \infty$ のとき，数列 $\{a_n\}$ の部分数列 $\{a_{n_k}\}$ が α に収束することを意味している。 ■

定理 2-6 大小関係と極限

$\{a_n\}$ を実数 α に収束する数列とする。

(1) 実数 a について，$a_n \geqq a$ が無限個の番号 n について成り立つなら，$\alpha \geqq a$ である。

(2) 実数 b について，$a_n \leqq b$ が無限個の番号 n について成り立つなら，$\alpha \leqq b$ である。

証明 (1)を証明しよう。

$a_n \geqq a$ が成り立つような番号 n は無限個あるので，それらを小さい方から順に並べて $n_1 < n_2 < \cdots\cdots$ とすることで，すべての k について $a_{n_k} \geqq a$ となるような，数列 $\{a_n\}$ の部分列 $\{a_{n_k}\}$ をとることができる。定理 2-5 ($p.33$) から，これも α に収束する。

よって，この部分数列を改めて $\{a_n\}$ におき直すことで，最初から，すべての番号 n について $a_n \geqq a$ が成り立つと仮定してもよい。

$\alpha \geqq a$ であることを背理法で証明する。そのため，$\alpha < a$ と仮定する。

$\varepsilon = a - \alpha \ (>0)$ とすると，$\lim\limits_{n\to\infty} a_n = \alpha$ なので，$n \geqq N$ であるすべての番号 n について $|a_n - \alpha| < \varepsilon$ となるような，番号 N をとることができる。しかし，このとき，$a_n < \alpha + \varepsilon = a$ となり，すべての番号 n について $a_n \geqq a$ が成り立つことに矛盾する。

したがって，背理法により $\alpha \geqq a$ となり，(1)が示された。 ■

(2)も上と同様にして証明することができる。

34 │ 第1章 実数と数列

◆ 極限の性質の証明

$\lim\limits_{n\to\infty} a_n = \alpha$, $\lim\limits_{n\to\infty} b_n = \beta$ とすると，定理 2-1 ($p.24$) に示したように，数列の極限に関して次の性質が成り立つ。

1　$\lim\limits_{n\to\infty} k a_n = k\alpha$　　ただし，k は定数

2　$\lim\limits_{n\to\infty} (a_n + b_n) = \alpha + \beta$

3　$\lim\limits_{n\to\infty} a_n b_n = \alpha\beta$

4　$\lim\limits_{n\to\infty} \dfrac{a_n}{b_n} = \dfrac{\alpha}{\beta}$　　ただし，$\beta \neq 0$

　高等学校では証明なしに用いたこれらの性質も，定義 2-1 ($p.26$) を利用して，これまでと同じように証明することができる。

2 の 証明　任意の正の実数 ε をとる。

　このとき，ある自然数 N_1 が存在して，$n \geqq N_1$ であるすべての自然数 n について $|a_n - \alpha| < \varepsilon$ が成り立つ。

　また，ある自然数 N_2 が存在して，$n \geqq N_2$ であるすべての自然数 n について $|b_n - \beta| < \varepsilon$ が成り立つ。

　そこで，$N = \max\{N_1, N_2\}$ とすれば，$n \geqq N$ であるすべての自然数 n について，$|a_n - \alpha| < \varepsilon$ と $|b_n - \beta| < \varepsilon$ の両方が同時に成り立つ。

　三角不等式により

$$|(a_n - \alpha) + (b_n - \beta)| \leqq |a_n - \alpha| + |b_n - \beta|$$
$$< \varepsilon + \varepsilon$$

ε は任意の正の実数であるから，$\varepsilon + \varepsilon = 2\varepsilon$ も任意の正の実数を表す。

　よって，任意の正の実数 2ε に対して，$n \geqq N$ であるすべての自然数 n について

$$|(a_n + b_n) - (\alpha + \beta)| < 2\varepsilon$$

が成り立つ。

　このことは，数列 $\{a_n + b_n\}$ が $\alpha + \beta$ に収束することを意味している。

　したがって　　　$\lim\limits_{n\to\infty} (a_n + b_n) = \alpha + \beta$　■

　性質 1 は 3 の特別な場合で，3 で $b_n = k$ とおくと得られるから，次に 3 を証明する。

　その証明には，これまでに学んだ収束する数列の性質を利用する。

3 の 証明　2 の証明と同様に，任意の正の実数 ε に対して，ある自然数 N が存在して，$n \geq N$ であるすべての自然数 n について，次のことが成り立つ．
$$|a_n - \alpha| < \varepsilon, \quad |b_n - \beta| < \varepsilon$$
定理 2-3 ($p.32$) により，数列 $\{a_n\}$，$\{b_n\}$ は有界であるから，ある正の実数 M が存在して，すべての自然数 n について，以下が成り立つ．
$$|a_n| \leq M, \quad |b_n| \leq M$$
また定理 2-6(2) より $|\alpha| \leq M$，$|\beta| \leq M$ も成り立つ．
このとき　$|a_n b_n - \alpha\beta| = |a_n b_n - a_n \beta + a_n \beta - \alpha\beta| = |a_n(b_n - \beta) + (a_n - \alpha)\beta|$
$$\leq |a_n||b_n - \beta| + |a_n - \alpha||\beta| < M\varepsilon + \varepsilon M = 2M\varepsilon$$
$2M\varepsilon$ は任意の正の実数を表すから，数列 $\{a_n b_n\}$ は $\alpha\beta$ に収束する．■

すべての自然数 n に対して $b_n \neq 0$ である数列 $\{b_n\}$ が収束して，$\lim\limits_{n \to \infty} b_n = \beta$，$\beta \neq 0$ とする．次のことを利用して，数列 $\left\{\dfrac{1}{b_n}\right\}$ が $\dfrac{1}{\beta}$ に収束することを証明せよ．
(i)　任意の正の実数 ε に対して，ある自然数 N_0 が存在して，$n \geq N_0$ であるすべての自然数 n について，$|b_n - \beta| < \varepsilon$ が成り立つ．
(ii)　ある自然数 N_1 が存在して，$n \geq N_1$ であるすべての自然数 n について，$|b_n - \beta| < \dfrac{1}{2}|\beta|$ が成り立つ．

上で述べた 3 の証明と 練習 8 を組み合わせれば，次のように 4 の証明が得られる．

4 の 証明　まず，「$n \geq N$ なら，$b_n \neq 0$」が成り立つような，N が存在することを示そう．

$\beta \neq 0$ なので $|\beta| > 0$ である．$\lim\limits_{n \to \infty} b_n = \beta$ なので，ある自然数 N が存在して，$n \geq N$ であるすべての自然数 n について $|b_n - \beta| < \dfrac{1}{2}|\beta|$ である．このとき，三角不等式 ($p.6$) より $|\beta| - |b_n| \leq |\beta - b_n| < \dfrac{1}{2}|\beta|$ なので

$|b_n| > |\beta| - \dfrac{1}{2}|\beta| = \dfrac{1}{2}|\beta| > 0$ である．特に $n \geq N$ ならば $b_n \neq 0$ である．

$n \geq N$ について $\dfrac{1}{b_n} = c_n$ とおくと，数列 $\{c_n\}$ は，練習 8 の結果により $\dfrac{1}{\beta}$ に収束する．

よって，性質 3 から　$\lim\limits_{n \to \infty} \dfrac{a_n}{b_n} = \lim\limits_{n \to \infty} a_n c_n = \alpha \cdot \dfrac{1}{\beta} = \dfrac{\alpha}{\beta}$　■

36　第 1 章　実数と数列

3 単調数列とコーシー列

 与えられた数列 $\{a_n\}$ が収束するか発散するかを判定することは，一般には困難なことである。しかし，ある種の条件を満たす数列については，その極限値があらかじめわかっていなくても，収束することだけはわかる場合がある。
 この節では，そのような条件のいくつかを考えることにする。

◆ 有界かつ単調な数列

数列 $\{a_n\}$ について
$$a_1 \leqq a_2 \leqq a_3 \leqq \cdots\cdots \leqq a_n \leqq a_{n+1} \leqq \cdots\cdots$$
が成り立つとき，すなわち，すべての自然数 n について
$$a_n \leqq a_{n+1}$$
となっているとき，数列 $\{a_n\}$ は**単調に増加する**，あるいは**単調増加数列**であるという。

 また，数列 $\{a_n\}$ について
$$a_1 \geqq a_2 \geqq a_3 \geqq \cdots\cdots \geqq a_n \geqq a_{n+1} \geqq \cdots\cdots$$
が成り立つとき，すなわち，すべての自然数 n について
$$a_n \geqq a_{n+1}$$
となっているとき，数列 $\{a_n\}$ は**単調に減少する**，あるいは**単調減少数列**であるという。

 単調に増加するか，あるいは単調に減少する数列を，**単調数列**と呼ぶこともある。

例1
(1) $a_n = n$ で定義される数列 $\{a_n\}$ は単調増加数列である。
(2) $a_n = \dfrac{1}{n}$ で定義される数列 $\{a_n\}$ は単調減少数列である。
(3) $a_n = (-1)^{n+1}$ で定義される数列 $\{a_n\}$ は単調数列でない。

練習1
次の条件で定められる数列 $\{a_n\}$ について，以下のことを示せ。
$$a_1 = 2, \quad a_{n+1} = \frac{1}{2}\left(a_n + \frac{2}{a_n}\right) \quad (n = 1, 2, 3, \cdots\cdots)$$
(1) すべての n について $a_n \geqq \sqrt{2}$
(2) 数列 $\{a_n\}$ は単調に減少する。
(3) 数列 $\{a_n\}$ は $\sqrt{2}$ に収束する。

前ページの練習 1 の数列 $\{a_n\}$ の各項は次のようになり,小数表示にすることでよくわかるが,急速に $\sqrt{2}$ に近づいていく。

$a_1 = 2$

$a_2 = a_{1+1} = \dfrac{1}{2}\left(a_1 + \dfrac{2}{a_1}\right) = \dfrac{1}{2}\left(2 + \dfrac{2}{2}\right) = \dfrac{1}{2}(2+1) = \dfrac{3}{2} = \mathbf{1.5}$

$a_3 = a_{2+1} = \dfrac{1}{2}\left(a_2 + \dfrac{2}{a_2}\right) = \dfrac{1}{2}\left(\dfrac{3}{2} + \dfrac{2}{3/2}\right) = \dfrac{1}{2}\left(\dfrac{3}{2} + \dfrac{4}{3}\right) = \dfrac{17}{12} = \mathbf{1.41666666\cdots\cdots}$

$a_4 = a_{3+1} = \dfrac{1}{2}\left(a_3 + \dfrac{2}{a_3}\right) = \dfrac{1}{2}\left(\dfrac{17}{12} + \dfrac{2}{17/12}\right) = \dfrac{1}{2}\left(\dfrac{17}{12} + \dfrac{24}{17}\right) = \dfrac{577}{408}$

$= \mathbf{1.41421568\cdots\cdots}$

$a_5 = a_{4+1} = \dfrac{1}{2}\left(a_4 + \dfrac{2}{a_4}\right) = \dfrac{1}{2}\left(\dfrac{577}{408} + \dfrac{2}{577/408}\right) = \dfrac{1}{2}\left(\dfrac{577}{408} + \dfrac{816}{577}\right) = \dfrac{665857}{470832}$

$= \mathbf{1.41421356\cdots\cdots}$

練習 1 の数列 $\{a_n\}$ の各項は有理数であるが,その極限値は無理数である。あとで解説するが,実は,一般に,任意の実数 α に対して,α に収束する数列 $\{a_n\}$ で,すべての項が有理数であるものが存在する(*p. 50* の ⑤ 発展:小数展開を参照)。

さて,練習 1 のように,単調に減少し,しかも下に有界である数列 $\{a_n\}$ を考えよう。このとき,番号 n が進むにつれて,各項 a_n は数直線上を左に動いて行くが,下に有界なので,ある場所より左側には行けない。

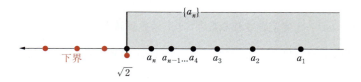

したがって,このような数列は,数直線上のどこかの値に収束するはずだと考えられる。そして,そこに実数の値が存在することは,実数全体に「すき間がない」こと,すなわち「実数の連続性」によって保証される。

実際,実数の連続性公理(*p. 19* 公理 1-1)から,次の定理が証明される。

> **定理 3-1** 有界単調数列の収束
> 有界な単調数列は収束する。

証明 $\{a_n\}$ が有界かつ単調増加な数列であるとする。集合 $S=\{a_n \mid n\in\mathbb{N}\}$ は上に有界なので，上限 α が存在する（公理 1-1）。任意の正の実数 ε について，$\alpha-\varepsilon$ は集合 S の上界ではないので，$\alpha-\varepsilon < a_N$ となる自然数 N が存在する。数列 $\{a_n\}$ は単調増加数列なので，$n \geq N$ であるすべての自然数 n について $a_N \leq a_n$ となる。よって，$\alpha-\varepsilon < a_n$ である。

また，α は a_n の上界なので，$a_n \leq \alpha < \alpha+\varepsilon$ が成り立つ。

よって，$\alpha-\varepsilon < a_n < \alpha+\varepsilon$，すなわち，$|a_n-\alpha|<\varepsilon$ となる。

以上で，任意の正の実数 ε が与えられたとき，それに応じて，N 以降のすべての番号 n について $|a_n-\alpha|<\varepsilon$ が成り立つような，番号 N がとれることが示された。

したがって，$\{a_n\}$ は α に収束することが示された。

有界かつ単調減少な数列についても，同様にして証明される。 ■

定理 3-1 は，いかなる有界単調数列も極限値をもつことを主張している。前ページでも述べたように，これは，有界単調数列が数直線上で近づいていく点のところに「すき間」がないということを示している。その意味で定理 3-1 もまた，実数の連続性を言い表したものになっていると考えられる。

次の数列が有界で単調増加であることを示し，極限を求めよ。
(1) $a_1=1$, $a_{n+1}=\sqrt{a_n+2}$ (2) $a_1=1$, $a_{n+1}=\dfrac{3a_n+2}{a_n+1}$

◆ コーシー列

例えば，$a_n=\dfrac{1}{2^n}$ で定義される数列 $\{a_n\}$ の第 k 項目 a_k と第 l 項目 a_l の差を考えると，$k \leq l$ として（一般性は失われない）

$$|a_k-a_l| = \frac{1}{2^k} - \frac{1}{2^l} = \frac{1}{2^k}\left(1-\frac{1}{2^{l-k}}\right) < \frac{1}{2^k}$$

となり，その差は番号 k, l が大きくなるにつれて，どんどん小さくなっていく。このように，項の番号が進むにつれて，2 つの項の差がどんどん縮まっていくような数列を **コーシー列**（Cauchy sequence，他にも基本列といわれる）という。

コーシー列は，次のように定義することができる。

定義 3-1　コーシー列

任意の正の実数 ε に対して，ある自然数 N が存在して，k, $l \geqq N$ であるすべての自然数 k, l について $|a_k - a_l| < \varepsilon$ となるとき，数列 $\{a_n\}$ はコーシー列であるという。

注意　数列 $\{a_n\}$ がコーシー列であるということを論理式で書くと，次のようになる。

$$\forall \varepsilon > 0 \quad \exists N \in \mathbb{N} \text{ such that } \forall k, l \in \mathbb{N} \ (k, l \geqq N \implies |a_k - a_l| < \varepsilon)$$

コーシー列について，次の定理は最も基本的である。

定理 3-2　収束数列とコーシー列

収束する数列はコーシー列である。

証明　数列 $\{a_n\}$ は収束して，$\displaystyle\lim_{n \to \infty} a_n = \alpha$ とする。

任意の正の実数 ε に対して，ある自然数 N が存在して，k, $l \geqq N$ であるすべての自然数 k, l について

$$|a_k - \alpha| < \varepsilon, \quad |a_l - \alpha| < \varepsilon$$

である。よって，三角不等式から

$$|a_k - a_l| = |(a_k - \alpha) + (\alpha - a_l)| \leqq |a_k - \alpha| + |a_l - \alpha| < 2\varepsilon$$

ここで，2ε も任意の正の実数を表すので，数列 $\{a_n\}$ がコーシー列であることが示された。　■

コーシー列という概念が重要である理由は，次の定理が示すように，実数の連続性公理のもとに，数列が収束することと，コーシー列であることが同値になることにある。

定理 3-3　コーシーの定理

任意のコーシー列は収束する。

したがって，数列が収束することと，コーシー列であることは同値である。

定理 3-3 の証明は，*p. 47* の ④　発展：上極限と下極限で与えられるので，興味ある読者は参照されたい。

40 　第 1 章　実数と数列

|研究| **ボルツァーノ・ワイエルシュトラスの定理**

はさみうちの原理 (*p.32, 定理2-4*) を使って，後の議論で必要となる「ボルツァーノ・ワイエルシュトラスの定理」を証明しておく。

> |定理| 3-4 ボルツァーノ・ワイエルシュトラスの定理
> 数列 $\{a_n\}$ がすべての n について $a_n \in [c, d]$ ($c \leq d$) を満たすとする。このとき，$\{a_n\}$ の部分列 $\{a_{n_k}\}$ で閉区間 $[c, d]$ の中の値に収束するものが存在する。

|証明| 閉区間 $[c, d]$ を半分にして，2つの閉区間 $\left[c, \dfrac{c+d}{2}\right]$ と $\left[\dfrac{c+d}{2}, d\right]$ に分けると，少なくともどちらか一方には数列 $\{a_n\}$ の項 a_n が無限個属している。無限個の a_n が属している方をとり，改めて $[c_1, d_1]$ とする。また，$a_{n_1} \in [c_1, d_1]$ なる番号 n_1 を1つ選ぶ。

閉区間 $[c_1, d_1]$ をまた2つの閉区間 $\left[c_1, \dfrac{c_1+d_1}{2}\right]$ と $\left[\dfrac{c_1+d_1}{2}, d_1\right]$ に分けて，無限個の a_n が属している方をとり，これを $[c_2, d_2]$ とする。また，$a_{n_2} \in [c_2, d_2]$ なる番号 n_2 を $n_2 > n_1$ となるように1つ選ぶ（無限個あるので，そのような n_2 は存在する）。

以下同様に，帰納的に閉区間 $[c_k, d_k]$ ($k \geq 1$) を2つの閉区間 $\left[c_k, \dfrac{c_k+d_k}{2}\right]$ と $\left[\dfrac{c_k+d_k}{2}, d_k\right]$ に分けて，無限個の a_n が属している方をとり，これを $[c_{k+1}, d_{k+1}]$ とする。また，$a_{n_{k+1}} \in [c_{k+1}, d_{k+1}]$ なる番号 n_{k+1} を $n_{k+1} > n_k$ となるように1つ選ぶ。

こうして数列 $\{c_k\}$, $\{d_k\}$ と，$\{a_n\}$ の部分列 $\{a_{n_k}\}$ が構成された。作り方から，次がわかる。

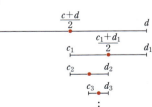

- すべての自然数 k について，$c_k \leq c_{k+1}$, $d_{k+1} \leq d_k$ である。すなわち，数列 $\{c_k\}$ は単調増加数列であり，$\{d_k\}$ は単調減少数列である。

- すべての自然数 k について $|d_k - c_k| = \dfrac{d-c}{2^k}$

- すべての自然数 k について $c_k \leqq a_{n_k} \leqq d_k$

$\{c_k\}$ は単調増加数列であり，上に有界である（例えば，d が上界である）ので，定理 3-1 ($p. 39$) より収束し，その極限値 α は定理 2-6 ($p. 34$) より $[c,\, d]$ に属する。

同様に $\{d_k\}$ は単調減少数列であり，下に有界である（例えば，c が下界である）ので，定理 3-1 より収束し，その極限値 β は定理 2-6 より $[c,\, d]$ に属する。

また，すべての自然数 k について $|d_k - c_k| = \dfrac{d-c}{2^k}$ であり，ここから $\alpha = \beta$ であることが，以下のようにしてわかる。

任意の正の実数 ε について，番号 N を

$$|c_N - \alpha| < \frac{\varepsilon}{3},\quad |d_N - \beta| < \frac{\varepsilon}{3},\quad \frac{d-c}{2^N} < \frac{\varepsilon}{3}$$

となるようにとれば

$$\begin{aligned}
|\beta - \alpha| &= |\beta - d_N + d_N - c_N + c_N - \alpha| \\
&\leqq |d_N - \beta| + |d_N - c_N| + |c_N - \alpha| \\
&< \frac{\varepsilon}{3} + \frac{\varepsilon}{3} + \frac{\varepsilon}{3} = \varepsilon
\end{aligned}$$

となるので，1 の例題 2 ($p. 21$) より $\alpha = \beta$ である。

以上より，$\{c_k\}$ と $\{d_k\}$ は $[c,\, d]$ に属する共通の値 α に収束し，すべての $k \geqq 1$ について $c_k \leqq a_{n_k} \leqq d_k$ が成り立つので，はさみうちの原理（定理 2-4, $p. 32$）より，部分列 $\{a_{n_k}\}$ も α に収束する。 ■

42　第 1 章　実数と数列

研究　ネイピアの定数

定理 3-1 $(p.39)$ や定理 3-3 $(p.40)$ が重要である理由は，これらの定理が，具体的に極限値がわからないような数列についても，その収束の条件を与えているところにある。特に，これらの定理を用いて，いろいろな実数を定義することができる。このことの例として，高校数学の対数関数の導関数のところで学んだ自然対数の底 e の定義をしよう。

自然対数の底 e は，次の極限値で定義される。

$$e = \lim_{n \to \infty} \left(1 + \frac{1}{n}\right)^n$$

この式で実数 e が定義されるためには，右辺の極限が存在すること，すなわち，$a_n = \left(1 + \frac{1}{n}\right)^n$ で定義される数列 $\{a_n\}$ が収束することを証明しなければならない。

そのためには，数列 $\{a_n\}$ がコーシー列であるか，あるいは有界な単調数列であることを示せばよい。

まず，数列 $\{a_n\}$ が単調増加数列であることが，次のようにして証明される。

補題[*] **3-1**　$a_n = \left(1 + \frac{1}{n}\right)^n$ で定義される数列 $\{a_n\}$ は単調増加である。

証明　n を任意の自然数として，$a_n < a_{n+1}$ であることを証明しよう。

二項定理により，$a_n = \sum\limits_{k=0}^{n} \dfrac{s_k}{k!}$，$a_{n+1} = \sum\limits_{k=0}^{n+1} \dfrac{t_k}{k!}$ と書ける。ただし $s_0 = t_0 = 1$，$k \geq 1$ のとき

$$s_k = \frac{n(n-1)\cdots\cdots(n-k+1)}{n^k}$$

$$= \frac{n}{n} \cdot \frac{n-1}{n} \cdot \cdots\cdots \cdot \frac{n-k+1}{n}$$

$$= 1 \cdot \left(1 - \frac{1}{n}\right)\left(1 - \frac{2}{n}\right)\cdots\cdots\left(1 - \frac{k-1}{n}\right)$$

$$t_k = \frac{(n+1)n\cdots\cdots(n-k+2)}{(n+1)^k}$$

$$= \frac{n+1}{n+1} \cdot \frac{n}{n+1} \cdot \cdots\cdots \cdot \frac{n-k+2}{n+1}$$

$$= 1 \cdot \left(1 - \frac{1}{n+1}\right)\left(1 - \frac{2}{n+1}\right)\cdots\cdots\left(1 - \frac{k-1}{n+1}\right)$$

---

[*]　補題については，0 章，$p.9$ を参照。

3　単調数列とコーシー列　43

である。$i=1,\ 2,\ \cdots\cdots,\ k-1$ に対して，$1-\dfrac{i}{n}<1-\dfrac{i}{n+1}$ であるから

$$s_k<t_k\ (k=1,\ \cdots\cdots,\ n)$$

がわかる。よって，$n\geqq1$ のとき

$$a_n=\sum_{k=0}^{n}\frac{s_k}{k!}<\sum_{k=0}^{n}\frac{t_k}{k!}<\sum_{k=0}^{n}\frac{t_k}{k!}+\frac{t_{n+1}}{(n+1)!}=a_{n+1}$$

となり，$a_n<a_{n+1}$ が示された。 ■

次に，数列 $\{a_n\}$ が有界であることが，次のようにして証明される。

補題 3-2 すべての自然数 n について $2\leqq\left(1+\dfrac{1}{n}\right)^n<3$ が成り立つ。特に

$a_n=\left(1+\dfrac{1}{n}\right)^n$ で定義される数列 $\{a_n\}$ は有界である。

証明 $a_1=2$ で，$\{a_n\}$ は単調増加なので，任意の自然数 n に対して $a_n\geqq2$ である。次に，すべての自然数 n について $a_n<3$ であることを示そう。
補題 3-1 の証明で用いた記号を使う。$k=0,\ \cdots\cdots,\ n-1$ について

$$s_k=1\cdot\left(1-\frac{1}{n}\right)\left(1-\frac{2}{n}\right)\cdots\cdots\left(1-\frac{k-1}{n}\right)\leqq1$$

である。よって

$$a_n=1+1+\frac{s_2}{2!}+\frac{s_3}{3!}+\cdots\cdots+\frac{s_n}{n!}$$

$$\leqq1+1+\frac{1}{2!}+\frac{1}{3!}+\cdots\cdots+\frac{1}{n!}$$

$n\geqq3$ のとき，$n!=1\cdot2\cdot3\cdots\cdots n>1\cdot2\cdot2\cdots\cdots2=2^{n-1}$ であるから

$$a_n\leqq1+\left(1+\frac{1}{2}+\frac{1}{2^2}+\cdots\cdots+\frac{1}{2^{n-1}}\right)$$

$$=1+\left(2-\frac{1}{2^{n-1}}\right)<3$$

となり，$a_n<3$ が示された。 ■

補題 3-1 と補題 3-2 から $a_n=\left(1+\dfrac{1}{n}\right)^n$ で定義される数列 $\{a_n\}$ は有界な単調増加数列であり，定理 3-1（$p.39$）から，この数列は収束することがわかる。その極限値を e と書き，**自然対数の底**，または **ネイピアの定数** と呼ぶ。

高校数学でも学んだが，e は無理数であることが知られており，その値は

$$2.718281828459045\cdots\cdots$$

となっている。

44 第1章 実数と数列

4 発展：上極限と下極限

この節では，発展的内容として **上極限** と **下極限** という概念について考える。

これらは，必ずしも大学初年度の微分積分学の内容として必要不可欠のものではないが，次の2つの理由で有用である。

- 自然現象の解明や工学などに必要とされる応用解析において現れる数列は，極限はもたないが上極限や下極限をもち，それらが物理的な意味をもっていることがしばしばある。そのため，収束数列のような理想的な数列よりも，もっと一般の数列に対して考えられる極限概念は，より実用的であることが多い。定理 2-3 (*p.* 32) で確かめたように，収束する数列は有界であるが，その後の注意で述べたように，有界な数列が収束するとは限らない。しかし，有界な数列は上極限と下極限をもつ。つまり，収束するとは限らない一般の有界数列に対して存在するという意味で，これらの概念はより実用的であり，将来，応用的な自然科学や工学を目指す人にとっても有用である。

- 上極限・下極限の概念を用いると，既に述べた定理 3-3 (*p.* 40，コーシーの定理) の証明を与えることができる。その意味で，純粋に理論的な微分積分学という立場からも，これらの概念は有用であり，その理論的側面を深く理解したいと希望する人にとっても重要である。

以上を踏まえて，この節では，上極限・下極限についての基本事項をまとめ，有界な数列の性質を調べ，最後に定理 3-3 の証明を与える[*]。

◆ 上極限と下極限

$\{a_n\}$ を有界な数列とする。任意の自然数 n について，n 番目以降の項 a_n，a_{n+1}，a_{n+2}，…… の上限を $\overline{a}_n$ と書き，n 番目以降の項 a_n，a_{n+1}，a_{n+2}，…… の下限を $\underline{a}_n$ と書く。

すなわち，$\overline{a}_n$ と $\underline{a}_n$ は次のように定義される。

$$\overline{a}_n = \sup\{a_k \mid k \geq n\}$$
$$\underline{a}_n = \inf\{a_k \mid k \geq n\}$$

注意 これらの値が存在することは数列 $\{a_n\}$ が有界であることと，公理 1-1 (*p.* 19) から導かれる。

---

[*] コーシーの定理や上極限，下極限の概念は，第8章の級数にも現れる。

例1

(1) $a_n = (-1)^{n+1}$ で定義される数列 $\{a_n\}$ に対して，すべての自然数 n について $\overline{a}_n = 1$，$\underline{a}_n = -1$ である。

(2) $a_n = \dfrac{(-1)^n}{n}$ で定義される数列 $\{a_n\}$ に対して，すべての自然数 n について

$$\overline{a}_n = \begin{cases} \dfrac{1}{n+1} & (n \text{ が奇数のとき}) \\[2mm] \dfrac{1}{n} & (n \text{ が偶数のとき}) \end{cases} \qquad \underline{a}_n = \begin{cases} -\dfrac{1}{n} & (n \text{ が奇数のとき}) \\[2mm] -\dfrac{1}{n+1} & (n \text{ が偶数のとき}) \end{cases}$$

である。

(3) 有界かつ単調増加な数列 $\{a_n\}$ に対して，$\{a_n \mid n \in \mathbb{N}\}$ の上限を α とすると，$\displaystyle\lim_{n \to \infty} a_n = \alpha$ であり，すべての自然数 n について $\overline{a}_n = \alpha$ である。また，すべての自然数 n について $\underline{a}_n = a_n$ である。

数列 $\{\overline{a}_n\}$ と数列 $\{\underline{a}_n\}$ の定義から，任意の自然数 n について，次のことが成り立つ。

$$\underline{a}_n \leqq a_n \leqq \overline{a}_n$$

任意の自然数 n について，集合 $\{a_k \mid k \geqq n\} = \{a_n, a_{n+1}, a_{n+2}, \cdots\cdots\}$ は $\{a_k \mid k \geqq n+1\} = \{a_{n+1}, a_{n+2}, a_{n+3}, \cdots\cdots\}$ を部分集合として含むから，$\overline{a}_n \geqq \overline{a}_{n+1}$ が成り立つ。特に，数列 $\{\overline{a}_n\}$ は単調減少である。

また，同様に，任意の自然数 n について $\underline{a}_n \leqq \underline{a}_{n+1}$ が成り立つので，数列 $\{\underline{a}_n\}$ は単調増加である。

これより，次の不等式が成り立つ。

$$\underline{a}_1 \leqq \underline{a}_2 \leqq \cdots\cdots \leqq \underline{a}_n \leqq \cdots\cdots \leqq \overline{a}_n \leqq \cdots\cdots \leqq \overline{a}_2 \leqq \overline{a}_1$$

以上より，次のことがわかる。

[1] **数列 $\{\overline{a}_n\}$ は単調減少数列であり，有界である**（例えば，$\overline{a}_1$ が上界を与え，$\underline{a}_1$ が下界を与える）。

[2] **数列 $\{\underline{a}_n\}$ は単調増加数列であり，有界である**（例えば，$\overline{a}_1$ が上界を与え，$\underline{a}_1$ が下界を与える）。

したがって，定理 3-1 ($p.39$) から，これらの数列は収束する。

極限値 $\lim_{n\to\infty}\overline{a}_n$ を，もとの数列 $\{a_n\}$ の上極限と呼び，以下のように書く。

$$\overline{\lim_{n\to\infty}}\,a_n \quad \text{または} \quad \limsup_{n\to\infty} a_n$$

また，極限値 $\lim_{n\to\infty}\underline{a}_n$ を，もとの数列 $\{a_n\}$ の下極限と呼び，以下のように書く。

$$\underline{\lim_{n\to\infty}}\,a_n \quad \text{または} \quad \liminf_{n\to\infty} a_n$$

注意 有界な数列は上極限と下極限をもつ。

例 2
(1) $a_n=(-1)^{n+1}$ で定義される数列 $\{a_n\}$ に対して，$\overline{\lim_{n\to\infty}}\,a_n=1$ であり，$\underline{\lim_{n\to\infty}}\,a_n=-1$ である。

(2) $a_n=\dfrac{(-1)^n}{n}$ で定義される数列 $\{a_n\}$ に対して，$\overline{\lim_{n\to\infty}}\,a_n=\underline{\lim_{n\to\infty}}\,a_n=0$ である。

(3) 有界かつ単調増加な数列 $\{a_n\}$ に対して，$\{a_n\mid n\in\mathbb{N}\}$ の上限を α とすると，$\overline{\lim_{n\to\infty}}\,a_n=\underline{\lim_{n\to\infty}}\,a_n=\alpha$ である。

◆コーシーの定理の証明

上極限と下極限の概念を用いて，定理 3-3 ($p.40$) の証明をしよう。

補題 4-1 コーシー列は有界である。

証明 $\{a_n\}$ をコーシー列とする。数列 $\{a_n\}$ がコーシー列であるという条件 ($p.40$，定義3-1) を，特に $\varepsilon=1$ のときに適用すると，ある番号 N が存在して，$k,\,l\geqq N$ であるすべての番号 $k,\,l$ に対して $|a_k-a_l|<1$ となる。特に，$n\geqq N$ であるすべての番号 n に対して $|a_n-a_N|<1$ である。
三角不等式により $\quad |a_n|-|a_N|\leqq|a_n-a_N|$
よって，$n\geqq N$ であるすべての番号 n に対して
$$|a_n|<|a_N|+1$$
が成り立つ。ここで，N 個の実数
$$|a_1|,\,|a_2|,\,\cdots\cdots,\,|a_{N-1}|,\,|a_N|+1$$
の中で最大のものをとり，これを M とする。
このとき，$n\geqq N$ の場合も，$n<N$ の場合も $|a_n|\leqq M$ が成り立つ。
よって，コーシー列である数列 $\{a_n\}$ は有界である。■

補題 4-1 と例 2 の上の注意から，コーシー列は上極限と下極限をもつ．

補題 4-2 コーシー列の上極限と下極限は一致する．

証明 $\{a_n\}$ をコーシー列とし，$\alpha = \varliminf_{n\to\infty} a_n$, $\beta = \varlimsup_{n\to\infty} a_n$ とおく．

コーシー列の定義（定義 3-1）から，任意の正の実数 ε に対して，ある自然数 N_0 が存在して，$n, k \geq N_0$ であるすべての自然数 n, k について $|a_n - a_k| < \varepsilon$，つまり
$$a_n - \varepsilon < a_k < a_n + \varepsilon$$
となる．ここで，$n \geq N_0$ である n を任意に固定して，$k \geq n$ であるすべての自然数 k を考えることで
$$a_n - \varepsilon \leq \underline{a}_n \leq \overline{a}_n \leq a_n + \varepsilon$$
が得られ，$(a_n + \varepsilon) - (a_n - \varepsilon) = 2\varepsilon$ だから
$$\overline{a}_n - \underline{a}_n \leq 2\varepsilon$$
がわかる．

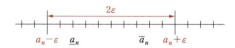

また，$\lim_{n\to\infty} \underline{a}_n = \alpha$ なので，ある自然数 N_1 が存在して，$n \geq N_1$ であるすべての自然数 n について $|\underline{a}_n - \alpha| < \varepsilon$ となる．

同様に，$\lim_{n\to\infty} \overline{a}_n = \beta$ なので，ある自然数 N_2 が存在して，$n \geq N_2$ であるすべての自然数 n について $|\overline{a}_n - \beta| < \varepsilon$ となる．

$N = \max\{N_0, N_1, N_2\}$ とすれば，$n \geq N$ であるすべての自然数 n について，$|\overline{a}_n - \underline{a}_n| < 2\varepsilon$，$|\underline{a}_n - \alpha| < \varepsilon$，$|\overline{a}_n - \beta| < \varepsilon$ が成り立つから
$$\begin{aligned}|\beta - \alpha| &= |\beta - \overline{a}_n + \overline{a}_n - \underline{a}_n + \underline{a}_n - \alpha| \\ &\leq |\beta - \overline{a}_n| + |\overline{a}_n - \underline{a}_n| + |\underline{a}_n - \alpha| \\ &< \varepsilon + 2\varepsilon + \varepsilon \\ &= 4\varepsilon\end{aligned}$$
となる．

ここで，4ε も任意の正の実数を動くから，①の例題 2（p. 21）と同様に考えて，$\alpha = \beta$ である．∎

補題 4-3 有界な数列 $\{a_n\}$ について，その上極限と下極限が一致するとする。

このとき，数列 $\{a_n\}$ は収束して

$$\lim_{n\to\infty} a_n = \varliminf_{n\to\infty} a_n = \varlimsup_{n\to\infty} a_n$$

が成り立つ。

証明 既に確かめたように，すべての自然数 n に対して，不等式

$$\underline{a_n} \leqq a_n \leqq \overline{a_n}$$

が成り立つ。

また，数列 $\{\underline{a_n}\}$ は下極限 $\varliminf_{n\to\infty} a_n$ に収束し，数列 $\{\overline{a_n}\}$ は上極限 $\varlimsup_{n\to\infty} a_n$ に収束する。

よって，$\varliminf_{n\to\infty} a_n = \varlimsup_{n\to\infty} a_n$ なら，はさみうちの原理（*p.* 32，定理 2-4）より，数列 $\{a_n\}$ は $\varliminf_{n\to\infty} a_n = \varlimsup_{n\to\infty} a_n$ に収束する。　■

定理 3-3 は，補題 4-1，補題 4-2 および補題 4-3 から導かれる。また，これらの補題から，次の系も従う[*]。

系 4-1　上極限，下極限の性質

$\{a_n\}$ を有界な数列とし，$\alpha = \varliminf_{n\to\infty} a_n$，$\beta = \varlimsup_{n\to\infty} a_n$ とおく。$\alpha = \beta$ のとき，数列 $\{a_n\}$ は α に収束する。逆に，数列 $\{a_n\}$ が収束するなら，$\alpha = \beta$ であり，$\{a_n\}$ の極限値は α である。

系 4-1 より，有界な数列 $\{a_n\}$ が収束するための必要十分条件は，その上極限と下極限が一致することであることがわかる。

---

[*]「従う」については，0 章 *p.* 11 を参照。

④　発展：上極限と下極限　49

$\boxed{5}$　発展：小数展開

$\boxed{3}$ の練習 1 ($p.37$) では，無理数 $\sqrt{2}$ に収束する，有理数だけからなる数列 $\{a_n\}$ を構成した。実は，いかなる実数 α に対しても，α に収束する，有理数だけからなる数列が存在する。そのような数列には，多くのとり方がある。

例 　**任意の値に収束する有理数列**
1

実数 α に収束する，有理数だけからなる数列を構成するための，1 つの方法を示そう。

任意の自然数 n に対して，系 1-2 ($p.22$) より

$$|x-\alpha|<\frac{1}{n}$$

を満たす有理数 x が，少なくとも 1 つ存在するので，そのような有理数を 1 つとって，a_n とする。このとき

$$\alpha-\frac{1}{n}<a_n<\alpha+\frac{1}{n}$$

が成り立つ。

$\displaystyle\lim_{n\to\infty}\left(\alpha-\frac{1}{n}\right)=\lim_{n\to\infty}\left(\alpha+\frac{1}{n}\right)=\alpha$ なので，はさみうちの原理 ($p.32$，定理 2-4) より $\displaystyle\lim_{n\to\infty}a_n=\alpha$ である。

例 1 では，任意にとった実数 α に収束する，有理数だけからなる数列を構成するための，1 つの方法が示されているが，この他にもさまざまな方法がある。実は，このような数列のとり方の他の 1 つは，実数の小数展開と深い関係にある。

0 以上のどんな実数 α も，10 進小数

$$(*)\quad b_0.b_1b_2b_3\cdots\cdots b_nb_{n+1}\cdots\cdots$$

で表すことができる。ここで，b_0 は 0 以上の整数であり，b_1，b_2，$\cdots\cdots$ は，すべて 0 から 9 までの整数である。

実数 α が小数展開 $(*)$ をもつということの意味は，次の通りである。任意の自然数 n について，小数展開 $(*)$ を小数点以下 n 位のところまでで打ち切ることで得られる有限小数を a_n とする。a_n は有限小数

$$b_0.b_1b_2b_3\cdots\cdots b_n$$

で表される有理数である。

50　｜　第 1 章　実数と数列

したがって $\qquad a_n = b_0 + \dfrac{b_1}{10} + \dfrac{b_2}{10^2} + \cdots\cdots + \dfrac{b_n}{10^n}$

が成り立つ。

このとき，実数 α が小数展開（＊）をもつとは，数列 $\{a_n\}$ は α に収束するということ，すなわち $\lim\limits_{n\to\infty} a_n = \alpha$ であることに他ならない。

逆に，（＊）の形の小数展開は，必ず何らかの，0 以上の実数を表している。これを示すために，上と同様に，小数展開（＊）を小数点以下 n 位のところまでで打ち切ることで得られる有限小数を a_n としよう。こうすると，数列 $\{a_n\}$ は明らかに単調増加数列であり，すべての n について

$$b_0 \leqq a_n < b_0 + 1$$

が成り立つので，有界である。したがって，定理 3-1 ($p.39$) より，これは何らかの実数 α に収束するが，これは任意に考えた小数展開（＊）が，実数 α の小数展開を与えていることを示している。

注意 どんな実数も 10 進小数で展開できることは，有理数の稠密性からの帰結である。上で述べたように，ある実数の 10 進小数展開を求めることは，基本的には，その実数に収束する有理数だけからなる数列を，上のような特別な形で求めることに他ならない。

しかし，逆に，一般の 10 進小数が与えられた場合，それが実際に何らかの実数を表しているか否かは，上のように，それを小数点以下 n 位のところで打ち切ったものを a_n とすることで得られた数列 $\{a_n\}$ が，何らかの実数に収束するか否かに関わっている。

高等学校で学んだように，整数でも有限小数でもない有理数は循環する 10 進小数で表され，逆に，どんな循環小数も何らか 1 つの有理数を定めている。

しかし，循環しない 10 進小数は，有理数の小数展開にはなり得ない。

どんな 10 進小数も何らかの実数を定めている，すなわち必ず何らかの実数の小数展開になっているためには，それを示すために定理 3-1(有界単調数列の収束)が必要であったことからわかるように，実数に「すき間」がないこと，すなわち「実数の連続性」が必要である。

その意味で，どんな 10 進小数も実数を定めているということは，「実数の連続性」のもう 1 つの表現とみなすことができる。

Column コラム　実数を作る

平面上に 1 辺の長さが 1 の正方形を描くとき，その対角線はある定まった長さをもつことに疑いをはさむ余地はない。それは「2 乗すると 2 になる数 $\sqrt{2}$」で表される量であり，$\sqrt{2}$ は非有理数，言い換えると，自然数でも整数でもなく，整数と整数の比として表示される分数でもない数である。非有理数は無理数と呼ばれる。無理数の英語表記は irrational number である。次に引くのは，この言葉を語る高木貞治の言葉である。

　　原語の意義は（著者が独逸の某碩学より聞ける所によれば）比 (ratio) ならざる，詳しく言はば二つの自然数の比ならざる数といふにあり。普通の字書にて語源を尋ぬるも亦同様の説明に帰するが如し。さもあるべきことなり。「無理」の語或は妥（おだやか）ならじ。今は姑（しば）らく慣用に従ふ。但無理数は「ムリ数」なり。「理無き数」にては勿論なし。「有理」亦同じ。（『新式算術講義』，筑摩書房より）

$\sqrt{2}$ のような身近な無理数のほかにも，円周率 π や自然対数の底 e など，遠い昔からいくつかの特定の無理数が知られていたが，あらためて「無理数とは何か」と問われたなら，どのように答えたらよいだろうか。19 世紀の半ばころ，微分積分学の厳密な理論展開の鍵はこの問いがにぎっているという自覚が生れ，無理数を定義しようとするさまざまな試みが出現した。代表的な事例はドイツの数学者リヒャルト・デデキント (1831-1916 年) による「有理数の切断」というアイデアである。デデキントの著作『連続性と無理数』(1872 年) の序文によると，1858 年の秋，チューリッヒのスイス連邦工科大学ではじめて微分積分学の講義を担当することになったデデキントは，微分積分学の基礎の厳密性の欠如を痛感したという。デデキントはこう言っている。

　　絶えず増大しながらも，しかもあらゆる限界を越えては増大しないという大きさは，どれでも必ず一つの極限値に近づかなければならないという定理の証明にあたって，私は幾何学的な明証に逃げ道を求めていた。（デデキントの著作の邦訳書『数について』（訳：河野伊三郎，岩波文庫）から引用した。）

ここで語られているのは，単調に増大する有界数列 $\{a_n\}$ は収束するという周知の定理（定理 3-1，p. 39）であり，あたりまえのことのように見える。だが，これを証明するには数列 $\{a_n\}$ が限りなく近づいていく先の「数」を実体化して，数の定義を語る言葉を考案しなければならない。証明の叙述は言葉の世界における出来事であり，「数」を語る言葉がなければ，「数」に収束するという現象を語ることはできないからである。デデキントの苦心がここにあり，デデキントは「無限小解析の原理の純粋に数論的な全く厳密な基礎を見いだすまではいくらでも永く熟考しようと固く決心した」という。思索が実り，「有理数の切断」という実数の定義に到達したのは 1858 年 11 月 24 日である。

有理数までは既知として，デデキントのアイデアに沿って $\sqrt{2}$ の定義を書いてみよう。「2乗すると2より大きくなる正の有理数の全体」を B とし，それ以外の有理数の全体を A とする。A も B も有理数の無限集合で，どちらも空集合ではない。どのような有理数も A と B のいずれかに所属し，A と B に同時に属する有理数は存在しない。しかも A には最大数が存在せず，B には最小数が存在しない。組 (A, B) は「有理数の切断」の一例である。A と B の境界上に，何かしら有理数ではない数がひそんでいるかのようで，その数が組 (A, B) を通じて明るみに押し出されたかのような印象がある。それが $\sqrt{2}$ であり，デデキントは組 (A, B) それ自体を $\sqrt{2}$ と定義した。このような手順を経て無理数 $\sqrt{2}$ が造型された。

有理数の自由な切断を通じて無理数を作り，無理数と有理数を合せて一般に実数と呼び，今度は実数の全体を A と B に区分けして実数の切断 (A, B) を作る。A, B はどちらも空集合ではなく，どの実数も A と B のいずれかに所属し，A の数はみな B の任意の数よりも小さくなるようにするのである。このとき，A に最大数が存在して B に最小数が存在しないか，あるいは A に最大数が存在せず，B に最小数が存在するかのいずれかの現象が見られることに，デデキントは注意を喚起した。これが「実数の連続性」であり，この認識に基づいて微分積分学を構築することを指して，微分積分学の厳密化と呼んでいる。

有理数を知って無理数を作ろうとする手段はデデキントの切断に限定されるわけではなく，さまざまなアイデアが持ち出された。ドイツの数学者カール・ワイエルシュトラス（1815-1897年）は無限小数に着目して無理数を定義した。$\sqrt{2}$ の無限小数展開

$$\sqrt{2} = 1.41421356237\cdots\cdots$$

はよく知られているが，既知の $\sqrt{2}$ を無限小数で表すというのではなく，かえって無限級数

$$1 + 0.4 + 0.01 + 0.0004 + 0.00002 + 0.000001 + \cdots\cdots$$

の和それ自体を $\sqrt{2}$ と定めるというのがワイエルシュトラスのアイデアである。ワイエルシュトラスと同じドイツの数学者ゲオルク・カントール（1845-1918年）は，有理数のコーシー列そのものをもって無理数を定義するというアイデアを提案した。切断，無限小数，コーシー列と，姿形は大きく異なるが，デデキント，ワイエルシュトラス，カントールによる無理数の定義は論理的に見るとみな同等である。今日の微分積分学の基礎がこうして確立された。

章末問題A

1. 次の集合について，上に有界であるときは，上限を答えよ。また，下に有界であるときは，下限を答えよ。ただし，a, b は実数で $a<b$ とする。また，x は任意の実数とする。

(1) 閉区間 $[a, b]$ (2) 開区間 (a, b)

(3) 区間 $[a, \infty)$ (4) 関数 $y=-x^2+2x+3$ のとりうる値

(5) 関数 $y=x^3-1$ のとりうる値

2. a, b を2つの実数とし，r を正の実数とする。どのような自然数 n に対しても $|a-b| \leqq \dfrac{r}{n}$ が成り立つとき，$a=b$ であることを示せ。

3. 次の数列 $\{a_n\}$ の極限を求めよ。

(1) $a_n=\sqrt{n+1}-\sqrt{n}$ (2) $a_n=\left(\dfrac{n}{n+2}\right)^n$ (3) $a_n=\left(1-\dfrac{1}{n}\right)^n$

4. $a_n=\dfrac{3n^2+2n-1}{n^2-1}$ $(n \geqq 2)$ で定まる数列が3に収束することを，$\varepsilon-N$ 論法を用いて示せ。

章末問題B

5. 空集合でない開区間の中には，少なくともひとつ無理数が存在することを示せ。

6. $a>1$ に対して，$a^{\frac{1}{n}}=1+b_n$ とおくとき，次の問いに答えよ。

(1) $0<b_n<\dfrac{a-1}{n}$ が成り立つことを示せ。

(2) 任意の正の実数 ε に対して，$N=\dfrac{a-1}{\varepsilon}$ とおく。このとき，$n \geqq N$ となるすべての自然数 n について，$|b_n|<\varepsilon$ が成り立つことを示せ。

(3) $\lim\limits_{n \to \infty} a^{\frac{1}{n}}$ を求めよ。

7. $a_n>0$, $\lim\limits_{n \to \infty} \dfrac{a_{n+1}}{a_n}=r<1$ とするとき，$\lim\limits_{n \to \infty} a_n=0$ であることを $\varepsilon-N$ 論法で示せ。ただし，極限値 $\lim\limits_{n \to \infty} a_n$ の存在は仮定しない。

8. $0<a<b$ として2つの数列 $\{a_n\}$, $\{b_n\}$ を次のように定める。
$$a_2=\sqrt{a_1 b_1}, \quad b_2=\frac{a_1+b_1}{2}, \quad a_3=\sqrt{a_2 b_2}, \quad b_3=\frac{a_2+b_2}{2}, \quad \cdots\cdots$$

このとき2つの数列 $\{a_n\}$, $\{b_n\}$ は同じ値に収束することを示せ。この値を a, b の算術幾何平均という。

9. 数列 $\{a_n\}$ が $|a_{n+2}-a_{n+1}| \leqq k|a_{n+1}-a_n|$ $(0<k<1$, $n=1, 2, \cdots\cdots)$ を満たすとき，$\{a_n\}$ はコーシー列をなすことを示せ。

第 2 章

関数（1変数）

1 関数の極限／2 極限の意味／3 関数の連続性／4 初等関数
5 補遺：定理の証明

第0章 4 (*p.* 11) で述べたように，（実数全体や区間などの）集合 A 上の，
実数に値をとる **関数** とは，A の各点 $a \in A$ に対し，実数 $f(a)$ がただ1つ
定まる対応のことである。

この章の 1 と 2 では，実数の部分集合上で定義された関数について，そ
の値の極限について学ぶ。1 では関数の極限を直観的に導入し，2 ではそ
の概念的意味を「$\varepsilon - \delta$ 論法」という論法を用いて精密に表現することを学
ぶ。

この極限の概念を踏まえて，3 では関数の連続性を定義し，その基本性
質などについて学ぶ。連続な関数とは，直観的には「グラフが切れ目なくつ
ながっている」関数のことであるが，極限の概念（$\varepsilon - \delta$ 論法）を用いれば，
この解釈を数学的に正確に表現することができる。連続関数がもつ重要な性
質としては，中間値の定理（定理 3-3 (*p.* 74)）と最大値・最小値原理（定理
3-4 (*p.* 74)）がある。

4 では，微分積分学で中心的に扱われる重要な関数のクラスである **初等
関数** の代表的な例について学ぶ。初等関数の中には，三角関数や指数関数，
対数関数のように，既に高等学校で学んでいるものもあるが，逆三角関数の
ように，大学で初めて学ぶものもある。

補遺の節 5 では，連続関数についての重要定理の証明を行なっている。
これらの証明を理解することは，必ずしも必須ではないが，定理についての
より深い理解のために一読を推奨する。

1 関数の極限

この節では,「x がある値に近づく」ということの意味をより明確にさせる。それを踏まえて, 次節で関数の極限概念の精密な意味について議論することにしよう。

◆ 関数の極限とその性質

$x \geq 0$ で定義された関数 $f(x)=\sqrt{x}$ を考えよう。x が, $x \neq 2$ を満たしながら 2 に限りなく近づくと, $f(x)$ の値は $\sqrt{2}$ に限りなく近づく。

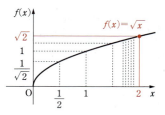

ここで重要なことは, x がどのように 2 に近づいても, $f(x)$ は $\sqrt{2}$ に近づくということである。一口に「x が 2 に近づく」と言っても, 2 より大きい・小さい方から単調に, あるいは 2 を中心に前後しながら近づくなど無限に多くの方法がある。その無限に多くの近づき方のどれによっても, $f(x)$ は $\sqrt{2}$ に近づくということが, ここで主張されていることである。

一般に, 関数 $f(x)$ に対して, x が $f(x)$ の定義域内を, $x \neq a$ を満たしながら実数値 a に限りなく近づくと, その近づき方によらず[*], $f(x)$ がある一定値 α に近づくとき, $f(x)$ は $x \longrightarrow a$ で α に **収束する** といい, 次のように書く。

$$\lim_{x \to a} f(x) = \alpha \quad \text{または} \quad x \longrightarrow a \text{ のとき } f(x) \longrightarrow \alpha$$

また, このとき α を $f(x)$ の $x \longrightarrow a$ における **極限**, または **極限値** という。

注意 a 自身は $f(x)$ の定義域に属していなくてもよい。そのとき, そもそも x が, $f(x)$ の定義域内を通って限りなく a に近づくことができなければ, 極限 $\lim_{x \to a} f(x)$ は存在しない。

数列の極限の場合と同様に, 関数の極限についても, 次の定理が成り立つ。

定理 1-1　関数の極限の性質

関数 $f(x), g(x)$ および実数 a について, $\lim_{x \to a} f(x) = \alpha$, $\lim_{x \to a} g(x) = \beta$ とする。

(1) $\lim_{x \to a} (kf(x) + lg(x)) = k\alpha + l\beta$ 　(k, l は定数)

(2) $\lim_{x \to a} f(x)g(x) = \alpha\beta$ 　　　(3) $\lim_{x \to a} \dfrac{f(x)}{g(x)} = \dfrac{\alpha}{\beta}$ 　(ただし, $\beta \neq 0$)

関数の合成と極限の関係については，次の定理が成り立つ。

> **定理 1-2** 合成関数の極限
> 関数 $f(x)$, $g(x)$ について，$\lim_{x \to a} f(x) = b$, $\lim_{x \to b} g(x) = \alpha$ とし，$g(x)$ は $x = b$ で連続**) とする。このとき，合成関数 $(g \circ f)(x)$ について，$\lim_{x \to a} (g \circ f)(x) = \alpha$ が成り立つ。

定理 1-1 と定理 1-2 の証明は，②の例題 3 と練習 3（$p.64$）で行う。

例 1 x が a に近づくとき，その近づき方がどのようなものであっても，明らかに x 自身は a に近づく。よって $\lim_{x \to a} x = a$

これと定理 1-1 により，例えば

$$\lim_{x \to a} 2x = 2a, \quad \lim_{x \to a} x^2 = a^2, \quad \lim_{x \to a} (x^2 + 2x) = a^2 + 2a$$

などがわかる。一般に，x についての多項式 $f(x)$ について

$$\lim_{x \to a} f(x) = f(a)$$

が成り立つ。

練習 1 以下の極限値を求めよ。

(1) $\lim_{x \to 1} (x^3 + x)$ (2) $\lim_{x \to 2} \dfrac{2x^3 + x}{x - 1}$ (3) $\lim_{x \to -1} \dfrac{x^2 - 3x}{x^2 - 2}$

例 2 $x \neq 1$ で定義された関数 $f(x) = \dfrac{x^3 - 1}{x - 1}$ について，x が 1 に近づくときの $f(x)$ の極限値について考えよう。

$x^3 - 1 = (x - 1)(x^2 + x + 1)$ と因数分解されるので，$x \neq 1$ のとき

$$f(x) = \dfrac{x^3 - 1}{x - 1} = x^2 + x + 1$$

が成り立つ。一方，例 1 より，$x^2 + x + 1$ は x が $x \neq 1$ を満たしながらどのように 1 に近づいても，3 に収束する。よって，次が成り立つ。

$$\lim_{x \to 1} f(x) = \lim_{x \to 1} \dfrac{x^3 - 1}{x - 1} = 3$$

---

*） 近づき方に制限をつけて極限をとる例は，次の項以降で扱う。
**） 関数の連続性は，定義 3-1（$p.71$）を参照。

練習 2 以下の極限値を求めよ。

(1) $\displaystyle\lim_{x\to 1}\frac{2x^2-2}{x-1}$ (2) $\displaystyle\lim_{x\to -2}\frac{x^3+8}{x^2-3x-10}$ (3) $\displaystyle\lim_{x\to 0}\frac{\sqrt{1+2x}-1}{\sqrt{1+x}-1}$

◆ 関数の発散

$x \longrightarrow a$ で $f(x)$ がどんな値にも収束しないとき，$f(x)$ は $x \longrightarrow a$ で **発散する** という。特に，$x \longrightarrow a$ で $f(x)$ の値が限りなく大きくなるとき，$f(x)$ は $x \longrightarrow a$ で **正の無限大に発散する**，または **極限は ∞** といい

$$\lim_{x\to a}f(x)=\infty \quad \text{または} \quad x \longrightarrow a \text{ のとき } f(x) \longrightarrow \infty \quad \text{のように書く。}$$

また，$x \longrightarrow a$ で $f(x)$ の値が負で，その絶対値が限りなく大きくなるとき，$f(x)$ は $x \longrightarrow a$ で **負の無限大に発散する**，または **極限は $-\infty$** といい

$$\lim_{x\to a}f(x)=-\infty \quad \text{または} \quad x \longrightarrow a \text{ のとき } f(x) \longrightarrow -\infty \quad \text{のように書く。}$$

例 3 $x \neq 1$ で定義された関数 $f(x)=\dfrac{1}{(x-1)^2}$ を考える。

$x \neq 1$ を満たしながら x が 1 に近づくとき，$(x-1)^2$ の値は正で，限りなく 0 に近づく。よって，$f(x)$ の値は正で，限りなく大きくなる。すなわち

$$\lim_{x\to 1}\frac{1}{(x-1)^2}=\infty$$

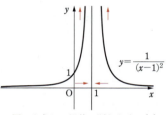

※図のように，以後，断りなく $f(x)$ を y で表すことがある。

練習 3 以下の極限を求めよ。

(1) $\displaystyle\lim_{x\to 1}\frac{x}{(x-1)^2}$ (2) $\displaystyle\lim_{x\to -2}\frac{x}{(x+2)^2}$ (3) $\displaystyle\lim_{x\to 0}\frac{x-\sqrt{1+x}}{\sqrt{1+x^2}-1}$

◆ 左極限・右極限

これまでは，x が（$x \neq a$ を満たしながら）a に近づく任意の方法を考えたが，ある種の近づき方に制限して極限を考えることもできる。例えば，関数 $f(x)$ の定義域内で，x が $x<a$ を満たしながら a に近づくことができるとしよう。この場合，x は数直線上の左から a に近づくことになる。数直線上の左から a に近づく方法にも，無限に多くの方法がある。

x が $x<a$ を満たしながら a に近づくと，その近づき方によらず，$f(x)$ がある一定値 α に近づくとき，α を x が a に近づくときの $f(x)$ の **左極限** といい，次のように書く。

$$\lim_{x \to a-0} f(x) = \alpha \qquad \text{または} \qquad x \longrightarrow a-0 \text{ のとき } f(x) \longrightarrow \alpha$$

このとき，$f(x)$ は $x \longrightarrow a-0$ で α に **収束する** ともいう。

同様に，関数 $f(x)$ の定義域内で，x が $x>a$ を満たしながら a に近づく，すなわち，数直線上の右から a に近づくと，その近づき方によらず，$f(x)$ がある一定値 α に近づくとき，α を x が a に近づくときの $f(x)$ の **右極限** といい，次のように書く。

$$\lim_{x \to a+0} f(x) = \alpha \qquad \text{または} \qquad x \longrightarrow a+0 \text{ のとき } f(x) \longrightarrow \alpha$$

このとき，$f(x)$ は $x \longrightarrow a+0$ で α に **収束する** ともいう。

左極限と右極限を総称して，**片側極限** ということもある。

なお，$x \longrightarrow a-0$ を $x \uparrow a$，$x \longrightarrow a+0$ を $x \downarrow a$ と書くこともある。

また，特に $a=0$ の場合，すなわち $x \longrightarrow 0-0$ や $x \longrightarrow 0+0$ は，それぞれ，$x \longrightarrow -0$ や $x \longrightarrow +0$ のように書く。

注意 右極限と左極限が異なることもある。

例4

$x \neq 0$ で定義された関数 $f(x) = \dfrac{x(x+1)}{|x|}$ は

$x>0$ のとき $\qquad f(x) = \dfrac{x(x+1)}{x} = x+1$

よって $\qquad\qquad \lim_{x \to +0} f(x) = 1$

$x<0$ のとき $\qquad f(x) = \dfrac{x(x+1)}{-x} = -x-1$

よって $\qquad\qquad \lim_{x \to -0} f(x) = -1$

練習4 以下の極限値を求めよ。ただし，[ ] はガウス記号（0 章，$p.6$ 参照）である。

(1) $\displaystyle\lim_{x \to +0} \frac{|x|}{x}$ 　　(2) $\displaystyle\lim_{x \to 2-0} \frac{x^2-4}{|x-2|}$ 　　(3) $\displaystyle\lim_{x \to -2+0} [x]$

$f(x)$ が $x \longrightarrow a-0$ や $x \longrightarrow a+0$ で正の無限大に発散すること（極限が ∞）や，負の無限大に発散すること（極限が $-\infty$）なども，同様に定義される。

① 関数の極限 | 59

例5 $x \neq 0$ で定義された関数 $f(x) = \dfrac{1}{x}$ について,次が成り立つ.

$$\lim_{x \to -0} \frac{1}{x} = -\infty, \qquad \lim_{x \to +0} \frac{1}{x} = \infty$$

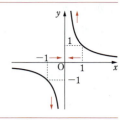

練習5 以下の極限を求めよ.

(1) $\displaystyle \lim_{x \to -0} \frac{x}{|x|}$ 　　(2) $\displaystyle \lim_{x \to 1+0} \frac{1}{x^2-1}$ 　　(3) $\displaystyle \lim_{x \to -1+0} \frac{1}{x^2-1}$

注意 極限 $\displaystyle \lim_{x \to a} f(x) = \alpha$ が存在すれば,もちろん,左極限 $\displaystyle \lim_{x \to a-0} f(x)$ や右極限 $\displaystyle \lim_{x \to a+0} f(x)$ も存在して,その極限値はすべて α に等しい.

逆に,左極限 $\displaystyle \lim_{x \to a-0} f(x)$ と右極限 $\displaystyle \lim_{x \to a+0} f(x)$ が存在して,その両者の値が等しいとき,極限 $\displaystyle \lim_{x \to a} f(x)$ も存在して,これらの値はすべて等しくなる.

このことは,直観的にはわかりやすいが,その証明には極限の厳密な定義が必要となるので,後に定理 2-2 (p. 66) で証明することにする.

◆ $x \longrightarrow \infty$ および $x \longrightarrow -\infty$ における極限

関数 $f(x)$ の定義域の中で,x が限りなく大きくなるとき,その大きくなり方によらず,$f(x)$ がある一定値 α に近づくならば,$f(x)$ は $x \longrightarrow \infty$ で α に **収束する** といい,$\displaystyle \lim_{x \to \infty} f(x) = \alpha$ 　または　 $x \longrightarrow \infty$ のとき $f(x) \longrightarrow \alpha$

と書く.このとき α は $f(x)$ の $x \longrightarrow \infty$ における **極限**,または **極限値** という.

同様に,関数 $f(x)$ の定義域の中で,x が負で,その絶対値が限りなく大きくなるとき,その方法によらず,$f(x)$ がある一定値 α に近づくならば,$f(x)$ は $x \longrightarrow -\infty$ で α に **収束する** といい,次のように書く.

$$\lim_{x \to -\infty} f(x) = \alpha \qquad または \qquad x \longrightarrow -\infty \text{ のとき } f(x) \longrightarrow \alpha$$

このとき α は $f(x)$ の $x \longrightarrow -\infty$ における **極限**,または **極限値** という.

$f(x)$ が $x \longrightarrow \infty$ や $x \longrightarrow -\infty$ で正の無限大に発散すること (極限が ∞) や,負の無限大に発散すること (極限が $-\infty$) なども,同様に定義される.

練習6 次の関数の $x \longrightarrow \infty$ および $x \longrightarrow -\infty$ における極限を求めよ.

(1) $\dfrac{1-x}{1+x}$ 　　(2) $\dfrac{1}{x^2-1}$ 　　(3) $\dfrac{2|x|+1}{3x-2}$ 　　(4) $x^3 - 10x^2$

2 極限の意味

この節では，関数の極限について，高等学校までの直観的な理解から進んで，精密な議論を行うための基礎を学ぶ．

◆ ε–δ 論法

1章では「$n \longrightarrow \infty$ のとき，数列 $\{a_n\}$ が α に収束する」ということの意味を，「いかなる正の実数 ε に対しても，それに応じて番号 N を選べば，N 番目以降のすべての a_n は α との差が ε より小さくなる」ということとして解釈した．つまり，α と a_n の差（以下，誤差と示す）$|a_n - \alpha|$ をどのように小さく設定しても，それに応じて番号 N を十分大きくすれば，それ以降は誤差をその値に収めることができる，ということである．

本章で扱う「$x \longrightarrow a$ のとき，関数 $f(x)$ が α に収束する」ということの意味も，同様に解釈することができる．この場合も，α と $f(x)$ との誤差，すなわち $|f(x) - \alpha|$ の範囲をどのように小さく設定しても，それに応じて $|x - a|$ を十分小さく設定すれば，その誤差を与えられた範囲に収めることができる，というように解釈する．

このことを，図を用いて考えてみよう．

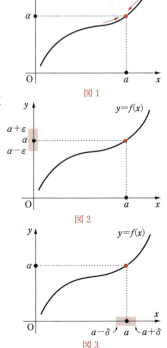

図1

図2

図3

右の図のように，$x \longrightarrow a$ で関数 $f(x)$ が α に収束するという状況を考える（図1）．
「$f(x)$ の値がどこまでも α に近づく」というのは，$f(x)$ と α との「誤差」を，いくらでも小さくすることができる，ということ，つまり，与えられた（どんなに小さな）正の実数 ε に対しても，$f(x)$ と α との差を ε より小さくできるということである．そこで，y 軸上に，その「誤差の範囲」として，α との差が ε よりも小である区間，すなわち，開区間 $(\alpha - \varepsilon, \alpha + \varepsilon)$ を考える（図2）．

このとき，これに応じて a を中心とした開区間 $(a - \delta, a + \delta)$ を十分に小さくとる（図3）．

つまり，δ を十分に小さい正の実数にとる。

δ が十分に小さければ，x が $x \neq a$ を満たしながら開区間 $(a-\delta, a+\delta)$ の中にいる限り（x がどのような動き方をしたとしても）$f(x)$ の値は，最初に設定した誤差の範囲 $(\alpha-\varepsilon, \alpha+\varepsilon)$ に収まるであろう（図4）。

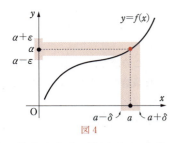

図4

逆に，このようなことができるとき，すなわち，与えられた（どんなに小さい）誤差の範囲 ε に対しても，x と a との距離を十分に小さく設定すれば，$f(x)$ と α の誤差を本当に ε よりも小さく収めることができる，ということを $\lim_{x \to a} f(x) = \alpha$ の意味と解釈するわけである。

以上より，関数の極限は，次のように定義される。

定義 2-1　関数の極限

任意の正の実数 ε に対して，ある正の実数 δ が存在して，$f(x)$ の定義域内の $0 < |x-a| < \delta$ であるすべての x について $|f(x) - \alpha| < \varepsilon$ となるとき，関数 $f(x)$ は $x \longrightarrow a$ で α に収束するという。

例1

関数 $f(x) = x^2 + 1$ は $x \longrightarrow 1$ で 2 に収束する。$\varepsilon = 0.1$ として，$0 < |x-1| < \delta$ なら $|f(x) - 2| < \varepsilon$ を満たすような正の実数 δ を求める。
$|f(x) - 2| < 0.1$ とすると，$-0.1 < x^2 - 1 < 0.1$ から $0.9 < x^2 < 1.1$ であり，$x > 0$ なら $\sqrt{0.9} < x < \sqrt{1.1}$ である。
$\sqrt{0.9} - 1 = -0.0513\cdots$，$\sqrt{1.1} - 1 = 0.0488\cdots$ より $|\sqrt{0.9} - 1| > |\sqrt{1.1} - 1|$ なので，$|x-1| < \sqrt{1.1} - 1$ であれば，$|f(x) - 2| < \varepsilon$ となる。
よって，δ としては $\sqrt{1.1} - 1$ よりも小さい正の実数をとればよい。
例えば $\delta = 0.04$ とすると $|x-1| < 0.04$ から $0.96 < x < 1.04$ で，$-0.0748 < x^2 - 1 < 0.0816$ と計算され，次のようになる。
$$|f(x) - 2| = |x^2 - 1| < 0.0816 < 0.1 = \varepsilon$$

このように，関数の極限を正の実数 ε，δ などを用いて議論する方法のことを，$\varepsilon - \delta$（イプシロンデルタ）論法という。

練習1　例1で $\varepsilon = 0.05$，$\varepsilon = 0.005$ のとき，正の実数 δ の値をそれぞれ1つ定めよ。また，一般の ε のとき，δ はどうすればよいか。

注意 関数 $f(x)$ が $x \longrightarrow a$ で α に収束するということを，$\varepsilon-\delta$ 論法を用いた論理式で書くと，次のようになる（ただし，I は関数 $f(x)$ の定義域とする）。

($*$)　$\forall \varepsilon > 0$　$\exists \delta > 0$　such that　$\forall x \in I$　$(0 < |x-a| < \delta \implies |f(x) - \alpha| < \varepsilon)$

◆ $\varepsilon-\delta$ 論法を用いた証明

具体的な関数の極限に関する等式を，$\varepsilon-\delta$ 論法を用いて証明してみよう。

例題 1　$\displaystyle\lim_{x \to 1} 2x = 2$ を，$\varepsilon-\delta$ 論法を用いて証明せよ。

指針　証明するべきことは，$f(x) = 2x$ として $\displaystyle\lim_{x \to 1} f(x) = 2$ である。また，$x \longrightarrow 1$ であるから $|x-1|$ を考え，定義 2-1 に沿って証明する。

証明　$f(x) = 2x$ とする。任意の正の実数 ε に対して，$\delta = \dfrac{1}{2}\varepsilon$ とする。

このとき $0 < |x-1| < \delta$ ならば，$|f(x) - 2| = 2|x-1| < 2\delta = \varepsilon$

となる。よって，$\displaystyle\lim_{x \to 1} 2x = 2$ が示された。　■

例題 2　$\displaystyle\lim_{x \to 3} \dfrac{x^2+1}{x+2} = 2$ を，$\varepsilon-\delta$ 論法を用いて証明せよ。

指針　$x \longrightarrow 3$ を考えるから，$x-3$ という因数が出てくるように式を変形する。

実際に，$\dfrac{x^2+1}{x+2} - 2 = (x-3)\dfrac{x+1}{x+2}$ と計算できるが，もし $|x-3| < 1$，つまり $2 < x < 4$ ならば，$3 < x+1 < 5$ かつ $\dfrac{1}{6} < \dfrac{1}{x+2} < \dfrac{1}{4}$ である。

これをヒントにして，与えられた ε に対して，δ を上手に選ぶ。

証明　任意の正の実数 ε に対して，$\delta = \min\left\{1, \dfrac{4}{5}\varepsilon\right\}$ とする。

$0 < |x-3| < \delta$ なら，特に $|x-3| < 1$ であるから $\left|\dfrac{x+1}{x+2}\right| < \dfrac{5}{4}$ であり $0 < |x-3| < \delta$ のとき　$\left|\dfrac{x^2+1}{x+2} - 2\right| = |x-3|\left|\dfrac{x+1}{x+2}\right| < \dfrac{4}{5}\varepsilon \cdot \dfrac{5}{4} = \varepsilon$

となる。よって，題意の等式が示された。　■

上の例題のように，任意に与えられた ε に対し，δ を $\delta = \min\{1, k\varepsilon\}$ という形で，定数 k を適切に選ぶと，うまく議論できることがある。

練習 2 次の等式を，$\varepsilon-\delta$ 論法を用いて証明せよ。
(1) $\lim_{x \to 1}(5x-3)=2$
(2) $\lim_{x \to -1}(x^2+1)=2$

例題 3 定理 1-1 (1) ($p.56$) を証明せよ。
関数 $f(x)$, $g(x)$ および実数 a について，$\lim_{x \to a} f(x)=\alpha$, $\lim_{x \to a} g(x)=\beta$ とするとき
$$\lim_{x \to a}(kf(x)+lg(x))=k\alpha+l\beta$$
ただし，k, l は定数

証明 最初に，正の実数 M を，$M > \max\{|k|, |l|\}$ になるようにとっておく。

任意の正の実数 ε をとる。このとき，$\dfrac{\varepsilon}{2M}$ も正の実数である。

$\lim_{x \to a} f(x)=\alpha$ であるから，正の実数 δ_1 を，$0<|x-a|<\delta_1$ であるすべての x について，$|f(x)-\alpha|<\dfrac{\varepsilon}{2M}$ となるようにとれる。

同様に，$\lim_{x \to a} g(x)=\beta$ であるから，正の実数 δ_2 を，$0<|x-a|<\delta_2$ であるすべての x について，$|g(x)-\beta|<\dfrac{\varepsilon}{2M}$ となるようにとれる。

ここで $\delta=\min\{\delta_1, \delta_2\}$ とすると，$|x-a|<\delta$ のとき
$$\begin{aligned}|(kf(x)+lg(x))-(k\alpha+l\beta)| &= |k(f(x)-\alpha)+l(g(x)-\beta)| \\ &\leq |k||f(x)-\alpha|+|l||g(x)-\beta| \\ &< M \cdot \frac{\varepsilon}{2M}+M \cdot \frac{\varepsilon}{2M} \\ &= \varepsilon\end{aligned}$$

よって，$\lim_{x \to a}(kf(x)+lg(x))=k\alpha+l\beta$ が示された。 ∎

練習 3
(1) 定理 1-1 (2)，および (3) を $\varepsilon-\delta$ 論法を用いて証明せよ。
(2) 定理 1-2 ($p.57$) を $\varepsilon-\delta$ 論法を用いて証明せよ。

◆ 他の極限概念と $\varepsilon-\delta$ 論法

左極限や右極限も，$\varepsilon-\delta$ 論法で次のように表現することができる。

[1] 左極限 $\lim\limits_{x \to a-0} f(x) = \alpha$

「任意の正の実数 ε に対して，ある正の実数 δ が存在して，

$0 < a - x < \delta^{*)}$ であるすべての x について $|f(x) - \alpha| < \varepsilon$ が成り立つ。」

[2] 右極限 $\lim\limits_{x \to a+0} f(x) = \alpha$

「任意の正の実数 ε に対して，ある正の実数 δ が存在して，

$0 < x - a < \delta^{*)}$ であるすべての x について $|f(x) - \alpha| < \varepsilon$ が成り立つ。」

同様に $x \longrightarrow \infty$ や $x \longrightarrow -\infty$ の場合の収束についても，$\varepsilon - \delta$ 論法で以下のように表現することができる。

[3] $\lim\limits_{x \to \infty} f(x) = \alpha$

「任意の正の実数 ε に対して，ある正の実数 δ が存在して，

$x > \delta^{*)}$ であるすべての x について $|f(x) - \alpha| < \varepsilon$ が成り立つ。」

[4] $\lim\limits_{x \to -\infty} f(x) = \alpha$

「任意の正の実数 ε に対して，ある正の実数 δ が存在して，

$x < -\delta^{*)}$ であるすべての x について $|f(x) - \alpha| < \varepsilon$ が成り立つ。」

注意　[3]，[4] における δ は，[1]，[2] とは違って，十分大きな正の実数を想定している。

数列の極限を議論する上で，$\varepsilon - N$ 論法が強力な論法であったのと同様に，関数の極限に関するさまざまな事実や性質を理解する上で，$\varepsilon - \delta$ 論法は極めて強力かつ便利な論法である。

例えば，$\varepsilon - \delta$ 論法を使えば，例題 3 で行ったように，今まで証明を保留してきたいくつかの定理の証明をすることができる。

また，次のページの定理 2-1 のような，極限に関する大小関係も，数列の場合（$p. 34$，第 1 章の定理 2-6）と同様に証明できる。

---

*)　[1]　左極限は，x が常に $a > x$ を満たしながら a に近づくから $a - x$ を考える。

　　　[2]　右極限は，x が常に $x > a$ を満たしながら a に近づくから $x - a$ を考える。

　　　[3]　$x \longrightarrow \infty$ であるから $x > \delta$ を満たす x と考える。

　　　[4]　$x \longrightarrow -\infty$ であるから $x < -\delta$ を満たす x と考える。

> **定理 2-1** 大小関係と極限
>
> 開区間 $I=(a,\ b)\ (a<b)$ 上の関数 $f(x)$ について，$\displaystyle\lim_{x\to a+0}f(x)=\alpha$ とする。ただし，α は実数とする。
>
> (1) 実数 c について，$f(x)\geqq c$ がすべての $x\in I$ について成り立つなら，$\alpha\geqq c$ である。
>
> (2) 実数 d について，$f(x)\leqq d$ がすべての $x\in I$ について成り立つなら，$\alpha\leqq d$ である。

証明 (1)を背理法で証明しよう。$\alpha<c$ と仮定する。このとき，正の実数 $\varepsilon=c-\alpha$ を考える。$\displaystyle\lim_{x\to a+0}f(x)=\alpha$ なので，$0<x-a<\delta$ であるすべての x について $|f(x)-\alpha|<\varepsilon$ となるような，正の実数 δ がとれる。しかし，このとき，$f(x)<\alpha+\varepsilon=c$ となり，任意の $x\in I$ について $f(x)\geqq c$ が成り立つことに矛盾する。よって，背理法により $\alpha\geqq c$ となり，(1)が示された。(2)も同様にして証明することができる。■

練習 4 上の定理 2-1 (2) を証明せよ。

注意 定理 2-1 において，条件 $\displaystyle\lim_{x\to a+0}f(x)=\alpha$ を $\displaystyle\lim_{x\to b-0}f(x)=\alpha$ におき換えても，同様の結果が得られる。また，$I=(a,\ \infty)$ として $\displaystyle\lim_{x\to\infty}f(x)=\alpha$ としても，あるいは $I=(-\infty,\ b)$ として $\displaystyle\lim_{x\to-\infty}f(x)=\alpha$ としても，同様の結果が得られる。

最後に，$\boxed{1}$ の終わりに述べた，片側極限と極限の関係を証明しておこう。

> **定理 2-2** 片側極限と極限の関係
>
> $x=a$ を含む区間で定義された関数 $f(x)$ について，次が成り立つ。
>
> (1) 極限 $\displaystyle\lim_{x\to a}f(x)=\alpha$ が存在するとき，左極限 $\displaystyle\lim_{x\to a-0}f(x)$ や右極限 $\displaystyle\lim_{x\to a+0}f(x)$ も存在して，その極限値はすべて α に等しい。
>
> (2) 逆に，左極限 $\displaystyle\lim_{x\to a-0}f(x)$ と右極限 $\displaystyle\lim_{x\to a+0}f(x)$ が存在して，その両者の値が等しいとき，極限 $\displaystyle\lim_{x\to a}f(x)$ も存在して，次が成り立つ。
>
> $$\lim_{x\to a}f(x)=\lim_{x\to a-0}f(x)=\lim_{x\to a+0}f(x)$$

第 2 章 関数

証明 (1) $\lim_{x \to a} f(x) = \alpha$ なので，任意の正の実数 ε について，正の実数 δ を，

$0 < |x-a| < \delta$ となるすべての x について $|f(x)-\alpha| < \varepsilon$ が成り立つようにとれる。

$0 < a-x < \delta$ であるすべての x について，$0 < |x-a| < \delta$ であるから，$|f(x)-\alpha| < \varepsilon$ である。

これが任意の正の実数 ε について成り立つので，$\lim_{x \to a-0} f(x) = \alpha$ となる。

同様に，$\lim_{x \to a+0} f(x) = \alpha$ も示される。

(2) 左極限 $\lim_{x \to a-0} f(x)$ と右極限 $\lim_{x \to a+0} f(x)$ が存在して共通の値 α であるとする。このとき，任意の正の実数 ε をとる。

$\lim_{x \to a-0} f(x) = \alpha$ であるから，正の実数 δ_1 を，$0 < a-x < \delta_1$ となるすべての x について $|f(x)-\alpha| < \varepsilon$ が成り立つようにとれる。

また，$\lim_{x \to a+0} f(x) = \alpha$ であるから，正の実数 δ_2 を，$0 < x-a < \delta_2$ となるすべての x について $|f(x)-\alpha| < \varepsilon$ が成り立つようにとれる。

$\delta = \min\{\delta_1, \delta_2\}$ とする。

このとき，$0 < |x-a| < \delta$ である任意の x について，$0 < a-x < \delta$ であるか，$0 < x-a < \delta$ のどちらかであり，どちらの場合も，$|f(x)-\alpha| < \varepsilon$ が成り立つ。

よって，$\lim_{x \to a} f(x) = \alpha$ である。　■

研究 **関数の極限としてのネイピアの定数**

第 1 章 ③ の *p.43* で，数列の極限を用いて導入したネイピアの定数 e は，次のように，関数の極限を用いて表すこともできる。

> **定理 2-3**　**関数の極限としての e**
> $$e = \lim_{x \to 0} (1+x)^{\frac{1}{x}} = \lim_{x \to \infty} \left(1+\frac{1}{x}\right)^x = \lim_{x \to -\infty} \left(1+\frac{1}{x}\right)^x$$

証明 定理 2-2 (2) より，等式 $e = \lim_{x \to 0} (1+x)^{\frac{1}{x}}$ を示すには

$\lim_{x \to +0} (1+x)^{\frac{1}{x}} = e$，および $\lim_{x \to -0} (1+x)^{\frac{1}{x}} = e$ を示せばよい。

② 極限の意味 67

$\displaystyle\lim_{x\to+0}(1+x)^{\frac{1}{x}}$ と $\displaystyle\lim_{x\to-0}(1+x)^{\frac{1}{x}}$ において x と $\dfrac{1}{x}$ を入れ替えると，前者は

$\displaystyle\lim_{x\to\infty}\left(1+\dfrac{1}{x}\right)^{x}$ に等しく，後者は $\displaystyle\lim_{x\to-\infty}\left(1+\dfrac{1}{x}\right)^{x}$ に等しい。

更に $t=-x$ とすると，$t\neq1$ として

$$\lim_{x\to-\infty}\left(1+\dfrac{1}{x}\right)^{x}=\lim_{t\to\infty}\left(1-\dfrac{1}{t}\right)^{-t}=\lim_{t\to\infty}\left(\dfrac{t}{t-1}\right)^{t}$$
$$=\lim_{t\to\infty}\left(1+\dfrac{1}{t-1}\right)^{t-1}\left(1+\dfrac{1}{t-1}\right)$$

と変形される。

$\displaystyle\lim_{t\to\infty}\left(1+\dfrac{1}{t-1}\right)=1$ だから，結局，$\displaystyle\lim_{x\to\infty}\left(1+\dfrac{1}{x}\right)^{x}=e$ のみを示せばよい。

$x\geqq1$ である任意の実数 x について，自然数 n を $n\leqq x\leqq n+1$ となるようにとる。

このとき，$1<1+\dfrac{1}{n+1}\leqq1+\dfrac{1}{x}\leqq1+\dfrac{1}{n}$ なので

$$\left(1+\dfrac{1}{n+1}\right)^{n}\leqq\left(1+\dfrac{1}{x}\right)^{x}\leqq\left(1+\dfrac{1}{n}\right)^{n+1}$$

が成り立つ。

ここで $\left(1+\dfrac{1}{n}\right)^{n+1}=\left(1+\dfrac{1}{n}\right)^{n}\left(1+\dfrac{1}{n}\right)$

$$\left(1+\dfrac{1}{n+1}\right)^{n}=\dfrac{\left(1+\dfrac{1}{n+1}\right)^{n+1}}{1+\dfrac{1}{n+1}}$$

$$\lim_{n\to\infty}\left(1+\dfrac{1}{n}\right)^{n}=e$$

が成り立つから，$\left(1+\dfrac{1}{n}\right)^{n+1}$，$\left(1+\dfrac{1}{n+1}\right)^{n}$ はどちらも $n\longrightarrow\infty$ で e に収束する。

$x\longrightarrow\infty$ のとき $n\longrightarrow\infty$ なので，はさみうちの原理により，

$x\longrightarrow\infty$ で $\left(1+\dfrac{1}{x}\right)^{x}$ が e に収束することがわかる。　■

研究 コーシーの収束判定

第 1 章の定理 3-3（$p.40$）では，数列の収束について，コーシーの定理を述べた。関数の収束に関しても，これと同様の収束判定条件が成り立つ。すなわち，関数の収束について，その極限値がわからなくても，何らかの値に収束するか否かを判定することができる。まず，最初に右極限に関して，コーシーの収束判定条件を述べよう。

定理 2-4　関数の右極限に関するコーシーの判定条件

区間 $I=(a, b]$ $(a<b)$ で定義されている関数 $f(x)$ について，右極限 $\lim\limits_{x\to a+0} f(x)$ が存在するための必要十分条件は，次の条件（＊）が成り立つことである。

（＊）　任意の正の実数 ε について，正の実数 δ が存在して，$a<x<a+\delta$，$a<y<a+\delta$ を満たす任意の x,y について $|f(x)-f(y)|<\varepsilon$ が成り立つ。

注意　条件（＊）を論理式で書くと，次のようになる。

（＊）　$\forall \varepsilon>0$　$\exists \delta>0$ such that $\forall x,y\in I$　$(x,y\in(a,a+\delta) \implies |f(x)-f(y)|<\varepsilon)$

左極限についても同様である。すなわち，左極眼 $\lim\limits_{x\to b-0} f(x)$ が存在するための必要十分条件は

（＊）'　任意の正の実数 ε について，正の実数 δ が存在して，$b-\delta<x<b$，$b-\delta<y<b$ を満たす任意の x,y について $|f(x)-f(y)|<\varepsilon$ が成り立つ。

また，$x \longrightarrow \pm\infty$ における極限についても，同様の判定条件が成り立つ。すなわち，極限 $\lim\limits_{x\to\infty} f(x)$ が存在するための必要十分条件は

（†）　任意の正の実数 ε について，正の実数 δ が存在して，$x>\delta$，$y>\delta$ を満たす任意の x,y について $|f(x)-f(y)|<\varepsilon$ が成り立つ。

同様に，極限 $\lim\limits_{x\to-\infty} f(x)$ が存在するための必要十分条件は

（†）'　任意の正の実数 ε について，正の実数 δ が存在して，$x<-\delta$，$y<-\delta$ を満たす任意の x,y について $|f(x)-f(y)|<\varepsilon$ が成り立つ。

これらの判定条件については，定理 2-4 と同様に証明される。よって，ここでは定理 2-4 の証明だけを行う。証明の方針は，これまで行ってきたように，$\varepsilon-\delta$ 論法と $\varepsilon-N$ 論法（$p.27$）に従う。

2 極限の意味 | 69

定理 2-4 の **証明**　まず，右極限 $\lim\limits_{x \to a+0} f(x)$ が存在するとして，条件（∗）が成り立つことを示そう。

$\lim\limits_{x \to a+0} f(x) = \alpha$ とする。任意の正の実数 ε について，$a < x < a + \delta$ なら

$|f(x) - \alpha| < \dfrac{\varepsilon}{2}$ となる正の実数 δ をとることができる。

このとき，$a < x < a + \delta$，$a < y < a + \delta$ である任意の x, y について
$$|f(x) - f(y)| = |f(x) - \alpha + \alpha - f(y)|$$
$$\leq |f(x) - \alpha| + |f(y) - \alpha| < \frac{\varepsilon}{2} + \frac{\varepsilon}{2} = \varepsilon$$

よって，条件（∗）が満たされることが示された。

逆に条件（∗）が成り立つとして，右極限 $\lim\limits_{x \to a+0} f(x)$ が存在することを示そう。

任意の自然数 n について，$a_n = a + \dfrac{b-a}{n}$ として，数列 $\{a_n\}$ を定める。

任意の正の実数 ε について，条件（∗）における δ をとる。

このとき，自然数 N を $N\delta > b - a$ となるようにとれば[∗)]，N 以上のすべての自然数 n について $a_n - a < \delta$，すなわち $a < a_n < a + \delta$ となる。

条件（∗）より，n, $m > N$ である任意の自然数 n, m について $|f(a_n) - f(a_m)| < \varepsilon$ が成り立つので，数列 $\{f(a_n)\}$ はコーシー列である。

よって，第 1 章定理 3-3 ($p.40$) より，$\lim\limits_{n \to \infty} f(a_n) = \alpha$ となる実数 α が存在する。この α について，$\lim\limits_{x \to a+0} f(x) = \alpha$ であることを示そう。

任意の正の実数 ε について，条件（∗）より，任意の x, $y \in (a, a+\delta)$ について $|f(x) - f(y)| < \dfrac{\varepsilon}{2}$ となる正の実数 δ をとることができる。

また，$\lim\limits_{n \to \infty} f(a_n) = \alpha$ なので，自然数 N で，N 以上の n について

$|f(a_n) - \alpha| < \dfrac{\varepsilon}{2}$ が成り立つようなものをとることができる。

$a < x < a + \delta$ のとき，N 以上の n で $a < a_n < a + \delta$ であるものをとると
$$|f(x) - \alpha| = |f(x) - f(a_n) + f(a_n) - \alpha|$$
$$\leq |f(x) - f(a_n)| + |f(a_n) - \alpha| < \frac{\varepsilon}{2} + \frac{\varepsilon}{2} = \varepsilon$$

よって，$\lim\limits_{x \to a+0} f(x) = \alpha$ であることが示された。∎

∗）アルキメデスの原理（$p.19$）を使っている。

3 関数の連続性

ここでは，関数の連続性とそれに関する重要な性質について復習しよう。

◆連続性の概念

数直線上の $x=a$ を含む区間で定義されている関数 $f(x)$ が

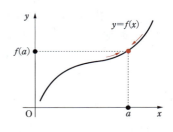

「$x=a$ において連続である」

というのは，直観的には，$x=a$ で $y=f(x)$ のグラフがつながっているということである。一方，このことを厳密に考えると，数直線上の左から $x=a$ に近づいたときの極限値と，数直線上の右から $x=a$ に近づいたときの極限値が一致して，しかも $f(a)$ に等しいこと，として解釈される。

よって，定理 2-2 (*p.* 66，片側極限と極限の関係) を踏まえて，関数の連続性を，次のように定義する。

> **定義 3-1 関数の連続性**
> $x=a$ を含む区間で定義されている関数 $f(x)$ が，$x=a$ において連続であるとは，$\lim_{x \to a} f(x) = f(a)$ が成立することである。

$f(x)$ が，その定義域の中のすべての点で連続であるとき，$f(x)$ は **連続関数** であるという。

(1) 関数 $f(x) = \begin{cases} 0 & (x<0) \\ 1 & (x \geqq 0) \end{cases}$

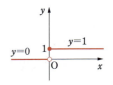

は，$x \longrightarrow 0$ での極限値 $\lim_{x \to 0} f(x)$ が存在しないので，$x=0$ で連続でない。

(2) 関数 $f(x) = \begin{cases} |x| & (x \neq 0) \\ -1 & (x=0) \end{cases}$

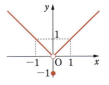

は，$x \longrightarrow 0$ での極限値 $\lim_{x \to 0} f(x)$ が存在するが，その極限値 0 が $f(0)=-1$ と一致しないので，$x=0$ で連続でない。

注意 関数 $f(x)$ が閉区間 $[a, b]$ $(a<b)$ 上で定義されている場合，その端点 a, b における連続性は，片側極限によって定義される。実際，この場合，例えば $[a, b]$ において $x \longrightarrow a$ であることは，$x \longrightarrow a+0$ となる。よって，$[a, b]$ 上の関数 $f(x)$ が $x=a$ で連続であるとは，次が成り立つことである。

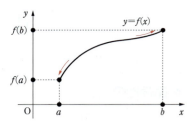

$$\lim_{x \to a+0} f(x) = f(a)$$

また，$f(x)$ が $x=b$ で連続であるとは，次が成り立つことである。

$$\lim_{x \to b-0} f(x) = f(b)$$

以上から，$x=a$ での連続性の条件は，次の2つに整理することができる。

[1] 極限値 $\lim_{x \to a} f(x)$ が存在する。

[2] しかも，その極限値は $f(a)$ に一致する。

◆関数の演算と連続性

[1] の定理 1-1（p.56，関数の極限の性質）から，次の定理がわかる。

> **定理 3-1** 関数の四則演算と連続性
> 関数 $f(x)$, $g(x)$ が，$x=a$ で連続であるとする。このとき，次の関数も $x=a$ で連続である。
> (1) $kf(x)+lg(x)$ （k, l は定数） (2) $f(x)g(x)$
> (3) $\dfrac{f(x)}{g(x)}$ （ただし，$g(a) \neq 0$）

証明 (1)を証明する。$f(x)$ と $g(x)$ は $x=a$ で連続なので，$\lim_{x \to a} f(x) = f(a)$ と $\lim_{x \to a} g(x) = g(a)$ が成り立つ。

定理 1-1(1) より，$kf(x)+lg(x)=h(x)$ とおくと

$$\lim_{x \to a}(kf(x)+lg(x)) = kf(a)+lg(a) = h(a)$$

なので，$h(x)=kf(x)+lg(x)$ は $x=a$ で連続である。

(2), (3) も同様に，定理 1-1(2), (3) を用いて示される。 ∎

定理 3-1 の (2), (3) を，$\varepsilon-\delta$ 論法を用いて証明せよ。

72 | 第2章 関数

例2 ① の例1 (*p.*57) で学んだことから，多項式で与えられた関数 $f(x)$ は，すべての実数 a について $\lim_{x \to a} f(x) = f(a)$ が成り立つ。

よって，多項式で与えられる関数は，すべての実数上で連続である。

また，定理 3-1(3) より，多項式の分数式 $f(x) = \dfrac{g(x)}{h(x)}$ で与えられた関数は，$h(a) \neq 0$ であるすべての $x=a$ で連続である。

定理 3-2 合成関数の連続性

$f(x)$ を $x=a$ を含む区間で定義されている関数とし，$b=f(a)$ とする。
また，$g(x)$ を $x=b$ を含む区間で定義されている関数とする。
$f(x)$ が $x=a$ で連続で，$g(x)$ が $x=b$ で連続ならば，合成関数 $(g \circ f)(x)$ は $x=a$ で連続である。

証明 $f(x)$ が $x=a$ で連続なので，$\lim_{x \to a} f(x) = f(a) = b$ である。

また，$g(x)$ が $x=b$ で連続なので，$\lim_{x \to b} g(x) = g(b)$ である。

よって，定理 1-2 (*p.*57) より
$$\lim_{x \to a} (g \circ f)(x) = g(b) = g(f(a)) = (g \circ f)(a)$$
であり，$(g \circ f)(x)$ は $x=a$ で連続である。 ■

◆ 連続関数の性質

図のように，閉区間 $[a, b]$ $(a<b)$ 上の連続関数 $y=f(x)$ を考え，$f(a) \neq f(b)$ であるとしよう。関数が連続であるとは，そのグラフが切れ目なくつながっている，ということであったから，$f(a)$ と $f(b)$ の間のどんな値 l に対しても，その値を関数 $f(x)$ においてとるような閉区間 $[a, b]$ 内の点 c が，必ず存在する。つまり，$c \in [a, b]$ で $f(c) = l$ となるものが存在するはずだと考えられる。

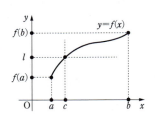

このことを，実数の連続性を用いて厳密に証明したのが，次の中間値の定理である。

> **定理 3-3** 中間値の定理
> 閉区間 $[a, b]$ $(a<b)$ 上の連続関数 $y=f(x)$ において，$f(a) \neq f(b)$ であるとする。このとき，$f(a)$ と $f(b)$ の間の任意の値 l に対して，$f(c)=l$ を満たす $c \in [a, b]$ が，少なくとも1つ存在する。

証明は，*p.83*, 5 補遺：定理の証明を参照。

連続関数のもつ，もう1つの重要な性質は，次の最大値・最小値原理である。

> **定理 3-4** 最大値・最小値原理
> 閉区間 $[a, b]$ 上の連続関数 $y=f(x)$ は，最大値および最小値をとる。すなわち，$c, d \in [a, b]$ で，$M=f(c)$ は $[a, b]$ における $f(x)$ の値の最大値であり，$m=f(d)$ は $[a, b]$ における $f(x)$ の値の最小値であるものが存在する。

証明は，5 補遺：定理の証明 *p.84* を参照。

定理 3-4 において，閉区間を考えていることが重要な点である。

実際，下の例 3 のように，開区間上の連続関数は最大値や最小値をとらないことがあり得る。

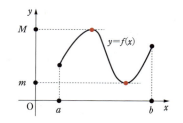

例 3　開区間 $(-1, 1)$ 上の関数 $f(x)=\dfrac{1}{1-x^2}$ を考える。

例 2 で学んだことから，$f(x)$ は $(-1, 1)$ 上で連続である。

しかし，これは $x \longrightarrow -1+0$ および $x \longrightarrow 1-0$ で正の無限大に発散するため，$(-1, 1)$ 上で最大値をもたない。

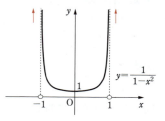

練習 2
(1) 方程式 $3x^3-4^x=0$ は開区間 $(1, 2)$ において少なくとも1つ解をもつことを示せ。
(2) 関数 $y=2x-\sqrt{x}$ は，閉区間 $[0, 1]$ で最大値，最小値をもつか。開区間 $(0, 1)$ ではどうか。

4 初等関数

　この節では「初等関数」と呼ばれているクラスの関数について学ぶ。高等学校までで，三角関数，指数関数，対数関数は学んでいるが，逆三角関数や双曲線関数は，ここで新しく学ぶ関数である。

◆ 代数的に定まる関数

　③ 例2 ($p.73$) で確かめたように，変数 x の多項式
$$f(x) = a_n x^n + a_{n-1} x^{n-1} + \cdots\cdots + a_1 x + a_0 \quad (a_0, a_1, \cdots\cdots, a_n \in \mathbb{R})$$
で定まる関数 $y = f(x)$ は，すべての実数上で連続な関数である。このような関数を，x についての **多項式関数** という。また，多項式の分数式
$$f(x) = \frac{g(x)}{h(x)} \quad (g(x),\ h(x) \text{ は多項式で } h(x) \neq 0)$$
で定まる関数 $y = f(x)$ は，部分集合 $\{a \mid h(a) \neq 0,\ a \in \mathbb{R}\}$ の上の連続関数を定義する。このような関数を，x についての **有理関数** という。

注意 上で，$h(x) = 1$（定数関数）とすれば，$f(x) = g(x)$ は多項式関数である。よって，多項式関数は，有理関数の特別な場合である。

　多項式関数や有理関数ではなくても，代数的に定まる関数がある。例えば，$x \geq 0$ で定義された関数 $f(x) = \sqrt{x}$ は有理関数ではないが
$$\{f(x)\}^2 - x = 0$$
という式を満たしている。

　また，単位円周の上半分をグラフにもつ関数 $f(x) = \sqrt{1-x^2}\ (-1 \leq x \leq 1)$ も
$$\{f(x)\}^2 + x^2 - 1 = 0$$
という式を満たしている。

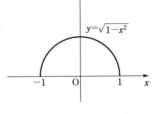

このように，多項式 $g_0(x),\ g_1(x),\ \cdots\cdots,\ g_n(x)$ によって
$$g_n(x)\{f(x)\}^n + g_{n-1}(x)\{f(x)\}^{n-1} + \cdots\cdots + g_1(x)f(x) + g_0(x) = 0$$
という形の（恒等）式を満たす連続関数 $f(x)$ を **代数関数** という。任意の有理関数 $f(x) = \dfrac{g(x)}{h(x)}$ は，$h(x)f(x) - g(x) = 0$ を満たすので，代数関数である。すなわち，有理関数は代数関数の特別な場合である。

$x \geq 0$ で定義された関数 $f(x)=\sqrt{x}$ は連続であることを示せ。

 a を 0 以上の任意の数にとり，$x=a$ での $f(x)$ の連続性を示す。まず，$a>0$ のときを考える。任意の正の実数 ε に対して，正の実数 $\delta=\varepsilon\sqrt{a}$ を考えると，$x \geq 0$ かつ $0<|x-a|<\delta$ のとき

$$|\sqrt{x}-\sqrt{a}|=\left|\frac{(\sqrt{x}-\sqrt{a})(\sqrt{x}+\sqrt{a})}{\sqrt{x}+\sqrt{a}}\right|=\frac{|x-a|}{\sqrt{x}+\sqrt{a}} \leq \frac{|x-a|}{\sqrt{a}}$$

$$<\frac{\delta}{\sqrt{a}}=\varepsilon \quad となり，よって \lim_{x \to a}\sqrt{x}=\sqrt{a} \text{ が示された。}$$

$a=0$ ならば，示すべきことは $\lim_{x \to +0}\sqrt{x}=0$ である。任意の正の実数 ε に対して，正の実数 $\delta=\varepsilon^2$ を考えると，$0<x<\delta$ のとき，$|\sqrt{x}-0|=\sqrt{x}<\varepsilon$ である。よって，$\lim_{x \to +0}\sqrt{x}=0$ となる。

以上で，$f(x)=\sqrt{x}$ は $x \geq 0$ 上で連続であることが示された。■

 $x \leq 1$ で定義された関数 $f(x)=\sqrt{1-x}$ は連続であることを示せ。

注意 代数的でない関数は **超越関数** と呼ばれる。以下に示す指数関数，対数関数，三角関数，逆三角関数，双曲線関数は，超越関数である。

◆ 指数関数

正の実数 a によって，$f(x)=a^x$ の形の関数を **指数関数** という。指数関数 $f(x)=a^x$ は，すべての実数上で定義された連続関数である。また，指数関数 $f(x)=a^x$ は，$a>1$ なら狭義単調増加関数，$0<a<1$ なら狭義単調減少関数である（「狭義単調増加関数」「狭義単調減少関数」の定義は第 0 章, p.12 を参照）。また，$a=1$ なら，$f(x)=a^x$ は，すべての実数について 1 を値としてとる定数関数である。

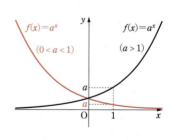

正の実数 a が，第 1 章で導入したネイピアの定数 e であるときの指数関数 $f(x)=e^x$ は，後の章で見るように，さまざまに特別な性質をもっている。

◆ 対数関数

一般に狭義単調関数[*)]について，次のことが成り立つ。証明は $\boxed{5}$ で行う。

> **定理 4-1** 狭義単調連続関数の逆関数
> (1) 区間 I 上の連続かつ狭義単調増加関数 $f(x)$ は逆関数 $f^{-1}(x)$ をもち，$f^{-1}(x)$ もまた，連続かつ狭義単調増加関数である。
> (2) 区間 I 上の連続かつ狭義単調減少関数 $f(x)$ は逆関数 $f^{-1}(x)$ をもち，$f^{-1}(x)$ もまた，連続かつ狭義単調減少関数である。

指数関数 $f(x)=a^x$ は，$a \neq 1$ のとき，狭義単調関数である。よって，定理 4-1 より，逆関数 $f^{-1}(x)$ が存在する。この逆関数を

$$y = \log_a x$$

と書き，a を底とする **対数関数** という。
対数関数 $y=\log_a x$ は，正の実数 x 上で定義されている連続関数である。

対数関数 $f(x)=\log_a x$ は，$a>1$ なら狭義単調増加であり，$0<a<1$ なら狭義単調減少である。

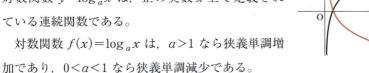

底 a がネイピアの定数であるときの対数関数 $f(x)=\log_e x$ は，さまざまに特別な性質をもっている。この場合の対数関数を，底を省略して，次のように書く。

$$f(x) = \log x \quad (f(x) = \ln x \text{ と書くこともある。})$$

> **定理 4-2** 指数関数・対数関数に関する極限
> (1) $\displaystyle\lim_{x\to 0} \frac{\log(1+x)}{x} = 1$ 　　(2) $\displaystyle\lim_{x\to 0} \frac{e^x - 1}{x} = 1$

証明 (1) $\displaystyle\lim_{x\to 0}\frac{\log(1+x)}{x} = \lim_{x\to 0}\log(1+x)^{\frac{1}{x}} = 1$ 　　のように計算される。

　　　 ここで，最後の等式は，定理 2-3 (p.67) と合成関数の極限 (p.57, 定理 1-2) から導かれる。

(2) $t=e^x-1$ とおくと，$x=\log(1+t)$ で，$x \longrightarrow 0$ のとき $t \longrightarrow 0$ であり，

$$\lim_{x\to 0}\frac{e^x-1}{x} = \lim_{t\to 0}\frac{t}{\log(1+t)} = 1 \quad \text{と計算される。} \blacksquare$$

[*)] 狭義単調関数については 0 章, p.12 を参照。

練習2 次の極限値を求めよ。

(1) $\lim_{x \to 1}(1-\log x)^{\frac{1}{\log x}}$ 　　(2) $\lim_{x \to 1} x^{\frac{1}{1-x}}$ 　　(3) $\lim_{x \to 0}\dfrac{e^x-e^{-x}}{x}$

◆三角関数

高等学校で学んだ正弦関数および余弦関数
$$\sin x,\ \cos x$$
は，どちらもすべての実数上で定義された連続関数である。また，正接関数
$$\tan x \left(=\dfrac{\sin x}{\cos x}\right)$$
は，$\left(n+\dfrac{1}{2}\right)\pi$（$n$ は整数）を除いたすべての実数上の連続関数である。

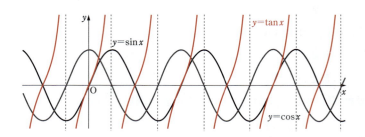

$\sin x$ と $\cos x$ は周期 2π をもつ周期関数である。すなわち，任意の整数 $n \in \mathbb{Z}$ について，次が成り立つ。
$$\sin(x+2\pi n)=\sin x,\ \cos(x+2\pi n)=\cos x$$

また，$\tan x$ は周期 π をもつ周期関数である。すなわち，任意の整数 $n \in \mathbb{Z}$ について，次が成り立つ。
$$\tan(x+\pi n)=\tan x$$

三角関数の極限については，高等学校で学んだように，以下の重要な公式が成り立つ。
$$\lim_{x \to 0}\dfrac{\sin x}{x}=1$$

注意 指数関数や三角関数の，図形的直観によらない解析的（言い換えれば，高等学校で学んだ定義は，図形的直観に頼ったものであったといえる）な定義については，第 8 章 ③ 練習 1（$p.313$）の後の注意を参照。

例題
2

$\displaystyle\lim_{x\to 0}\frac{1-\cos x}{x^2}$ を求めよ。

解答

$$\lim_{x\to 0}\frac{1-\cos x}{x^2}=\lim_{x\to 0}\frac{(1-\cos x)(1+\cos x)}{x^2(1+\cos x)}$$
$$=\lim_{x\to 0}\frac{1-\cos^2 x}{x^2(1+\cos x)}$$
$$=\lim_{x\to 0}\left(\frac{\sin x}{x}\right)^2\frac{1}{1+\cos x}=\frac{1}{2}$$

練習
3

次の極限値を求めよ。

(1) $\displaystyle\lim_{x\to 0}\frac{\tan x}{x}$
(2) $\displaystyle\lim_{x\to 0}\frac{1-\cos 2x}{1-\cos 3x}$
(3) $\displaystyle\lim_{x\to\frac{\pi}{2}}\frac{\cos x}{x-\frac{\pi}{2}}$

◆逆三角関数

高等学校で学んだように，三角関数とは，単位円における x 軸からの弧長（ラジアン）に対して，その弧の終点の座標（$\cos$ なら x 座標，$\sin$ なら y 座標）を与える関数であった。ここで，この逆の対応，すなわち，単位円周上の点の座標を与えると，対応する弧長を（符号付きで）返してくる関数があると，便利なことが多い。そのような関数は，**逆三角関数** といわれる。

この逆三角関数は，三角関数の逆関数であるが，三角関数は周期関数なので，そのままでは逆関数はとれない。そこで，三角関数が狭義単調関数になる区間をそれぞれ適当に制限して，その逆関数を考えることになる。

例えば，正弦関数 $\sin x$ は，閉区間 $\left[-\dfrac{\pi}{2},\ \dfrac{\pi}{2}\right]$*) で，狭義単調増加関数である。したがって，定理 4-1（$p.77$）より，連続で狭義単調増加な逆関数をもつ。

この逆関数を **逆正弦関数** といい，次のように書く。

$\mathrm{Sin}^{-1}x$　または　$\arcsin x$（サインインバース，またはアークサインと読む）

$\sin x$ の $-\dfrac{\pi}{2}\leqq x\leqq\dfrac{\pi}{2}$ における値域は $[-1,\ 1]$ である。よって，$\mathrm{Sin}^{-1}x$ は閉区間 $[-1,\ 1]$ 上の連続関数で，値域は $\left[-\dfrac{\pi}{2},\ \dfrac{\pi}{2}\right]$ である。

＊) $\sin x$ が狭義単調関数となる区間は他にもあるが，慣例として，この区間をとっているのであり，数学的に深い理由はない。

$\boxed{4}$　初等関数 | 79

余弦関数 $\cos x$ は，閉区間 $[0, \pi]$ で狭義単調減少関数である。したがって，定理 4-1 (p. 77) より，連続で狭義単調減少な逆関数をもつ。

この逆関数を **逆余弦関数** といい，次のように書く。

Cos^{-1}x または **arccos$x$**（コサインインバース，またはアークコサインと読む）

$\cos x$ の $0 \leqq x \leqq \pi$ における値域は $[-1, 1]$ である。よって，$\mathrm{Cos}^{-1}x$ は閉区間 $[-1, 1]$ 上の連続関数で，値域は $[0, \pi]$ である。

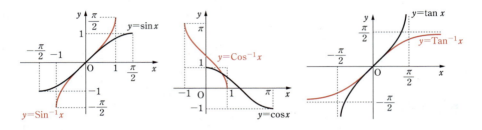

正接関数 $\tan x$ は，開区間 $\left(-\dfrac{\pi}{2}, \dfrac{\pi}{2}\right)$ で狭義単調増加関数である。したがって，定理 4-1 より，連続で狭義単調増加な逆関数をもつ。

この逆関数を **逆正接関数** といい，次のように書く。

Tan^{-1}x または **arctan$x$**（タンジェントインバース，またはアークタンジェントと読む）

$\tan x$ の $\left(-\dfrac{\pi}{2}, \dfrac{\pi}{2}\right)$ における値域は実数全体である。

よって，$\mathrm{Tan}^{-1}x$ はすべての実数上で定義された連続関数で，値域は $\left(-\dfrac{\pi}{2}, \dfrac{\pi}{2}\right)$ である。

注意 記号 $\mathrm{Sin}^{-1}x$ の「-1」は，$\sin^2 x$ などのようなべき指数を表すのではなく，逆関数であることを表す記号である。しかし，$y = \sin x$ は周期関数なので，y の値に対して，x の値は無限に多くとれてしまう。その中で $\left[-\dfrac{\pi}{2}, \dfrac{\pi}{2}\right]$ の中に入るもの（主値という）をとることで，逆正弦関数 ($\mathrm{Sin}^{-1}x$) が定められた。このように，主値のみを考えて逆関数を構成したという意味合いから，小文字を使って $\sin^{-1}x$ とするのではなく，$\mathrm{Sin}^{-1}x$ と書くことにしている。$\mathrm{Cos}^{-1}x$ や $\mathrm{Tan}^{-1}x$ も同様である。

練習 4 次の逆三角関数のグラフをかけ。
(1) $y = \mathrm{Cos}^{-1} x$ 　　(2) $y = \mathrm{Sin}^{-1} x$ 　　(3) $y = \mathrm{Tan}^{-1} x$

 例題 3 $\mathrm{Sin}^{-1}\left(\sin\dfrac{5}{6}\pi\right)$ の値を求めよ。

解答 $\sin\dfrac{5}{6}\pi = \sin\dfrac{1}{6}\pi$ であり，$\dfrac{1}{6}\pi \in \left[-\dfrac{\pi}{2},\ \dfrac{\pi}{2}\right]$ である。

よって，$\mathrm{Sin}^{-1}\left(\sin\dfrac{5}{6}\pi\right) = \dfrac{1}{6}\pi$ である。

 練習 5 次の値を求めよ。
(1) $\mathrm{Cos}^{-1}\left(\cos\left(-\dfrac{1}{3}\pi\right)\right)$ 　(2) $\mathrm{Cos}^{-1}\left(\sin\dfrac{3}{5}\pi\right)$ 　(3) $\mathrm{Tan}^{-1}\left(\tan\left(\mathrm{Cos}^{-1}\dfrac{\sqrt{3}}{2}\right)\right)$
(4) $\mathrm{Tan}^{-1} 2 + \mathrm{Tan}^{-1} 3$ 　(5) $\mathrm{Cos}^{-1}\left(-\dfrac{12}{13}\right) - \mathrm{Tan}^{-1}\dfrac{12}{5}$

◆ 双曲線関数

三角関数は単位円周 $x^2 + y^2 = 1$ のパラメータ表示 $(\cos\theta,\ \sin\theta)$ を与える。これと同様に，双曲線 $x^2 - y^2 = 1$ 上の座標のパラメータ表示を与えるのが，**双曲線関数** である。すべての実数 x について，連続関数

$$\sinh x = \dfrac{e^x - e^{-x}}{2},\ \cosh x = \dfrac{e^x + e^{-x}}{2}$$

を定義する。このとき，$\sinh x$ を **双曲線正弦関数**，$\cosh x$ を **双曲線余弦関数** という。$\sinh x$ と $\cosh x$ の関係について

$$\cosh^2 x - \sinh^2 x = \left(\dfrac{e^x + e^{-x}}{2}\right)^2 - \left(\dfrac{e^x - e^{-x}}{2}\right)^2 = \dfrac{4e^x \cdot e^{-x}}{4} = 1$$

であるから，$x = \cosh\theta$，$y = \sinh\theta$ なら $x^2 - y^2 = 1$ となる。

また，$\tanh x = \dfrac{\sinh x}{\cosh x} = \dfrac{e^x - e^{-x}}{e^x + e^{-x}}$ は，すべての実数上の連続関数である。$\tanh x$ を **双曲線正接関数** という。

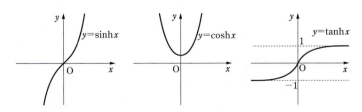

なお，双曲線関数は hyperbolic function と英訳され，sinh，cosh，tanh を それぞれハイパボリックサイン，ハイパボリックコサイン，ハイパボリックタンジェントと読む。

注意 双曲線関数 $\sinh x$，$\cosh x$，$\tanh x$ は，それぞれ三角関数 $\sin x$，$\cos x$，$\tan x$ に対応しており，多くの点で類似の性質をもつ。しかし，異なった点もある。例えば，三角関数は周期関数であるが，双曲線関数はそうではない。

練習 6 $y=\sinh x$，$y=\cosh x$，$y=\tanh x$ がそれぞれ連続関数であることを証明せよ。

例題 4 $\dfrac{1}{\sinh^2 x}-\dfrac{1}{\tanh^2 x}$ $(x\neq 0)$ は定数であることを示し，その値を求めよ。

解答 定義式に従って計算する。

$$\frac{1}{\sinh^2 x}-\frac{1}{\tanh^2 x}=\frac{4}{(e^x-e^{-x})^2}-\frac{(e^x+e^{-x})^2}{(e^x-e^{-x})^2}$$

$$=\frac{4-(e^{2x}+2+e^{-2x})}{(e^x-e^{-x})^2}=-\frac{(e^x-e^{-x})^2}{(e^x-e^{-x})^2}=-1$$

よって，$\dfrac{1}{\sinh^2 x}-\dfrac{1}{\tanh^2 x}=-1$ である。

例題 5 次の関係式を示せ。
$\sinh(x\pm y)=\sinh x\cosh y\pm\cosh x\sinh y$ （複号同順）

解答 定義式に従って与式の右辺を計算し，左辺を導く。

$$右辺=\frac{e^x-e^{-x}}{2}\cdot\frac{e^y+e^{-y}}{2}\pm\frac{e^x+e^{-x}}{2}\cdot\frac{e^y-e^{-y}}{2}$$

$$=\frac{2e^{x\pm y}-2e^{-(x\pm y)}}{4}=左辺 \quad （複号同順）$$

よって，$\sinh(x\pm y)=\sinh x\cosh y\pm\cosh x\sinh y$ である。 ∎

練習 7 次の関係式を示せ。
(1) $1-\tanh^2 x=\dfrac{1}{\cosh^2 x}$

(2) $\cosh(x\pm y)=\cosh x\cosh y\pm\sinh x\sinh y$ （複号同順）

5 補遺：定理の証明

この節では，定理 3-3（中間値の定理），定理 3-4（最大値・最小値原理），定理 4-1（狭義単調連続関数の逆関数の存在）の証明を行う。これらの証明は，必ずしも知っておかなければならないというものではないが，これらの定理の深い理論的な理解を得たいと希望する読者のために行うものである。

◆中間値の定理の証明

定理 3-3（$p.74$）を証明する。

証明 $l=f(a)$ または $l=f(b)$ のときは，それぞれ $c=a$ または $c=b$ とすればよい。よって，l は $f(a)$ とも $f(b)$ とも等しくないとする。

また，$f(b)<f(a)$ なら，$f(x)$ を $-f(x)$ におき換えて同様に議論すればよいので，$f(a)<f(b)$ としてもよい。よって，以下，$f(a)<l<f(b)$ と仮定する。

閉区間 $[a,\ b]$ の部分集合 S を，次で定義する。

$S=\{x\,|\,a\leqq x\leqq b$ であり，かつ $a\leqq t\leqq x$ であるすべての t について $f(t)\leqq l$ が成り立つ$\}$

$a\in S$ であるから，S は空集合ではない。また，$S\subseteqq[a,\ b]$ なので，S は有界である。よって，実数の連続性（$p.19$，公理 1-1）より，S は上限 c をもつ。

まず，$c\neq a$ であることを，背理法で示そう。そのために，$c=a$ とする。正の実数 $\varepsilon=l-f(a)$ を考える。$f(x)$ の連続性から，$0<x-a<\delta$ であるすべての x について $|f(x)-f(a)|<\varepsilon$ となるような正の実数 δ をとることができる。$x>a=c$ であり，c は S の上限なので，このような x は S には属さない。

よって，$0<t-a<\delta$ を満たす t で，$f(t)>l$ となるものが存在する。しかし，このとき $|f(t)-f(a)|<\varepsilon$ なので　$f(t)<f(a)+\varepsilon=l$　であるから，これは矛盾である。

したがって，$c\neq a$，つまり $c>a$ である。$c>a$ なので，閉区間 $[a,\ b]$ の中で，x を c に左から近づけていくことができる。$a\leqq t<c$ である任意の t について，t は S の上界ではないから，$t\leqq x\leqq c$ である $x\in S$ が存在するが，このとき $a\leqq t\leqq x$ なので $f(t)\leqq l$ である。

すなわち，$a\leqq t<c$ であるすべての t について，$f(t)\leqq l$ が成り立つ。

$f(x)$ の連続性から，特に $\lim_{x \to c-0} f(x) = f(c)$ なので，定理 2-1 およびその後の **注意** $(p.66)$ から，$f(c) \leqq l$ となる。

$f(c) = l$ であることを，背理法で証明しよう。そのため，$f(c) < l$ とする。まず，$f(b) > l$ なので，$b \neq c$ であることに注意すると $c < b$ となり，閉区間 $[a, b]$ の中で，x を c に右から近づけていくことができる。

正の実数 $\varepsilon = l - f(c)$ を考える。$f(x)$ の連続性から，$0 < x - c < \delta$ であるすべての x について $|f(x) - f(c)| < \varepsilon$ となるような正の実数 δ をとることができる。$x > c$ であり，c は S の上限なので，このような x は S には属さない。

よって，$0 < t - c < \delta$ を満たす t で，$f(t) > l$ となるものが存在する。しかし，このとき $|f(t) - f(c)| < \varepsilon$ なので　$f(t) < f(c) + \varepsilon = l$　であるから，これは矛盾である。

以上より，$f(c) = l$ が導かれ，定理 3-3 が証明された。 ■

◆最大値・最小値原理の証明

定理 3-4 $(p.74)$ を証明する。

証明 2つの段階に分けて，証明する。

第1段階 最初に，$f(x)$ が有界である，すなわち，その値域 $T = \{f(x) \mid x \in [a, b]\}$ は有界であることを示そう。これを背理法で証明するために，まず，T が上に有界ではないと仮定する。これは，どんな自然数 n についても，$f(a_n) \geqq n$ を満たす $a_n \in [a, b]$ が存在することを意味している。

このとき，ボルツァーノ・ワイエルシュトラスの定理（第1章定理 3-4 $(p.41)$）より，数列 $\{a_n\}$ は，$[a, b]$ の値に収束する部分列 $\{a_{n_k}\}$ をもつ。$\lim_{k \to \infty} a_{n_k} = \alpha$ とする。関数 $f(x)$ は $[a, b]$ 上で連続なので，$f(\alpha) = \lim_{k \to \infty} f(a_{n_k})$ である（章末問題 5 $(p.90)$ 参照）。

しかし，任意の自然数 k と任意の自然数 $l \geqq k$ について，$f(a_{n_l}) \geqq n_l \geqq n_k$ なので，第1章定理 2-6 $(p.34)$ より $f(\alpha) \geqq n_k$ であり，$k \longrightarrow \infty$ で $n_k \longrightarrow \infty$ であるから，これは $f(\alpha)$ が（有限の）実数値であることに反している。

よって，背理法により，T は上に有界ある。

　T が下に有界であることも，同様の議論で示すことができる。

第2段階 実数の連続性公理 (公理 1-1 ($p.19$)) により，Tは上限Mと下限mをもつ。$M, m \in T$ であることが示されれば，Mは閉区間 $[a, b]$ 上の関数 $f(x)$ の最大値であり，mは関数 $f(x)$ の最小値である。

$M \in T$ であることを示そう。任意の自然数nについて，$M - \dfrac{1}{n}$ を考えると，上限の性質 ($p.17$，[1] (A)(B)) より

$$M - \frac{1}{n} < f(b_n) \leqq M$$

を満たす $b_n \in [a, b]$ が存在する。

ボルツァーノ・ワイエルシュトラスの定理 (第 1 章定理 3-4 ($p.41$)) より，数列 $\{b_n\}$ は，$[a, b]$ の値に収束する部分列 $\{b_{n_k}\}$ をもつ。$\lim\limits_{k \to \infty} b_{n_k} = \beta$ とする。関数 $f(x)$ は $[a, b]$ 上で連続なので，$f(\beta) = \lim\limits_{k \to \infty} f(b_{n_k})$ である (章末問題 5 参照)。このとき，任意の自然数kについて

$$M - \frac{1}{n_k} < f(b_{n_k}) \leqq M$$

であるが，$k \longrightarrow \infty$ のとき $n_k \longrightarrow \infty$ であるから，はさみうちの原理 (第 1 章定理 2-4 ($p.32$)) より，$f(\beta) = M$ であり，よって $M \in T$ である。

$m \in T$ であることも，同様の議論で示すことができる。 ■

◆ 狭義単調連続関数の逆関数について

定理 4-1 ($p.77$) を証明する。

証明 (1) を証明する ((2) の証明も同様である)。$x \in I$ における $f(x)$ の値域をJとする。つまり，$J = \{f(x) \mid x \in I\}$ とする。以下，いくつかの段階に分けて証明する。

第1段階 まず，関数 $f(x)$ が，J上で定義された逆関数 $f^{-1}(x)$ をもつことを証明する。そのためには，任意の $c \in J$ に対して，$c = f(d)$ となる $d \in I$ が，ただ 1 つ存在することが示されればよい。J の定義から，$c = f(d)$ となる $d \in I$ は，少なくとも 1 つは存在する。しかし，関数 $f(x)$ は狭義単調増加関数なので，そのようなdは 1 つしかない。したがって，関数 $f(x)$ の逆関数 $f^{-1}(x)$ が存在する。

5 補遺：定理の証明 85

第2段階 次に，関数 $f^{-1}(x)$ が狭義単調増加関数であることを示そう。
$f(x)$ が狭義単調増加関数ならば，単調増加関数であるから
$$a \geqq b \Longrightarrow f(a) \geqq f(b)$$
が成り立つ。この対偶をとると
$$f(a) < f(b) \Longrightarrow a < b$$
である。
ここで，$f(a)=c$，$f(b)=d$ とおけば $a=f^{-1}(c)$，$b=f^{-1}(d)$ なので
$$c < d \Longrightarrow f^{-1}(c) < f^{-1}(d)$$
となる。

これは，関数 $f^{-1}(x)$ が狭義単調増加関数であることを示している。

第3段階 次に，$f^{-1}(x)$ が連続であることを示そう。そのために，$c \in J$ を任意にとって，$f^{-1}(x)$ が $x=c$ で連続であることを示すことにする。$d=f^{-1}(c)$ とする（すなわち，$f(d)=c$ とする）。また，正の実数 ε を任意にとる。

d が区間 I の端点でない場合を，まず考えよう。このとき，$0 < \varepsilon' \leqq \varepsilon$ である正の実数 ε' を十分に小さくとれば，開区間 $(d-\varepsilon', d+\varepsilon')$ は I に含まれる。$m_1=f(d-\varepsilon')$，$m_2=f(d+\varepsilon)$ とすると，$m_1 < m_2$ であり，中間値の定理（*p.*74，定理 3-3）から，$m_1 < y < m_2$ であるすべての y は J に含まれる。

すなわち，開区間 (m_1, m_2) は J に含まれる。$f(x)$ が狭義単調増加関数なので，$m_1=f(d-\varepsilon') < c=f(d) < f(d+\varepsilon')=m_2$ であり，よって $c \in (m_1, m_2)$ である。そこで，$\delta = \min\{m_2-c, c-m_1\}$ とすると，開区間 $(c-\delta, c+\delta)$ は開区間 (m_1, m_2) に含まれる。$f^{-1}(c-\delta)=l_1$，$f^{-1}(c+\delta)=l_2$ とすると，$f^{-1}(x)$ が狭義単調増加関数なので，$d-\varepsilon' \leqq l_1 < l_2 \leqq d+\varepsilon'$ であり，よって，$f^{-1}(x)$ による開区間 $(c-\delta, c+\delta)$ の像である開区間 (l_1, l_2) は，開区間 $(d-\varepsilon', d+\varepsilon')$ に含まれていることがわかる（図参照）。$d=f^{-1}(c)$ であったから，これは，$|x-c| < \delta$ となるすべての x について
$$|f^{-1}(x) - f^{-1}(c)| < \varepsilon' \leqq \varepsilon$$
であることを示している。これが任意の正の実数 ε に対して成り立つので，

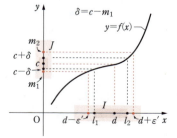

$f^{-1}(x)$ は $x=c$ において連続であることが示された。

最終段階　d が区間 I の端点である場合，例えば，d が I の右端の点ならば，c は $x \in I$ における関数 $f(x)$ の最大値である。

このとき，$m=f(d-\varepsilon)$ とすると，中間値の定理（定理 3-3）より，区間 $(m,\ c]$ は J に含まれ，$\delta=c-m>0$ とすると，$c-x<\delta$ のとき $|f^{-1}(x)-d|<\varepsilon$ となる。これは，$f^{-1}(x)$ が $x=c$ で連続であることを示している。d が I の左端の点である場合も同様である。

以上で，$f^{-1}(x)$ が J 上で連続であることが示され，定理 4-1 の (1) が証明された。　■

Column コラム 曲線と関数

1枚の紙片に書き留められた $y=x^2$ という数式は何を意味しているのであろうか。放物線の方程式のようでもあり、2次関数のようでもある。両者は無関係というわけではなく、2次関数 $f(x)=x^2$ のグラフをかくと放物線が出現し、その放物線の方程式はまさしく $y=x^2$ である。それなら数式 $y=x^2$ を指して放物線と呼ぶのも可、関数と呼ぶのも可、どちらでもよいのであろうか。だが、放物線それ自体は遠い昔から数学史に登場し、しかも方程式とも関数とも無縁の場所で語られていたのである。

重力の作用する空間において地面に立って物体を投げ上げると、ある一定の軌跡を描いて移動した後に落下する。その軌跡が放物線であり、放物線という呼び名もこの状況に由来する。楕円、双曲線と合せて円錐曲線と総称されることもあるが、それは円錐面を平面で切るときの3通りの様式に応じて、これらの曲線が現れるからである。母線に平行な平面で切るときの切り口が放物線である。円錐曲線としての放物線は方程式とも関数とも無関係である。あるいはまた焦点と準線を指定して語ることもできる。平面上に焦点と呼ばれる点Fと準線と呼ばれる直線Lを指定し、点Pから準線に向けて垂線を下ろし、準線との交点をQとする。このとき、2つの線分 PF と PQ の長さが等しくなる点Pの軌跡を考えると、そこに描かれる曲線は放物線に他ならない。

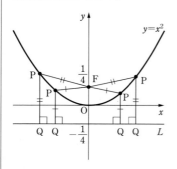

このように語られた放物線は方程式とも関数とも関係がないが、左図のように直交座標軸を設定して等式 PF＝PQ を座標系の言葉で書き表すと放物線の方程式が出現する。

実際、点Pの座標を (x, y) とすると

$$PF=\sqrt{x^2+\left(y-\frac{1}{4}\right)^2}$$

$$PQ=\left|y+\frac{1}{4}\right|$$

と表示される。

そこでこれらを等置して、等式

$$\sqrt{x^2+\left(y-\frac{1}{4}\right)^2}=\left|y+\frac{1}{4}\right|$$

を作り、両辺を平方して計算を進めると、放物線の方程式

$$y=x^2$$

が出現する。

こうして放物線という幾何学的図形に対し、それを表示する方程式が対応した。このアイデアを提案したのはルネ・デカルト（1596-1650年）である。この放物線の方程式では、x と y は座標平面上の点の位置を示す数値である。

関数概念はレオンハルト・オイラー（1707-1783年）の著作『無限解析序説』（全2巻，1748年）の第1巻，第1章に登場する。オイラーは「定数と変数で組み立てられた解析的な式」を想定し，それに関数という呼び名を与えたのである。この定義によれば，$f(x)=x^2$ という式はオイラーのいう関数の仲間とみなされるが，ここでは x は変数，言い換えると，さまざまな数値をとりうるという特殊な性質を備えた数である。関数 $f(x)$ もまた変数である。これを $y=f(x)$ と表記して，変数 x がとる個々の数と，それに対応して関数 $y=x^2$ がとる値の組 (x, y) を座標平面上に図示すると，方程式 $y=x^2$ で表される放物線が描かれていく。関数と曲線は観念的には無縁でありながら，関数 $f(x)=x^2$ から，いわばこの関数のグラフとして放物線 $y=x^2$ が生成されるのである。関数と曲線との間に認められるこの不思議な関係は偶然ではありえない。

放物線の方程式 $y=x^2$ の根底には，この曲線を生成する力のある特異な概念が宿っている。

オイラーはこれを取り出して関数と呼び，関数とは「曲線の解析的源泉」であると指摘した。

「はるかに広範な世界に向うことを許し，しかも計算を遂行するうえでもはるかに便利な源泉」（『無限解析序説』，第2巻より）。

それが関数である。

関数概念はオイラー以後も変遷を重ねた。19世紀に入り，フランスの数学者オーギュスタン＝ルイ・コーシー（1789-1857年）は，変数 x が変化するのに応じてもう1つの変数 y が変化するとき，y を x の関数と呼んだ。この視点に立って，$y=x^2$ は x の変化に応じて変化すると見ることにすれば，$y=x^2$ はコーシーの意味においても関数である。

コーシーと同じころ，ドイツの数学者ルジューヌ・ディリクレ（1805-1859年）は，x のとりうる個々の値に対応して y の1個の値が定まるという状況が認められるとき，y を x の関数と呼ぶことを提案した。

この立場から見れば，x の個々の値に応じて x^2 という数値を作ることにより関数が規定され，$y=x^2$ はこの対応関係を象徴するを表す記号である。

x に対応する値は1個であること，すなわち1価性が課されていることもディリクレの関数の著しい特色で，今も踏襲されている。それまでは一般に多価関数が考えられていたのである。

今日の微分積分学の主役を演じる関数概念がこうして誕生した。

章末問題A

1. 次の極限値を求めよ。

(1) $\displaystyle\lim_{x\to 0}\frac{\sqrt{1+x^2}-\sqrt{1-x^2}}{x^2}$

(2) $\displaystyle\lim_{x\to\infty}\sqrt{2x}\left(\sqrt{x+1}-\sqrt{x}\right)$

(3) $\displaystyle\lim_{x\to 0}\frac{\sin 6x}{\sin 5x}$

(4) $\displaystyle\lim_{x\to 1}\frac{x\log x}{1-x^2}$

2. 次の極限値を求めよ。

(1) $\displaystyle\lim_{x\to 0}\frac{\mathrm{Sin}^{-1}x}{x}$

(2) $\displaystyle\lim_{x\to 0}\frac{\mathrm{Tan}^{-1}x}{x}$

3. 次の極限値を求めよ。

(1) $\displaystyle\lim_{x\to 0}\frac{\sinh x}{x}$

(2) $\displaystyle\lim_{x\to 0}\frac{\tanh x}{x}$

4. $\sin(\mathrm{Sin}^{-1}t+\mathrm{Cos}^{-1}t)=1$ を示せ。

5. 関数 $f(x)$ について，$\displaystyle\lim_{x\to a}f(x)=\alpha$ であるための必要十分条件は，$f(x)$ の定義域内の $\displaystyle\lim_{n\to\infty}a_n=a$ を満たす任意の数列 $\{a_n\}$ について $\displaystyle\lim_{n\to\infty}f(a_n)=\alpha$ となることを示せ。

章末問題B

6. 方程式 $\sin x-x\cos x=0$ は，開区間 $\left(\pi,\dfrac{3}{2}\pi\right)$ に，少なくとも1つの解をもつことを示せ。

7. $f(x)$ と $g(x)$ を閉区間 $[0,1]$ で定義された連続関数とし，次の条件を満たすとする。

(a) すべての $x\in[0,1]$ について $0\leqq f(x)\leqq 1$ (b) $g(0)=0$, $g(1)=1$
このとき，$f(c)=g(c)$ となる $c\in[0,1]$ が存在することを示せ。

8. $f(x)$ を奇数次数の実数を係数とする多項式とする。このとき，方程式 $f(x)=0$ は，少なくとも1つ実数解をもつことを示せ。

9. $f(x)$, $g(x)$ を，実数上で定義された連続関数とし，すべての有理数 $a\in\mathbb{Q}$ について $f(a)=g(a)$ が成り立つとする。このとき，すべての実数 x について $f(x)=g(x)$ である，すなわち，$f(x)$ と $g(x)$ は恒等的に等しいことを示せ。

10. $f(x)$ をすべての実数上の連続関数とし，次を満たすとする。

(a) すべての $x,y\in\mathbb{R}$ について $f(x+y)=f(x)+f(y)$ (b) $f(1)=1$
このとき，$f(x)=x$ であることを示せ。

第3章

微分（1変数）

1 微分可能性と微分／2 微分法の応用／
3 ロピタルの定理／4 テイラーの定理

　微分の本質は，関数を1次関数で近似すること，すなわち「1次近似」に
ある。具体的な微分の操作は，導関数を求めること，すなわち各点での微分
係数を求めることであり，その点での接線の傾きを求めることであるが，そ
の操作を通して，関数の「1次近似」である接線を求めるところに，1変数
関数の微分の概念の本質があるわけである。

　この章の1では，関数が微分可能であるとはどういうことか，そしてそ
の具体的な計算方法や，合成関数の微分（鎖法則）などの基本事項について
学ぶ。これを踏まえて，2では，微分法の応用をいくつか学ぶ。高等学校
でも学んだように，微分係数の解析によって，関数の増減を判定したり，極
大極小問題などを考えることができる。ここでは，関数の零点の近似解を求
める手法である「ニュートン法」についても学ぶ。

　3と4は，1変数関数の微分法に関連して，大学で初めて学ぶ内容であ
る。3ではロピタルの定理を学ぶ。ロピタルの定理は，不定形と呼ばれる
形の極限値を求める上で，非常に便利な方法であり，実際の計算上でも応用
範囲は広い。

　4では，関数の1次近似よりさらに高次の近似を与えるテイラーの定理
を学ぶ。テイラーの定理や，それに関連した漸近展開の概念は，関数を解析
する上での有効な手法を提供する。

$\boxed{1}$ 微分可能性と微分

後の章で多変数関数の微分を論じるときにも強調されることであるが，「微分」という概念の本質は「1次近似」，すなわち，関数を1次関数で近似することにある。各点において関数を1次関数で近似できることが微分可能ということであり，そのとき，近似を与える1次関数のグラフは，接線に他ならない。

本章では，このような基本思想に基づきながら，1変数関数の微分について，さまざまな事項を学習する。

◆ 微分可能性と導関数

高等学校で学んだように，$x=a$ の周りで定義された関数 $f(x)$ が，$x=a$ で **微分可能** であるとは，極限値

$$\lim_{x \to a} \frac{f(x)-f(a)}{x-a} = \lim_{h \to 0} \frac{f(a+h)-f(a)}{h}$$

が存在することである。

このとき，この極限値を関数 $f(x)$ の $x=a$ における **微分係数** といい，次のように書く。

$$f'(a) \quad \text{または} \quad \frac{df}{dx}(a)$$

開区間 I 上で定義されている関数 $f(x)$ が，I のすべての点で微分可能であるとき，関数 $f(x)$ は I 上で微分可能であるという。このとき，I 上の各点 c に対して，$x=c$ での $f(x)$ の微分係数 $f'(c)$ を対応させることで，I 上の関数を定めることができる。この関数を，関数 $f(x)$ の（独立変数 x についての）**導関数** といい，次のように書く。

$$f'(x) \quad \text{または} \quad \frac{df}{dx}(x) \quad \text{または} \quad \frac{d}{dx}f(x)$$

関数 $f(x)$ の導関数 $f'(x)$ を求めることを，関数 $f(x)$ を **微分する** という。

例 1

多項式関数 $f(x)=x^n$（n は自然数）の導関数は，二項定理から

$$\frac{(x+h)^n - x^n}{h} = \sum_{k=1}^{n} \binom{n}{k} x^{n-k} h^{k-1} = nx^{n-1} + h\sum_{k=2}^{n} \binom{n}{k} x^{n-k} h^{k-2}$$

$$\longrightarrow nx^{n-1} \quad (h \longrightarrow 0)$$

よって，関数 $f(x)=x^n$ は，すべての実数上で微分可能であり，その導関数は右で与えられる。 $\quad \dfrac{d}{dx}x^n = nx^{n-1}$

---

92 │ 第3章 微分

注意 例1において，$\binom{n}{k}$ は，高等数学で学んだ $_nC_k$ のことである。

例2 正弦関数 $\sin x$ および余弦関数 $\cos x$ は，すべての実数上で微分可能であり，その導関数は次で与えられる。

$$\frac{d}{dx}\sin x = \cos x, \qquad \frac{d}{dx}\cos x = -\sin x$$

実際，三角関数の和 ⟶ 積の公式を使うと

$$\begin{aligned}
\frac{d}{dx}\sin x &= \lim_{h\to 0}\frac{\sin(x+h)-\sin x}{h} \\
&= \lim_{h\to 0}\frac{1}{h}\cdot 2\cos\left(x+\frac{h}{2}\right)\sin\frac{h}{2} \\
&= \lim_{h\to 0}\cos\left(x+\frac{h}{2}\right)\cdot\frac{\sin(h/2)}{h/2} \\
&= \cos x \cdot 1 = \cos x
\end{aligned}$$

$$\begin{aligned}
\frac{d}{dx}\cos x &= \lim_{h\to 0}\frac{\cos(x+h)-\cos x}{h} \\
&= \lim_{h\to 0}\frac{1}{h}\left\{-2\sin\left(x+\frac{h}{2}\right)\sin\frac{h}{2}\right\} \\
&= -\lim_{h\to 0}\sin\left(x+\frac{h}{2}\right)\cdot\frac{\sin(h/2)}{h/2} \\
&= -\sin x \cdot 1 = -\sin x
\end{aligned}$$

例3 指数関数 e^x は，すべての実数上で微分可能であり，その導関数は次で与えられる。

$$\frac{d}{dx}e^x = e^x$$

実際，p. 77，第2章定理 4-2 (2) より，次のように求めることができる。

$$\frac{e^{x+h}-e^x}{h} = e^x \cdot \frac{e^h-1}{h} \longrightarrow e^x \quad (h\longrightarrow 0)$$

高等学校で学んだように，関数 $f(x)$ が $x=a$ で微分可能であるとき，微分係数 $f'(a)$ は，$y=f(x)$ のグラフ上の点 $(a, f(a))$ における接線の傾きを表す。
よって，このとき，点 $(a, f(a))$ における $y=f(x)$ の接線 ℓ の方程式は $\quad y-f(a)=f'(a)(x-a)$

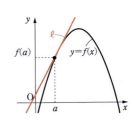

1 微分可能性と微分

◆ 微分可能性と連続性

次の定理が示すように，関数 $f(x)$ が $x=a$ で微分可能ならば，特に $x=a$ で連続である．

> **定理 1-1** 微分可能性と連続性
> 関数 $f(x)$ が $x=a$ で微分可能ならば，$x=a$ で連続である．

証明
$$\lim_{x\to a} f(x) = \lim_{x\to a}\left\{\frac{f(x)-f(a)}{x-a}\cdot(x-a)+f(a)\right\}$$
$$= f'(a)\cdot 0 + f(a) = f(a)$$

これは，$x=a$ で微分可能な関数 $f(x)$ が $x=a$ で連続であることを示している． ■

定理 1-1 の逆は成立しない．次の例が示すように，連続であるが，微分可能でない関数が存在する．

例 4
関数 $f(x)=|x|$ を考える．
$$\lim_{x\to +0}|x|=\lim_{x\to -0}|x|=f(0)=0$$
であるから，$f(x)$ は $x=0$ で連続である．

次に，$\dfrac{f(x)-f(0)}{x-0}$ は

$$x>0 \text{ のとき } \frac{x}{x}=1, \quad x<0 \text{ のとき } \frac{-x}{x}=-1$$

であるから
$$\lim_{x\to +0}\frac{f(x)-f(0)}{x-0}=1, \quad \lim_{x\to -0}\frac{f(x)-f(0)}{x-0}=-1$$

右極限と左極限が一致しないので，極限 $\lim_{x\to 0}\dfrac{f(x)-f(0)}{x-0}$ は存在しない．

よって，関数 $f(x)=|x|$ は $x=0$ で微分可能でない．

以上から，関数 $f(x)=|x|$ は，$x=0$ で連続であるが微分可能ではない．

練習 1 関数 $y=|\sin x|$ は $x=0$ で連続であるか，また，$x=0$ で微分可能であるか調べよ．

◆ 微分の計算

次の定理が示すように，微分可能な関数の和や積，商なども微分可能である．

> **定理 1-2** 導関数の性質
>
> 関数 $f(x)$, $g(x)$ が開区間 I で微分可能であるとき，次が成り立つ．
>
> (1) $kf(x)+lg(x)$ (k, l は定数) は I 上で微分可能であり，その導関数は次で与えられる． $\quad \{kf(x)+lg(x)\}' = kf'(x) + lg'(x)$
>
> (2) $f(x)g(x)$ は I 上で微分可能であり，その導関数は次で与えられる．
> $$\{f(x)g(x)\}' = f'(x)g(x) + f(x)g'(x)$$
>
> (3) $\dfrac{f(x)}{g(x)}$ は $\{x \mid g(x) \neq 0,\ x \in I\}$ 上で微分可能であり，その導関数は次で与えられる． $\quad \left\{\dfrac{f(x)}{g(x)}\right\}' = \dfrac{f'(x)g(x) - f(x)g'(x)}{\{g(x)\}^2}$

(2)の公式はライプニッツ則と呼ばれている．

証明 (1) 容易に証明できるので省略する．

(2) 任意の $a \in I$ について

$$\frac{f(x)g(x) - f(a)g(a)}{x-a} = \frac{f(x)g(x) - f(x)g(a) + f(x)g(a) - f(a)g(a)}{x-a}$$

$$= f(x) \cdot \frac{g(x) - g(a)}{x-a} + \frac{f(x) - f(a)}{x-a} \cdot g(a)$$

ここで $f(x)$ は $x=a$ で微分可能なので，$x=a$ で連続である．
よって，$x \longrightarrow a$ で $f(x)$ は $f(a)$ に収束する．これと $f(x)$ と $g(x)$ の $x=a$ における微分可能性を合わせると，与式は $x \longrightarrow a$ で $f(a)g'(a) + f'(a)g(a)$ に収束する．
これが任意の $a \in I$ で言えるから，$f(x)g(x)$ は I 上で微分可能であり，導関数は $f'(x)g(x) + f(x)g'(x)$ で与えらえる．

(3) 任意の $a \in I$ について

$$\frac{f(x)}{g(x)} - \frac{f(a)}{g(a)} = \frac{f(x)g(a) - f(a)g(x)}{g(x)g(a)}$$

$$= \frac{-f(x)\{g(x) - g(a)\} + \{f(x) - f(a)\}g(x)}{g(x)g(a)}$$

という式変形と，$f(x)$ と $g(x)$ がともに $x=a$ で連続であることを用いて，(2)と同様に議論すればよい．■

定理 1-2 (3) を証明せよ．

正接関数 $\tan x$ は $x \neq \left(n + \dfrac{1}{2}\right)\pi$ (n は整数) で微分可能であり，導関数は右で与えられる。　　$\dfrac{d}{dx}\tan x = \dfrac{1}{\cos^2 x}$

実際，定理 1-2 (3) より，例 2 ($p.93$) の結果を用いて
$$\dfrac{d}{dx}\tan x = \left(\dfrac{\sin x}{\cos x}\right)' = \dfrac{(\sin x)'\cos x - \sin x(\cos x)'}{\cos^2 x}$$
$$= \dfrac{\cos^2 x + \sin^2 x}{\cos^2 x} = \dfrac{1}{\cos^2 x}$$

任意の整数 n について，x^n は $n \geq 0$ ならば実数全体，$n < 0$ ならば $x \neq 0$ で微分可能であり，$\dfrac{d}{dx}x^n = nx^{n-1}$ が成り立つことを示せ。

証明　n が自然数のときは例 1 ($p.93$) で示した。

$n = 0$ のときは $x^0 = 1$ なので，明らかに成り立つ。

$n < 0$ のとき，$m = -n$ とすると，$x^n = \dfrac{1}{x^m}$ であるから，$x \neq 0$ で微分可能で，$p.95$，定理 1-2 (3) と例 1 より
$$\dfrac{d}{dx}x^n = \left(\dfrac{1}{x^m}\right)' = \dfrac{-mx^{m-1}}{x^{2m}} = -mx^{-m-1} = nx^{n-1} \blacksquare$$

(1) 多項式関数はすべての実数上で微分可能であり，その導関数は，また多項式関数であることを証明せよ。

(2) 有理関数 $\dfrac{f(x)}{g(x)}$ は，$g(x) \neq 0$ であるすべての実数上で微分可能であり，その導関数は，また有理関数であることを証明せよ。

◆合成関数の微分

開区間 I 上で微分可能な関数 $y = f(x)$，開区間 J 上で微分可能な関数 $z = g(y)$ が与えられたとし，すべての $x \in I$ に対して，$y = f(x) \in J$ であるとする。このとき，I 上で定義された合成関数 $(g \circ f)(x) = g(f(x))$ を考えることができる。この合成関数 $(g \circ f)(x)$ の微分可能性について考えよう。そのために，任意の $a \in I$ について，次の計算 (式の変形) をする。

$$\dfrac{(g \circ f)(x) - (g \circ f)(a)}{x - a} = \dfrac{g(f(x)) - g(f(a))}{x - a} = \dfrac{g(f(x)) - g(f(a))}{f(x) - f(a)} \cdot \dfrac{f(x) - f(a)}{x - a}$$

$f(x)$ は $x=a$ で微分可能なので，特に $x=a$ で連続である。

よって，$x \longrightarrow a$ のとき，$f(x) \longrightarrow f(a)$ である。

$b=f(a) \in J$ とおくと，$g(y)$ は $y=b$ で微分可能なので，$\dfrac{g(y)-g(b)}{y-b}$ は，y が

b にどのように近づいても $g'(b)=g'(f(a))$ に収束する。

よって $$\lim_{x \to a} \frac{g(f(x))-g(f(a))}{f(x)-f(a)}=g'(f(a))$$

また，$f(x)$ は $x=a$ で微分可能で $$\lim_{x \to a} \frac{f(x)-f(a)}{x-a}=f'(a)$$

p. 56，第 2 章 定理 1-1 (2) から $$\lim_{x \to a} \frac{(g \circ f)(x)-(g \circ f)(a)}{x-a}=g'(f(a))f'(a)$$

となる。特に，合成関数 $(g \circ f)(x)$ は $x=a$ において微分可能である。

以上より，次の定理が示された。

定理 1-3 合成関数の微分

$f(x)$ を開区間 I 上で微分可能な関数，$g(y)$ を開区間 J 上で微分可能な
関数とし，任意の $x \in I$ について，$f(x) \in J$ とする。このとき，合成関数
$(g \circ f)(x)$ は開区間 I 上で微分可能で，その導関数について次が成り立つ。
$$(g \circ f)'(x)=g'(f(x))f'(x) \quad \cdots\cdots ①$$

注意 上の定理の等式 ① において，左辺の $(g \circ f)'(x)$ と右辺の $f'(x)$ は，それぞれ，
独立変数 x についての関数 $(g \circ f)(x)$ と $f(x)$ の，x についての導関数を表して
いるが，右辺の $g'(f(x))$ は，独立変数 y についての関数 $g(y)$ を y で微分して
得られた導関数 $g'(y)$ に，$y=f(x)$ を代入したものである。微分を表す「 $'$ 」（ダ
ッシュ記号）は同じでも，その意味は異なっているので，注意が必要である。

その意味では，この等式は $$\frac{d}{dx}(g \circ f)(x)=\frac{d}{dy}g(f(x)) \cdot \frac{d}{dx}f(x) \quad \cdots\cdots ②$$

のように書いた方が，より正確である。

また，これらの等式 ① と ② は，関数 $f(x)$ と関数 $g(y)$ の独立変数と従属変数
を明示して，$y=f(x)$，$z=g(y)$ とすれば

$$\frac{dz}{dx}(x)=\frac{dz}{dy}(y) \cdot \frac{dy}{dx}(x)=\frac{dz}{dy}(f(x)) \cdot \frac{dy}{dx}(x) \quad \cdots\cdots ③$$

と書くこともできる。これを，独立変数を省略して，z や y などの変数記号のみ

の式にすると $$\frac{dz}{dx}=\frac{dz}{dy} \cdot \frac{dy}{dx} \quad \cdots\cdots ④$$

という，目にも鮮やかで見慣れた形で書くことができる。

1 微分可能性と微分 | 97

等式 ④ は確かに鮮やかで，記憶しやすいが，ここから ① や ② を復元すると
きに大事なことは，$\dfrac{dz}{dy}$ の独立変数は y であること，よって，これを x の関数と
見る場合には，③ や ② にあるように，$y=f(x)$ を代入しなければならないとい
う点である。

　更に，$w=h(z)$ が独立変数 z に関する微分可能な関数で，$z=(g \circ f)(x)$ を合
成して，関数 $w=(h \circ g \circ f)(x)$ を作ることができるとしよう。このとき，この合
成関数の x についての導関数は，上と同様に

$$\frac{dw}{dx}(x)=\frac{dw}{dz}(z) \cdot \frac{dz}{dy}(y) \cdot \frac{dy}{dx}(x)=\frac{dw}{dz}(g(f(x)) \cdot \frac{dz}{dy}(f(x)) \cdot \frac{dy}{dx}(x)$$

あるいは，独立変数の表記を省略して，次のようになる。

$$\frac{dw}{dx}=\frac{dw}{dz} \cdot \frac{dz}{dy} \cdot \frac{dy}{dx}$$

　このように，合成を重ねていくと，その導関数は，それぞれの関数の（それぞ
れの独立変数についての）導関数を次々にかけ合わせて，鎖のようにつなげてい
けばよい。このことから，定理 1-3 は **鎖法則**（チェイン・ルール [chain rule]）
または連鎖律とも呼ばれている。

例6
$f(x)$ を微分可能な関数とし，a を任意の実数とする。関数 $f(ax)$ は，
$y=ax$ と $z=f(y)$ の合成関数とみなせる。
　よって，その導関数は，次のように計算される。

$$\frac{d}{dx}f(ax)=\frac{d}{dy}f(y) \cdot \frac{dy}{dx}=f'(y) \cdot a=af'(ax)$$

◆ 逆関数の微分

　関数 $f(x)$ が開区間 I で微分可能で，逆関数 $f^{-1}(x)$ をもつとする。関数 $f(x)$
の従属変数を明示して $y=f(x)$ と書くとき，その逆関数 $f^{-1}(x)$ について
$x=f^{-1}(y)$ のように，独立変数を y，従属変数を x として表示することにしよう。
このとき，$x=f^{-1}(y)=f^{-1}(f(x))=(f^{-1} \circ f)(x)$ が成り立つ。
$x=(f^{-1} \circ f)(x)$ の両辺を x で微分すると，以下のようになる。

$$1=\frac{df^{-1}}{dy}(y) \cdot \frac{df}{dx}(x) \quad \text{よって} \quad \frac{df^{-1}}{dy}(y)=\frac{1}{\dfrac{df}{dx}(x)}=\frac{1}{\dfrac{df}{dx}(f^{-1}(y))} \quad \cdots\cdots \text{①}$$

これは，逆関数の独立変数 y に関する導関数は，もとの関数の独立変数 x に関する導関数の逆数になる，ということを表している。

以上で，次の定理が示された。

定理 1-4　逆関数の微分

$y=f(x)$ を開区間 I で微分可能な関数とし，逆関数 $f^{-1}(x)$ をもつとする。$x=f^{-1}(y)$ において，$f^{-1}(y)$ は微分可能であり，その導関数について，次が成り立つ。
$$(f^{-1}(y))'=\frac{1}{f'(f^{-1}(y))} \ \cdots\cdots ②$$

注意 等式 ② の左辺の「′」（ダッシュ）は関数 $f^{-1}(y)$ の，独立変数 y についての微分を表し，右辺の f' は，関数 $f(x)$ の，独立変数 x についての微分を表している。記号の意味や変数が錯綜してわかりにくい場合は，前ページの ① のような，変数を省略しない記述の方を使うべきである。

練習 4 以下の関数の逆関数と，その導関数を求めよ。

(1) $y=x^{\frac{1}{7}}$ $(x>0)$　　(2) $y=\sqrt{x-1}$ $(x\geqq1)$　　(3) $y=\dfrac{1}{x^3+3}$ $(x\neq\sqrt[3]{-3})$

第 2 章 ④ ($p.75\sim$) で定義した逆三角関数についても，定理 1-4 を用いて，三角関数の逆関数という立場から導関数が得られることを具体例で示してみよう。

例題 2 $\dfrac{d}{dx}\mathrm{Sin}^{-1}x=\dfrac{1}{\sqrt{1-x^2}}$　$(-1<x<1)$ を示せ。

指針 $y=\sin x$ のとき $x=\mathrm{Sin}^{-1}y$ だから，定理 1-4 を用いて $\dfrac{d}{dy}\mathrm{Sin}^{-1}y$ を計算する。

証明 $-1<y<1$ において，$x=\mathrm{Sin}^{-1}y$ の値域は $-\dfrac{\pi}{2}<x<\dfrac{\pi}{2}$ である。

定理 1-4 より　　$\dfrac{d}{dy}\mathrm{Sin}^{-1}y=\dfrac{1}{(\sin x)'}=\dfrac{1}{\cos x}$

ここで，$-\dfrac{\pi}{2}<x<\dfrac{\pi}{2}$ より $\cos x>0$ なので，$\cos x=\sqrt{1-\sin^2x}$

となり，$y^2=\sin^2x$ より，$\cos x=\sqrt{1-y^2}$ だから

$$\frac{d}{dy}\mathrm{Sin}^{-1}y=\frac{1}{\sqrt{1-y^2}}$$

独立変数 y を x に形式的に書き直せば，題意の式が得られる。　■

---

① 微分可能性と微分　99

練習 5 $\dfrac{d}{dx}\mathrm{Cos}^{-1}x = -\dfrac{1}{\sqrt{1-x^2}}$ $(-1 < x < 1)$ を示せ。

例題 3 $\dfrac{d}{dx}\mathrm{Tan}^{-1}x = \dfrac{1}{1+x^2}$ $(-\infty < x < \infty)$ を示せ。

証明 $y = \tan x$ に対して，$x = \mathrm{Tan}^{-1}y$ である。定理 1-4 ($p.\,99$) より

$$\frac{d}{dy}\mathrm{Tan}^{-1}y = \frac{1}{(\tan x)'} = \cos^2 x = \frac{1}{1+\tan^2 x} = \frac{1}{1+y^2}$$

独立変数 y を x に形式的に書き直せば，題意の式が得られる。∎

注意 $p.\,99$ の例題 2，練習 5，例題 3 の結果は，逆三角関数の微分公式としてもよい。

逆三角関数と同様に，対数関数についても，定理 1-4 を用いて，指数関数の逆関数という立場から導関数が得られることを具体例で示してみよう。

練習 6 $\dfrac{d}{dx}\log x = \dfrac{1}{x}$ $(x>0)$ を示せ。

注意 定理 1-3 ($p.\,97$) を用いると，$x<0$ のとき，$y = -x$ とおいて

$$\frac{d}{dx}\log(-x) = \frac{d}{dy}\log y \cdot \frac{dy}{dx} = \frac{1}{y}\cdot(-1) = \frac{1}{x}$$

となる。これと $\dfrac{d}{dx}\log x = \dfrac{1}{x}$ $(x>0)$ を合わせて，次のように書ける。

$$\frac{d}{dx}\log|x| = \frac{1}{x} \quad (x \neq 0)$$

例 7 任意の実数 $a \in \mathbb{R}$ について，**べき関数** $f(x) = x^a$ を考える。ただし，x の定義域は $x>0$ とする。

$$x^a = e^{a\log x}$$

と書けるから，この関数は $y = a\log x$ と $z = e^y$ の合成関数とみなすことができる。よって，その x についての導関数は

$$\frac{d}{dx}x^a = \frac{d}{dy}e^y \cdot \frac{dy}{dx} = e^y \cdot \frac{a}{x} = e^{a\log x}\cdot\frac{a}{x} = x^a \cdot \frac{a}{x} = ax^{a-1}$$

これは，a が整数の場合の例題 1 ($p.\,96$) の一般化，すなわち a が実数の場合にも $\dfrac{d}{dx}x^a = ax^{a-1}$ が成り立つことを示している。

◆ **高階微分**

関数 $f(x)$ が開区間 I で微分可能であるとき，その導関数 $f'(x)$ も，また開区間 I 上の関数である。したがって，$f'(x)$ についても，その微分可能性を考えることができる。

例8
多項式関数 $f(x)$ はすべての実数上で微分可能で，その導関数 $f'(x)$ はまた多項式関数である。よって，$f'(x)$ もまた，すべての実数上で微分可能である。

例9
$$f(x) = \begin{cases} x^2 & (x \geq 0) \\ -x^2 & (x < 0) \end{cases}$$

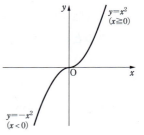

で定まる関数 $f(x)$ を考えよう。
$f(x)$ は，$x < 0$ と $x > 0$ で，それぞれ多項式関数であるから，これらの範囲で微分可能である。
$x = 0$ での微分可能性を調べるために，
$\dfrac{f(x) - f(0)}{x - 0}$ を計算すると，これは $x > 0$ のとき x に等しく，$x < 0$ のとき $-x$ に等しい。

よって，$\displaystyle\lim_{x \to -0} \dfrac{f(x) - f(0)}{x - 0} = \lim_{x \to +0} \dfrac{f(x) - f(0)}{x - 0} = 0$ なので，$f(x)$ は $x = 0$ でも微分可能であり，その微分係数は $f'(0) = 0$ である。
しかし，導関数 $f'(x)$ は $f'(x) = 2|x|$ で与えられ，これは例4（$p.94$）で確かめたように右極限と左極限が一致せず，極限 $\displaystyle\lim_{x \to 0} \dfrac{f'(x) - f'(0)}{x - 0}$ は存在しない。
したがって，関数 $f'(x)$ は，$x = 0$ で微分可能ではない。

微分可能な関数 $f(x)$ の導関数 $f'(x)$ が，また微分可能であるとき，その導関数を $f(x)$ の 2 次導関数といい，次のように書く。

$$f''(x), \quad \text{または} \quad \dfrac{d^2 f}{dx^2}(x) \quad \text{または} \quad \dfrac{d^2}{dx^2} f(x)$$

これに対し，導関数 $f'(x)$ を $f(x)$ の 1 次導関数ということがある。

以下同様に，2次導関数 $f''(x)$ が微分可能なら3次導関数，更にそれが微分可能なら4次導関数，というように定義していくことができる。関数 $f(x)$ を n 回微分して得られた **n 次導関数** は

$$f^{(n)}(x) \quad \text{または} \quad \frac{d^n f}{dx^n}(x) \quad \text{または} \quad \frac{d^n}{dx^n} f(x)$$

などと書かれる。

注意 また，関数 $f(x)$ を便宜的に自分自身の0次導関数と解釈し，$f^{(0)}(x)=f(x)$ とすると，微分に関するさまざまな公式などを定式化するときに便利なことが多い。

定義 1-1 C^n 級関数

$f(x)$ を開区間 I 上で定義された関数とし，n を0以上の整数とする。

(1) 関数 $f(x)$ が開区間 I 上で n 回微分可能であり，$f^{(n)}(x)$ が I 上で連続であるとき，$f(x)$ は開区間 I 上で n **回連続微分可能**，あるいは C^n **級の関数** という。

(2) 関数 $f(x)$ が開区間 I 上で何回でも微分可能であるとき，$f(x)$ は開区間 I 上で**無限回微分可能**，あるいは C^∞ **級の関数**という。

定理 1-1 ($p.94$) より，微分可能な関数は連続であるから，$f(x)$ が C^n 級ならば，$0 \leq k \leq n$ であるすべての k について，$f^{(k)}(x)$ は連続である。

例 10 多項式関数や，$\sin x$, $\cos x$, e^x などの関数は，すべての実数上で C^∞ 級である。

練習 7 有理関数 $\dfrac{f(x)}{g(x)}$ は，$g(x) \neq 0$ を満たすすべての実数上で C^∞ 級（無限回微分可能）であることを示せ。

注意 n 次の多項式関数を n 回繰り返し微分すると，定数関数 $n! \times$（最高次の係数）となる。

例 11 例9の関数 $f(x)$ は，$f'(x)=2|x|$ がすべての実数上で連続なので，C^1 級であるが，$f'(x)$ は微分可能ではない。すなわち，C^2 級の関数ではない。

練習 8 次の関数が C^n 級となる最大の n（∞ も含める）を求めよ。

(1) $f(x) = \begin{cases} x^2 \sin \dfrac{1}{x} & (x \neq 0) \\ 0 & (x=0) \end{cases}$　　　　(2) $f(x) = \log(x+1)$

102 | 第3章 微分

2 微分法の応用

この節では,微分法の応用として,極大値・極小値の問題,平均値の定理,および関数の値の近似値を求めるためのニュートン法などについて学習する。

◆ 極大値と極小値

第2章定理3-4では,閉区間 $[a, b]$ 上の連続関数 $f(x)$ が,常に最大値および最小値をもつことを述べた。与えられた関数が,その定義域の中で最大値や最小値をもつか,もつならどの x の値で達成されるかという問題は,定義域全体での関数の形に依存する問題である。その意味で,これらは **大域的** な問題である。

一方,与えられた関数 $f(x)$ が,定義域内の $x=a$ で連続であるか否か,あるいは,$x=a$ で微分可能であるか否かなどは,$x=a$ の近く(数学では近傍という。p. 11)での状況のみに依存する問題であり,その意味で,**局所的** な問題である。最大値・最小値に類似した局所的概念として,極大値・極小値の概念がある。

定義 2-1 極大・極小
区間 I 上で定義されている関数 $f(x)$ について,$a \in I$ とする。

(1) 正の実数 δ が存在して,
 $x \in (a-\delta, a+\delta) \cap I$ かつ $x \neq a$ であるすべての x について $f(x) < f(a)$
が成り立つとき,$f(a)$ は関数 $f(x)$ の極大値であるという。

(2) 正の実数 δ が存在して,
 $x \in (a-\delta, a+\delta) \cap I$ かつ $x \neq a$ であるすべての x について $f(x) > f(a)$
が成り立つとき,$f(a)$ は関数 $f(x)$ の極小値であるという。

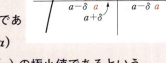

高等学校では,与えられた関数 $f(x)$ 上の点 $x=a$ を境にして,
「増加から減少に移るとき $f(x)$ は $x=a$ で極大,$f(a)$ を極大値
 減少から増加に移るとき $f(x)$ は $x=a$ で極小,$f(a)$ を極小値」と定義した。
図からもわかるように,定義 2-1 での極大値・極小値の定義は,このことの言い換えにもなっている。極大値と極小値を総称して,**極値** という。

注意 最大値や最小値は，必ずしも極大値や極小値とはならない。例えば，すべての実数上で定義された定数関数 $f(x)=c$ (c は実数) においては，c は最大値であり，最小値でもあるが，極大値・極小値ではない。

例1
関数 $f(x)=(x^2-1)(x^2-4)=x^4-5x^2+4$ において，$x=0$ における値 $f(0)=4$ は極大値である。
実際，$\delta=\sqrt{5}>0$ とすると，$0<|x|<\delta$ であるすべての x について，$x^2(x^2-5)<0$ なので，$f(x)<4=f(0)$ である。

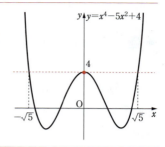

練習1 例1の関数で，極小値を求めよ。

例1の関数 $f(x)$ は，$f'(x)=2x(2x^2-5)$ であり，$f(x)$ が極大となる点 $(0, f(0))$ において $f'(0)=0$ である。一般に，微分可能な関数 $f(x)$ の $f'(a)=0$ となる点 $(a, f(a))$ を，関数 $f(x)$ の **停留点**，あるいは **臨界点** という。
$f(x)$ が $x=a$ において極値をとるならば，グラフ上の点 $(a, f(a))$ における接線は，x 軸に平行になるので，$x=a$ は停留点となるはずである。
これはグラフを見れば，明かで，次の定理で証明される。高等学校の数学ではこの事実を用いて，関数の極大値や極小値を求めていた。

定理 2-1　極値と導関数
微分可能な関数 $f(x)$ が $x=a$ で最大値・最小値，または極値をとるとき，点 $(a, f(a))$ は $f(x)$ の停留点である。

証明 $f(x)$ が $x=a$ で最大値をとる場合を証明する (最小値をとる，極値をとる場合も同様に証明できる)。正の実数 δ を十分小さくとって，$(a-\delta, a+\delta)$ 上で $f(x)$ が微分可能とする。このとき，$0<|x-a|<\delta$ となるすべての x について $f(x)\leqq f(a)$ である。$f(x)$ は $x=a$ で微分可能なので，極限値 $\displaystyle\lim_{x\to a}\frac{f(x)-f(a)}{x-a}$ が存在し，その極限値が $f'(a)$ である。

第2章定理 2-2(1) (*p.* 66) より

$$f'(a) = \lim_{x \to a-0} \frac{f(x)-f(a)}{x-a} = \lim_{x \to a+0} \frac{f(x)-f(a)}{x-a}$$

であるが，$0 < a-x < \delta$ ならば $\dfrac{f(x)-f(a)}{x-a} \geqq 0$ であり，$0 < x-a < \delta$ ならば $\dfrac{f(x)-f(a)}{x-a} \leqq 0$ なので，第2章定理 2-1 (*p.* 66) から，$f'(a) \geqq 0$ かつ $f'(a) \leqq 0$ となる。よって，$f'(a)=0$ である。■

注意 定理 2-1 の逆は成立しない。すなわち，$f'(a)=0$ であっても，$f(x)$ は $x=a$ で極値や最大値・最小値をとるとは限らない。例えば，$f(x)=x^3$ は $f'(0)=0$ であるが，$f(0)=0$ は極値でも，最大値・最小値でもない。

練習 2 微分可能な関数 $f(x)$ が $x=a$ で極小値をとるとき，$f'(a)=0$ であることを証明せよ。

◆ 平均値の定理

高等学校で学んだように，微分可能な関数の，ある点における微分係数の正負は，その点の近傍における関数の増減と関係している。これは，次に述べる平均値の定理からの帰結である。平均値の定理を述べる前に，まず，その特別な場合である，ロルの定理を証明しよう。

> **定理 2-2　ロルの定理**
> 閉区間 $[a, b]$ $(a < b)$ 上で定義された連続な関数 $f(x)$ が，開区間 (a, b) 上で微分可能であるとする。
> また，$f(a)=f(b)$ とする。
> このとき　　$f'(c)=0$　　となる
> $c \in (a, b)$ が，少なくとも1つ存在する。

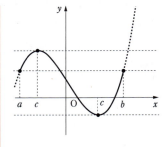

証明 最大値・最小値原理 (*p.* 74, 第2章定理 3-4) より，$f(x)$ は $[a, b]$ 上で最大値と最小値をとる。$f(x)$ が $[a, b]$ の端点 a，b でのみ最大値・最小値をとるなら，$f(a)=f(b)$ より，最大値と最小値が等しいので $f(x)$ は定数関数であり，この場合はすべての $x \in (a, b)$ で $f'(x)=0$ である。$f(x)$ が開区間 (a, b) の点 $x=c$ で最大値または最小値をとるなら，定理 2-1 より $f'(c)=0$ である。■

> **定理 2-3** 平均値の定理
>
> 閉区間 $[a, b]$ ($a<b$) 上で定義された連続な関数 $f(x)$ が、開区間 (a, b) 上で微分可能であるとする。このとき
> $$f'(c) = \frac{f(b)-f(a)}{b-a}$$
> となる $c \in (a, b)$ が、少なくとも1つ存在する。

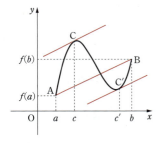

証明 関数 $g(x)$ を $g(x) = f(x) - \dfrac{f(b)-f(a)}{b-a}(x-a)$ で定義すると、これは閉区間 $[a, b]$ ($a<b$) で連続で、開区間 (a, b) で微分可能である。また、$g(a) = g(b) = f(a)$ である。ロルの定理 (p.105, 定理 2-2) より、$g'(c) = 0$ となる $c \in (a, b)$ が、少なくとも1つ存在する。このとき、$g'(c) = f'(c) - \dfrac{f(b)-f(a)}{b-a} = 0$ なので、題意の式が満たされる。∎

◆平均値の定理の応用

平均値の定理から、以下のように、多くの有益な結果が得られることを、それぞれの事柄を説明しながら確認する。

> **系 2-1** 微分係数と定数関数
>
> 関数 $f(x)$ が開区間 $I=(a, b)$ ($a<b$) 上で微分可能であり、I 上で恒等的に $f'(x) = 0$ であるとする。このとき、$f(x)$ は I 上の定数関数である。すなわち、I 上で恒等的に $f(x) = C$ (定数) が成り立つ。

証明 $c \in (a, b)$ を1つ固定し、$C = f(c)$ とおく。任意の $x \in (a, b)$ について、$f(x) = C$ であることを示そう。$x = c$ である場合は、自明である。$x \neq c$ のとき、$x < c$ なら、閉区間 $[x, c]$ を考える。$f(x)$ は (a, b) で微分可能なので、$[x, c]$ で連続である。平均値の定理 (定理 2-3) より、$f(c) - f(x) = f'(d)(c-x)$ となる $d \in (x, c)$ が存在するが、仮定より $f'(d) = 0$ なので、$f(x) = f(c) = C$ である。

$x > c$ の場合は、閉区間 $[c, x]$ を考えて、同様に議論する。∎

微分可能な関数 $f(x)$ のグラフ $y = f(x)$ の形を調べる上で、関数の増減を調べることは重要であり、そのためには微分係数の正負を調べればよい。高等学校では、これを用いて、関数の増減表を求めていた。これは、次の事実に基づいている。

系 2-2 関数の増減と導関数

関数 $f(x)$ が閉区間 $[a, b]$ $(a<b)$ 上で連続で，開区間 (a, b) で微分可能であるとする。

(1) すべての $x\in(a, b)$ で $f'(x)>0$ なら，$f(x)$ は $[a, b]$ で狭義単調増加関数である。

(2) すべての $x\in(a, b)$ で $f'(x)<0$ なら，$f(x)$ は $[a, b]$ で狭義単調減少関数である。

証明 (1) を証明する〔(2) も同様に示される〕。

閉区間 $[a, b]$ に含まれる任意の閉区間 $[c, d]$ $(a\leqq c<d\leqq b)$ について，$f(c)<f(d)$ を示せばよい。

$f(x)$ は $[c, d]$ で連続で，(c, d) で微分可能である。

平均値の定理 (定理 2-3) より，$f(d)-f(c)=f'(t)(d-c)$ となる $t\in(c, d)$ が存在するが，仮定より $f'(t)>0$ なので $f'(t)(d-c)>0$ となるから $f(c)<f(d)$ である。 ■

2 次導関数を使うと，1 次導関数が 0 になる点において，関数が極値をとるか否かの判定をすることができる。

系 2-3 2 次導関数と極値

関数 $f(x)$ が開区間 (a, b) $(a<b)$ 上で 2 回微分可能であるとし，$c\in(a, b)$ において $f'(c)=0$ とする。

(1) $f''(c)>0$ なら，$f(x)$ は $x=c$ で極小値をとる。

(2) $f''(c)<0$ なら，$f(x)$ は $x=c$ で極大値をとる。

証明 (1) を証明する〔(2) も同様に示される〕。

$$\lim_{x\to c}\frac{f'(x)-f'(c)}{x-c}=\lim_{x\to c}\frac{f'(x)}{x-c}=f''(c)>0$$

なので，正の実数を ε として $f''(c)=\varepsilon$ とすると，$0<|x-c|<\delta$ となるすべての x について $\left|\dfrac{f'(x)}{x-c}-f''(c)\right|<\varepsilon$ が成り立つような，正の実数 δ が存在する。

このとき，$0<|x-c|<\delta$ ならば $\dfrac{f'(x)}{x-c}>f''(c)-\varepsilon=0$ である。

特に，$c-\delta<x<c$ ならば，$f'(x)$ の値は負である。よって，系 2-2 より，$c-\delta<x<c$ であるすべての x について $f(x)>f(c)$ である。

2 微分法の応用 | 107

また，$c<x<c+\delta$ ならば，$f'(x)$ の値は正である。よって，再び系 2-2 より，$c<x<c+\delta$ であるすべての x について $f(c)<f(x)$ である。
以上より，$x\in(c-\delta, c+\delta)$ かつ $x\neq c$ であるすべての x について $f(x)>f(c)$ である。これは $f(c)$ が関数 $f(x)$ の極小値であることを示している。■

練習 3 関数 $f(x)$ が開区間 (a, b) $(a<b)$ 上で 2 回微分可能であるとし，$c\in(a, b)$ において $f'(c)=0$ とする。このとき，$f''(c)<0$ なら，$f(x)$ は $x=c$ で極大値をとることを証明せよ。

一般に，開区間 I 上の関数 $f(x)$ のグラフが $x=c$ で下に凸であるとは，$x=c$ の近くで $y=f(x)$ のグラフが，$x=c$ における $y=f(x)$ の接線より上にあること，すなわち
$f(x)>f'(c)(x-c)+f(c)$ が $0<|x-c|<\delta$ であるすべての x について成り立つような，正の実数 δ が存在することである。

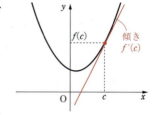

同様に，開区間 I 上の関数 $f(x)$ のグラフが $x=c$ で上に凸であるとは，$x=c$ の近くで $y=f(x)$ のグラフが $x=c$ における $y=f(x)$ の接線より下にあること，すなわち
$f(x)<f'(c)(x-c)+f(c)$ が $0<|x-c|<\delta$ であるすべての x について成り立つような，正の実数 δ が存在することである。

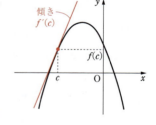

系 2-4 2 次導関数と凸性
関数 $f(x)$ を開区間 I 上の 2 回微分可能な関数とし，$c\in I$ とする。
(1) $f''(c)>0$ のとき，$f(x)$ のグラフは $x=c$ で下に凸である。
(2) $f''(c)<0$ のとき，$f(x)$ のグラフは $x=c$ で上に凸である。

証明 (1) を証明する。
関数 $g(x)=f(x)-\{f'(c)(x-c)+f(c)\}$ を考える。
$g(x)$ は I 上の 2 回微分可能な関数であり，$g'(x)=f'(x)-f'(c)$ であるから $g(c)=g'(c)=0$ である。

また，$g''(x)=f''(x)$ であるから $g''(c)=f''(c)>0$ である。

よって，系 2-3 ($p.107$) より，$g(x)$ は $x=c$ で極小値 0 をとる。極小値の定義 ($p.103$, 定義 2-1 (2)) から，これは $f(x)$ が $x=c$ で下に凸であることがわかる。(2) も同様に示される。■

例題 1 実数上の関数 $f(x)=e^{-x^2}$ のグラフが，それぞれ上に凸・下に凸である範囲を求めよ。また，極値を求めよ。

解答 $f'(x)=-2xe^{-x^2}$, $f''(x)=-2e^{-x^2}+4x^2e^{-x^2}=2(2x^2-1)e^{-x^2}$

と計算され，$f''(x)=0$ とすると $x=\pm\dfrac{1}{\sqrt{2}}$

よって，$f(x)$ のグラフは

$-\dfrac{1}{\sqrt{2}}<x<\dfrac{1}{\sqrt{2}}$ のとき $f''(x)<0$ から上に凸，

$x<-\dfrac{1}{\sqrt{2}}$ または $x>\dfrac{1}{\sqrt{2}}$ のとき $f''(x)>0$ から下に凸

である。また $f'(x)=0$ となるのは $x=0$ のときのみで，$f''(0)=-2<0$ から，系 2-3 より，$f(0)=1$ は極大値である。■

例題 1 の関数 $f(x)=e^{-x^2}$ のグラフは，$x=-\dfrac{1}{\sqrt{2}}$ を境に下に凸から上に凸に変わり，$x=\dfrac{1}{\sqrt{2}}$ を境に上に凸から下に凸へと変わる。このように，関数のグラフの凸性（凹凸）が変化する点を **変曲点** という。

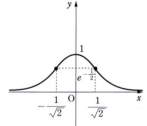

◆ニュートン法

一般に，関数 $f(x)$ について，$f(a)=0$ となる点 a ($x=a$) を求めることは，方程式 $f(x)=0$ を解くことに他ならない。$f(x)$ が 1 次や 2 次の多項式関数の場合は，解の公式を用いるなどして，$f(x)=0$ の解を正確に求めることができるが，一般の $f(x)$ に対しては，方程式 $f(x)=0$ の解を正確に求めることは難しいことが多い。そのため，自然科学や工学などでの実際的な目的には，近似解を得ることが重要となる。

微分の本質は「近似」の考え方にあると冒頭にも述べたが，微分を使えば，解の近似を求めることができる．以下に説明するニュートン法は，近似解を求めるための便利な方法である．ニュートン法について説明するために，以下のような状況を考えよう．関数 $f(x)$ は 2 回微分可能であるとし，$f(a)<0$ で $f(b)>0$，また $a<b$ ということがわかっているとする．

このとき，中間値の定理（*p. 74，第 2 章定理 3-3*）から，$a<x<b$ の範囲に $f(x)=0$ の解が，少なくとも 1 つ存在する．また，$f(x)$ は $a\leqq x\leqq b$ の範囲で $f'(x)>0$ かつ $f''(x)>0$ を満たすとする．このとき，系 2-2（*p. 107*）から $f(x)$ はこの範囲で狭義単調増加関数であり，また，系 2-4（*p. 108*）からグラフが下に凸な関数である．特に，$a<x<b$ における $f(x)=0$ の解は 1 つしかない．これを $x=\alpha$ とする．この α の近似を求めることが，ここでの目標である．

$\alpha\leqq c\leqq b$ を満たす任意の c について，まず，$x=c$ における $y=f(x)$ の接線
$$y=f'(c)(x-c)+f(c)$$
を考える．この接線と x 軸が $x=c'$ で交わるとすると，$0=f'(c)(c'-c)+f(c)$ から c' は $c'=c-\dfrac{f(c)}{f'(c)}$ のように計算される．これは，グラフの形から，α と c の間にある値である．

よって，例えば，$c_1=b$ から出発して，数列 $\{c_n\}$ を漸化式
$$c_{n+1}=c_n-\dfrac{f(c_n)}{f'(c_n)} \ \cdots\cdots \ ①$$
によって定めれば，$f(c_n)>0$，$f'(c_n)>0$ より数列 $\{c_n\}$ は単調減少数列であり，α を下界とする．すなわち $c_1>c_2>c_3>\cdots\cdots>\alpha$

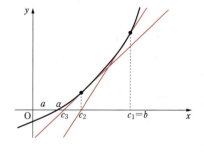

であるから，*p. 39，第 1 章定理 3-1* より，数列 $\{c_n\}$ は収束する．そこで，その極限値を $\lim_{n\to\infty}c_n=\beta$ とおくと，$\alpha\leqq\beta<b$ である．ここで，① の両辺において $n\longrightarrow\infty$ とすると，$f(x)$ と $f'(x)$ は連続なので $\beta=\beta-\dfrac{f(\beta)}{f'(\beta)}$ すなわち $f(\beta)=0$ となる（*p. 90，第 2 章章末問題 5 参照*）．

よって，$x=\beta$ は $f(x)=0$ の解となるが，$a<x<b$ における $f(x)=0$ の解は α しかないので，実は $\beta=\alpha$ であることがわかる．以上をまとめると，次の定理になる．

定理 2-4 ニュートン法

$f(x)$ が閉区間 $[a, b]$ を含む開区間で 2 回微分可能な関数で，次の 2 条件を満たすとする。

(a) $f(a)<0$, $f(b)>0$

(b) すべての $x \in [a, b]$ で $f'(x)>0$, $f''(x)>0$

このとき，漸化式 $c_1=b$, $c_{n+1}=c_n-\dfrac{f(c_n)}{f'(c_n)}$ で定義される数列 $\{c_n\}$ は，閉区間 $[a, b]$ における $f(x)=0$ のただ 1 つの解に収束する。

例 2 正の実数 d の正の平方根 $\sqrt{d}$ の値の近似値を求めるために，関数 $f(x)=x^2-d$ を考える。$f(0)=-d<0$ であり，$x>0$ において $f'(x)=2x>0$, $f''(x)=2>0$ なので，十分小さい $a>0$ と十分大きい $b>0$ について，$f(x)$ は定理 2-4 の条件を満たす。

よって，定理 2-4 の漸化式

$$c_1=b, \quad c_{n+1}=\frac{1}{2}\left(c_n+\frac{d}{c_n}\right)$$

で定義される数列は $\sqrt{d}$ に収束する。例えば，p. 37，第 1 章 ③ の練習 1 で考えた数列は，$d=2$ で $b=2$ の場合である。

 練習 4 ニュートン法を用いて，適当な関数 $f(x)$ を考え，$f(x)=0$ の解として $\sqrt[3]{2}$ に収束する数列 $\{c_n\}$ を構成せよ。

注意 上では $f(x)$ が狭義単調増加で下に凸の場合

(1) $f(a)<0$, $f(b)>0$, すべての $x \in [a, b]$ で $f'(x)>0$, $f''(x)>0$ のときのニュートン法について述べたが，同様の考え方をすれば，$f(x)$ がそれぞれ

(2) $f(a)>0$, $f(b)<0$, すべての $x \in [a, b]$ で $f'(x)<0$, $f''(x)<0$ (狭義単調減少で上に凸)

(3) $f(a)>0$, $f(b)<0$, すべての $x \in [a, b]$ で $f'(x)<0$, $f''(x)>0$ (狭義単調減少で下に凸)

(4) $f(a)<0$, $f(b)>0$, すべての $x \in [a, b]$ で $f'(x)>0$, $f''(x)<0$ (狭義単調増加で上に凸)

を満たすときも，同じ漸化式で定義された数列 $\{c_n\}$ は閉区間 $[a, b]$ における $f(x)=0$ のただ 1 つの解に収束することがわかる。

3 ロピタルの定理

この節では，ロピタルの定理を紹介し，その証明を行う。

◆ロピタルの定理

高等学校の数学では

$$\lim_{x \to 0} \frac{\sin x}{x} = 1$$

であることを学んだ。

この例のように，$\displaystyle\lim_{x \to a} \frac{f(x)}{g(x)}$ という形の極限で，分子の極限 $\displaystyle\lim_{x \to a} f(x)$ と分母の極限 $\displaystyle\lim_{x \to a} g(x)$ が，ともに 0 に等しいか，あるいはともに $\pm\infty$ に発散するものを，**不定形** の極限という。次のロピタルの定理は，不定形の極限を含めた，さまざまな形の極限の計算に大変便利な定理である（証明は後で行う）。

定理 3-1 ロピタルの定理（その 1）

$f(x)$, $g(x)$ を開区間 (a, b) $(a < b)$ 上の微分可能な関数とし，次の条件を満たすとする。

(a) $\displaystyle\lim_{x \to a+0} f(x) = \lim_{x \to a+0} g(x) = 0$

(b) すべての $x \in (a, b)$ について $g'(x) \neq 0$

(c) 右極限 $\displaystyle\lim_{x \to a+0} \frac{f'(x)}{g'(x)}$ が存在する。

このとき，右極限 $\displaystyle\lim_{x \to a+0} \frac{f(x)}{g(x)}$ も存在し $\displaystyle\lim_{x \to a+0} \frac{f(x)}{g(x)} = \lim_{x \to a+0} \frac{f'(x)}{g'(x)}$ が成り立つ。

更に，条件 (a) を

(a′) $\displaystyle\lim_{x \to a+0} f(x) = \pm\infty$ かつ $\displaystyle\lim_{x \to a+0} g(x) = \pm\infty$

でおき換えても，同じ結論が成り立つ。

また，上記の条件および結論における右極限 $\displaystyle\lim_{x \to a+0}$ を，左極限 $\displaystyle\lim_{x \to b-0}$ におき換えても成り立つ。

注意 定理 3-1 の条件 (b) は次でおき換えてもよい。

(b′) すべての $x \in (a, a+\delta)$ について $g'(x) \neq 0$ となるような正の実数 δ が存在する。

実際，このとき $a+\delta = b$ とすれば，そのまま定理が成り立つ。

定理 3-1 で，右極限，左極限についての主張を合わせれば，次の系が得られる。

系 3-1 ロピタルの定理 (その 2)

$f(x)$, $g(x)$ を a を含む開区間 I 上で微分可能な関数とし，次の条件を満たすとする。

(a) $\displaystyle\lim_{x\to a} f(x) = \lim_{x\to a} g(x) = 0$

(b) $x \neq a$ であるすべての I の点 x で $g'(x) \neq 0$

(c) 極限 $\displaystyle\lim_{x\to a} \frac{f'(x)}{g'(x)}$ が存在する。

このとき，極限 $\displaystyle\lim_{x\to a} \frac{f(x)}{g(x)}$ も存在し $\displaystyle\lim_{x\to a} \frac{f(x)}{g(x)} = \lim_{x\to a} \frac{f'(x)}{g'(x)}$ が成り立つ。

更に，条件 (a) を

(a′) $\displaystyle\lim_{x\to a} f(x) = \pm\infty$ かつ $\displaystyle\lim_{x\to a} g(x) = \pm\infty$

でおき換えても，同じ結論が成り立つ。

例題 1 $\displaystyle\lim_{x\to 0} \frac{\log(\cos x)}{x^2}$ を求めよ。

解答 $\displaystyle\lim_{x\to 0} \log(\cos x) = 0$ かつ $\displaystyle\lim_{x\to 0} x^2 = 0$ であり，また $x \neq 0$ ならば $2x \neq 0$ である。

また

$$\lim_{x\to 0} \frac{\{\log(\cos x)\}'}{(x^2)'} = \lim_{x\to 0} \frac{\sin x}{x} \cdot \frac{-1}{2\cos x}$$

$$= -\frac{1}{2}$$

よって，系 3-1 の条件 (a), (b), (c) が満たされるので

$$\lim_{x\to 0} \frac{\log(\cos x)}{x^2} = -\frac{1}{2} \quad \blacksquare$$

例題 2 $\displaystyle\lim_{x\to 0}\frac{\log(x+1)-x\cos x}{1-\cos x}$ を求めよ。

解答 $\displaystyle\lim_{x\to 0}\{\log(x+1)-x\cos x\}=0$ かつ $\displaystyle\lim_{x\to 0}(1-\cos x)=0$ であり，また $0<|x|<\pi$ ならば $(1-\cos x)'=\sin x\neq 0$ である。

$$\lim_{x\to 0}\frac{\{\log(x+1)-x\cos x\}'}{(1-\cos x)'}=\lim_{x\to 0}\frac{\dfrac{1}{x+1}-\cos x+x\sin x}{\sin x} \quad\cdots\cdots(*)$$

ここで，$\displaystyle\lim_{x\to 0}\left(\frac{1}{x+1}-\cos x+x\sin x\right)=0$ かつ $\displaystyle\lim_{x\to 0}\sin x=0$ であり，また $0<|x|<\dfrac{\pi}{2}$ ならば $(\sin x)'=\cos x\neq 0$ である。また，極限値

$$\lim_{x\to 0}\frac{\left(\dfrac{1}{x+1}-\cos x+x\sin x\right)'}{(\sin x)'}=\lim_{x\to 0}\frac{-\dfrac{1}{(x+1)^2}+2\sin x+x\cos x}{\cos x}$$

は存在して -1 に等しいので，系 3-1 より $(*)$ の極限値も存在して -1 に等しい。よって，再び系 3-1 より，題意の極限も存在して

$$\lim_{x\to 0}\frac{\log(x+1)-x\cos x}{1-\cos x}=-1$$

である。∎

練習 1 以下の極限値を，ロピタルの定理を用いて求めよ。

(1) $\displaystyle\lim_{x\to 0}\frac{(1-\cos x)\sin x}{x-\sin x}$　　(2) $\displaystyle\lim_{x\to 0}\frac{e^x-1-x}{x^2}$　　(3) $\displaystyle\lim_{x\to 0}\frac{\sinh x-x}{\sin x-x}$

練習 2 ロピタルの定理を用いて，$\displaystyle\lim_{x\to 0}\frac{\operatorname{Tan}^{-1}x}{\sqrt[3]{x}}$ を求めよ。

ロピタルの定理は，$x\longrightarrow\infty$ や $x\longrightarrow-\infty$ の極限に対しても成り立ち，次の系が得られる。

系 3-2 ロピタルの定理（その 3）

$f(x)$, $g(x)$ を開区間 (b,∞) 上で微分可能な関数とし，次の条件を満たすとする。

(a) $\displaystyle\lim_{x\to\infty}f(x)=\lim_{x\to\infty}g(x)=0$

(b) $x>b$ であるすべての x で $g'(x)\neq 0$

(c) 極限 $\displaystyle\lim_{x\to\infty}\frac{f'(x)}{g'(x)}$ が存在する。

このとき，極限 $\lim_{x\to\infty}\dfrac{f(x)}{g(x)}$ も存在し

$$\lim_{x\to\infty}\frac{f(x)}{g(x)}=\lim_{x\to\infty}\frac{f'(x)}{g'(x)}$$

が成り立つ。

更に，条件 (a) を

(a′) $\lim_{x\to\infty}f(x)=\pm\infty$ かつ $\lim_{x\to\infty}g(x)=\pm\infty$

でおき換えても，同じ結論が成り立つ。

また，$f(x)$，$g(x)$ を開区間 $(-\infty, b)$ 上で微分可能な関数とし，上記の条件および結論における極限 $\lim_{x\to\infty}$ を，$\lim_{x\to-\infty}$ でおき換えても成り立つ。

例題 3

$\lim_{x\to\infty} x^{\frac{1}{x}}$ を求めよ。

解答 $f(x)=x^{\frac{1}{x}}$ として $\log f(x)=\dfrac{\log x}{x}$ を考え，最初に右辺の極限

$\lim_{x\to\infty}\dfrac{\log x}{x}$ を求める。

$\lim_{x\to\infty}\log x=\infty$，$\lim_{x\to\infty} x=\infty$ の不定形であり，$(x)'=1\neq 0$ である。

また $\lim_{x\to\infty}\dfrac{(\log x)'}{(x)'}=\lim_{x\to\infty}\dfrac{1}{x}$ は存在し，その極限値は 0 である。

よって，系 3-2 から $\lim_{x\to\infty}\dfrac{\log x}{x}$ は存在し，その値は 0 である。

$x\longrightarrow\infty$ における $\log f(x)$ の極限が 0 なので，指数関数の連続性より，$f(x)=e^{\log f(x)}$ の極限は $e^0=1$ であり

$$\lim_{x\to\infty} x^{\frac{1}{x}}=1 \quad\blacksquare$$

練習 3

以下の極限，および極限値を，ロピタルの定理を用いて求めよ。

(1) $\lim_{x\to\infty}\dfrac{x}{e^x}$　　(2) $\lim_{x\to\infty}\dfrac{\log x}{\sqrt{x}}$　　(3) $\lim_{x\to\infty} xe^{-3x}$

練習 4

任意の自然数 n に対して，$\lim_{x\to\infty}\dfrac{x^n}{e^x}=0$ を示せ。

◆ロピタルの定理の証明

ロピタルの定理を証明するには，その準備として平均値の定理のもう 1 つの形である，コーシーの平均値の定理が必要となるので，それから証明しよう。

系 3-3　コーシーの平均値の定理

$f(x)$, $g(x)$ は閉区間 $[a, b]$ $(a<b)$ 上で連続で，開区間 (a, b) 上で微分可能な関数とする。更に，すべての $x\in(a, b)$ について $g'(x)\neq0$ であるとする。このとき $\dfrac{f'(c)}{g'(c)}=\dfrac{f(b)-f(a)}{g(b)-g(a)}$ を満たす $c\in(a, b)$ が，少なくとも 1 つ存在する。

証明　関数 $g(x)$ は平均値の定理 ($p.106$, 定理 2-3) の仮定を満たすので

$$g'(d)=\frac{g(b)-g(a)}{b-a}$$

となる $d\in(a, b)$ が存在する。仮定より $g'(d)\neq0$ なので，これは $g(b)-g(a)\neq0$ であることを示している。そこで，関数 $h(x)$ を

$$h(x)=f(x)-\frac{f(b)-f(a)}{g(b)-g(a)}g(x)$$

と定義する。ここで，$h(x)$ は閉区間 $[a, b]$ 上で連続で，開区間 (a, b) 上で微分可能であり，$h(a)=h(b)$ を満たしている。よって，ロルの定理 ($p.105$, 定理 2-2) より，$h'(c)=0$ を満たす $c\in(a, b)$ が存在する。このとき $h'(c)=f'(c)-\dfrac{f(b)-f(a)}{g(b)-g(a)}g'(c)=0$ であり，$g'(c)\neq0$ であるから，題意の等式が成り立つ。 ■

まず最初に，コーシーの平均値の定理を用いて，ロピタルの定理の最初の形 ($p.112$, 定理 3-1) を証明しよう。

定理 3-1 の **証明**　右極限 $\lim\limits_{x\to a+0}$ について証明する（左極限 $\lim\limits_{x\to b-0}$ におき換えた場合も同様に証明される）。$f(x)$, $g(x)$ について条件 (a), (b), (c) が満たされるとする。関数 $f(x)$, $g(x)$ を，$f(a)=g(a)=0$ と定めることで，$[a, b)$ 上の関数とみなす。このとき，条件 (a) より，$f(x)$, $g(x)$ は $[a, b)$ 上で連続である。任意の $x\in(a, b)$ について，$f(x)$, $g(x)$ は閉区間 $[a, x]$ 上で連続で，開区間 (a, x) 上で微分可能である。また，条件 (b) より，すべての $t\in(a, x)$ で $g'(t)\neq0$ である。

116　第 3 章　微分

よって，コーシーの平均値の定理 (系 3-3) から

$$\frac{f'(c_x)}{g'(c_x)}=\frac{f(x)-f(a)}{g(x)-g(a)}=\frac{f(x)}{g(x)}$$

を満たす c_x が $a<c_x<x$ となるようにとれる。

$x \longrightarrow a+0$ のとき，$c_x \longrightarrow a+0$ であり，条件 (c) より $\displaystyle\lim_{x\to a+0}\frac{f'(c_x)}{g'(c_x)}$ が存在

するから，$\displaystyle\lim_{x\to a+0}\frac{f(x)}{g(x)}$ も存在し $\displaystyle\lim_{x\to a+0}\frac{f(x)}{g(x)}=\lim_{x\to a+0}\frac{f'(c_x)}{g'(c_x)}=\lim_{x\to a+0}\frac{f'(x)}{g'(x)}$

が成り立つ。 ■

　次に，条件 (a) の代わりに，条件 (a') が成り立つ場合を考えよう。

条件 (a) を (a') とした場合の **証明**　右極限 $\displaystyle\lim_{x\to a+0}\frac{f'(x)}{g'(x)}$ の値を L とする。ε を任

意の正の実数とすると，右極限の定義から，$a<x<a+\delta_1$ であるすべての x

について $\left|\dfrac{f'(x)}{g'(x)}-L\right|<\varepsilon$ が成り立つような，正の実数 δ_1 をとることがで

きる。

また，$\displaystyle\lim_{x\to a+0}g(x)=\pm\infty$ なので，$a<x<a+\delta_2$ であるすべての x について

$|g(x)|>1$ が成り立つような，正の実数 δ_2 をとることができる。

$\delta'=\min\{\delta_1,\ \delta_2\}$ とし，$d=a+\delta'$ とおく。$a<x<d$ であるすべての x につ

いて，閉区間 $[x,\ d]$ 上でコーシーの平均値の定理 (系 3-3) を適用すると

$$\frac{f'(c_x)}{g'(c_x)}=\frac{f(d)-f(x)}{g(d)-g(x)}=\frac{\dfrac{f(x)}{g(x)}-\dfrac{f(d)}{g(x)}}{1-\dfrac{g(d)}{g(x)}} \qquad \text{となる } c_x\in(x,\ d) \text{ が存在する}$$

（$g(x)\neq 0$ なので，最後の式変形が許される）。分母を払ってこれを更に変形

すると　$\dfrac{f'(c_x)}{g'(c_x)}=\dfrac{f(x)}{g(x)}-\left\{\dfrac{f(d)}{g(x)}-\dfrac{f'(c_x)}{g'(c_x)}\cdot\dfrac{g(d)}{g(x)}\right\}$ …… ①

右辺の括弧内を $r(x)$ とおく。$f(d)$ と $g(d)$ は定数であり，また，条件 (c)

より $\dfrac{f'(x)}{g'(x)}$ は $x \longrightarrow a+0$ で有限の値をとるので，条件 (a') から，

$x \longrightarrow a+0$ で $r(x)$ は 0 に収束する。よって，任意に定めた正の実数 ε に対

して $a<x<a+\delta_3$ であるすべての x について，$|r(x)|<\varepsilon$ が成り立つような，

正の実数 δ_3 をとることができる。

　3 ロピタルの定理 | 117

$\delta = \min\{\delta', \delta_3\}$ とすると，① より $\dfrac{f(x)}{g(x)} - L = \dfrac{f'(c_x)}{g'(c_x)} - L + r(x)$ であるから $a < x < a + \delta$ であるすべての x について

$$\left| \frac{f(x)}{g(x)} - L \right| \leqq \left| \frac{f'(c_x)}{g'(c_x)} - L \right| + |r(x)| < 2\varepsilon$$

よって，右極限 $\displaystyle\lim_{x \to a+0} \dfrac{f(x)}{g(x)}$ が存在して，その極限値は L に等しい。　■

　系 3-1 ($p.\,113$) は，右極限についての定理 3-1 ($p.\,112$) と，左極限についての定理 3-1 を組み合わせ，それらの式変形を行うことで，容易に証明される。

　最後に，系 3-2 ($p.\,114$) の証明をする。

系 3-2 の 証明　$x \longrightarrow \infty$ の場合を証明する（$x \longrightarrow -\infty$ の場合の証明も同様である）。条件 (a) の代わりに条件 (a′) が成り立つ場合も同様なので，以下では条件 (a) を仮定した場合を証明する。b は $(b, +\infty)$ 内のどの実数でおき換えてもよいので，$b > 0$ としてもよい。

　$x = \dfrac{1}{t}$ とおく。$x \longrightarrow \infty$ のとき，$t \longrightarrow +0$ である。条件 (a) と (b) により，

$$\lim_{t \to +0} f\left(\frac{1}{t}\right) = \lim_{t \to +0} g\left(\frac{1}{t}\right) = 0, \quad t \in \left(0, \frac{1}{b}\right) \text{ において } g'\left(\frac{1}{t}\right) \neq 0 \text{ である。}$$

$$\frac{d}{dt} f\left(\frac{1}{t}\right) = -\frac{1}{t^2} f'\left(\frac{1}{t}\right) \text{ および } \frac{d}{dt} g\left(\frac{1}{t}\right) = -\frac{1}{t^2} g'\left(\frac{1}{t}\right) \text{ より}$$

$$\lim_{t \to +0} \frac{\dfrac{d}{dt} f\left(\dfrac{1}{t}\right)}{\dfrac{d}{dt} g\left(\dfrac{1}{t}\right)} = \lim_{t \to +0} \frac{f'\left(\dfrac{1}{t}\right)}{g'\left(\dfrac{1}{t}\right)} = \lim_{x \to \infty} \frac{f'(x)}{g'(x)} \text{ なので，条件 (c) より右極限}$$

$$\lim_{t \to +0} \frac{\dfrac{d}{dt} f\left(\dfrac{1}{t}\right)}{\dfrac{d}{dt} g\left(\dfrac{1}{t}\right)} \text{ は存在する。よって，定理 3-1 から，右極限}$$

$$\lim_{t \to +0} \frac{f'\left(\dfrac{1}{t}\right)}{g'\left(\dfrac{1}{t}\right)} = \lim_{x \to \infty} \frac{f(x)}{g(x)} \text{ は存在し，その極限値は } \lim_{x \to \infty} \frac{f'(x)}{g'(x)} \text{ に等しい。} \quad ■$$

練習 5

(1) 定理 3-1 において，左極限 $\displaystyle\lim_{x \to b-0}$ の場合を証明せよ。

(2) 系 3-2 で，$f(x),\ g(x)$ を $(-\infty, b)$ で微分可能な関数とし，条件 (a)，(c) と結論の極限 $\displaystyle\lim_{x \to \infty}$ を $\displaystyle\lim_{x \to -\infty}$ としても成り立つことを証明せよ。

研究 ロピタルの定理の結果が成り立たない例

ロピタルの定理 (定理 3-1, 系 3-1, 系 3-2) においては, 考えている関数 $f(x)$, $g(x)$ について, 条件 (a), (b), (c) が成り立たなければ, 一般に, その結果である極限の間の等式も成り立たない。そのような例の 1 つとして, ロピタルの定理 (その 3) (系 3-2) の結果が成り立たない例を考察しよう。

例 1

$$\begin{cases} f(x) = x + \cos x \sin x \\ g(x) = e^{\sin x}(x + \cos x \sin x) \end{cases}$$

とする。この場合, $\displaystyle\lim_{x \to \infty} f(x) = \lim_{x \to \infty} g(x) = +\infty$ なので, ロピタルの定理 (その 3) (系 3-2) の条件 (a′) が成り立つ。また

$$\lim_{x \to \infty} \frac{f'(x)}{g'(x)} = \lim_{x \to \infty} \frac{2\cos x}{e^{\sin x}(x + \cos x \sin x + 2\cos x)} = 0$$

なので, 条件 (c) も成り立つ。

しかし, $g'(x) = e^{\sin x}(x + \cos x \sin x + 2\cos x)\cos x$ は, $\cos x = 0$ となる $x = \dfrac{1}{2}\pi + n\pi$ (n は任意の整数) で 0 となる。

よって, b をどんな実数にとっても, 条件 (b) は成立しない。

そして, このとき

$$\frac{f(x)}{g(x)} = \frac{1}{e^{\sin x}}$$

は $\dfrac{1}{e}$ と e の間を振動するので, $x \longrightarrow \infty$ で極限をもたない。すなわち, ロピタルの定理 (その 3) (系 3-2) の結果は成り立たない。

$\boxed{4}$ テイラーの定理

　　この章の冒頭で述べたように，微分の本質は関数を1次関数で近似すること，すなわち1次近似にある。この考えを高階微分を用いてさらに拡張すれば，2次近似，3次近似と，近似の精度を上げていくことができる。例えば3次近似とは，関数を3次関数（3次の多項式関数）で近似することである。このような関数の近似を与えるのが，この節で学ぶ「テイラーの定理」である。

◆テイラーの定理と近似

　　テイラーの定理は，ニュートン法のように関数の特定の値の近似を与えるだけでなく，関数そのものの近似を与えるところに重要性がある。こうすることで，自然科学や工学の様々な場面において，関数を計算機などで実際に近似計算するための足掛かりが得られる。その意味で，テイラーの定理は，微分積分学の諸科学への応用という次元においても，極めて重要性が高い。

◆多項式関数による近似

　　開区間 I 上の微分可能な関数 $f(x)$ のグラフは，I の各点 a $(x=a)$ で接線 $f(x)=f'(a)(x-a)+f(a)$ をもつ。これは，関数 $f(x)$ が，$x=a$ の近傍では，1次の多項式関数 $P_1(x)=f'(a)(x-a)+f(a)$ で近似されることを意味している。この考え方を押し広げて，一般の微分可能な関数を，多項式関数でできるだけ精密に近似するのが，次のテイラーの定理である。

定理 4-1　テイラーの定理

　　$f(x)$ は開区間 I 上で n 回微分可能な関数とし，$a \in I$ とする。このとき，I 上のすべての x について

$$f(x)=f(a)+f'(a)(x-a)+\frac{1}{2}f''(a)(x-a)^2+\cdots\cdots$$

$$\cdots\cdots+\frac{1}{(n-1)!}f^{(n-1)}(a)(x-a)^{n-1}+\frac{1}{n!}f^{(n)}(c_x)(x-a)^n$$

となる a と x の間の点 c_x が存在する。

120 　第3章　微分

証明 $x=a$ なら $c_x=a$ として，題意の式は明らかに成り立つ。そこで，$b \neq a$ である任意の $b \in I$ について，題意の式の x を b にとり替えた式

$$f(b)=f(a)+f'(a)(b-a)+\frac{1}{2}f''(a)(b-a)^2+\cdots\cdots$$

$$\cdots\cdots+\frac{1}{(n-1)!}f^{(n-1)}(a)(b-a)^{n-1}+\frac{1}{n!}f^{(n)}(c_b)(b-a)^n$$

が成り立つことを示せばよい。定数 A を

$$A(b-a)^n=f(b)-\left\{f(a)+f'(a)(b-a)+\cdots\cdots+\frac{1}{(n-1)!}f^{(n-1)}(a)(b-a)^{n-1}\right\}$$

で定め，I 上の関数 $g(x)$ を次で定義する。

$$g(x)=f(b)-\left\{f(x)+f'(x)(b-x)+\cdots\cdots+\frac{1}{(n-1)!}f^{(n-1)}(x)(b-x)^{n-1}\right.$$

$$\left.+A(b-x)^n\right\}$$

$g(x)$ は I 上の微分可能な関数であり，$g(a)=g(b)=0$ を満たす。

よって，ロルの定理 (定理 2-2) から，$g'(c_b)=0$ となる c_b が a と b の間に存在する。そこで，$g'(x)$ を計算しよう。$k \geqq 1$ について

$$\left\{\frac{1}{k!}f^{(k)}(x)(b-x)^k\right\}'=\frac{1}{k!}f^{(k+1)}(x)(b-x)^k-\frac{1}{(k-1)!}f^{(k)}(x)(b-x)^{k-1}$$

であるから，$g'(x)$ の最初の数項を計算すると

$$-f'(x)+f'(x)-f''(x)(b-x)+f''(x)(b-x)-\frac{1}{2}f'''(x)(b-x)^2+\cdots\cdots$$

という形で，隣り合う項が消し合い

$$g'(x)=-\frac{1}{(n-1)!}f^{(n)}(x)(b-x)^{n-1}+nA(b-x)^{n-1}$$

となることがわかる。$g'(c_b)=0$ であるから

$$A=\frac{1}{n!}f^{(n)}(c_b)$$

となる。これを $g(a)=0$ に代入して，題意の等式の $x=b$ としたものが得られる。 ■

テイラーの定理の意味について，もう少し考えるために，自然数 k について

$$P_k(x)=f(a)+f'(a)(x-a)+\frac{1}{2}f''(a)(x-a)^2+\cdots\cdots+\frac{1}{k!}f^k(a)(x-a)^k$$

とおく。

これは x についての多項式関数である。テイラーの定理は，もともとの関数 $f(x)$ と，多項式関数である $P_{n-1}(x)$ の差が

$$f(x) - P_{n-1}(x) = \frac{1}{n!} f^{(n)}(c_n)(x-a)^n$$

という形になっていることを示している。特に，番号 n が大きい自然数で，x と a が近いとき，$|(x-a)^n|$ が非常に小さくなるので，その差はとても小さい。つまり，n が大きく x が a に近いなら，$f(x)$ は $P_{n-1}(x)$ で非常によく近似できることを意味している。

例 1　図は，正弦関数 $f(x) = \sin x$ が，

$$P_1(x) = x$$

$$P_3(x) = x - \frac{1}{6}x^3$$

$$P_5(x) = x - \frac{1}{6}x^3 + \frac{1}{120}x^5$$

などによって，原点の近傍で，次第によく近似されている様子を表している。

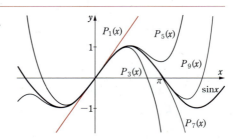

定理 4-1 における $f(x)$ の式を，$f(x)$ の **有限テイラー展開** といい，その最後の項 $\frac{1}{n!} f^{(n)}(c_x)(x-a)^n$ を **剰余項** という。有限テイラー展開は，次のようにも書かれる。

$$f(x) = \sum_{k=0}^{n-1} \frac{1}{k!} f^{(k)}(a)(x-a)^k + \frac{1}{n!} f^{(n)}(a + \theta(x-a))(x-a)^n$$

ただし，ここで θ は $0 < \theta < 1$ を満たす，x に依存する実数である。

特に $a = 0$ のときの有限テイラー展開は **有限マクローリン展開** と呼ばれる。

例 2　指数関数 e^x は，すべての自然数 k について，$(e^x)^{(k)} = e^x$ を満たす。よって，e^x の有限マクローリン展開は，次で与えられる。

$$e^x = 1 + x + \frac{x^2}{2} + \frac{x^3}{3!} + \cdots\cdots + \frac{x^{n-1}}{(n-1)!} + \frac{e^{\theta x} x^n}{n!}$$

例題 1 $\log(x+1)$ の有限マクローリン展開は，次で与えられることを示せ。

$$\log(x+1) = x - \frac{1}{2}x^2 + \frac{1}{3}x^3 - \frac{1}{4}x^4 + \cdots\cdots + \frac{(-1)^n}{n-1}x^{n-1} + \frac{(-1)^{n+1}x^n}{n(\theta x+1)^n}$$

解答 $f(x) = \log(x+1)$ とすると，$f'(x) = \dfrac{1}{x+1}$ から，自然数 k について

$$f^{(k)}(x) = \frac{(-1)^{k+1}(k-1)!}{(x+1)^k}$$

と計算される。よって，その有限マクローリン展開の k 次の項は

$$\frac{1}{k!}(-1)^{k+1}(k-1)!x^k = \frac{(-1)^{k+1}}{k}x^k$$

で与えられ，n 次の剰余項は次で与えられる。

$$\frac{1}{n!}\cdot\frac{(-1)^{n+1}(n-1)!}{(\theta x+1)^n}x^n = \frac{(-1)^{n+1}x^n}{n(\theta x+1)^n}$$

これより題意の有限マクローリン展開が得られる。 ■

 $P_0(x) = 1$，$P_2(x) = 1 - \dfrac{x^2}{2!}$，$P_4(x) = 1 - \dfrac{x^2}{2!} + \dfrac{x^4}{4!}$ のグラフをかき，$x=0$ の近くで $\cos x$ を近似している様子を確かめよ。

 $P_k(x) = 1 + x + \dfrac{x^2}{2} + \dfrac{x^3}{3!} + \cdots\cdots + \dfrac{x^k}{k!}$ のグラフを $k=1$ から $k=4$ までかき，$x=0$ の近くで指数関数 e^x を近似している様子を確かめよ。

練習 3 次の有限マクローリン展開を確かめよ。

(1) $\sin x = \sum\limits_{k=0}^{n-1} \dfrac{(-1)^k x^{2k+1}}{(2k+1)!} + \dfrac{(-1)^n \sin\theta x}{(2n)!}x^{2n}$

(2) $\cos x = \sum\limits_{k=0}^{n-1} \dfrac{(-1)^k x^{2k}}{(2k)!} + \dfrac{(-1)^n \sin\theta x}{(2n-1)!}x^{2n-1}$

◆ 漸近展開

　有限テイラー展開や有限マクローリン展開は，関数 $f(x)$ の，ある点（有限マクローリン展開の場合は $x=0$）の近傍における，多項式関数による近似を与える。その意味で，関数の各点の近傍での局所的な振る舞いを理解する上で，非常に便利な定理である。「関数の多項式関数による近似」としての有限テイラー展開や有限マクローリン展開の役割は，次に述べる漸近展開の考え方によって，更に明確になる。

漸近展開について述べる前に，必要な記号を導入する。$x=a$ の近傍で定義されている関数 $f(x)$ と $g(x)$ について　$\displaystyle\lim_{x\to a}\frac{f(x)}{g(x)}=0$　が成り立つとき

$$f(x)=o(g(x))\quad(x\longrightarrow a)$$

と書く。ここで「o」（ギリシャ文字のオミクロン）は **ランダウの記号** と呼ばれるもので，このような記法を **ランダウの漸近記法** という。これは「$x=a$ の近くでは $f(x)$ は $g(x)$ よりはるかに小さい」ということを表している。

例 3

(1)　$f(x)=o(1)\quad(x\longrightarrow a)$ とは，$\displaystyle\lim_{x\to a}\frac{f(x)}{1}=\lim_{x\to a}f(x)=0$ であることを表している。

(2)　$f(x)=2x^2+o(x^2)(x\longrightarrow 0)$ とは，$f(x)=2x^2+h(x)$,　$\displaystyle\lim_{x\to 0}\frac{h(x)}{x^2}=0$ であることを意味している。

練習 4　$f(x)$, $g(x)$ を多項式関数として，これらを次のように，昇べきの順に書く。
$f(x)=a_k x^k+a_{k+1}x^{k+1}+\cdots\cdots+a_n x^n$,　$g(x)=b_l x^l+b_{l+1}x^{l+1}+\cdots\cdots+b_m x^m$
ただし，$a_k\neq 0$ かつ $b_l\neq 0$ とする。このとき，$f(x)=o(g(x))\quad(x\longrightarrow 0)$ であるための必要十分条件は $k>l$ であることを示せ。

注意　ランダウ記号を含んだ等式は，左辺を右辺で評価する式であり，一般の意味での等式ではない。例えば，$x\longrightarrow 0$ のとき，$o(x^2)=o(x)$ であるが，$o(x)=o(x^2)$ ではない。普通の等式ではないから，等式の左辺と右辺を入れ換えてはいけない。

ランダウの記号を用いると，有限テイラー展開は次のように書き表せる。

定理 4-2　**漸近展開**

$f(x)$ が a を含む開区間上で C^n 級の関数とする。このとき，次の等式が成り立つ。

$$f(x)=f(a)+f'(a)(x-a)+\frac{f''(a)}{2!}(x-a)^2+\cdots\cdots$$

$$\cdots\cdots+\frac{f^{(n)}(a)}{n!}(x-a)^n+o((x-a)^n)\quad(x\longrightarrow a)$$

124　第3章　微分

この展開は，n 次の多項式関数

$$P_n(x)=f(a)+f'(a)(x-a)+\frac{f''(a)}{2!}(x-a)^2+\cdots\cdots+\frac{f^{(n)}(a)}{n!}(x-a)^n$$

で $f(x)$ を近似したとき，その差 $f(x)-P_n(x)$ が，$x=a$ の近傍では $(x-a)^n$ よりもはるかに小さいということを表している。定理 4-2 のような展開を，$f(x)$ の $x=a$ における n 次の**漸近展開** という。

定理 4-2 の **証明** 　簡単のため $a=0$ の場合を証明するが，一般の場合も本質的には同じである。

有限テイラー展開から

$$f(x)=f(0)+f'(0)x+\frac{f''(0)}{2!}x^2+\cdots\cdots+\frac{f^{(n-1)}(0)}{(n-1)!}x^{n-1}+\frac{f^{(n)}(\theta x)}{n!}x^n$$

$$=f(0)+f'(0)x+\frac{f''(0)}{2!}x^2+\cdots\cdots+\frac{f^{(n)}(0)}{n!}x^n+g(x)$$

$g(x)$ は θ を $0<\theta<1$ である x に関係する実数として次のように定める。

$$g(x)=\frac{f^{(n)}(\theta x)}{n!}x^n-\frac{f^{(n)}(0)}{n!}x^n=\frac{f^{(n)}(\theta x)-f^{(n)}(0)}{n!}x^n$$

$f(x)$ は C^n 級であるから，$f^{(n)}(x)$ は連続である。

よって，$x\longrightarrow 0$ のとき $f^{(n)}(\theta x)-f^{(n)}(0)\longrightarrow 0$ である。

したがって，$\displaystyle\lim_{x\to 0}\frac{g(x)}{x^n}=0$ なので，$g(x)=o(x^n)\ (x\longrightarrow 0)$ である。　■

◆ 漸近展開の応用

ランダウの記号について，いくつか計算規則を知っておこう。

　補題 4-1 　**ランダウ記号の計算規則** 　　$x\longrightarrow 0$ において，以下が成り立つ。

(1)　$x^m o(x^n)=o(x^{m+n}),\ o(x^m)o(x^n)=o(x^{m+n})$

(2)　$o(x^m)+o(x^n)=o(x^l)$ ただし $l=\min\{m,\ n\}$

証明 　(1)　$x\longrightarrow 0$ のとき

$$\frac{x^m o(x^n)}{x^{m+n}}=\frac{o(x^n)}{x^n}\longrightarrow 0,\quad \frac{o(x^m)o(x^n)}{x^{m+n}}=\frac{o(x^m)}{x^m}\cdot\frac{o(x^n)}{x^n}\longrightarrow 0$$

(2)　必要なら m と n を入れ替えて，$m\leqq n$ としてよい。$x\longrightarrow 0$ のとき

$$\frac{o(x^m)+o(x^n)}{x^m}=\frac{o(x^m)}{x^m}+x^{n-m}\frac{o(x^n)}{x^n}\longrightarrow 0\quad ■$$

例題 2　$(1+x^2)e^x$ の $x=0$ における 4 次の漸近展開を求めよ。

解答　例 2 （p. 122) より，$x \longrightarrow 0$ で

$$e^x = 1 + x + \frac{1}{2}x^2 + \frac{1}{6}x^3 + \frac{1}{24}x^4 + o(x^4) \ \cdots\cdots\ ①$$

である。また，$e^x = 1 + x + \frac{1}{2}x^2 + o(x^2)$ なので，

$x^2 e^x = x^2 + x^3 + \frac{1}{2}x^4 + x^2 o(x^2)$ であるが，補題 4-1 (1) より

$x^2 o(x^2) = o(x^4)$ なので　$x^2 e^x = x^2 + x^3 + \frac{1}{2}x^4 + o(x^4) \ \cdots\cdots\ ②$

である。$(1+x^2)e^x = e^x + x^2 e^x$ の漸近展開は，① と ② を足し合わせることで得られる。補題 4-1 (2) より $o(x^4) + o(x^4) = o(x^4)$ なので　$(1+x^2)e^x = 1 + x + \frac{3}{2}x^2 + \frac{7}{6}x^3 + \frac{13}{24}x^4 + o(x^4)$ ■

例題 3　例題 2 （p. 114) の極限 $\displaystyle\lim_{x\to 0}\frac{\log(x+1) - x\cos x}{1 - \cos x}$ を，漸近展開で求めよ。

解答　$x \longrightarrow 0$ で $\log(x+1) = x - \frac{1}{2}x^2 + o(x^2)$ と $\cos x = 1 + o(x)$ より

$$\log(x+1) - x\cos x = \left(x - \frac{1}{2}x^2 + o(x^2)\right) - x(1 + o(x))$$

$$= -\frac{1}{2}x^2 + o(x^2)$$

また，$\cos x = 1 - \frac{1}{2}x^2 + o(x^2)$ より $1 - \cos x = \frac{1}{2}x^2 + o(x^2)$ なので，

与式は $x \longrightarrow 0$ で　$\dfrac{-\dfrac{1}{2}x^2 + o(x^2)}{\dfrac{1}{2}x^2 + o(x^2)} = \dfrac{-\dfrac{1}{2} + \dfrac{o(x^2)}{x^2}}{\dfrac{1}{2} + \dfrac{o(x^2)}{x^2}} \longrightarrow -1$ ■

練習 5　以下の極限値を，漸近展開を用いて求めよ。

(1) $\displaystyle\lim_{x\to 0}\frac{(1-\cos x)\sin x}{x - \sin x}$ 　(2) $\displaystyle\lim_{x\to 0}\frac{e^x - 1 - x}{x^2}$ 　(3) $\displaystyle\lim_{x\to 0}\frac{\sinh x - x}{\sin x - x}$

126　第 3 章　微分

Column コラム 曲線は折れ線である

17世紀の末，ドイツの月刊学術誌『学術論叢（アクタ・エルディトールム）』の1684年10月号に，ゴットフリート・ライプニッツ（1646-1716年）の論文「分数量にも無理量にもさまたげられることのない最大・最小ならびに接線を求めるための新しい方法。およびそれらのための特異な計算法」が掲載された。この論文が今日の微分法の源泉である。最大・最小問題と接線法という，まったく性格の異なる2種類の問題を解決する単一の方法が存在する。それを実現する「特異な計算法」をライプニッツは発見したのである。

接線を引くには「接線とは何か」という問いに答えなければならないが，それに先立ってライプニッツは「曲線とは何か」という問いを立て，「曲線とは無限多角形である」と応じた。多角形は折れ線であり，その折れ線を構成する辺の各々には長さがない。言い換えると，無限小の線分であるから，実際にはただ1個の点である。曲線上の1個の点Pはそのまま無限小の線分で，その線分の両端点はどちらもPである。このような不可思議な線分が無限に連なって作られる図形が曲線である。

曲線をこのように見ると，点Pにおいて接線を引くというのは，Pを両端点とする無限小の線分を限りなく延長していくことに他ならない。

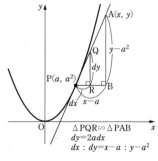

例えば，放物線の方程式 $y=x^2$ を微分すると，x, y の微分と呼ばれる無限小変数 dx, dy を連繋する方程式 $dy=2xdx$ が得られる。この計算がライプニッツのいう「特異な計算法」で，今日の微分法の一番はじめの姿である。$x=a$ とすると $dy=2adx$ となるが，これは放物線上の点 $P(a, a^2)$ における接線の無限小部分の方程式であり，無限に延長すれば即座に接線が描かれる（図）。

Pを通り放物線を形作る無限小の線分の両端点を P, Q（実際にはQはPと同じ点）とし，この線分を斜辺とする直角三角形 PQR を描く。Pにおける接線，すなわち線分 PQ の延長線上に任意の点 $A(x, y)$ をとり，線分 AP を斜辺とする直角三角形を描くと，無限小の直角三角形 PQR と有限の大きさの直角三角形 PAB は相似である。それゆえ，PR：QR＝PB：AB，すなわち $dx:dy=x-a:y-a^2$ が成立する。等式 $dy=2adx$ において，dx, dy をそれぞれ $x-a$, $y-a^2$ で置き換えると，等式 $y-a^2=2a(x-a)$，すなわち
$$y=2ax-a^2$$
が得られる。これが点Pにおける放物線の接線の方程式である。

曲線が微分計算を受け入れる方程式により表され，しかも実際に接線が存在する限り，ライプニッツの微分法は万能の接線法である。

章末問題A

1. 実数上の関数 $f(x)$ を次で定義する。（ディリクレ関数という。）
$$f(x)=\begin{cases} 1 & x\text{ が有理数のとき} \\ 0 & x\text{ が無理数のとき} \end{cases}$$

$g(x)=x^2f(x)$ とするとき，$g(x)$ は $x=0$ で微分可能であることを示せ。

2. k を正の定数とする。次の関数の導関数を求めよ。
   (1) $\sinh kx$ (2) $\cosh kx$ (3) $\tanh kx$

3. 次の関数の導関数を求めよ。
   (1) $\dfrac{x}{\log x}$ (2) $\mathrm{Tan}^{-1}\dfrac{x}{\sqrt{1+x^2}}$ (3) $\log(1+\tanh x)$

4. （ライプニッツの公式）$f(x)$, $g(x)$ が n 回微分可能とする。このとき，次の等式を示せ。 $\quad (f(x)g(x))^{(n)}=\displaystyle\sum_{k=0}^{n}\binom{n}{k}f^{(n-k)}(x)g^{(k)}(x)$

    ただし，$\binom{n}{k}$ は二項係数 $\quad \binom{n}{k}=\dfrac{n(n-1)\cdots\cdots(n-k+1)}{k!}\quad$ を表す。

章末問題B

5. 方程式 $x^3-3x^2-x+5=0$ の解が $n\leqq x<n+1$ に存在するような整数 n をすべて求めよ。

6. 次の問いに答えよ。
   (1) 方程式 $x^3+x-1=0$ は，$0<x<1$ においてただ1つの解をもつことを示せ。
   (2) (1)の解のニュートン法による近似を，$c_1=1$ から始めて，c_3 まで求めよ。

7. 次の極限値を求めよ。
   (1) $\displaystyle\lim_{x\to 0}\frac{x-\tan x}{x^3}$ (2) $\displaystyle\lim_{x\to 0}\frac{\cos^2 x+x^2-1}{x^4}$ (3) $\displaystyle\lim_{x\to 0}\frac{x-\sin x}{(e^x-1)^3}$

8. $\sin x$ の有限マクローリン展開を3次まで求めることで，$\sin 0.1$ の近似値を求めよ。また，$0<\theta<1$ のとき $0<\sin\theta<1$ であることと，4次の剰余項を用いて，誤差を調べよ。

9. 次の極限が0でない値になるような，自然数 n の値を求めよ。また，その場合の極限値を求めよ。
   (1) $\displaystyle\lim_{x\to 0}\frac{\sin x-x\cos x}{x^n}$ (2) $\displaystyle\lim_{x\to 0}\frac{\cos x-e^{x^2}}{x^n}$

第4章

積分（1変数）

1 積分の概念／2 積分の計算／3 広義積分／4 積分法の応用
5 発展：リーマン積分

　高等学校では，積分は微分の逆演算であるという考え方を基軸にして，不定積分を用いて導入されていた。しかし，後出の多変数関数の積分を見据えた場合，（関数のグラフで決まる領域の）区分求積法による面積計算として定積分（リーマン積分）を最初に導入し，不定積分による方法はその実際上の計算手段と解釈した方が，より自然である。

　この考え方に基づいて，最初に 1 では，面積計算としてのリーマン積分の考え方の概略をまとめる。その詳細で正確な議論は，この章の最後の節 5 で行う。1 では，いくぶん直観的に，面積計算としての定積分の考え方を導入し，「微分積分学の基本定理」を通じて，積分が微分の逆演算になっていることを理解することが目標である。

　2 では，実際の定積分の計算について学ぶ。高等学校で既に学んだ置換積分や部分積分について復習し，これを実際の関数の定積分の計算に応用する。特に，この節では，いかなる有理関数も有理関数と対数関数，および逆三角関数を用いて積分できることを学ぶ。

　3 で扱う広義積分は，大学で初めて学ぶ事項である。これは閉区間上の定積分の計算を，開いた区間などに極限を用いて自然に拡張したもので，自然科学などへの用途も多い重要な概念である。また，4 では1変数の積分の応用として，曲線の長さの計算や，ガンマ関数・ベータ関数の導入など，応用上重要な事項について学ぶ。

1 積分の概念

積分という概念には，微分の逆演算としての側面と，面積計算としての側面の，2つの側面がある。高等学校では主に前者から積分（不定積分から定積分）を導入するが，本来は面積計算としての積分概念が本質的である。また，後で多変数の積分（重積分）に一般化するという観点からも，最初から面積や体積の計算としての積分概念を基礎に据えた議論を展開しておくことが望ましい。このような考え方から，本書では，まず面積計算として積分の概念（リーマン積分）を導入し，その後に，微分積分学の基本定理（定理1-2）を踏まえて，不定積分による積分の計算法を導入する，という順序で議論する。これらの議論は，最初は証明なしで直観的な説明で行い，証明を伴うより厳密な議論は後の発展 5 で行うことにする。

◆積分可能性と定積分

閉区間 $[a, b]$ 上で定義された有界関数 $f(x)$ を考えよう。
関数 $f(x)$ の a から b への定積分とは，この関数のグラフと，y 軸に平行な2直線 $x=a$，$x=b$，および x 軸によって囲まれた領域の**符号付きの面積**（x 軸より下にある部分の

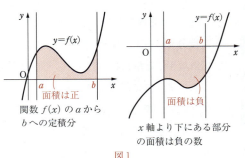

関数 $f(x)$ の a から b への定積分

x 軸より下にある部分の面積は負の数

図1

面積は負の数とする）の総和のことである（図1の赤い部分の領域）。例えば，関数 $y=x^2-4x$ のグラフと2直線 $x=2$，$x=3$ で囲まれた領域の符号付きの面積は $\int_2^3 (x^2-4x)dx = -\dfrac{11}{3}$ である。

もちろん，ここで，面積とは何かということが問題になる。長方形の面積は，縦横の長さの積として，明確に定められるので，これを用いて近似することを考える。具体的には，右ページの図2のように，求める面積を下からと上からの両方からはさみ込む。つまり，閉区間 $[a, b]$ の分割

$$\varDelta : a=a_0<a_1<a_2<\cdots\cdots<a_{n-1}<a_n=b$$

を考えて，そうして得られた n 個の小さい閉区間 $[a_i, a_{i+1}]$ ($i=0, \cdots\cdots, n-1$) を底辺とするような，長方形領域の面積の和を考える。図2の左の図では，それらの長方形が，$y=f(x)$ のグラフに下側から接するように，右の図では $y=f(x)$ のグラフに上側から接するように，長方形が組まれていることに注意しよう。

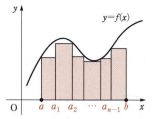
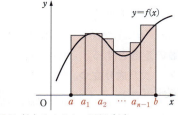
図2　面積の下からの近似（左）と上からの近似（右）

　このようにして，下と上の両方から近似をした場合，閉区間 $[a, b]$ の分割を細かくしていけば，これらは求める（図1の）「面積」という共通の値に収束するはずである。つまり，分割を細かくして，近似の精度を上げていけば，下からの近似の値は単調に増加して，その上限の値に収束していくだろうし，上からの近似の値は単調に減少して，その下限の値に収束していくだろう。

　よって，下側からの近似の上限と，上側からの近似の下限が一致するなら，その共通の値を，求める「面積」として定義してよいことになる。

　そして，そのとき，関数 $f(x)$ は閉区間 $[a, b]$ 上で（リーマン）**積分可能** といい，その値を $\int_a^b f(x)dx$ と書いて，**関数 $f(x)$ の a から b への定積分** という。

　定積分のこのような考え方は，**区分求積法** と呼ばれることもある。

　以上は，積分可能性や定積分の定義の直観的な説明であるが，これらについての厳密な議論は，後の 5 で行う。

◆ 定積分の性質

　定積分の，符号付きの面積としての定義から，明らかに次が成り立つ。
$a<b<c$ について，関数 $f(x)$ の閉区間 $[a, b]$ 上での積分と，閉区間 $[b, c]$ 上での積分の和は，閉区間 $[a, c]$ 上での積分に等しい[1]。すなわち

$$\int_a^b f(x)dx + \int_b^c f(x)dx = \int_a^c f(x)dx \qquad (*)$$

また，　$\int_a^a f(x)dx = 0$　が明らかに成り立つ。

　更に，$a<b$ のとき　$\int_b^a f(x)dx = -\int_a^b f(x)dx$　と約束すると，$(*)$ は a, b, c について大小関係を仮定しなくても成り立つ。また，符号付きの面積としての定積分の定義から，次の命題が成り立つこともわかる。

---

[1]　もちろん，ここでの関数 $f(x)$ は閉区間 $[a, b]$, $[b, c]$ 上で積分可能であると仮定する。

> **命題 1-1** 定積分の性質
>
> 関数 $f(x)$, $g(x)$ が閉区間 $[a, b]$ 上で積分可能であるとする。また，k, l を実数の定数とする。このとき，$kf(x)+lg(x)$ も $[a, b]$ 上で積分可能であり，次が成り立つ。
>
> $$\int_a^b (kf(x)+lg(x))dx = k\int_a^b f(x)dx + l\int_a^b g(x)dx$$

◆定積分の存在

　以上のようにして積分可能性が定義されたが，どんな関数でも積分可能であるわけではない。つまり，x 軸との間の領域の「面積」が，いつでも定義できるわけではない（例えば，*p. 163*, 5 の例 1 参照）。

　しかし，関数 $f(x)$ が連続であれば，常に積分可能である。それを示すのが次の定理である。

> **定理 1-1** 連続関数の定積分の存在
>
> 閉区間 $[a, b]$ 上で連続な関数 $f(x)$ は，$[a, b]$ 上で積分可能である。

　証明は 5 で行う。

◆微分積分学の基本定理

　さて，概念としての積分は以上のように定義されたが，その実際の計算は，高等学校で学んだように，不定積分による方法を用いることが多い。不定積分の概念，および不定積分を用いた積分の計算方法は，次節以降で説明するが，これらは今から述べる「微分積分学の基本定理」に基づいている。

　「微分積分学の基本定理」とは，大雑把に言えば，**積分が微分の逆演算** であることを述べた定理である。

　$f(x)$ を開区間 I 上の連続関数とし，$a \in I$ を固定する。このとき，定理 1-1 より，任意の $x \in I$ について，$f(x)$ は $x \geqq a$ なら閉区間 $[a, x]$ 上で，$x < a$ なら $[x, a]$ 上で，積分可能である。そこで，$F(x)=\int_a^x f(t)dt$ によって，I 上の関数 $F(x)$ を定義しよう。このとき，次の定理が成り立つ。

132 第 4 章 積分（1 変数）

> **定理 1-2** 微分積分学の基本定理
> $F(x)$ は開区間 I 上の微分可能な関数であり，$F'(x)=f(x)$ が成り立つ。

証明 定理の主張に従って，次の等式を計算によって証明すればよい。
$$\lim_{h \to 0} \frac{F(x+h)-F(x)}{h} = f(x) \qquad (*)$$

$F(x+h)-F(x) = \int_a^{x+h} f(t)dt - \int_a^x f(t)dt = \int_x^{x+h} f(t)dt$ である。

そこで $[x,\ x+h]$ における $f(t)$ の最大値と最小値を，それぞれ $M,\ m$ とする（第2章定理3-4参照）。

また，$S,\ s \in [x,\ x+h]$ を
$$f(S)=M, \qquad f(s)=m$$
となるように選ぶ。
このとき
$$mh \leq \int_x^{x+h} f(t)dt \leq Mh$$
なので（図3参照）

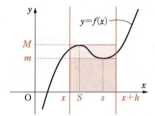

図3　x から $x+h$ までの定積分の評価

$$f(s) \leq \frac{F(x+h)-F(x)}{h} \leq f(S)$$

となる。

$h \to 0$ のとき，$S \to x$，$s \to x$ であり，関数 $f(x)$ は連続関数だから，$h \to 0$ のとき $f(S) \to f(x)$ かつ $f(s) \to f(x)$ である。

よって，はさみうちの原理より，等式 $(*)$ が示される。■

ここまで，積分の概念的な側面を述べた。積分を定義する際，x 軸と関数のグラフの間の領域に着眼した。また，積分可能性についても言及した。次の節では，積分の具体的な計算法について考えよう。

2 積分の計算

この節では，前節で述べた定積分の概念を踏まえて，積分を実際に計算する方法について述べる。定積分を実際に計算するには，高等学校で学んだような，不定積分による方法を用いる。そこで，まず不定積分について議論することから始めよう。

◆原始関数と不定積分

高等学校の数学では，関数 $f(x)$ に対して，$f(x)$ の不定積分を求め，それを用いて定積分を計算した。まずは，不定積分や原始関数を以下のように定義し，連続関数が原始関数をもつことから考えていこう。

> **定義 2-1　原始関数**
> 開区間 I 上の関数 $f(x)$ に対して，I 上の微分可能な関数 $F(x)$ が存在して，$F'(x)=f(x)$ が成り立つとき，$F(x)$ は $f(x)$ の（I 上の）**原始関数**という。

原始関数は，どんな関数に対しても存在するとは限らない。しかし，存在するならば，定数（積分定数）の差を除いて一意的である。実際，$F(x)$ が $f(x)$ の原始関数であるとすると，$F(x)$ に任意の定数 C を加えた $F(x)+C$ もまた，$f(x)$ の原始関数である。逆に，次の補題が示すように，$f(x)$ の原始関数はこの形のものに限る。

> **補題 2-1　原始関数の不定性**
> 開区間 I 上の関数 $f(x)$ が，原始関数 $F(x)$ をもつとする。このとき，$f(x)$ の任意の原始関数は　　$F(x)+C$（C は定数）　　（＊）
> で与えられる。

証明　$G(x)$ もまた $f(x)$ の原始関数なら恒等的に
$$(G(x)-F(x))'=f(x)-f(x)=0$$
で，*p.106，第 3 章系 2-1* より，$G(x)-F(x)$ は定数 C に等しい，つまり $G(x)=F(x)+C$ である。　■

式（＊）で表現された「原始関数の全体」を，関数 $f(x)$ の **不定積分** と呼び，C は **積分定数** と呼ばれる。

注意　以後，本章では C は積分定数を示すことにし，断りは省略する。

134 ｜ 第 4 章　積分（1 変数）

注意 高等学校で学んだように，関数 $f(x)$ の不定積分は $\int f(x)dx$ という記号で表す。

定理 2-1 連続関数の原始関数の存在

$f(x)$ を開区間 I 上の連続関数とする。このとき，$f(x)$ は I 上で原始関数をもつ。具体的には，$a \in I$ を任意に固定したとき $F(x) = \int_a^x f(t)dt$ は，$f(x)$ の原始関数である。

微分積分学の基本定理（$p.133$，定理 1-2）から，直ちに証明できる。

注意 定理 2-1 で，固定した a を別の $b \in I$ に取り替えても，違いは定数の差しかないことに注意しよう。

実際，$G(x) = \int_b^x f(t)dt$ のとき，$C = \int_b^a f(t)dt$ （定数）とすれば，

$\int_b^x f(t)dt = \int_b^a f(t)dt + \int_a^x f(t)dt$ から $G(x) = F(x) + C$ である。

系 2-1 定積分の計算

$f(x)$ を開区間 I 上の連続関数とし，$F(x)$ を $f(x)$ の原始関数の1つとする。このとき，任意の a, $b \in I$ について，次が成り立つ。

$$\int_a^b f(x)dx = F(b) - F(a)$$

この式の右辺は，高等学校で学んだように $\left[F(x)\right]_a^b$ と書かれることが多い。

証明 定理 2-1 と補題 2-1 から $F(x) = \int_a^x f(t)dt + C$ （C は定数） と書ける。

よって $F(b) - F(a) = \left(\int_a^b f(t)dt + C\right) - \left(\int_a^a f(t)dt + C\right) = \int_a^b f(t)dt$ ∎

◆ 置換積分

系 2-1 から，連続関数の積分を計算するには，原始関数（不定積分）が求められるものは，それをもとに計算して求めればよいことがわかった。次に，与えられた関数の積分を計算するための，さまざまな方法について考えよう。

まず，この項で述べる **置換積分** は，積分の計算をする上で基本的な方法の1つである。

2 積分の計算 | 135

> **定理 2-2** 置換積分
> 連続関数 $f(x)$ において，x が開区間 J 上の t についての C^1 級関数 $x=x(t)$ であるとするとき，次が成り立つ。
> (1) $\displaystyle \int f(x)dx = \int f(x(t))x'(t)dt$
> (2) 任意の $a, b \in J$ について $\displaystyle \int_{x(a)}^{x(b)} f(x)dx = \int_a^b f(x(t))x'(t)dt$

注意 (1)の等式は，不定積分の間の等式なので，その等号「＝」は「定数の差を除いて等しい」という意味である。

証明 $a \in J$ を固定して，任意の $t \in J$ について，合成関数の微分（第 3 章定理 1-3, p. 97）より

$$\frac{d}{dt}\int_a^{x(t)} f(x)dx = \left\{\frac{d}{dx}\int_a^{x(t)} f(x)dx\right\} \cdot \frac{dx}{dt}(t) = f(x(t))x'(t)$$

すなわち，$f(x)$ の原始関数を t の関数と見たものは，$f(x(t))x'(t)$ の原始関数になっている。よって，(1)が成り立つ。(2)は(1)からすぐに導かれる。■

練習 1 微分可能な関数 $f(x)$ について，等式 $\displaystyle \int \frac{f'(x)}{f(x)}dx = \log|f(x)| + C$ を示せ。

例題 1 不定積分 $\displaystyle \int \frac{dx}{(ax+b)^m}$ ($a \neq 0$, m は自然数) を求めよ。

解答 $z = ax+b$ とすると $\dfrac{dz}{dx} = a$, すなわち $dz = adx$ より，置換積分を用いて計算すると

$$\int \frac{dx}{(ax+b)^m} = \frac{1}{a}\int \frac{dz}{z^m} = \begin{cases} \dfrac{1}{a(1-m)z^{m-1}} + C & (m \geq 2) \\ \dfrac{1}{a}\log|z| + C & (m=1) \end{cases}$$

よって $\displaystyle \int \frac{dx}{(ax+b)^m} = \begin{cases} \dfrac{1}{a(1-m)(ax+b)^{m-1}} + C & (m \geq 2) \\ \dfrac{1}{a}\log|ax+b| + C & (m=1) \end{cases}$

第 4 章 積分（1 変数）

例題 2 不定積分 $\int x\sqrt{1-x}\,dx$ を求めよ。

解答 $t=\sqrt{1-x}$ とおく。このとき，$t^2=1-x$ なので，$x\sqrt{1-x}=(1-t^2)t$ であり，$\dfrac{d}{dt}t^2=-\dfrac{dx}{dt}$ から，$dx=(-2t)dt$ である。よって

$$\int x\sqrt{1-x}\,dx=\int(1-t^2)t(-2t)dt=2\int(t^4-t^2)dt$$

$$=2\left(\dfrac{t^5}{5}-\dfrac{t^3}{3}\right)+C=\dfrac{2}{15}t^3(3t^2-5)+C$$

$$=\dfrac{2}{15}(1-x)^{\frac{3}{2}}\{3(1-x)-5\}+C=-\dfrac{2}{15}(2+3x)(1-x)^{\frac{3}{2}}+C$$

注意 例題 2 のように，置換積分の式 $\int f(x)dx=\int f(x(t))x'(t)dt$ を，$f(x)=f(x(t))$，$dx=x'(t)dt$ と 2 つに形式的に分けて書くと便利である。この書き方をすれば，置換積分の公式は，$f(x)dx=f(x(t))x'(t)dt$ の両辺を積分したものと解釈できる。これらの式に現れる dx や dt は，「無限小」や「微分形式」など，さまざまな文脈で解釈されるものであるが，ここでは形式的なものと考える。本書では，このような形式的な書き方を，以後しばしば用いる。

練習 2 次の不定積分を求めよ。
(1) $\int \sqrt{ax+b}\,dx\ (a\neq 0)$ (2) $\int \dfrac{x}{\sqrt{1-x}}dx$ (3) $\int \cos^2 x \sin x\,dx$

練習 3 次の不定積分を求めよ。
(1) $\int \dfrac{2x+1}{x^2+x+1}dx$ (2) $\int \dfrac{\sin x}{1+\cos x}dx$ (3) $\int \tan x\,dx$

◆ 部分積分

不定積分を計算する上で基本的な，もう 1 つの方法は，次の **部分積分** である。

定理 2-3 部分積分
$f(x)$，$g(x)$ を開区間 I 上で微分可能な関数とすると，次が成り立つ。
(1) $\int f(x)g'(x)dx=f(x)g(x)-\int f'(x)g(x)dx$
(2) 任意の $a,\ b\in I$ について
$$\int_a^b f(x)g'(x)dx=\Big[f(x)g(x)\Big]_a^b-\int_a^b f'(x)g(x)dx$$

証明 ライプニッツ則（*p.95*, 第3章定理1-2(2)）から

$$f(x)g'(x)=\{f(x)g(x)\}'-f'(x)g(x) \qquad である。この両辺の不定積分$$

をとれば, (1)が得られる。(2)は(1)からすぐに導かれる。∎

例題 3 不定積分 $\displaystyle\int x\cosh x\,dx$ を求めよ。

解答
$$\int x\cosh x\,dx=\int x\cdot(\sinh x)'\,dx=x\sinh x-\int 1\cdot\sinh x\,dx$$
$$=x\sinh x-\cosh x+C$$

練習 4 次の不定積分を求めよ。

(1) $\displaystyle\int x\sin x\,dx$ (2) $\displaystyle\int \mathrm{Sin}^{-1}x\,dx$ (3) $\displaystyle\int x\sinh x\,dx$

◆ 漸化式による積分の計算

ここでは, 部分積分などを用いて, 不定積分を漸化式によって計算することを考える。

例題 4 自然数 n について, $\displaystyle I_n=\int\frac{dx}{(x^2+1)^n}$ とおく。このとき, 次の漸化式が成り立つことを示せ。 $\displaystyle I_{n+1}=\left(1-\frac{1}{2n}\right)I_n+\frac{1}{2n}\cdot\frac{x}{(x^2+1)^n}$

解答 $\displaystyle I_n=\int\frac{x^2+1}{(x^2+1)^{n+1}}\,dx=\int\frac{x^2\,dx}{(x^2+1)^{n+1}}+I_{n+1}$ なので, $\displaystyle\int\frac{x^2\,dx}{(x^2+1)^{n+1}}$ を

計算する。 $\displaystyle\left(-\frac{1}{2n(x^2+1)^n}\right)'=\frac{x}{(x^2+1)^{n+1}}$ だから

$$\int\frac{x^2\,dx}{(x^2+1)^{n+1}}=-\frac{x}{2n(x^2+1)^n}+\frac{1}{2n}\int\frac{dx}{(x^2+1)^n}=\frac{1}{2n}I_n-\frac{1}{2n}\cdot\frac{x}{(x^2+1)^n}$$

よって $\displaystyle I_{n+1}=I_n-\int\frac{x^2}{(x^2+1)^{n+1}}\,dx=\left(1-\frac{1}{2n}\right)I_n+\frac{1}{2n}\cdot\frac{x}{(x^2+1)^n}$ ∎

練習 5 整数 $n\geqq 0$ について, $\displaystyle I_n=\int\sin^n x\,dx$, $\displaystyle J_n=\int\cos^n x\,dx$ とおく。

$n\geqq 2$ について, 次の2つの漸化式が成り立つことを示せ。

$$I_n=-\frac{1}{n}\sin^{n-1}x\cos x+\frac{n-1}{n}I_{n-2} \qquad J_n=\frac{1}{n}\cos^{n-1}x\sin x+\frac{n-1}{n}J_{n-2}$$

138 第4章 積分（1変数）

練習 6 整数 $n \geqq 0$ について，次の等式を示せ。

$$\int_0^{\frac{\pi}{2}} \cos^n x\, dx = \int_0^{\frac{\pi}{2}} \sin^n x\, dx = \begin{cases} \dfrac{(n-1)!!}{n!!} \cdot \dfrac{\pi}{2} & (n：偶数) \\[2mm] \dfrac{(n-1)!!}{n!!} & (n：奇数) \end{cases}$$

ただし，$n!! = \begin{cases} n(n-2)(n-4)\cdots\cdots 2 & (n：偶数) \\ n(n-2)(n-4)\cdots\cdots 1 & (n：奇数) \end{cases}$ とする。

また，便宜上，$0!! = (-1)!! = 1$ とする。

◆有理関数の積分

すぐにわかるように，多項式関数

$$f(x) = a_n x^n + a_{n-1} x^{n-1} + \cdots\cdots + a_1 x + a_0 \qquad (a_0,\ a_1,\ \cdots\cdots,\ a_n \in \mathbb{R})$$

の不定積分もまた多項式関数である。実際，不定積分は次で与えられる[2]。

$$\int f(x)\,dx = \frac{a_n}{n+1} x^{n+1} + \frac{a_{n-1}}{n} x^n + \cdots\cdots + \frac{a_1}{2} x^2 + a_0 x$$

では，有理関数 (*p.75，第2章* ④) についてはどうだろうか。実は，以下の計算からわかるように，有理関数の不定積分は，有理関数で与えられるとは限らない。しかし，これらは有理関数と対数関数と逆三角関数で書くことができる。

特に，有理関数の不定積分は，初等関数の範囲内で書くことができる[3]。

任意の有理関数 $f(x) = \dfrac{F(x)}{G(x)}$ $(F(x),\ G(x)$ は多項式関数$)$ の不定積分を計算

しよう。そのために，以下の事実を使う (証明は省略する)。

定理 2-4 部分分数分解

任意の有理関数は，次の3つの形の有理関数の有限個の和に分解できる。

(i) **多項式**　　(ii) $\dfrac{k}{(x+a)^n}$ $(a,\ k \in \mathbb{R},\ n \in \mathbb{N})$

(iii) $\dfrac{ex+d}{(x^2+bx+c)^m}$ $(b,\ c,\ d,\ e \in \mathbb{R},\ b^2-4c<0,\ m \in \mathbb{N})$

注意 上記(iii)の $b^2-4c<0$ は，任意の $x \in \mathbb{R}$ について $x^2+bx+c>0$ であることを示す。

---

[2] 積分定数を省略して，定数の差を除いて等しいという意味の等式である。以後，このような略記をしばしば行う。

[3] しかし，例えば，$\int e^{-x^2} dx$ のように，一般に，初等関数の不定積分は初等関数の範囲では書けないことが知られている。

② 積分の計算　139

例 1

$f(x) = \dfrac{x+5}{x^2+x-2}$ を部分分数分解しよう。

分母は $x^2+x-2 = (x-1)(x+2)$ と因数分解される。

そこで，$\dfrac{x+5}{x^2+x-2} = \dfrac{a}{x-1} + \dfrac{b}{x+2}$ とおいて a, b を求めると，

$a=2$, $b=-1$ と計算される。

よって，求める部分分数分解は

$$\frac{x+5}{x^2+x-2} = \frac{2}{x-1} - \frac{1}{x+2}$$

例 2

$f(x) = \dfrac{x^5-x^4+3x^3-3x^2-x-2}{x^4-x^3-x+1}$ を部分分数分解しよう。

分子の次数が分母の次数より大きいので，分子を分母で割り算して

$$\frac{x^5-x^4+3x^3-3x^2-x-2}{x^4-x^3-x+1} = x + \frac{3x^3-2x^2-2x-2}{x^4-x^3-x+1}$$

と計算される。

分母は $x^4-x^3-x+1 = (x-1)^2(x^2+x+1)$ と因数分解されるので

$$\frac{3x^3-2x^2-2x-2}{x^4-x^3-x+1} = \frac{ax+b}{x^2+x+1} + \frac{c}{x-1} + \frac{d}{(x-1)^2}$$

とおいて a, b, c, d を求めると，$a=b=1$, $c=2$, $d=-1$ と計算される。

よって，求める部分分数分解は

$$\frac{x^5-x^4+3x^3-3x^2-x-2}{x^4-x^3-x+1} = x + \frac{x+1}{x^2+x+1} + \frac{2}{x-1} - \frac{1}{(x-1)^2}$$

　一般に，有理関数の不定積分を計算するには，部分分数分解（*p.* 139, 定理 2-4）より，定理 2-4 の (ⅰ), (ⅱ), (ⅲ) のそれぞれの形の関数について不定積分を求めればよい。

(ⅰ) 多項式関数の不定積分については，既に述べた。

(ⅱ) $\displaystyle \int \frac{k\,dx}{(x+a)^n} = k \int \frac{dx}{(x+a)^n}$ $(a, k \in \mathbb{R})$ は，例題 1（*p.* 136）より

$$\int \frac{k\,dx}{(x+a)^n} = \begin{cases} \dfrac{k}{(1-n)(x+a)^{n-1}} & (n \geqq 2) \\[2mm] k\log|x+a| & (n=1) \end{cases}$$

(iii) 最後に $\dfrac{ex+d}{(x^2+bx+c)^m}$ $(b,\ c,\ d,\ e\in\mathbb{R},\ b^2-4c<0,\ m\in\mathbb{N})$ について考え

よう。$4c-b^2>0$ なので，$h=\dfrac{\sqrt{4c-b^2}}{2}$ で正の実数 h が定まり

$$x^2+bx+c=\left(x+\frac{b}{2}\right)^2+h^2=h^2\left\{\left(\frac{2x+b}{2h}\right)^2+1\right\}$$

となる。そこで $z=\dfrac{2x+b}{2h}$ とおいて置換積分すると

$$\int\frac{ex+d}{(x^2+bx+c)^m}\,dx=\int\frac{e'z+d'}{(z^2+1)^m}\,dz$$

となる。ただし，$e'=\dfrac{e}{h^{2m-2}}$，$d'=\dfrac{-be+2d}{2h^{2m-1}}$ である。

よって，問題は次の形の不定積分の計算に帰着される。

$$\text{(iii—a)}\quad \int\frac{z\,dz}{(z^2+1)^m}\quad(m\in\mathbb{N})\qquad\qquad\text{(iii—b)}\quad \int\frac{dz}{(z^2+1)^m}\quad(m\in\mathbb{N})$$

(iii—a) の不定積分は，$w=z^2+1$ とおいて置換積分すると $\dfrac{1}{2}\displaystyle\int\dfrac{dw}{w^m}$ となって，上で既に計算した (ii) の形になる。

(iii—b) の不定積分について，$m=1$ ならば第 3 章 ① 例題 3 (*p.*100) より

$$\int\frac{dz}{z^2+1}=\mathrm{Tan}^{-1}z$$

となる。$m\geqq2$ のときは，例題 4 (*p.*138) の漸化式を用いて，$m=1$ のときから順々に計算していけばよい。

例えば，$m=2$ のときは，次で与えられる。

$$\int\frac{dz}{(z^2+1)^2}=\frac{1}{2}\mathrm{Tan}^{-1}z+\frac{z}{2(z^2+1)}$$

以上より，どのような有理関数の不定積分も，原理的に計算できることがわかった。また，上の計算からわかるように，有理関数の不定積分は，有理関数，対数関数，および逆正接関数を用いて常に表せることもわかった。

例 3

有理関数 $f(x)=\dfrac{x+5}{x^2+x-2}$ は，例 1 より，$\dfrac{x+5}{x^2+x-2}=\dfrac{2}{x-1}-\dfrac{1}{x+2}$ と部分分数分解される。

よって $\displaystyle\int\frac{x+5}{x^2+x-2}\,dx=2\log|x-1|-\log|x+2|+C$

---

② 積分の計算 ｜ 141

例4 有理関数 $f(x) = \dfrac{x^5 - x^4 + 3x^3 - 3x^2 - x - 2}{x^4 - x^3 - x + 1}$ は，例2 $(p.140)$ より

$$\frac{x^5 - x^4 + 3x^3 - 3x^2 - x - 2}{x^4 - x^3 - x + 1} = x + \frac{x+1}{x^2 + x + 1} + \frac{2}{x-1} - \frac{1}{(x-1)^2}$$

と部分分数分解される。

$x^2 + x + 1 = \left(x + \dfrac{1}{2}\right)^2 + \left(\dfrac{\sqrt{3}}{2}\right)^2$ から $z = \dfrac{2x+1}{2 \cdot \dfrac{\sqrt{3}}{2}} = \dfrac{2x+1}{\sqrt{3}}$ とすると

$$\int \frac{x+1}{x^2 + x + 1}\,dx = \int \frac{z + \dfrac{1}{\sqrt{3}}}{z^2 + 1}\,dz = \frac{1}{2}\log(z^2 + 1) + \frac{1}{\sqrt{3}}\,\mathrm{Tan}^{-1}z + C$$

よって，$\displaystyle\int f(x)\,dx = \frac{1}{2}x^2 + \frac{1}{2}\log\left\{\frac{4}{3}(x^2 + x + 1)\right\}$

$$+ \frac{1}{\sqrt{3}}\,\mathrm{Tan}^{-1}\frac{2x+1}{\sqrt{3}} + 2\log|x-1| + \frac{1}{x-1} + C$$

注意 $\dfrac{1}{2}\log\left\{\dfrac{4}{3}(x^2 + x + 1)\right\} = \dfrac{1}{2}\log\dfrac{4}{3} + \dfrac{1}{2}\log(x^2 + x + 1)$ であり，$\dfrac{1}{2}\log\dfrac{4}{3}$ は定数なので，上の不定積分の結果の右辺を次で置き換えてもよい。

$$\frac{1}{2}x^2 + \frac{1}{2}\log(x^2 + x + 1) + \frac{1}{\sqrt{3}}\,\mathrm{Tan}^{-1}\frac{2x+1}{\sqrt{3}} + 2\log|x-1| + \frac{1}{x-1} + C$$

練習7 次の定積分の値を求めよ。

(1) $\displaystyle\int_0^1 \frac{dx}{(x-2)(x-3)}$　　　(2) $\displaystyle\int_0^1 \frac{x+7}{(x+2)^2(x^2+1)}\,dx$　　　(3) $\displaystyle\int_1^3 \frac{x^2}{x^2 - 4x + 5}\,dx$

例題5 不定積分 $\displaystyle\int \frac{dx}{(x^2 + x + 1)^2}$ を求めよ。

解答 $z = \dfrac{2x+1}{\sqrt{3}}$ とおくと，例4 と同様に

$$\int \frac{dx}{(x^2 + x + 1)^2} = \frac{8}{3\sqrt{3}}\int \frac{dz}{(z^2 + 1)^2}$$

$$= \frac{8}{3\sqrt{3}}\left\{\frac{1}{2}\,\mathrm{Tan}^{-1}z + \frac{z}{2(z^2 + 1)}\right\}$$

$$= \frac{4}{3\sqrt{3}}\,\mathrm{Tan}^{-1}\frac{2x+1}{\sqrt{3}} + \frac{2x+1}{3(x^2 + x + 1)} + C$$

142 第4章 積分（1変数）

不定積分 $\displaystyle\int \frac{x^2}{(x^2+x+1)^2} dx$ を求めよ。

◆ さまざまな積分の計算

前項目で学んだように，有理関数はすべて初等関数で積分できる。一方，有理関数以外の初等関数は，一般に，原始関数を初等関数で表すことができないことが知られている。しかし，有理関数でない初等関数の中にも，上手な変数変換によって置換積分をすることで，有理関数の場合に帰着できる場合がある。ここでは，そのような例のいくつかを見てみよう。

(I) $\displaystyle\int F(\cos x, \sin x) dx$ ($F(u, v)$ は u, v についての有理式，すなわち，u, v についての2変数多項式 $G(u, v)$ と $H(u, v)$ によって，$\dfrac{G(u, v)}{H(u, v)}$ の形に表される式)

この場合は $\tan^2 \dfrac{x}{2} = \dfrac{1-\cos x}{1+\cos x}$ から $t = \tan \dfrac{x}{2}$ とおくと，$\cos x$ と $\sin x$ はそれぞれ t を用いて
$$\cos x = \frac{1-t^2}{1+t^2}, \quad \sin x = \frac{2t}{1+t^2}$$
と表される。$x = 2\operatorname{Tan}^{-1} t$ なので $dx = \dfrac{2dt}{1+t^2}$ となり，求める不定積分は
$$\int F(\cos x, \sin x) dx = \int F\left(\frac{1-t^2}{1+t^2}, \frac{2t}{1+t^2}\right) \frac{2dt}{1+t^2}$$
と変形される。右辺は t についての有理関数の不定積分であるから，t についての有理関数，対数関数，逆正接関数によって不定積分が書ける。得られた不定積分の式に $t = \tan \dfrac{x}{2}$ を代入して x についての式に戻せば，問題の不定積分が得られることになる。

 不定積分 $\displaystyle\int \frac{dx}{\sin x}$ を求めよ。

解答 $t = \tan \dfrac{x}{2}$ とおくと，$\sin x = \dfrac{2t}{1+t^2}, \ dx = \dfrac{2dt}{1+t^2}$ なので
$$\int \frac{dx}{\sin x} = \int \frac{1+t^2}{2t} \cdot \frac{2dt}{1+t^2} = \int \frac{dt}{t} = \log|t| + C = \log\left|\tan \frac{x}{2}\right| + C$$

練習 9 次の不定積分を求めよ。

(1) $\displaystyle\int \frac{dx}{1+\cos x}$
(2) $\displaystyle\int \frac{1+\sin x}{1+\cos x}dx$
(3) $\displaystyle\int \frac{1+\sin x}{\sin x(1+\cos x)}dx$

(Ⅱ) $\displaystyle\int F(\sqrt[n]{ax+b})dx$ （n は自然数，$a\neq0$，$F(u)$ は u についての有理式)

この場合は，単に

$$t=\sqrt[n]{ax+b}$$

とおく。このとき，$t^n=ax+b$ なので，$a\,dx=nt^{n-1}dt$ となり，題意の不定積分は t についての有理関数の不定積分に帰着される。

(Ⅲ) $\displaystyle\int F(x,\ \sqrt{ax^2+bx+c})dx$ （$a\neq0$，$F(u,\ v)$ は u，v についての有理式)

$a>0$ ならば $\sqrt{ax^2+bx+c}=t\pm\sqrt{a}\,x$ とおく。例えば

$$\sqrt{ax^2+bx+c}=t-\sqrt{a}\,x$$

とすれば，両辺を 2 乗して整理することで $x=\dfrac{t^2-c}{b+2\sqrt{a}\,t}$ となり，これより

$$\sqrt{ax^2+bx+c}=t-\sqrt{a}\,x=\frac{c\sqrt{a}+bt+\sqrt{a}\,t^2}{b+2\sqrt{a}\,t},$$

$$dx=\frac{2(c\sqrt{a}+bt+\sqrt{a}\,t^2)}{(b+2\sqrt{a}\,t)^2}dt$$

と計算される。よって，題意の不定積分は t についての有理関数の不定積分に帰着される。

$a<0$ のとき，平方根の中身 ax^2+bx+c が正の値をとるような x の値が存在するためには，$ax^2+bx+c=0$ が相違なる 2 つの実数解 α，β をもたなければならない。このとき，例えば

$$\sqrt{ax^2+bx+c}=t(x-\alpha)$$

つまり，$t=\sqrt{\dfrac{a(x-\beta)}{x-\alpha}}$ とおくと $x=\dfrac{\alpha t^2-\beta a}{t^2-a}$，$dx=\dfrac{2(\beta-\alpha)at}{(t^2-a)^2}dt$ と計算される。

よって，題意の不定積分は t についての有理関数の不定積分に帰着される。

練習 10 次の不定積分を求めよ。

(1) $\displaystyle\int \frac{dx}{x\sqrt{x-1}}$
(2) $\displaystyle\int \frac{x^2}{\sqrt{1+x^2}}dx$
(3) $\displaystyle\int \frac{dx}{(x+1)^2\sqrt{1-x^2}}$

◆基本的な不定積分のまとめ

微分の逆演算が積分であるので，不定積分の確認は，「微分して被積分関数になること」を確かめればよい。なお，積分定数の表記は省略してある。

$a \neq -1$ のとき　　$\displaystyle\int x^a\,dx = \frac{1}{a+1}x^{a+1}$

$\displaystyle\int \frac{1}{x}\,dx = \log|x|$　　$\displaystyle\int \frac{g'(x)}{g(x)}\,dx = \log|g(x)|$

$F'(x) = f(x)$, $a \neq 0$ のとき　　$\displaystyle\int f(ax+b)\,dx = \frac{1}{a}F(ax+b)$

$a \neq 0$ のとき　　$\displaystyle\int \frac{dx}{\sqrt{a^2-x^2}} = \mathrm{Sin}^{-1}\frac{x}{|a|}$

$a \neq 0$ のとき　　$\displaystyle\int \frac{dx}{\sqrt{x^2+a}} = \log|x+\sqrt{x^2+a}\,|$

$a \neq 0$ のとき　　$\displaystyle\int \sqrt{a^2-x^2}\,dx = \frac{1}{2}\left(x\sqrt{a^2-x^2}+a^2\mathrm{Sin}^{-1}\frac{x}{|a|}\right)$

$a \neq 0$ のとき　　$\displaystyle\int \sqrt{x^2+a}\,dx = \frac{1}{2}(x\sqrt{x^2+a}+a\log|x+\sqrt{x^2+a}\,|)$

$a \neq 0$ のとき　　$\displaystyle\int \frac{dx}{a^2+x^2} = \frac{1}{a}\mathrm{Tan}^{-1}\frac{x}{a}$

$\displaystyle\int e^x\,dx = e^x$　　$a > 0$, $a \neq 1$ のとき　　$\displaystyle\int a^x\,dx = \frac{a^x}{\log a}$

$\displaystyle\int \log x\,dx = x\log x - x$

$\displaystyle\int \sin x\,dx = -\cos x$　　$\displaystyle\int \sinh x\,dx = \cosh x$

$\displaystyle\int \cos x\,dx = \sin x$　　$\displaystyle\int \cosh x\,dx = \sinh x$

$\displaystyle\int \frac{dx}{\cos^2 x} = \tan x$　　$\displaystyle\int \frac{dx}{\cosh^2 x} = \tanh x$

[2]　積分の計算

研究　変数変換の意味

前項で説明した変数変換(I), (II), (III)がうまくいくのは偶然のように思われるかもしれないが，実は理由があり，それを理解すれば，公式を覚えなくてもよい。

例えば，変数変換(I)は，次のように自然に考えられる（図4左の図）。(u, v) 平面上の点 $(\cos x, \sin x)$ は，単位円周上，u 軸と原点に関して x の回転角

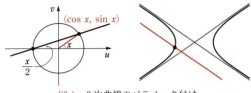

図4　2次曲線のパラメータ付け

をもつ点である。そこで，単位円周上に $(-1, 0)$ という点を考え，これらを通る直線 l を考えると，l と u 軸のなす角は $\frac{x}{2}$ なので，その直線の方程式は

$v = t(u+1)$, $t = \tan \frac{x}{2}$ で与えられる。この直線と単位円周 $u^2 + v^2 = 1$ との $(-1, 0)$ 以外の交点を求めれば，それによって $\cos x$ と $\sin x$ の t によるパラメータ表示ができる。実際に計算してみると，$(\cos x, \sin x) = \left(\frac{1-t^2}{1+t^2}, \frac{2t}{1+t^2} \right)$ のように143ページで導き出したパラメータ表示が得られる。

変数変換(III)も，同様に考えれば，自然に導くことができる。

$y = \sqrt{ax^2 + bx + c}$，つまり $y^2 = ax^2 + bx + c$ とすると，これは，$a < 0$ のときは楕円の方程式であり，x 軸との交点が $(\alpha, 0)$ と $(\beta, 0)$ である。そこで，交点 $(\alpha, 0)$ を通り，傾きが t の直線 $l : y = t(x - \alpha)$ を考え，この直線 l と楕円の交点を求めることで，パラメータ表示が得られる。直線 l の方程式 $y = t(x - \alpha)$ において，$y = \sqrt{ax^2 + bx + c}$ としたものが(III)の変換式に他ならない。

また $a > 0$ のときは，双曲線 $y^2 = ax^2 + bx + c$ において，その漸近線の1つに平行な直線 l を考えたときの，l の方程式 $y = -\sqrt{a}\, x + t$ である（図4右）。この直線を漸近線に平行に動かして，双曲線との交点を求めることで，パラメータ表示を得ている。一般に，点 (x, y) が平面上の2次曲線 $C : G(x, y) = 0$ 上を動くとき，曲線 C 上の1点 Q を1つ固定して，Q を通り傾き t の直線を l とする，あるいは，漸近線に平行で切片が t の直線を l として，l と C のもう1つの交点を計算することで，x と y の t によるパラメータ表示ができる。

そして，これを用いて $\int F(x, y) dx$ の形の不定積分を計算することができる。

$\boxed{3}$　広義積分

　今までの議論からわかるように，定積分 $\int_a^b f(x)dx$ とは，有界な閉区間 $[a, b]$ $(a,$ b は $a<b$ である実数) 上の (連続) 関数 $f(x)$ に対して定義されるものであり，半開区間 $[a, b)$, $(a, b]$ や，有界でない区間 $[a, \infty)$, $(-\infty, \infty)$ 上では，このままでは定義できない。しかし，例えば，$[a, b)$ 上の関数 $f(x)$ が，$x=b$ では定義されているとは限らない場合でも，もし t を左から b に限りなく近づけたときの極限

$\lim\limits_{t\to b-0}\int_a^t f(x)dx$ が存在するならば，これを a から b で $f(x)$ を積分したものとして解釈することは自然であろう。

　このようにして，積分の概念を拡張したものを **広義積分** という。

　実は，自然科学や工学などのさまざまな場面で実際に現れる積分のほとんどは，このような広義積分の形をしていることが多い。それだけでなく，理論的な数学においても，現象として興味深い積分のほとんどは広義積分である。その意味で，広義積分こそが積分の真骨頂であり，応用および理論の両面で真に重要性の高い概念である。この節では，広義積分についての一通りの基礎を学ぶことにする。

◆ 半開区間上の積分

半開区間 $[a, b)$ $(a<b)$ 上の連続関数 $f(x)$ について，極限値

$$\lim_{t\to b-0}\int_a^t f(x)dx=\lim_{\varepsilon\to +0}\int_a^{b-\varepsilon} f(x)dx$$

が存在するとき，広義積分　$\int_a^b f(x)dx$　が収束するという。

　また，$[a, \infty)$ 上の連続関数 $f(x)$ について，極限値　$\lim\limits_{t\to\infty}\int_a^t f(x)dx$　が存在するとき，広義積分　$\int_a^\infty f(x)dx$　が収束するという。

　$f(x)$ が半開区間 $(a, b]$ 上の連続関数であるときの広義積分

$$\int_a^b f(x)dx=\lim_{\varepsilon\to +0}\int_{a+\varepsilon}^b f(x)dx$$

や，$f(x)$ が $(-\infty, b]$ 上の連続関数であるときの広義積分

$$\int_{-\infty}^b f(x)dx=\lim_{s\to -\infty}\int_s^b f(x)dx$$

についても同様である。

$\boxed{3}$　広義積分｜147

例1 関数 $f(x)=\dfrac{1}{\sqrt{1-x}}$ は $x=1$ で定義されないので，

$\displaystyle\int_0^1 \dfrac{dx}{\sqrt{1-x}}$ は広義積分である。

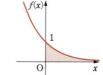

$$\int_0^{1-\varepsilon} \dfrac{dx}{\sqrt{1-x}} = \int_0^{1-\varepsilon} (1-x)^{-\frac{1}{2}} dx = \left[-2\sqrt{1-x}\right]_0^{1-\varepsilon} = -2\sqrt{\varepsilon}+2$$

よって，この広義積分は

$$\int_0^1 \dfrac{dx}{\sqrt{1-x}} = \lim_{\varepsilon\to+0}\int_0^{1-\varepsilon}\dfrac{dx}{\sqrt{1-x}} = 2$$

例2 広義積分 $\displaystyle\int_0^\infty e^{-x}dx$ を考えよう。

$$\int_0^t e^{-x}dx = \left[-e^{-x}\right]_0^t = -e^{-t}+1$$

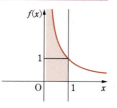

よって，この広義積分は

$$\int_0^\infty e^{-x}dx = \lim_{t\to\infty}\int_0^t e^{-x}dx = 1$$

例3 広義積分 $\displaystyle\int_0^1 \dfrac{dx}{x}$ を考えよう。

$\varepsilon \longrightarrow +0$ のとき

$$\int_\varepsilon^1 \dfrac{dx}{x} = \left[\log x\right]_\varepsilon^1 = -\log\varepsilon \longrightarrow \infty$$

よって，この広義積分は正の無限大に発散する。

練習1 次の広義積分の値を求めよ。

(1) $\displaystyle\int_1^2 \dfrac{dx}{\sqrt{x-1}}$ (2) $\displaystyle\int_{-\infty}^{-1} \dfrac{dx}{x^2}$ (3) $\displaystyle\int_0^1 \dfrac{\log x}{x}dx$

注意 上では，例えば $\displaystyle\lim_{\varepsilon\to+0}\int_a^{b-\varepsilon}f(x)dx$ のように，広義積分を定積分の極限として解釈したが，$f(x)$ が閉区間 $[a, b]$ 上の連続関数である場合には，これは通常の定積分 $\displaystyle\int_a^b f(x)dx$ に一致する。実際，このとき $F(t)=\displaystyle\int_a^t f(x)dx$ は t についての連続関数なので，次が成り立つ。

$$\int_a^b f(x)dx = F(b)-F(a) = \lim_{\varepsilon\to+0}\{F(b-\varepsilon)-F(a)\} = \lim_{\varepsilon\to+0}\int_a^{b-\varepsilon}f(x)dx$$

実数 a, b $(a<b)$ および実数 k について，次の等式を示せ。

$$\int_a^b (b-x)^k dx = \int_a^b (x-a)^k dx = \begin{cases} \dfrac{(b-a)^{k+1}}{k+1} & (k>-1) \\ 発散 & (k \leq -1) \end{cases}$$

$$\int_a^{b-\varepsilon} (b-x)^k dx = \begin{cases} \left[-\dfrac{(b-x)^{k+1}}{k+1}\right]_a^{b-\varepsilon} & (k \neq -1) \\ \left[-\log(b-x)\right]_a^{b-\varepsilon} & (k=-1) \end{cases}$$

$k \neq -1$ のとき，与式は $\varepsilon \longrightarrow +0$ で

$$-\frac{\varepsilon^{k+1}}{k+1} + \frac{(b-a)^{k+1}}{k+1} \longrightarrow \begin{cases} \dfrac{(b-a)^{k+1}}{k+1} & (k+1>0) \\ \infty & (k+1<0) \end{cases}$$

となる。また，$k=-1$ のとき，与式は $-\log\varepsilon + \log(b-a)$ で，これは $\varepsilon \longrightarrow +0$ で（正の無限大に）発散する。

$\int_a^b (x-a)^k dx$ についても同様に計算できる。 ∎

  広義積分 $\int_1^3 (1-x)^{-2} dx$ の値を求めよ。

  実数 a, k について，等式 $\int_a^\infty e^{kx} dx = \begin{cases} -\dfrac{1}{k}e^{ka} & (k<0) \\ 発散 & (k \geq 0) \end{cases}$ を示せ。

$$\int_a^t e^{kx} dx = \begin{cases} \left[\dfrac{1}{k}e^{kx}\right]_a^t & (k \neq 0) \\ \left[x\right]_a^t & (k=0) \end{cases}$$ であり $k \neq 0$ のとき，与式は

$t \longrightarrow \infty$ で

$$\frac{1}{k}e^{kt} - \frac{1}{k}e^{ka} \longrightarrow \begin{cases} -\dfrac{1}{k}e^{ka} & (k<0) \\ \infty & (k>0) \end{cases}$$

となる。また，$k=0$ のとき，与式は $t-a$ で，これは $t \longrightarrow \infty$ で（正の無限大に）発散する。

よって題意の等式を得る。 ∎

実数 a, k について，次の等式を示せ。

(1) $\displaystyle\int_a^\infty x^k dx = \begin{cases} -\dfrac{a^{k+1}}{k+1} & (k<-1) \\ 発散 & (k \geq -1) \end{cases}$ 　(2) $\displaystyle\int_{-\infty}^a e^{kx} dx = \begin{cases} \dfrac{1}{k} e^{ka} & (k>0) \\ 発散 & (k \leq 0) \end{cases}$

◆ 開区間上の積分

　$f(x)$ が開区間 (a, b) $(a<b)$ 上の連続関数であるとき，$a<c<b$ である c に対して $\displaystyle\lim_{\varepsilon \to +0}\int_{a+\varepsilon}^c f(x)dx,\ \lim_{\varepsilon' \to +0}\int_c^{b-\varepsilon'} f(x)dx$ が収束するなら
$$\int_a^b f(x)dx = \lim_{\varepsilon \to +0}\int_{a+\varepsilon}^c f(x)dx + \lim_{\varepsilon' \to +0}\int_c^{b-\varepsilon'} f(x)dx$$
として，広義積分 $\displaystyle\int_a^b f(x)dx$ を定義することができる。

　同様に，$f(x)$ が実数全体 $(-\infty, \infty)$ 上の連続関数であるとき，実数 c に対して $\displaystyle\lim_{s \to -\infty}\int_s^c f(x)dx,\ \lim_{t \to \infty}\int_c^t f(x)dx$ が収束するなら
$$\int_{-\infty}^\infty f(x)dx = \lim_{s \to -\infty}\int_s^c f(x)dx + \lim_{t \to \infty}\int_c^t f(x)dx$$
として，広義積分 $\displaystyle\int_{-\infty}^\infty f(x)dx$ を定義することができる。

例 4　関数 $f(x) = \dfrac{1}{\sqrt{1-x^2}}$ は $x = \pm 1$ で定義されないので，$\displaystyle\int_{-1}^1 \dfrac{dx}{\sqrt{1-x^2}}$ は広義積分である。

$\varepsilon, \varepsilon' \longrightarrow +0$ のとき

$\displaystyle\int_{-1+\varepsilon}^{1-\varepsilon'} \dfrac{dx}{\sqrt{1-x^2}} = \int_{-1+\varepsilon}^0 \dfrac{dx}{\sqrt{1-x^2}} + \int_0^{1-\varepsilon'} \dfrac{dx}{\sqrt{1-x^2}}$

$\quad = \left[\mathrm{Sin}^{-1} x\right]_{-1+\varepsilon}^0 + \left[\mathrm{Sin}^{-1} x\right]_0^{1-\varepsilon'}$

$\quad = -\mathrm{Sin}^{-1}(-1+\varepsilon) + \mathrm{Sin}^{-1}(1-\varepsilon') \longrightarrow -\left(-\dfrac{\pi}{2}\right) + \dfrac{\pi}{2} = \pi$

よって，この広義積分は収束し　$\displaystyle\int_{-1}^1 \dfrac{dx}{\sqrt{1-x^2}} = \pi$

広義積分 $\displaystyle\int_{-\infty}^\infty \dfrac{dx}{1+x^2}$ の値を求めよ。

第 4 章　積分（1 変数）

注意 広義積分の計算手順として，次のようなものは一般に正しくない。

$$\int_a^b f(x)dx = \lim_{\varepsilon \to +0} \int_{a+\varepsilon}^{b-\varepsilon} f(x)dx, \quad \int_{-\infty}^{\infty} f(x)dx = \lim_{t \to \infty} \int_{-t}^{t} f(x)dx$$

例えば，$\displaystyle\int_{-\infty}^{\infty} x\,dx$ は，$\displaystyle\int_0^{\infty} x\,dx$ と $\displaystyle\int_{-\infty}^0 x\,dx$ がそれぞれ収束しないので，収束しないが，$\displaystyle\lim_{t \to \infty} \int_{-t}^{t} x\,dx = \lim_{t \to \infty}\left[\frac{1}{2}x^2\right]_{-t}^{t} = 0$ であるから，これは $\displaystyle\int_{-\infty}^{\infty} x\,dx$ と等しくない。

◆除外点（定義されない点）をもつ区間上の積分

広義積分のもう 1 つのパターンは，関数 $f(x)$ が閉区間 $[a,\ b]$ 上のいくつかの点を除いて連続であるときの $\displaystyle\int_a^b f(x)dx$ である。

例えば，$a < a_1 < a_2 < \cdots\cdots < a_n < b$ を満たす n 個の点 $a_1,\ a_2,\ \cdots\cdots,\ a_n$ を除いて $f(x)$ が連続である場合，$n+1$ 個の広義積分

$$\int_a^{a_1} f(x)dx,\ \int_{a_1}^{a_2} f(x)dx,\ \cdots\cdots,\ \int_{a_n}^b f(x)dx$$

がすべて収束するなら，広義積分 $\displaystyle\int_a^b f(x)dx$ は収束するといい，その値はこれら $n+1$ 個の広義積分の和となる。すなわち

$$\int_a^b f(x)dx = \int_a^{a_1} f(x)dx + \int_{a_1}^{a_2} f(x)dx + \cdots\cdots + \int_{a_n}^b f(x)dx$$

例 5 関数 $f(x) = \dfrac{1}{\sqrt{|x|}}$ は $x=0$ で定義されないので，例えば，$\displaystyle\int_{-1}^1 \frac{dx}{\sqrt{|x|}}$ は広義積分である。$\varepsilon,\ \varepsilon' \longrightarrow +0$ のとき

$$\int_{-1}^{-\varepsilon} \frac{dx}{\sqrt{|x|}} + \int_{\varepsilon'}^1 \frac{dx}{\sqrt{|x|}} = \int_{-1}^{-\varepsilon} \frac{dx}{\sqrt{-x}} + \int_{\varepsilon'}^1 \frac{dx}{\sqrt{x}} = \left[-2\sqrt{-x}\,\right]_{-1}^{-\varepsilon} + \left[2\sqrt{x}\,\right]_{\varepsilon'}^1$$

$$= 2 - 2\sqrt{\varepsilon'} - 2\sqrt{\varepsilon} + 2 \longrightarrow 4$$

よって，この広義積分は収束し $\displaystyle\int_{-1}^1 \frac{dx}{\sqrt{|x|}} = 4$

◆広義積分の収束判定条件

広義積分が収束するとしても，多くの場合，その値を具体的に計算することは難しい。そのため，広義積分について，その値が計算できるか否かに関わらず，それが収束するか否かを判定できる判定規準があると，便利なことが多い。

③ 広義積分 151

次の定理は，そのような収束判定条件の1つを与えている。

定理 3-1 **優関数による広義積分の収束判定条件1**

区間 $I=(a, b]$ $(a<b)$ 上の連続関数 $f(x)$, $g(x)$ について，次の2条件が満たされているとき，広義積分 $\int_a^b f(x)dx$ は収束する。

(a) 任意の $x\in(a, b]$ について $|f(x)|\leqq g(x)$

(b) 広義積分 $\int_a^b g(x)dx$ は収束する。

上の定理の条件を満たす関数 $g(x)$ を，$f(x)$ の **優関数**（ゆうかんすう）という。

証明 $F(t)=\int_t^b f(x)dx$, $G(t)=\int_t^b g(x)dx$ とおく。

条件 (b) より，極限 $\lim_{t\to a+0} G(t)$ が存在する。よって，コーシーの判定条件 (p. 69, 第2章定理2-4) より，任意の正の実数 ε について正の実数 δ が，t, $s\in(a, a+\delta]$ ならば $|G(t)-G(s)|<\varepsilon$ が成り立つようにとれる。このとき

$$|F(t)-F(s)|=\left|\int_t^s f(x)dx\right|\leqq\int_t^s|f(x)|dx\leqq\int_t^s g(x)dx=G(t)-G(s)<\varepsilon$$

よって，再びコーシーの判定条件より，極限 $\lim_{t\to a+0} F(t)$ が存在する。すなわち，広義積分 $\int_a^b f(x)dx$ が収束する。　■

注意 定理では，半開区間 $(a, b]$ 上の広義積分の場合のみを扱っているが，$(-\infty, b]$, $[a, b)$, $[a, \infty)$ の形の区間の場合や，開区間，除外点のある区間の場合も，まったく同様の定理が成り立つ。

例 6 $[0, 1)$ 上の連続関数 $f(x)=\dfrac{\sin x}{\sqrt{1-x}}$ は，$g(x)=\dfrac{1}{\sqrt{1-x}}$ を優関数にもつ。

実際，$[0, 1)$ 上で $\left|\dfrac{\sin x}{\sqrt{1-x}}\right|\leqq\dfrac{1}{\sqrt{1-x}}$ であり，例1 (p. 148) より広義積分

$\int_0^1\dfrac{dx}{\sqrt{1-x}}$ は収束する。

よって，広義積分 $\int_0^1\dfrac{\sin x}{\sqrt{1-x}}dx$ は収束する。

---

152 │ 第4章　積分（1変数）

次の 定理 3-1 の系は，多くの広義積分の収束判定のために便利である。

系 3-1 優関数による広義積分の収束判定条件 2

(a, b) $(a<b)$ 上の連続関数 $f(x)$, $g(x)$ について，次の 3 条件が満たされているとき，広義積分 $\displaystyle\int_a^b f(x)dx$ は収束する。

(a) 任意の $x \in (a, b]$ について $g(x)>0$

(b) $\dfrac{f(x)}{g(x)}$ は $(a, b]$ 上で有界である。

(c) 広義積分 $\displaystyle\int_a^b g(x)dx$ は収束する。

証明 $\dfrac{f(x)}{g(x)}$ が $(a, b]$ 上で有界なので，任意の $x \in (a, b]$ について

$\left|\dfrac{f(x)}{g(x)}\right|=\dfrac{|f(x)|}{g(x)} \leqq M$ となる実数 M が存在する。このとき，$|f(x)| \leqq Mg(x)$

である。また，広義積分 $\displaystyle\int_a^b Mg(x)dx = M\int_a^b g(x)dx$ は収束する。よって，$Mg(x)$ が $f(x)$ の優関数となり，広義積分 $\displaystyle\int_a^b f(x)dx$ は収束する。∎

例題 3 $f(x)$ を区間 $(a, b]$ $(a<b)$ 上の連続関数とする。$f(x)(x-a)^k$ が $(a, b]$ で有界であるような実数 $k<1$ が存在するとき，広義積分 $\displaystyle\int_a^b f(x)dx$ は収束することを示せ。

証明 $g(x)=(x-a)^{-k}$ とすると，$-k>-1$ なので，例題 1 $(p.149)$ より広義積分 $\displaystyle\int_a^b g(x)dx$ は収束する。

よって，系 3-1 より，広義積分 $\displaystyle\int_a^b f(x)dx$ は収束する。∎

練習 5 区間 $[a, b)$ $(a<b)$ 上の連続関数 $f(x)$ について，$f(x)(b-x)^k$ が $[a, b)$ で有界となる実数 $k<1$ が存在するとき，広義積分 $\displaystyle\int_a^b f(x)dx$ は収束することを示せ。

練習 6 $[a, \infty)$ 上の連続関数 $f(x)$ について，$f(x)x^k$ が $[a, \infty)$ で有界であるような実数 $k>1$ が存在するとき，広義積分 $\displaystyle\int_a^\infty f(x)dx$ は収束することを示せ。

[3] 広義積分 | 153

4 積分法の応用

積分法は，面積，曲線の長さの計算のほか，新しい関数の構成にも用いることができる。

◆曲線の長さ

定積分の性質を応用することで，曲線の長さを計算することもできる。ただし，1 の最初に議論した「面積」の概念と同様に，ここでは「長さ」とは何かということが問題になる。

$x(t)$ と $y(t)$ を，閉区間 $[a, b]$ を含む開区間で定義された，変数 t についての C^1 級関数とすると，t が $[a, b]$ 上を動くと，平面上の点 $(x(t), y(t))$ はなめらかな曲線 C を描く。$P(x(a), y(a))$，$Q(x(b), y(b))$ は，曲線 C の端点である。曲線 C の長さを求めるために，これを折れ線で近似することを考えよう。

1 の面積の計算で考えたように，閉区間 $[a, b]$ の分割

$$\Delta : a = a_0 < a_1 < a_2 < \cdots < a_{n-1} < a_n = b$$

をとる。こうすると，閉区間 $[a, b]$ は n 個の小区間 $[a_i, a_{i+1}]$ ($i=0, \cdots, n-1$) に分割される。これに応じて，曲線 C 上に $n-1$ 個の分点 $P_1(x(a_1), y(a_1))$，$P_2(x(a_2), y(a_2))$，$\cdots$，$P_{n-1}(x(a_{n-1}), y(a_{n-1}))$ ができる。始点 $P_0 = P$ から始めて，これらの分点を次々に，終点 $P_n = Q$ まで直線で結んでいけば，曲線 C の折れ線による近似ができる（図 5）。これらの直線の長さの和を計算すれば，それは求める曲線 C の長さの近似を与えているものと考えられる。直線 $P_i P_{i+1}$ の長さは

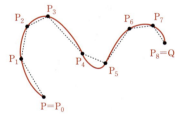

図5 曲線の折れ線による近似

$\sqrt{\{x(a_{i+1}) - x(a_i)\}^2 + \{y(a_{i+1}) - y(a_i)\}^2}$ で与えられるので，求める近似値は

$$\sum_{i=0}^{n-1} \sqrt{\{x(a_{i+1}) - x(a_i)\}^2 + \{y(a_{i+1}) - y(a_i)\}^2}$$

$$= \sum_{i=0}^{n-1} \frac{\sqrt{\{x(a_{i+1}) - x(a_i)\}^2 + \{y(a_{i+1}) - y(a_i)\}^2}}{a_{i+1} - a_i} \cdot (a_{i+1} - a_i)$$

$$= \sum_{i=0}^{n-1} \sqrt{\left\{\frac{x(a_{i+1}) - x(a_i)}{a_{i+1} - a_i}\right\}^2 + \left\{\frac{y(a_{i+1}) - y(a_i)}{a_{i+1} - a_i}\right\}^2} \cdot (a_{i+1} - a_i)$$

ここで，平均値の定理（p.106, 第 3 章定理 2-3）より，各 $i = 0, 1, \cdots, n-1$ について $c_i, c'_i \in (a_i, a_{i+1})$ で

$$\frac{d}{dt}x(c_i)=\frac{x(a_{i+1})-x(a_i)}{a_{i+1}-a_i}, \quad \frac{d}{dt}y(c'_i)=\frac{y(a_{i+1})-y(a_i)}{a_{i+1}-a_i} \quad \text{を満たすものがとれる。}$$

ところで，$y(t)$ は C^1 級関数と仮定したので，$\frac{d}{dt}y(t)$ は連続である。よって，

分割 $\varDelta$ を細かくしていけば，c_i と c'_i との差は小さくなっていくので，$\frac{d}{dt}y(c'_i)$

と $\frac{d}{dt}y(c_i)$ の差はそれぞれどんどん小さくなる。こうして，求める曲線の長さ

は，次の式で近似されることがわかった。

$$l_\varDelta=\sum_{i=0}^{n-1}\sqrt{\left\{\frac{d}{dt}x(c_i)\right\}^2+\left\{\frac{d}{dt}y(c_i)\right\}^2}\cdot(a_{i+1}-a_i) \qquad (*)$$

そこで，$[a, b]$ 上の連続関数 $h(t)=\sqrt{\left\{\frac{d}{dt}x(t)\right\}^2+\left\{\frac{d}{dt}y(t)\right\}^2}$ を考えよう。

各 $i=0, 1, \cdots\cdots, n-1$ について，$h(t)$ の閉区間 $[a_i, a_{i+1}]$ における最大値を

M_i，最小値を m_i とすると，$(*)$ の $l_\varDelta$ は，

$$\sum_{i=0}^{n-1}m_i\cdot(a_{i+1}-a_i)\leqq l_\varDelta\leqq\sum_{i=0}^{n-1}M_i\cdot(a_{i+1}-a_i) \qquad (**)$$

を満たす。ここで，分割 $\varDelta$ を細かくしていくと，$(**)$ の両端は共通の値に収

束し，その値が $\int_a^b h(t)dt$ に他ならない（このことの詳細は $\boxed{5}$ を参照）。よって，

$l_\varDelta$ も，分割 $\varDelta$ を細かくしていくと，この値に収束する。

したがって，この値 $\boldsymbol{l(C)=\int_a^b\sqrt{\left\{\dfrac{d}{dt}x(t)\right\}^2+\left\{\dfrac{d}{dt}y(t)\right\}^2}\,dt}$ を，曲線 C の P から

Q までの「長さ」であると解釈するのが，自然であるということになる。

例 1

サイクロイド $\begin{cases} x(t)=a(t-\sin t) \\ y(t)=a(1-\cos t) \end{cases}$

$(a>0, \ 0\leqq t\leqq 2\pi)$ の長さ $l(C)$ を求めよう。

$\dfrac{dx}{dt}=a(1-\cos t), \ \dfrac{dy}{dt}=a\sin t$ であるから

$$l(C)=a\int_0^{2\pi}\sqrt{(1-\cos t)^2+\sin^2 t}\,dt=a\int_0^{2\pi}\sqrt{2(1-\cos t)}\,dt$$

$$=a\int_0^{2\pi}\sqrt{4\sin^2\frac{t}{2}}\,dt=4a\int_0^{\pi}\sin u\,du=8a \qquad \text{←半角の公式}$$

$$\sin^2\frac{t}{2}=\frac{1-\cos t}{2} \ \text{より。}$$

ここで，最後に $u=\dfrac{t}{2}$ と置換した。

$\boxed{4}$ 積分法の応用 ｜ 155

練習 1 次で与えられる曲線 C の長さを求めよ。
$$\begin{cases} x(t) = a\cos^3 t \\ y(t) = a\sin^3 t \end{cases} \left(a > 0,\ 0 \leq t \leq \frac{\pi}{2}\right)$$

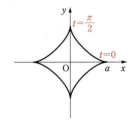

注意 練習1の曲線は，アステロイド $x^{\frac{2}{3}} + y^{\frac{2}{3}} = a^{\frac{2}{3}}$ の第1象限の部分である。この図形は，右の図のように x 軸および y 軸について対称なので，練習1の値を4倍することで，アステロイドの周長[*] が計算される。

◆ ガンマ関数

　積分は，面積計算や曲線の長さの計算など，図形的な問題に応用できるだけでなく，新しい関数の構成に用いることもできる。2 で述べたように，一般に初等関数の不定積分は，初等関数の枠からはみ出すことが知られている。これはつまり，積分を使えば，初等関数から出発して，初等関数ではない新しい関数を構成できることを意味している。そのような新しい関数の中には，楕円関数やガンマ関数など，理論的な数学だけでなく，自然科学や工学などで極めて重要な役割を果たすものが多く存在する。

　以下では，積分を使って構成される新しい関数として，ガンマ関数とベータ関数をとりあげる。この章では，これらの関数についての基本的な性質を概観するだけにとどめ，これらの関数の本格的な応用は第7章で述べることにする。

　まず，ガンマ関数を導入するために，必要な補題から始めよう。

補題 4-1

任意の正の実数 s に対して，広義積分 $\displaystyle\int_0^\infty e^{-x} x^{s-1} dx$ は収束する。

証明 $f(x) = e^{-x} x^{s-1}$ とおく。題意の積分を $\displaystyle\int_1^\infty f(x)dx$ と $\displaystyle\int_0^1 f(x)dx$ に分けて，それぞれが収束することを確かめる。

$[1, \infty)$ 上で $f(x)e^{\frac{x}{2}} = \dfrac{x^{s-1}}{e^{\frac{x}{2}}}$ は $s-1 \leq n$ である自然数 n をとれば

$$f(x)e^{\frac{x}{2}} = \frac{x^{s-1}}{e^{\frac{x}{2}}} \leq \frac{x^n}{e^{\frac{x}{2}}}$$ であるが，ロピタルの定理（*p.114*，第3章系3-2）

---

[*] 周長とは，単一の閉曲線の始点から終点までの長さ。

を n 回使うことにより $\displaystyle\lim_{x\to\infty}\frac{x^n}{e^{\frac{x}{2}}}=0$ なので，$f(x)e^{\frac{x}{2}}$ は $x\longrightarrow\infty$ で

（ 0 に）収束する。特に $f(x)e^{\frac{x}{2}}$ は $[1,\ \infty)$ で有界である。

よって，*p.149,* ③ の例題 2 より，広義積分 $\displaystyle\int_1^\infty f(x)dx$ は収束する

（*p.153,* ③ の系 3-1 参照）。

また，$(0,\ 1]$ 上で $f(x)x^{1-s}=e^{-x}<1$ なので，*p.153,* ③ の例題 3 より，

広義積分 $\displaystyle\int_0^1 f(x)dx$ は収束する。　∎

補題 4-1 により，任意の正の実数 s に対して $\displaystyle\Gamma(s)=\int_0^\infty e^{-x}x^{s-1}dx$ とすることで，変数 s についての関数 $\Gamma(s)$ が定まる。この関数を **ガンマ関数** という。ガンマ関数については，次の基本的な性質が成り立つ。

定理 4-1　ガンマ関数の基本性質

(1)　任意の正の実数 s について　$\Gamma(s)>0$

(2)　任意の正の実数 s について　$\Gamma(s+1)=s\Gamma(s)$

(3)　任意の自然数 n について　$\Gamma(n)=(n-1)!$

証明　(1) は明らか。次に，(2) は，部分積分により

$$\Gamma(s+1)=\int_0^\infty e^{-x}x^s dx=\left[-e^{-x}x^s\right]_0^\infty-\int_0^\infty(-e^{-x})sx^{s-1}dx$$

$$=s\int_0^\infty e^{-x}x^{s-1}dx=s\Gamma(s)$$

となり，(2) が示される。

特に，任意の自然数 n について $\Gamma(n+1)=n\Gamma(n)$ であり

$\displaystyle\Gamma(1)=\int_0^\infty e^{-x}dx=\left[-e^{-x}\right]_0^\infty=1$ なので

$$\Gamma(n)=(n-1)\Gamma(n-1)=(n-1)\cdot(n-2)\cdots\cdots2\cdot1\cdot\Gamma(1)$$

$$=(n-1)!$$

となり (3) が示される。　∎

定理 4-1(3) が示すことからわかるように，ガンマ関数 $\Gamma(s)$ は，自然数の階乗 $\Gamma(n)=(n-1)!$ を正の実数上で定義された，連続な関数に拡張したものになっている。

④　積分法の応用　157

◆ベータ関数

次に，ベータ関数を導入するために，必要な補題を示す。

補題 4-2

任意の正の実数 p，q に対して，広義積分 $\displaystyle\int_0^1 x^{p-1}(1-x)^{q-1}dx$ は収束する。

証明 $f(x)=x^{p-1}(1-x)^{q-1}$ とおく。

題意の積分を $\displaystyle\int_{\frac{1}{2}}^1 f(x)dx$ と $\displaystyle\int_0^{\frac{1}{2}} f(x)dx$ に分けて，それぞれが収束することを確かめる。

$\dfrac{1}{2}\leqq x<1$ のとき $f(x)(1-x)^{1-q}=x^{p-1}$ は有界である。

よって，*p.153,* ③ の練習 5 より，$\displaystyle\int_{\frac{1}{2}}^1 f(x)dx$ は収束する。

同様に，$0<x\leqq\dfrac{1}{2}$ のとき $f(x)x^{1-p}=(1-x)^{q-1}$ は有界である。

よって，③ の例題 3 より，$\displaystyle\int_0^{\frac{1}{2}} f(x)dx$ は収束する。

以上より，題意の広義積分は収束する。 ∎

補題 4-2 により，任意の正の実数 p，q に対して

$$B(p,\ q)=\int_0^1 x^{p-1}(1-x)^{q-1}dx$$

とすることで，変数 p，q についての関数 $B(p,\ q)$ が定まる。

この関数を **ベータ関数** という。

ベータ関数については，次の基本的な性質が成り立つ。

定理 4-2　ベータ関数の基本性質

(1) 任意の正の実数 p，q について　$B(p,\ q)>0$

(2) $B(p,\ q)=B(q,\ p)$

(3) $B(p,\ q+1)=\dfrac{q}{p}B(p+1,\ q)$

証明 (1) $0\leqq x\leqq 1$ のとき $x^{p-1}(1-x)^{q-1}\geqq 0$

よって $\displaystyle\int_0^1 x^{p-1}(1-x)^{q-1}dx>0$ だから，(1) が示される。

158 │ 第 4 章　積分（1 変数）

(2) $t=1-x$ として置換積分すると

$$B(p,\ q)=\int_0^1 x^{p-1}(1-x)^{q-1}dx=\int_1^0 (1-t)^{p-1}t^{q-1}(-dt)$$

$$=\int_0^1 t^{q-1}(1-t)^{p-1}dt=B(q,\ p)$$

となり，(2) が示される。

(3) 部分積分より

$$pB(p,\ q+1)=p\int_0^1 x^{p-1}(1-x)^q dx$$

$$=\Big[x^p(1-x)^q\Big]_0^1+q\int_0^1 x^p(1-x)^{q-1}dx$$

$$=qB(p+1,\ q)$$

と計算されるので，各辺を $p(>0)$ で割って，(3) が示される。 ■

例題
1
$a,\ b>-1$ について，次の等式を示せ。

$$\int_0^{\frac{\pi}{2}} \sin^a\theta\cos^b\theta\, d\theta=\frac{1}{2}B\Big(\frac{a+1}{2},\ \frac{b+1}{2}\Big)$$

証明 $B(p,\ q)=\int_0^1 x^{p-1}(1-x)^{q-1}dx$ において，$x=\sin^2\theta$ と置換する。

$dx=2\sin\theta\cos\theta\, d\theta$ で，このとき x と θ の対応は表のようになる。

x	$0 \longrightarrow 1$
θ	$0 \longrightarrow \dfrac{\pi}{2}$

$$B(p,\ q)=\int_0^{\frac{\pi}{2}} \sin^{2(p-1)}\theta\cos^{2(q-1)}\theta(2\sin\theta\cos\theta)d\theta$$

$$=2\int_0^{\frac{\pi}{2}} \sin^{2p-1}\theta\cos^{2q-1}\theta\, d\theta$$

そこで，$2p-1=a,\ 2q-1=b$ とおくと $p=\dfrac{a+1}{2},\ q=\dfrac{b+1}{2}$ なので，題意の式が得られる。 ■

練習
2
$B\Big(n+\dfrac{1}{2},\ \dfrac{1}{2}\Big)\cdot B\Big(n+1,\ \dfrac{1}{2}\Big)=\dfrac{2\pi}{2n+1}$ を示せ。

注意 ガンマ関数は数論などの理論的な数学から，工学などの応用的数理科学にいたるまで，極めて幅広い応用がある。

また，ベータ関数は，ベータ分布を通じて確率論や統計学への応用がある。

4 積分法の応用 | 159

5 発展：リーマン積分

この節では，$\boxed{1}$ で直観的に導入した積分可能性や定積分の求め方（区分求積法）について，厳密な議論を行う。そのような議論は，確かに難しいものであるし，自然科学や工学などへの直接的な応用があるものではないが，本書のような大学初年度の教科書でも，第1章以来行ってきた実数の連続性や極限概念の厳密な議論に基づけば，十分に行える程度のことである。その意味で，この節での議論は，微分積分学の理論的側面に興味のある読者のみならず，微分積分学を実際的な道具として利用する人にとっても，より深く確実な理解に通じるものである。

◆ 分割とリーマン和

閉区間 $[a,\ b]$ 上で定義された有界関数 $f(x)$ を考えよう。関数 $f(x)$ の $[a,\ b]$ における定積分を導入した $\boxed{1}$ の議論を精密化するために，まずは閉区間 $[a,\ b]$ の「分割」という概念を定義する。

定義 5-1　分割

閉区間 $[a,\ b]$ の分割 $\varDelta$ とは，端点 $a,\ b$ の間のいくつかの点
$$\varDelta : a = a_0 < a_1 < a_2 < \cdots\cdots < a_{n-1} < a_n = b$$
を挿入して，閉区間 $[a,\ b]$ を小さい閉区間
$$[a,\ a_1],\ \ [a_1,\ a_2],\ \ \cdots\cdots,\ \ [a_{n-1},\ b]$$
に分けることである。

このとき，各 $i = 0,\ 1,\ \cdots\cdots,\ n-1$ について，小閉区間 $[a_i,\ a_{i+1}]$ における $f(x)$ の値の上限を M_i，下限を m_i とする。

$$M_i = \sup\{f(x) \mid a_i \le x \le a_{i+1}\},\ \ m_i = \inf\{f(x) \mid a_i \le x \le a_{i+1}\}$$

注意 関数 $f(x)$ が連続関数ならば，最大値・最小値原理 (*p. 74*，第2章定理 3-4) より，$f(x)$ は各閉区間 $[a_i,\ a_{i+1}]$ で最大値と最小値をもつ。よって，この場合，$M_i,\ m_i$ はそれぞれ $f(x)$ の閉区間 $[a_i,\ a_{i+1}]$ における最大値と最小値である。$f(x)$ が連続とは限らない場合は，これらの区間で最大値・最小値をとるとは限らないが，冒頭で $f(x)$ は有界であると仮定したので，実数の連続性 (*p. 19*，第1章公理 1-1) より，上限・下限は存在する。そこで，$M_i,\ m_i$ を，それぞれ $f(x)$ の閉区間 $[a_i,\ a_{i+1}]$ における上限および下限とするのである。

160 ｜ 第4章　積分（1変数）

さて，このとき

$$s_\Delta = \sum_{i=0}^{n-1} m_i \cdot (a_{i+1} - a_i), \quad S_\Delta = \sum_{i=0}^{n-1} M_i \cdot (a_{i+1} - a_i)$$

として，それぞれ分割 Δ に関する**下リーマン和**と**上リーマン和**という。
これらは，求める面積を，それぞれ上と下から近似していると考えられる（図6参照）。明らかに，次が成り立つ。　　$s_\Delta \leqq S_\Delta$

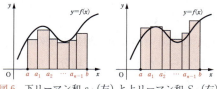

また，求めたい面積としての定積分は，s_Δ と S_Δ の間にある値である。

図6　下リーマン和 s_Δ（左）と上リーマン和 S_Δ（右）

◆細分による極限

面積としての積分の基本的な考え方は，次のように言い換えることができる。与えられた面積については，長方形を使って近似的にとらえ，この長方形の分割 Δ を細かくしていくときの極限値として考える。これは，正確には次のように述べることができる。

上で考えた分割　　$\Delta : a = a_0 < a_1 < a_2 < \cdots\cdots < a_{n-1} < a_n = b$
の他に，もう1つの分割　　$\Delta' : a = a'_0 < a'_1 < a'_2 < \cdots\cdots < a'_{m-1} < a'_m = b$
が与えられたとする。分割 Δ' が分割 Δ の**細分**であるとは，分割 Δ の分点 a_i $(i = 0, 1, \cdots\cdots, n)$ が，Δ' の分点にもなっていること，つまり，各 a_i がどれかの a'_j に等しいことである。もし，$a_i = a'_j$ であり，$a_{i+1} = a'_{j+k}$ ならば，分割 Δ に現れる小閉区間 $[a_i, a_{i+1}]$ は，細分 Δ' においては，更に小さい閉区間

$$[a'_j, a'_{j+1}], \ [a'_{j+1}, a'_{j+2}], \ \cdots\cdots, \ [a'_{j+k-1}, a'_{j+k}]$$

に分けられている（図7の斜線部分）。

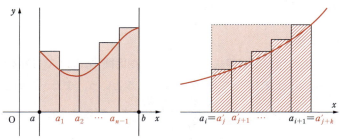

図7　細分による極限

$\varDelta'$ が $\varDelta$ の細分になっているとき，次の不等式が成り立つ．

$$s_\varDelta \leqq s_{\varDelta'}, \quad S_\varDelta \geqq S_{\varDelta'}$$

例えば，図 8 では，閉区間が，細分によって 3 つの小閉区間に分けられたときの上リーマン和 $S_\varDelta$ の変化の様子が示されている．

赤色の濃い部分が，細分の後の面積の和である．

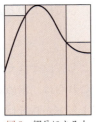

図 8 　細分による上リーマン和の変化

図からわかるように，細分した後の方が，面積の総和は小さくなる．分割による下リーマン和 $s_\varDelta$ の変化についても，同様に考えればよい．

こうして，分割の細分の列 $\varDelta, \varDelta', \varDelta'', \cdots\cdots$ を考えると，

$$s_\varDelta \leqq s_{\varDelta'} \leqq s_{\varDelta''} \leqq \cdots\cdots \leqq S_{\varDelta''} \leqq S_{\varDelta'} \leqq S_\varDelta$$

という不等式の列が得られる．

特に，下リーマン和 $s_\varDelta$ は，分割の細分について単調増加であり，例えば $S_\varDelta$ が上界となるので，上に有界である．よって，閉区間 $[a, b]$ の分割のすべてを考えるとき，その上限 $\sup s_\varDelta$ が存在する（*p. 19*，第 1 章公理 1-1）．

また，上リーマン和 $S_\varDelta$ は，分割の細分について単調減少であり，例えば $s_\varDelta$ が下界となるので，下に有界である．よって，閉区間 $[a, b]$ の分割のすべてを考えるとき，その下限 $\inf S_\varDelta$ が存在する．

このとき，明らかに次が成り立つ．

$$\sup s_\varDelta \leqq \inf S_\varDelta$$

この不等式の両辺は，当初求めていた面積を，それぞれ下からと上から近似した極限である．もし，これらの値が一致する，すなわち $\sup s_\varDelta = \inf S_\varDelta$ なのであれば，その共通の値を求める面積とするべきであろう．

以上より，定積分について，次のような定義をするべきであるとわかる．

定義 5-1　定積分

不等式 $\sup s_\varDelta \leqq \inf S_\varDelta$ が等式となるとき，閉区間 $[a, b]$ で有界な関数 $f(x)$ は $[a, b]$ 上でリーマン積分可能であるという．また，このときの共通の値 $\sup s_\varDelta = \inf S_\varDelta$ を $\int_a^b f(x)dx$ と書いて，閉区間 $[a, b]$ における $f(x)$ の定積分という．

◆ リーマン積分可能性について

さて、このように定義された定積分（リーマン積分）であるが、これはどのような関数 $f(x)$ に対しても存在するとは限らない。つまり、リーマン積分可能ではない関数は存在する。次は、そのような関数の例である。

例 1

次の関数（ディリクレ関数） $f(x) = \begin{cases} 1 & x \text{ が有理数のとき} \\ 0 & x \text{ が無理数のとき} \end{cases}$ を考える。

これは、いかなる閉区間 $[a, b]$ $(a < b)$ 上でも積分可能ではない。

実際、どんな分割によってできる小閉区間 $[a_i, a_{i+1}]$ の中にも、有理数および無理数の稠密性から、少なくとも 1 つ有理数がある（*p.21, 第 1 章定理 1-2*）し、少なくとも 1 つ無理数もある（*p.54, 第 1 章章末問題 5*）。

よって、下リーマン和と上リーマン和は、それぞれ一定値 $s_\varDelta = 0$, $S_\varDelta = b - a$ をとるので、それぞれの上限および下限は一致しない。

$$\sup s_\varDelta = 0 < b - a = \inf S_\varDelta$$

よって、$f(x)$ は $[a, b]$ 上で積分可能でない。

他方、*p.132, ①* の定理 1-1 より、閉区間 $[a, b]$ 上で連続な関数 $f(x)$ は、$[a, b]$ 上で常にリーマン積分可能である。

◆ 一様連続性

以下、この節では、定理 1-1 の証明を与えよう。定理 1-1 を再掲する。

定理 1-1 **連続関数の定積分の存在**

閉区間 $[a, b]$ 上で連続な関数 $f(x)$ は、$[a, b]$ 上で積分可能である。

そのためには、まず関数の一様連続性という概念について述べる必要がある。

定義 5-2 一様連続性

区間 I 上の関数 $f(x)$ が次の条件を満たすとき、$f(x)$ は I 上で一様連続であるという。

（*）任意の正の実数 ε に対して、正の実数 δ が存在して、$|x - y| < \delta$ を満たすすべての $x,\ y \in I$ について $|f(x) - f(y)| < \varepsilon$ となる。

---

⑤ 発展：リーマン積分 | 163

定義 5-2 の条件（∗）を論理式で書くと，次のようになる。

（∗）　$\forall \varepsilon > 0$　$\exists \delta > 0$ such that $\underline{\forall x,\ y \in I}$ $(|x-y| < \delta \implies |f(x)-f(y)| < \varepsilon)$

　一方，関数 $f(x)$ が区間 I 上で連続であるということは，第 2 章の $\boxed{3}$ で学習したように，任意の $y \in I$ において連続であるということなので，次のように書くことができる。

（†）　$\underline{\forall y \in I}$　$\forall \varepsilon > 0$　$\exists \delta > 0$ such that $\underline{\forall x \in I}$

$$(|x-y| < \delta \implies |f(x)-f(y)| < \varepsilon)$$

　両者は一見同じことを主張しているようにも見えるが，大きな違いは次の点である。二重下線の部分から，一様連続の条件（∗）においては，x と y の役割は同等であるが，連続の条件（†）においては，x と y の役割は異なっている。そのため，一様連続の条件（∗）における正の実数 δ は，I 上の位置 y には依存しないが，連続の条件（†）の δ は I 上の位置 y にも依存してとられなければならない。つまり，一様連続においては「y によらず δ がとれる」一方，連続においては「y ごとにとれる δ が異なるかも知れない」と言うこともできる。

例 2

関数 $f(x) = x^2$ は実数全体で連続であるが，実数全体で一様連続ではない。実際，$f(x)$ が実数全体で一様連続ならば，条件（∗）を特に $\varepsilon = 2$ で適用して，　$\forall x,\ y \in \mathbb{R}$ $(|x-y| < \delta \implies |x^2-y^2| < 2)$　を満たす正の実数 δ がとれるはずである。しかし，自然数 n を $\dfrac{1}{n} < \delta$ なるように十分大きくとって，$x = n + \dfrac{1}{n}$，$y = n$ とすれば，$|x-y| = \dfrac{1}{n} < \delta$ であるが，$|x^2-y^2| = 2 + \dfrac{1}{n^2} > 2$ となるので矛盾である。

　例 2 の関数 $f(x) = x^2$ が，実数全体で一様連続にならない理由は，y（または x）の位置に関わらず，一様に δ をとることができないことにある。この例の場合は，実数全体では一様連続にならないが，定義域を制限すれば，一様連続になることもある。

注意　例 2 により，連続である関数は必ずしも一様連続でないことがわかったが，逆は常に成り立つ。つまり，区間 I 上で一様連続である関数は I 上で連続である。

164　第 4 章　積分（1 変数）

例 3

関数 $f(x)=x^2$ を閉区間 $[a, b]$ $(a<b)$ に制限すると，一様連続になる。実際，$c=\max\{|a|, |b|\}>0$ として，任意の正の実数 ε に対して，正の実数 δ を $\dfrac{\varepsilon}{2c}$ とすると，$|x-y|<\delta$ であるすべての $x, y\in[a, b]$ について，$|x|, |y|\leqq c$ なので

$$|x^2-y^2|=|x-y||x+y|<\delta\cdot|x+y|\leqq\delta\cdot(|x|+|y|)\leqq\delta\cdot 2c=\varepsilon$$

となり，条件 (*) が成り立つ。

練習 1

関数 $f(x)=\sin x$ が実数全体で一様連続であることを証明せよ。

実は次の定理が示すように，連続関数を閉区間に制限すると一様連続になる。

定理 5-1 閉区間上の連続関数の一様連続性
閉区間上の連続関数は一様連続である。

証明

背理法で証明する。閉区間 $[a, b]$ 上で連続な関数 $f(x)$ が，一様連続でないとしよう。このとき，定義 5-2 $(p.163)$ の条件 (*) の否定が成立する。すなわち，ある正の実数 ε が存在して，いかなる正の実数 δ に対しても，$|x-y|<\delta$ かつ $|f(x)-f(y)|\geqq\varepsilon$ となる $x, y\in[a, b]$ が（δ に応じて）とれる。そこで，$\delta=\dfrac{1}{n}$（n は自然数）に対して

$$|x_n-y_n|<\frac{1}{n} \quad かつ \quad |f(x_n)-f(y_n)|\geqq\varepsilon$$

を満たす $x_n, y_n\in[a, b]$ をとることで，$[a, b]$ 内の 2 つの数列 $\{x_n\}$ と $\{y_n\}$ を得ることができる。

ボルツァーノ・ワイエルシュトラスの定理（第 1 章定理 3-4 $(p.41)$）より，数列 $\{x_n\}$ は，$[a, b]$ の何らかの値 α に収束する部分列 $\{x_{n_k}\}$ をもつ。同様に，$\{y_n\}$ の部分列 $\{y_{n_k}\}$ に対してボルツァーノ・ワイエルシュトラスの定理を適用すると，この部分列は $[a, b]$ のなんらかの値 β に収束する部分列を含んでいることがわかる。この部分列を，改めて $\{y_{n_k}\}$ とおくことにする（この置き換えをしても，第 1 章定理 2-5 $(p.33)$ より，$\{x_{n_k}\}$ は依然として α に収束する）。

このとき，数列 $x_{n_k}-y_{n_k}$ は $k\longrightarrow\infty$ で $\alpha-\beta$ に収束するが，任意の k について $-\dfrac{1}{n_k}<x_{n_k}-y_{n_k}<\dfrac{1}{n_k}$ で，$k\longrightarrow\infty$ で $n_k\longrightarrow\infty$ なので，

5 発展：リーマン積分 165

はさみうちの原理（第 1 章定理 2-4（$p.32$））より，$\alpha=\beta$ である。

さて，関数 $f(x)$ は連続なので $\lim\limits_{k\to\infty} f(x_{n_k})=\lim\limits_{k\to\infty} f(y_{n_k})=f(\alpha)$ であるが，一方，任意の k について $|f(x_{n_k})-f(y_{n_k})|\geqq\varepsilon$ なので，第 1 章定理 2-6（$p.34$）より $\lim\limits_{k\to\infty}|f(x_{n_k})-f(y_{n_k})|\geqq\varepsilon$ である。しかし，これは

$$0=|f(\alpha)-f(\alpha)|=\lim\limits_{k\to\infty}|f(x_{n_k})-f(y_{n_k})|\geqq\varepsilon$$

ということを示しており，ε が正の実数であることに矛盾する。

よって，背理法により，$f(x)$ が $[a,\ b]$ 上で一様連続であることが証明された。　■

◆ 定理 1-1 の証明

以上を踏まえて，閉区間 $[a,\ b]$ 上の連続な関数 $f(x)$ は，$[a,\ b]$ 上で積分可能（リーマン積分可能）であること（$p.132$，定理 1-1）を証明しよう。

定理 1-1 の 証明

定理 5-1 より，$f(x)$ は閉区間 $[a,\ b]$ 上で一様連続である。

よって，任意の正の実数 ε に対して，正の実数 δ をとって，$|x-y|<\delta$ を満たす任意の $[a,\ b]$ の 2 点 $x,\ y$ について $|f(x)-f(y)|<\dfrac{\varepsilon}{b-a}$ となるようにとることができる。

そこで，$[a,\ b]$ の分割 $\varDelta : a=a_0<a_1<a_2<\cdots\cdots<a_{n-1}<a_n=b$ を，任意の $i=0,\ 1,\ \cdots\cdots,\ n-1$ について $a_{i+1}-a_i<\delta$ となるように，十分に細かくとる。このとき，各 $i=0,\ 1,\ \cdots\cdots,\ n-1$ について，$x,\ y\in[a_i,\ a_{i+1}]$ ならば $|f(x)-f(y)|<\dfrac{\varepsilon}{b-a}$ なので，$M_i-m_i<\dfrac{\varepsilon}{b-a}$ である。

したがって，$S_\varDelta-s_\varDelta=\sum\limits_{i=0}^{n-1}(M_i-m_i)(a_{i+1}-a_i)$

$$<\sum\limits_{i=0}^{n-1}\frac{\varepsilon}{b-a}(a_{i+1}-a_i)=\frac{\varepsilon}{b-a}\cdot(b-a)=\varepsilon$$

よって，特に $\inf S_\varDelta-\sup s_\varDelta\leqq\varepsilon$ である。ところで，ε は任意の正の実数であったので，第 1 章 ① の例題 2（$p.21$）より，$\inf S_\varDelta=\sup s_\varDelta$ となる。これは $f(x)$ が $[a,\ b]$ 上でリーマン積分可能であることを示している。　■

注意　上の証明の中で，$M_i-m_i<\dfrac{\varepsilon}{b-a}$ であるのは，最大値・最小値原理（$p.74$，第 2 章定理 3-4）より，$f(x)=M_i,\ f(y)=m_i$ となる $x,\ y\in[a_i,\ a_{i+1}]$ をとることができるからである。

Column コラム 不定積分と定積分

今日の積分法は定積分の定義からはじまるが，それは19世紀に入ってコーシーが提案した流儀である。

コーシー以前の積分法に存在した積分は定積分でも不定積分でもない。しかも「関数の積分」ではなく，「微分式の積分」であった。微分式というのは変数 x の関数 $f(x)$ と x の微分 dx の積 $f(x)dx$ のことで，その積分とは，オイラーの著作『積分計算教程』（全3巻。1766-1770年）によれば，等式

$$dy = f(x)dx$$

を満たす変数 y に与えられた呼び名である。同一の微分式に対し，その積分は無数に存在し，どの2つをとってもある定数だけ食い違っている。積分もまた1個の変数であるから，さまざまな値をとりうるが，それらの個々の値は日常語で「積分の定値」と呼ばれていた。この意味での積分は今日の語法では不定積分に相当し，積分の定値は定積分に該当する。コーシーの段階で役割が逆転したのである。

積分計算により放物線 $y=x^2$ と x 軸，それに y 軸と平行な2直線 $x=a$, $x=b$ ($0<a<b$) で囲まれる領域の面積を求めてみよう。x 軸上の区間 $[a, b]$ を無限小の幅 dx に区分けする。各々の無限小区間の上に高さ x^2 の長方形が乗っていて，その面積は微分式 $x^2 dx$ により表されるが，この微分式はそれ自体が無限小量である。そこでこれを dS と表記し，等式 $dS = x^2 dx$ の両辺の微分式の積分を作ると，C は定数として，等式

$$S = \frac{1}{3}x^3 + C$$

が得られる。これは「求積線」と呼ばれる曲線の方程式で，この曲線の $x=b$, $x=a$ に対応する y 座標 $\frac{1}{3}b^3 + C$, $\frac{1}{3}a^3 + C$ の差を作ると，求める面積 $\frac{1}{3}(b^3-a^3)$ が求められる。これがコーシー以前の積分法による面積の算出法である。

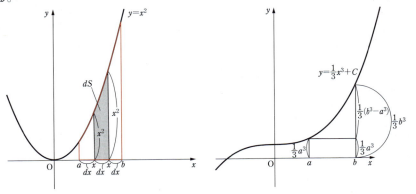

章末問題 A

1. 次の不定積分を求めよ。

   (1) $\displaystyle \int \frac{dx}{x^3+8}$

   (2) $\displaystyle \int \frac{dx}{x^4-1}$

2. 次の不定積分を求めよ。

   (1) $\displaystyle \int \frac{dx}{x+2\sqrt{x-1}}$

   (2) $\displaystyle \int \frac{x^2+b}{\sqrt{x^2+a}}\,dx$ （a, b は実数）

3. 次の不定積分を求めよ。

   (1) $\displaystyle \int \frac{x}{1+\cos x}\,dx$

   (2) $\displaystyle \int \frac{x}{1+\sin x}\,dx$

   (3) $\displaystyle \int \frac{\sin x}{(1+\cos x)(3-\sin x+2\cos x)}\,dx$

4. $I_n=\displaystyle\int (\log x)^n\,dx$ とするとき，次の漸化式を示せ。

$$I_n=x(\log x)^n-nI_{n-1}$$

5. 次の広義積分を計算せよ。

   (1) $\displaystyle \int_{-\infty}^{\infty} \frac{dx}{x^2+4x+6}$

   (2) $\displaystyle \int_{1}^{2} \frac{dx}{x\sqrt{x-1}}$

   (3) $\displaystyle \int_{0}^{\infty} \frac{\log(1+x^2)}{x^2}\,dx$

   (4) $\displaystyle \int_{1}^{\infty} \frac{dx}{x(1+x)^2}$

   (5) $\displaystyle \int_{0}^{\infty} x^2 e^{-x}\,dx$

   (6) $\displaystyle \int_{0}^{\infty} \frac{dx}{e^x+e^{-x}}$

章末問題 B

6. 極座標 $(x, y)=(r\cos x, r\sin x)$ による方程式 $r=f(\theta)$ $(\alpha \leqq \theta \leqq \beta)$ で表示された曲線 C の長さ $l(C)$ は，$l(C)=\displaystyle\int_{\alpha}^{\beta}\sqrt{f(\theta)^2+f'(\theta)^2}\,d\theta$ で与えられることを示せ。

7. 極座標で表された次の曲線の長さを求めよ。

   (1) $r=a(1+\cos\theta)$ $(0\leqq\theta\leqq 2\pi$, $a>0)$ （カージオイド）

   (2) $r=a\theta$ $(0\leqq\theta\leqq 2\pi$, $a>0)$ （アルキメデスの螺旋）

8. 関数 $f(x)$ が閉区間 $[a, b]$ 上でリーマン積分可能であり，$[c, d]$ を $[a, b]$ に含まれる閉区間 $(a\leqq c\leqq d\leqq b)$ とすると，$f(x)$ は $[c, d]$ 上でもリーマン積分可能であることを示せ。

9. 閉区間 $[a, b]$ の任意の分割 $\Delta : a=a_0<a_1<a_2<\cdots\cdots<a_{n-1}<a_n=b$ に対して，すべての小区間 $[a_i, a_{i+1}]$ $(i=0, 1, \cdots\cdots, n-1)$ から点 p_i を選ぶ。$[a, b]$ 上でリーマン積分可能な関数 $f(x)$ について，和

$$\sum_{i=0}^{n-1} f(p_i)(a_{i+1}-a_i) \ \cdots\cdots (*)$$

を考える。このとき，分割 Δ を細かくすることで，$(*)$ は $\displaystyle\int_a^b f(x)dx$ に収束すること，すなわち，任意の正の実数 ε について，分割 Δ を十分細かくとれば

$$\left|\int_a^b f(x)dx-\sum_{i=0}^{n-1} f(p_i)(a_{i+1}-a_i)\right|<\varepsilon \quad とできることを示せ。$$

168 第4章 積分（1変数）

第 5 章

関数（多変数）

1 ユークリッド空間／2 多変数の関数／3 補遺：定理の証明

　例えば，手書き文字を縦横 28×28 のピクセルそれぞれに，白から黒まで
の色の度合いを数値にして当てはめた画像データにした場合，これは
$28 \times 28 = 784$ 次元のユークリッド空間 R^{784} の中の点 $(a_1, a_2, \cdots\cdots, a_{784})$ に
対応していると考えられる。このデータを，20×20 ピクセルの画像データ
に圧縮することは，なんらかの写像 $f : R^{784} \longrightarrow R^{400}$ を考えることである。
多次元の空間や多変数の関数・写像は，例えば，このような状況で自然に現
れる。そしてその解析のために必要なのが，一般次元のユークリッド空間や，
その上の多変数関数・写像についての，より一般的な微分積分学である。

　この章では，多変数の微分積分学を始めるにあたって，必要となる空間や
関数の概念について，基礎的なことを学ぶ。1 では一般次元のユークリッ
ド空間について概観し，2 でその上の（多変数）関数の連続性などの基本的
側面について学ぶ。補遺の節 3 では，定理の証明のために必要となるいく
つかの事項についてまとめる。

　今までの 1 変数関数の場合と違って，多変数の微分積分学が扱う対象は，
高次元の空間のような抽象度の高いものが多い。そのため，最初は理解が難
しかったり，戸惑うことも多いであろう。これらの抽象概念には慣れが必要
となる側面も多いので，一度にすべて理解しようとせずに，まずは（細かい
ところを飛ばして）大枠を掴むことから始めて，徐々に細部まで理解を深め
ていくという学習の仕方も推奨される。

1 ユークリッド空間

1つの変数 x は実軸の区間を動くので，2つの変数の組 (x, y) は平面上を動き，同様に3つの変数の組 (x, y, z) は空間の中を動く。一般に，n 変数の組は n 次元の空間の中を動く。この節では，一般の n 次元空間について議論し，その上で展開される多変数関数の性質について解説する。

◆ユークリッド空間

実直線 とは，実数全体の集合 R のことであり，R の各実数 a に対して，直線上の点 a を対応させて考えたものである。

また，座標平面，あるいは (x, y) 平面と今まで呼んできたものにおいては，2つの実数の組 (a, b) に対し，その x 座標が a で y 座標が b である点を対応させて考えていた。同様に，3つの実数の組 (a, b, c) に対して，x 座標が a，y 座標が b，z 座標が c である点を対応させることで，座標空間，つまり (x, y, z) 空間を考えることもできる。

この考え方を自然に拡張することで，任意の自然数 n に対して，n 個の実数の組 $(a_1, a_2, \cdots\cdots, a_n)$ を抽象的な点と考えて，その全体 R^n（アール n 乗ではなく，アールエヌと読む）を考えることができる。

R^n における点 $(a_1, a_2, \cdots\cdots, a_n)$ とは，その x_1 座標が a_1 で，x_2 座標が a_2 で ……というようにして決まる点である。

もちろん，$n \geqq 4$ のときは平面や空間のような図形的な解釈はできないが，n 個の実数の組 $(a_1, a_2, \cdots\cdots, a_n)$ 全体の集合 R^n を考えることはできる。このようにして得られる抽象的・形式的な空間 R^n を，**n 次元ユークリッド空間** という[1]。

1次元ユークリッド空間とは，実直線 R のことであり，2次元ユークリッド空間とは，座標平面 R^2 のことである。また，3次元ユークリッド空間とは，座標空間 R^3 のことである。

> **注意** 点の書き方 n 次元ユークリッド空間 R^n の点は $(a_1, a_2, \cdots\cdots, a_n)$ のような，n 個の実数の組である。以下では，このような点を
> $$a = (a_1, a_2, \cdots\cdots, a_n) \quad \text{あるいは} \quad \mathrm{P}(a_1, a_2, \cdots\cdots, a_n) \quad \text{のように書き表す。}$$

---

[1] より正確な用語としては，R^n に *p.172* で定義する距離の概念を導入したものを n 次元ユークリッド空間という。

170 第5章 関数（多変数）

例えば，「$a \in \mathrm{R}^n$」と書いた場合，a は今までのように1つの実数を表すのではなく，R^n の要素（n 個の実数の組）$a = (a_1, a_2, \ldots, a_n)$ である。また，「R^n の点P」と書いた場合，$\mathrm{P} = \mathrm{P}(a_1, a_2, \ldots, a_n)$ は R^n の点である。

◆ 直積

一般に，集合 X, Y に対して，X の要素 x と Y の要素 y の組 (x, y) という要素を形式的に考えて，その全体の集合を考えることができる。

この集合を $X \times Y$ と書いて，X と Y の**直積**という。

すなわち $X \times Y = \{(x, y) \mid x \in X, y \in Y\}$ であり，$X \times Y$ の 2つの要素 (x, y), (x', y') が等しいとは，$x = x'$ かつ $y = y'$ が成り立つことである。

2つ以上の集合 $X_1, X_2, \ldots, X_n$ の直積も，同様に定義される。これは，各 X_i ($i = 1, 2, \ldots, n$) の要素 x_i を並べた組 $(x_1, x_2, \ldots, x_n)$ の全体である。

$$X_1 \times X_2 \times \cdots \times X_n = \{(x_1, x_2, \ldots, x_n) \mid x_i \in X_i, \ i = 1, 2, \ldots, n\}$$

例えば，n 次元ユークリッド空間 R^n は，n 個の実直線 R の直積である。

$$\mathrm{R}^n = \overbrace{\mathrm{R} \times \mathrm{R} \times \cdots \times \mathrm{R}}^{n \text{ 個の直積}}$$

例 1　2つの有界閉区間 $[a, a']$, $[b, b']$ ($-\infty < a < a' < \infty$, $-\infty < b < b' < \infty$) の直積 $[a, a'] \times [b, b']$ は，平面 R^2 の集合で
$$[a, a'] \times [b, b'] = \{(x, y) \mid a \leq x \leq a', \ b \leq y \leq b'\}$$
であり，これは座標軸に平行な辺をもつ長方形である（図1）。

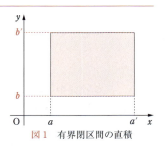
図1　有界閉区間の直積

◆ ε 近傍と開集合

1変数関数は，多くの場合，区間の上で定義されていた。しかし，$n \geq 2$ のとき，R^n の部分集合の形には多くの可能性があり，どのような集合が，1次元の区間の一般化に対応しているかは，すぐにはわからない。以下では，1次元のときの開区間の一般化として「開領域」の概念を導入するが，そのために，まず，R^n の部分集合に関する基本的な概念について学ぶ必要がある。

最初に，R^n の2点の間の距離を定義する。

1　ユークリッド空間

> **定義 1-1　2 点間の距離**
>
> R^n の点 $x=(x_1, x_2, \cdots\cdots, x_n)$ と $y=(y_1, y_2, \cdots\cdots, y_n)$ について，x と y の距離 $d(x, y)$ を，$d(x, y)=\sqrt{\sum\limits_{i=1}^{n}(x_i-y_i)^2}$ で定義する。

こうして定義された距離 $d(x, y)$ について，次の定理が示すいくつかの基本性質は重要である。

定理 1-1　距離の性質

(1) 任意の $x, y\in R^n$ について $d(x, y)\geqq 0$ であり，$d(x, y)=0$ となるのは $x=y$ となるときに限る。

(2) 任意の $x, y\in R^n$ について，$d(x, y)=d(y, x)$

(3) (三角不等式) $x, y, z\in R^n$ について，$d(x, z)\leqq d(x, y)+d(y, z)$

証明　(1) と (2) は明らかなので，(3) を示す。

$x=(x_1, x_2, \cdots\cdots, x_n),\ y=(y_1, y_2, \cdots\cdots, y_n),\ z=(z_1, z_2, \cdots\cdots, z_n)$ として，$x_i-y_i=a_i,\ y_i-z_i=b_i\ (i=1, 2, \cdots\cdots, n)$ とすると，示すべき不等式は $\sqrt{\sum\limits_{i=1}^{n}(a_i+b_i)^2}\leqq\sqrt{\sum\limits_{i=1}^{n}a_i{}^2}+\sqrt{\sum\limits_{i=1}^{n}b_i{}^2}$ である。

両辺を 2 乗して整理し，更に 2 乗して整理した

$$\left(\sum_{i=1}^{n}a_ib_i\right)^2\leqq\left(\sum_{i=1}^{n}a_i{}^2\right)\left(\sum_{i=1}^{n}b_i{}^2\right) \tag{$*$}$$

という不等式 (シュワルツの不等式) を証明すればよいことがわかる。

t についての 2 次式

$$\left(\sum_{i=1}^{n}a_i{}^2\right)t^2+2\left(\sum_{i=1}^{n}a_ib_i\right)t+\left(\sum_{i=1}^{n}b_i{}^2\right)$$

は，$\sum\limits_{i=1}^{n}(a_it+b_i)^2$ と表されるので，t の値に関係なく常に 0 以上である。

ここで，$\sum\limits_{i=1}^{n}a_i{}^2=A,\ \sum\limits_{i=1}^{n}b_i{}^2=B,\ \sum\limits_{i=1}^{n}a_ib_i=C$ とおくと　　$A\geqq 0$

$A=0$ のとき $(*)$ は成り立つから，$A>0$ のとき

$$\sum_{i=1}^{n}(a_it+b_i)^2=At^2+2Ct+B=A\left(t+\frac{C}{A}\right)^2+\frac{AB-C^2}{A}$$

これがすべての実数 t について 0 以上になるから

$$AB-C^2\geqq 0\quad\text{すなわち}\quad C^2\leqq AB$$

よって，$(*)$ が導かれる。　■

定義 1-2　ε近傍

$\mathbb{R}^n$ の点 x と正の実数 ε について
$$N(x, \varepsilon) = \{y \in \mathbb{R}^n \mid d(x, y) < \varepsilon\}$$
とする。これを x の ε近傍(イプシロンきんぼう)という。

例 2

ε近傍 $N(x, \varepsilon)$ とは

$n=1$ のときは
　$x \in \mathbb{R}$ を中心とした開区間 $(x-\varepsilon, x+\varepsilon)$

$n=2$ のときは
　$x = (x_1, x_2) \in \mathbb{R}^2$ を中心とした半径 ε の円の内部

$n=3$ のときは
　$x = (x_1, x_2, x_3) \in \mathbb{R}^3$ を中心とした半径 ε の球の内部

をそれぞれ表す。

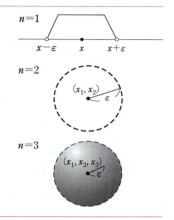

例 2 の一般化として，ε近傍 $N(x, \varepsilon)$ はまた，中心 x 半径 ε の **開球**(かいきゅう)と呼ばれることもある。

定義 1-3　$\mathbb{R}^n$ の開集合

$\mathbb{R}^n$ の部分集合 U が，次の条件 (∗) を満たすとき，U は $\mathbb{R}^n$ の開集合であるという。

(∗)　任意の $x \in U$ について，$N(x, \delta) \subset U$ となるような正の実数 δ が存在する。

すぐ後の定理 1-2 で述べるように，任意の開球 $N(x, \varepsilon)$ は開集合である。

注意　条件 (∗) を論理式で書くと，次のようになる。
　(∗)　$\forall x \in U \quad \exists \delta > 0$ such that $N(x, \delta) \subset U$

◆ **開領域**

開球，開集合の定義ができたところで，ここから，2 段階に分けて，開領域を定義する。

1　ユークリッド空間

定義 1-4　弧状連結性

(1) R^n の弧*) とは，閉区間 $[0, 1]$ 上の n 個の連続関数 $x_i = \sigma_i(t)$ $(i=1, 2, \ldots, n)$ によってパラメータ付けされた点 $\sigma(t) = (\sigma_1(t), \sigma_2(t), \ldots, \sigma_n(t)) \in R^n$ の軌跡 $\sigma = \{\sigma(t) \mid 0 \leq t \leq 1\}$ のことである（図 2）。

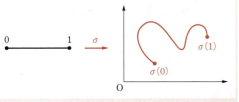

図 2　弧

このとき，$\sigma(0)$ を弧 σ の始点，$\sigma(1)$ を弧 σ の終点と呼び，これらを総称して弧 σ の端点という。

(2) R^n の弧 σ が，R^n の部分集合 S に含まれる，すなわち $\sigma \subset S$ であるとき，σ は S 内の弧という。

(3) R^n の部分集合 S の任意の 2 点 $x, y \in S$ について，x, y を端点とする S 内の弧 σ が少なくとも 1 つ存在するとき，S は弧状連結であるという。

注意　(1)について，例えば $(\cos \pi t, \sin \pi t)$ $(0 \leq t \leq 1)$ は，平面上の $(1, 0)$ を始点として，$(-1, 0)$ を終点とする，単位円の上半分の円弧が R^2 の弧である。

つまり，S が弧状連結であるとは，図 3 のように，S 内のどんな 2 点 x, y も，S 内の連続な弧によって結ぶことができることを意味している。

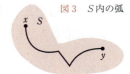

図 3　S 内の弧

例 3　平面 R^2 において，共通部分をもたない開円板の和集合 $S = N(0, 1) \cup N(3, 1)$ を考えると，これは，図の 2 円の内部の領域の和を表す。2 円の中心 $(0, 0)$ と $(3, 0)$ を結ぶ弧は必ず S の外に出てしまうので，S は弧状連結ではない。

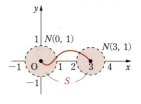

定義 1-5　R^n の開領域

R^n の弧状連結な開集合を，R^n の開領域という。

例えば，$n=1$ のとき，開区間 (a, b) は明らかに開領域である。この意味で R^n の開領域は，1 次元における開区間という概念の，n 次元における一般化と考えることができる。

---

*)「道」という用語を使うこともある。

例 4　$n=2$ のとき，全平面 $\mathbb{R}^2$，円の内部，平面における x 軸より上の部分 $\{(x, y) \mid y>0\}$ など開領域である。

次の定理が示すように，$\mathbb{R}^n$ の開球は開領域である。

定理 1-2　開領域としての開球
$\mathbb{R}^n$ の点 $x=(x_1, x_2, \ldots, x_n)$ を中心とし，正の実数 r を半径とする開球 $N(x, r)$ (x の r 近傍) は開領域である。

証明　まず，開球 $N(x, r)$ が $\mathbb{R}^n$ の開集合であることを示そう。
定義 1-3 (p.173) の条件 (∗) を確かめるために，任意の $y \in N(x, r)$ をとる。$d=d(x, y)$ とすると，$d<r$ であるので $\delta=r-d>0$ とする。このとき，$N(y, \delta) \subset N(x, r)$ であることを示せばよい。
任意の $z \in N(y, \delta)$ について　$d(x, z) \leq d(x, y)+d(y, z) < d+\delta = r$
よって，$z \in N(x, r)$ である。これより，$N(y, \delta) \subset N(x, r)$ であり，$N(x, r)$ が $\mathbb{R}^n$ の開集合であることが示された。
次に $N(x, r)$ が弧状連結であることを示そう。任意の $y \in N(x, r)$ から中心 x へ (つまり，y を始点として x を終点とする) 結ぶ $N(x, r)$ 内の弧を σ_y で表すとき，任意の $y, z \in N(x, r)$ について，$N(x, r)$ 内の弧 σ を　$\sigma(t) = \begin{cases} \sigma_y(2t) & \left(0 \leq t \leq \dfrac{1}{2}\right) \\ \sigma_z(2-2t) & \left(\dfrac{1}{2} \leq t \leq 1\right) \end{cases}$

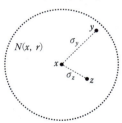

図4　$N(x, r)$ 内の弧

で定義すると，これは y から z への $N(x, r)$ 内の弧である (図4)。
よって，任意の $y=(y_1, y_2, \ldots, y_n)$ から x に弧で結べばよいが，例えば

$\sigma_y(t) = (tx_1+(1-t)y_1, tx_2+(1-t)y_2, \ldots, tx_n+(1-t)y_n)$ $(0 \leq t \leq 1)$

は y と x をつなぐ弧で $\{tx_k+(1-t)y_k\}-x_k = (1-t)(y_k-x_k)$ から $d(x, \sigma_y(t)) = (1-t)d(x, y) \leq d < r$ なので，$N(x, r)$ 内の弧である。
以上で，$N(x, r)$ が弧状連結であることも示された。　■

 練習 1　2個の開区間 (a_i, b_i) ($a_i<b_i$, $i=1, 2$) の直積 $(a_1, b_1) \times (a_2, b_2)$ は $\mathbb{R}^2$ の開領域であることを示せ。

練習 2　閉区間 $[-1, 1]$ から 0 を取り除いて得られた $\mathbb{R}$ の部分集合 S は弧状連結でないことを示せ。(ヒント：中間値の定理 (p.74) を使う。)

◆ **有界閉集合**

以上で，実直線Rにおける開区間のn次元への一般化として，開領域という概念が得られた．1変数の連続関数の性質として，第2章では中間値の定理（p.74, 第2章定理3-3）と，最大値・最小値原理（p.74, 第2章定理3-4）を述べた．中間値の定理の方は，開領域などの弧状連結集合上に一般化できる（p.194, 章末問題5）が，最大値・最小値原理を多変数に一般化するには，有界閉区間 $[a, b]$ $(-\infty < a < b < \infty)$ の，n次元における対応物を定義する必要がある．これは，この項で述べる，有界閉集合というものである．

定義 1-6 有界性

R^n の部分集合Sに対して，中心 $x \in R^n$ と半径 $r>0$ を適当にとれば $S \subset N(x, r)$ となるとき，Sは有界であるという．

ここで，点xと原点 $O(0, 0, \cdots\cdots, 0)$ の距離をdとすると
$$N(x, r) \subset N(O, d+r)$$
である．よって，定義1-6において，中心xは原点Oに固定してしまってもよい．

定義1-6で定義された有界性は，もちろん，$n=1$のときは，実数の部分集合Sの有界性（第1章 1, p.16）と同値である．

例 5

図形 $[a, a'] \times [b, b']$ $(-\infty < a < a' < \infty, -\infty < b < b' < \infty)$ は有界である（p.171, 例1参照）．

実際，$r = \max\left\{\dfrac{a'-a}{2}, \dfrac{b'-b}{2}\right\}$ として，点 $P\left(\dfrac{a+a'}{2}, \dfrac{b+b'}{2}\right)$ を考えると，$\sqrt{2}\, r$ より大きな実数Rについて
$$[a, a'] \times [b, b'] \subset N(P, R)$$
である（図5参照）．

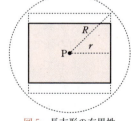

図5 長方形の有界性

定義 1-7 閉集合

R^nの部分集合Fについて，FのR^nにおける補集合 $R^n \setminus F$ が R^n の開集合であるとき，FはR^nの閉集合であるという．

注意 定義 1-7 の補集合の表記 $\mathrm{R}^n \setminus F$ について，これを高等学校で習った形式で書けば，$\overline{F} = \{x \mid x \in \mathrm{R}^n$ かつ $x \notin F\}$ となる。

後で述べるように，有界かつ閉集合である R^n の部分集合，つまり**有界閉集合**は，多変数関数の議論において，1 変数の場合の有界閉区間の役割を果たす部分集合である。

例 1（$p.171$）で考えた，2 つの有界閉区間 $[a, a']$，$[b, b']$（$-\infty < a < a' < \infty$，$-\infty < b < b' < \infty$）の直積 $[a, a'] \times [b, b']$ は，R^2 の閉集合であることを示せ。

証明 $F = [a, a'] \times [b, b']$ とする。

F の R^2 での補集合 U が開集合であることを示せばよい。

U の任意の点 $\mathrm{P}(x, y)$ をとる。$\mathrm{P} \notin F$ なので，$x \notin [a, a']$ か，または $y \notin [b, b']$ である。

$x \notin [a, a']$ とする（他の場合も同様）。このとき，$x < a$ であるか，または $x > a'$ である。$x > a'$ とする（他の場合も同様）。$\delta = x - a'$ とすると，これは正の実数である。このとき，$N(\mathrm{P}, \delta)$ の任意の点 Q は，その x 座標が a' より大きいので，F には属さない。

よって，$N(\mathrm{P}, \delta) \subset U$ となる（図 6 参照）。これは U が開集合であること，すなわち，F が閉集合であることを示している。 ■

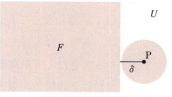

図 6 例題 1 の証明

n 個の有界閉区間 $[a_i, b_i]$（$-\infty < a_i < b_i < \infty$，$i = 1, 2, \ldots, n$）の直積 $F = [a_1, b_1] \times [a_2, b_2] \times \cdots \times [a_n, b_n]$ は R^n の有界閉集合であることを示せ。

R^n の任意の部分集合 $S \subseteq \mathrm{R}^n$ について，S に含まれる（包含関係に関して）最大の開集合を S° で表すことにする。

(1) 次の等式を示せ。$S^\circ = \{x \in S \mid \exists \varepsilon > 0 \text{ such that } N(x, \varepsilon) \subset S\}$

(2) 実数 $r > 0$ と $x \in \mathrm{R}^n$ について，閉球 $\{y \in \mathrm{R}^n \mid d(x, y) \leq r\}$ を S としたときに，S° は開球 $N(x, r)$ に等しいことを示せ。

2 多変数の関数

　ここでは定義域を動く独立変数が2個以上の関数について考える。多変数関数は解析学を用いる自然科学や工学の諸分野において極めて重要な対象である。

◆多変数関数の概念

　前章まででは，1変数の関数 $y=f(x)$ を考え，その極限や微分・積分について議論してきた。この章からは

$$y=f(x_1, x_2, \cdots\cdots, x_n) \qquad\qquad (*)$$

という形の関数，つまり，一般に複数個の独立変数 x_1, x_2, $\cdots\cdots$, x_n をもつ関数について考える。この形の関数は，n 個の実数の組 $(a_1, a_2, \cdots\cdots, a_n)$ が与えられると，$x_1=a_1$, $x_2=a_2$, $\cdots\cdots$, $x_n=a_n$ と代入することで，y の値

$$b=f(a_1, a_2, \cdots\cdots, a_n)$$

が決まるというものである。したがって，1変数の関数 $y=f(x)$ が実直線 R の部分集合で定義されていた（定義域としていた）のと同様に，n 変数関数 $(*)$ は n 次元ユークリッド空間 R^n の部分集合を定義域とする。

　さて，以下では多変数関数について議論するわけであるが，実は多くの場合，一般の n 変数で議論しなくても，2変数（場合によっては3変数も）くらいで議論しておけば，実質上は十分であることが多い。実は，2変数関数の微分積分学は，今までやってきた1変数関数の微分積分学に比べて，大変異なっているのであるが，3変数以上の関数の微分積分学は2変数関数の場合と，あまり大きな違いはない。したがって，多変数関数の微分積分学を学ぶ上で，2変数の場合を議論すれば，一般の n 変数 $(n \geqq 2)$ の場合は，そこからすぐにわかるのである。

　以上を踏まえて，以下では，主に $n=2$ の場合を中心に議論することにする。すなわち，座標平面（2次元ユークリッド空間）R^2 の部分集合上で定義された2変数関数について議論する。

　R^2 の部分集合 S 上の関数 $z=f(x, y)$ とは，S に属する任意の点 $(x, y) \in S$ に対して，実数値 $f(x, y)$ を対応させる関数である。$P(x, y)$ が S 上の点を動くとき，その x 座標と y 座標を与える変数 x, y は，関数 $z=f(x, y)$ の独立変数であり，それらに対応する値をとる変数 z は，関数 $z=f(x, y)$ の従属変数である。

178 | 第5章 関数（多変数）

注意 **関数の書き方** 以下では，2 変数関数は主に，x, y を独立変数として，z を従属変数とした形 $z=f(x, y)$ で扱うことが多い．しかし，場合によっては，独立変数を x_1, x_2 のように番号付きで表すこともある．その場合，従属変数の記号としては y を用いて，関数を $y=f(x_1, x_2)$ のように書くこともある．このような場合，$x=(x_1, x_2)$ のように，いくつかの変数の組を 1 つの文字で代表させて，簡単に $y=f(x)$ と書いてしまうこともある．こうすると，1 変数の関数の場合と外見は同じになるので，この書き方をするのは混乱が起こらない場合にのみに限る．

◆ 多変数関数のグラフ

2 変数関数 $z=f(x, y)$ は，(x, y, z) を座標とする空間 R^3 の中にグラフをかくことができる[2]．この場合，グラフとは，(x, y) が定義域を動くときの，点 $(x, y, f(x, y))$ の全体である．

図 7 は，関数 $f(x, y)=x^2+y^2$ の空間 R^3 におけるグラフである．2 変数関数のグラフは，このように，一般的には曲面になる．

グラフの形を理解するには，次のような方法が，しばしば有効である．

関数 $f(x, y)=x^2+y^2$ のグラフ（図 7）を，垂直な平面 $x=a$（a は定数）で切った断面を考える．

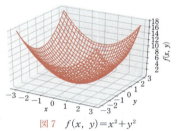

図 7　$f(x, y)=x^2+y^2$

この平面上の点は (a, y, z) と書けるので，これを (y, z) 平面と同一視すれば，切り口は放物線 $z=y^2+a^2$ であり，これは放物線 $z=y^2$ を z 軸の正の方向に a^2 だけ平行移動したものである．a を動かして考えると，$f(x, y)=x^2+y^2$ のグラフは，これらの切り口として現れる放物線を x 軸に沿って並べたものになっていることがわかる．

同様に，平面 $y=b$（b は定数）で切ってもよい．この場合，平面上の点 (x, b, z) を (x, z) と同一視して，(x, z) 平面と見なせば，切り口は放物線 $z=x^2+b^2$ であり，$f(x, y)=x^2+y^2$ のグラフは，これらの放物線を y 軸に沿って並べたものである．

2 変数関数のグラフは，図 7 のように，曲面を曲線の網によって表現することが多いが，これは平面 $x=a$ と平面 $y=b$ で切った断面として現れる曲線を，適当な間隔でならべたものである．

---

[2] もちろん，3 変数以上になると，直接目に見える形でグラフをかくことはできない．

練習1 関数 $f(x, y)=x^2-y^2$ のグラフ（図8）について、関数 $f(x, y)=x^2+y^2$ のグラフの際と同様に平面 $x=a$（a は定数）や $y=b$（b は定数）で切った切り口を表す曲線の方程式と、その形状を調べよ。

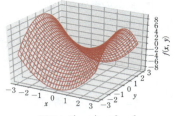

図8　$f(x, y)=x^2-y^2$

練習2 (x, y, z) 空間の平面 $x-y=0$ の点 (x, x, z) と、(x, z) を同一視することで、この平面を (x, z) 平面とみなしたとき、関数 $f(x, y)=x^2-y^2$ のグラフを平面 $x-y=0$ で切った切り口を表す曲線の方程式を求めよ。

同様のことを、平面 $x+y=0$ についても考察せよ。

◆多変数関数の極限

$f(x, y)$ を $\mathbb{R}^2$ の部分集合 S 上の関数とし、(a, b) を平面上の点とする。点 (x, y) が (a, b) に近づくときの、関数 $f(x, y)$ の極限という概念について考えてみよう。

まず、平面上を点 (x, y) が点 (a, b) に「近づく」ことの意味をはっきりさせなければならない。第2章①でも述べたように、1次元の場合でも既に、x がある値に近づく方法は無限に多くある。これが2次元になると、点 (x, y) がある点 (a, b) に近づくときの近づき方には、更に多くの種類がある（図9）。

例えば、点 (x, y) が点 (a, b) に、ある直線 $l : y=m(x-a)+b$ の上を動きながら近づくという方法があるが、このようなものに限っても、直線の傾き m の分だけの多様性がある。

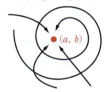

図9　点 (a, b) への近づき方

したがって、関数 $f(x, y)$ の極限を考えるときは、点 (x, y) が点 (a, b) に近づくときの、すべての近づき方を考えなければならない。具体的には、次のように定義する。

点 (x, y) が点 (a, b) に、$(x, y) \neq (a, b)$ を満たしながら近づくと、その近づき方によらず、$f(x, y)$ がある一定値 α（α は実数）に近づくとき、$f(x, y)$ は $(x, y) \longrightarrow (a, b)$ で α に **収束する** といい、次のように書く。

$$\lim_{(x, y) \to (a, b)} f(x, y)=\alpha \quad \text{または} \quad (x, y) \longrightarrow (a, b) \text{ のとき } f(x, y) \longrightarrow \alpha$$

また、このとき α は $f(x, y)$ の $(x, y) \longrightarrow (a, b)$ における **極限値** という。

この定義を、$\varepsilon-\delta$ 論法を用いてより正確にしたのが、次の定義である。

定義 2-1　関数の極限

R^2 の部分集合 S 上の関数 $f(x, y)$ が $(x, y) \longrightarrow (a, b)$ のとき α に収束するとは，次の条件が成り立つことである。

　任意の正の実数 ε に対して，ある正の実数 δ が存在して，$f(x, y)$ の定義域 S 内の，$(x, y) \in N((a, b), \delta)$ かつ $(x, y) \neq (a, b)$ であるすべての (x, y) について $|f(x, y) - \alpha| < \varepsilon$ となる。

注意　上の定義を論理式で書くと次のようになる。

（＊）　$\forall \varepsilon > 0$　$\exists \delta > 0$ such that
　　　$\forall (x, y) \in S$　$((x, y) \in N((a, b), \delta),\ (x, y) \neq (a, b) \Longrightarrow |f(x, y) - \alpha| < \varepsilon)$

1変数の場合と同様に，次の極限に関する基本性質が成り立つ（証明は，*p. 56*, *第2章定理1-1* と同様なので，省略する）。

定理 2-1　関数の極限の性質

関数 $f(x, y)$, $g(x, y)$ および点 (a, b) について，
$$\lim_{(x, y) \to (a, b)} f(x, y) = \alpha, \quad \lim_{(x, y) \to (a, b)} g(x, y) = \beta \text{ とする。}$$

(1)　$\displaystyle \lim_{(x, y) \to (a, b)} (kf(x, y) + lg(x, y)) = k\alpha + l\beta$ （k, l は定数）

(2)　$\displaystyle \lim_{(x, y) \to (a, b)} f(x, y)g(x, y) = \alpha\beta$

(3)　$\displaystyle \lim_{(x, y) \to (a, b)} \frac{f(x, y)}{g(x, y)} = \frac{\alpha}{\beta}$ （ただし，$\beta \neq 0$）

例 1

(x, y) が (a, b) に近づくとき，その近づき方がどのようなものであっても，明らかに x は a に近づき，y は b に近づく。よって
$$\lim_{(x, y) \to (a, b)} x = a, \quad \lim_{(x, y) \to (a, b)} y = b$$

これと定理 2-1 (1), (2) により，x, y についての多項式 $f(x, y)$ について $\displaystyle \lim_{(x, y) \to (a, b)} f(x, y) = f(a, b)$　が成り立つ。

また，定理 2-1 (3) により，x, y についての有理関数 $\dfrac{f(x, y)}{g(x, y)}$（$f(x, y)$, $g(x, y)$ は x, y についての多項式）についても，$g(a, b) \neq 0$ であれば
$$\lim_{(x, y) \to (a, b)} \frac{f(x, y)}{g(x, y)} = \frac{f(a, b)}{g(a, b)}$$　が成り立つ。

[2]　多変数の関数

例題 1 関数 $f(x, y) = \dfrac{x^2 - y^2}{x^2 + y^2}$ は，$(x, y) \longrightarrow (0, 0)$ のとき極限をもたないことを示せ。

証明 例えば，原点 $(0, 0)$ を通る直線 $\ell : y = mx$ に沿って，(x, y) を $(0, 0)$ に近づけてみる。
このとき，$x \neq 0$ では
$$f(x, mx) = \frac{x^2 - m^2 x^2}{x^2 + m^2 x^2} = \frac{1 - m^2}{1 + m^2}$$
となり，これは $x \longrightarrow 0$ で $\dfrac{1 - m^2}{1 + m^2}$ に収束する。
しかし，その値は，直線 ℓ の傾き m に依存している。
実際，$m = 1$ ならばこれは 0 であるが，$m = 0$ のときは 1 である。
したがって，$f(x, y)$ が近づく値は (x, y) が $(0, 0)$ に近づく方法に依存し，$f(x, y)$ は $(x, y) \longrightarrow (0, 0)$ で極限をもたない。 ■

練習 3 関数 $f(x, y) = \dfrac{x^3 + 2y^3}{2x^3 + y^3}$ は，$(x, y) \longrightarrow (0, 0)$ のとき極限をもたないことを示せ。

次の例題 2 のような問題の場合，まず極限が存在するか否かを手短かに調べるために，試しに原点 $(0, 0)$ を通る直線 $\ell : y = mx$ に沿って，$x \longrightarrow 0$ での極限を求めてみるとよい。この例題の場合，$x \neq 0$ において
$$f(x, mx) = \frac{x \cdot m^2 x^2}{x^2 + m^2 x^2} = \frac{m^2 x}{1 + m^2}$$
で，これは $x \longrightarrow 0$ で m の値によらず 0 に収束する。
よって，$f(x, y) = \dfrac{xy^2}{x^2 + y^2}$ は $(x, y) \longrightarrow (0, 0)$ で 0 に収束すると推定できる。
そこで，この推定を踏まえて，次に，これが 0 に収束することを証明する。

例題 2 関数 $f(x, y) = \dfrac{xy^2}{x^2 + y^2}$ の，$(x, y) \longrightarrow (0, 0)$ のときの極限値を求めよ。

証明 (x, y) を極座標表示して，
$(x, y) = (r\cos\theta, r\sin\theta)$ とする。
$(x, y) \neq (0, 0)$ では $r > 0$ である。
$$f(r\cos\theta, r\sin\theta) = \frac{r^3\cos\theta\sin^2\theta}{r^2(\cos^2\theta+\sin^2\theta)}$$
$$= r\cos\theta\sin^2\theta$$
なので
$$|f(x, y)-0| = r|\cos\theta\sin^2\theta| = r|\cos\theta||\sin^2\theta| \leq r$$
ところで，(x, y) が $(0, 0)$ に近づくと，その近づき方によらず r は 0 に近づく。
よって，$(x, y) \longrightarrow (0, 0)$ で，$f(x, y)$ は 0 に収束する。
すなわち $\displaystyle\lim_{(x, y)\to(0, 0)} \frac{xy^2}{x^2+y^2} = 0$

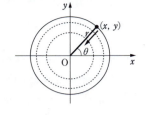

例題 2 で，(x, y) がどのように原点 $(0, 0)$ に近づいても，$f(x, y)$ は 0 に近づくことが重要である。より正確には，不等式 $|f(x, y)-0| \leq r$ があるので，任意の正の実数 ε に対して，$\delta = \varepsilon$ とすると，$(x, y) \in N((0, 0), \delta)$ かつ $(x, y) \neq (0, 0)$ のときに $|f(x, y)-0| \leq \varepsilon$ となる。

これより，$(x, y) \longrightarrow (0, 0)$ のとき，$f(x, y)$ は 0 に収束する。

注意 例題 1 では，極限の存在および極限値を推定するために，$y = mx$ に沿った極限を考え，これが m に依存しないことを確かめた。しかし，これだけで極限の存在が判定できるわけではない。実際，$y = mx$ に沿った極限が m に依存しなくても，$(x, y) \longrightarrow (0, 0)$ での極限が存在しないこともある（*p. 194, 章末問題 3 (2)* 参照）。$y = mx$ に沿った極限を考えるのは，あくまでも推定のためであり，本当に極限が存在することは，例題 2 のように，別に証明しなければならない。

練習 4 関数 $f(x, y) = \dfrac{x^3+(y+4)x^2+2y^2}{2x^2+y^2}$ の，$(x, y) \longrightarrow (0, 0)$ のときの極限値を求めよ。

練習 5 例題 1 の関数 $f(x, y) = \dfrac{x^2-y^2}{x^2+y^2}$ は，$(x, y) \longrightarrow (0, 0)$ のとき極限をもたないことを，(x, y) を極座標表示して示せ。

◆多変数関数の連続性

多変数関数の連続性は，1変数の場合と同様に，極限を用いて定義する。

定義 2-2　多変数関数の連続性
$\mathbb{R}^2$ の部分集合 S 上の関数 $f(x, y)$ が $(a, b) \in S$ において連続であるとは，次の等式が成り立つことである。
$$\lim_{(x, y) \to (a, b)} f(x, y) = f(a, b)$$

注意　上記のことを $\varepsilon-\delta$ 論法を用いて論理式で書くと，次のようになる。
　(*)　$\forall \varepsilon > 0$　$\exists \delta > 0$ such that $\forall (x, y) \in S$
$$((x, y) \in N((a, b), \delta) \Longrightarrow |f(x, y) - f(a, b)| < \varepsilon)$$

$f(x, y)$ がその定義域 S のすべての点で連続であるとき，関数 $f(x, y)$ は **連続** であるという。1変数の場合と同様に p.181, 定理 2-1 から次の定理が成り立つ。

定理 2-2　関数の四則演算と連続性
関数 $f(x, y)$, $g(x, y)$ が，$(x, y) = (a, b)$ で連続であるとする。このとき，次の関数も $(x, y) = (a, b)$ で連続である。
(1)　$kf(x, y) + lg(x, y)$ （k, l は定数）
(2)　$f(x, y)g(x, y)$
(3)　$\dfrac{f(x, y)}{g(x, y)}$ （ただし，$g(a, b) \neq 0$）

例 2　p.181, 例1 で学んだことから，x, y についての多項式で与えられた関数 $f(x, y)$ は，平面上のすべての点 (a, b) において
$$\lim_{(x, y) \to (a, b)} f(x, y) = f(a, b)$$ が成り立つ。よって，x, y についての多項式で与えられる関数は，$\mathbb{R}^2$ で連続である。また，x, y についての有理関数 $\dfrac{f(x, y)}{g(x, y)}$（$f(x, y)$, $g(x, y)$ は x, y についての多項式）についても，$g(a, b) \neq 0$ であるすべての点 (a, b) で連続である。

例題 3　次の関数は $\mathbb{R}^2$ で連続かどうか調べよ。
$$f(x, y) = \begin{cases} \dfrac{xy^2}{x^2 + y^2} & ((x, y) \neq (0, 0)) \\ 0 & ((x, y) = (0, 0)) \end{cases}$$

解答 $(x, y) \neq (0, 0)$ では $f(x, y)$ は x, y についての有理関数で，分母は 0 にならないので，原点以外の点では $f(x, y)$ は連続である。

p.182, 183 の例題 2 で見たように，$\dfrac{xy^2}{x^2+y^2}$ は $(x, y) \longrightarrow (0, 0)$ で $f(0, 0) = 0$ に収束する。

よって，$f(x, y)$ は原点でも連続である。

したがって，$f(x, y)$ は $\mathbb{R}^2$ で連続である。

練習 6 次の関数は $\mathbb{R}^2$ で連続かどうか調べよ。
$$f(x, y) = \begin{cases} \dfrac{x^3 + (y+4)x^2 + 2y^2}{2x^2 + y^2} & ((x, y) \neq (0, 0)) \\ 2 & ((x, y) = (0, 0)) \end{cases}$$

練習 7 次の関数（グラフは右の図）は $\mathbb{R}^2$ で連続であることを示せ。
$$f(x, y) = \begin{cases} \dfrac{\sin(\sqrt{x^2+y^2})}{\sqrt{x^2+y^2}} & ((x, y) \neq (0, 0)) \\ 1 & ((x, y) = (0, 0)) \end{cases}$$

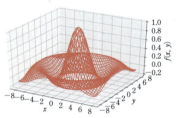

最後に，多変数の連続関数の性質について，次の 2 つの定理を述べておく。

定理 2-3　中間値の定理

$f(x, y)$ を $\mathbb{R}^2$ の弧状連結集合 D 上の連続関数とし，$a, b \in D$ において $f(a) \neq f(b)$ とする。このとき，$f(a)$ と $f(b)$ の間の任意の値 l に対して，$f(c) = l$ を満たす $c \in D$ が，少なくとも 1 つ存在する。

定理 2-4　最大値・最小値原理

有界閉集合 F 上の連続関数 $f(x, y)$ は，最大値および最小値をとる。すなわち，$c, d \in F$ で，$M = f(c)$ は F における $f(x)$ の値の最大値であり，$m = f(d)$ は F における $f(x)$ の値の最小値であるものが存在する。

定理 2-3 の証明は章末問題 5（p.194）に，定理 2-4 の証明は ③ 補遺の p.193 において与える。

発展 R^n から R^m への写像

多変数関数とは，関数の定義域の次元を上げて得られたもので，その意味で1変数関数の一般化だったわけであるが，更に関数の値域の方の次元も上げて，n 次元から m 次元への写像（*p. 11，0章 集合と写像参照*）に一般化することができる。実は，このような「写像」を扱うことで，多変数の微分積分学の本質がより明確になることが多い。また，関数から写像への一般化によって，応用の幅も広がる。R^n の部分集合 S 上で定義された m 個の関数

$$f_1(x_1, x_2, \cdots\cdots, x_n),\ f_2(x_1, x_2, \cdots\cdots, x_n),\ \cdots\cdots,\ f_m(x_1, x_2, \cdots\cdots, x_n)$$

が与えられているとする。このとき，任意の $a=(a_1, a_2, \cdots\cdots, a_n) \in S$ に対して，R^m の点

$$(f_1(a),\ f_2(a),\ \cdots\cdots,\ f_m(a))$$
$$=(f_1(a_1, a_2, \cdots\cdots, a_n),\ f_2(a_1, a_2, \cdots\cdots, a_n),\ \cdots\cdots,\ f_m(a_1, a_2, \cdots\cdots, a_n))$$

が定まる。これにより，S から R^m への写像

$$a=(a_1, a_2, \cdots\cdots, a_n) \longmapsto (f_1(a),\ f_2(a),\ \cdots\cdots,\ f_m(a)) \qquad (*)$$

が定まる。（*）のような写像は

$$F : S \longrightarrow R^m, \quad F(a)=(f_1(a),\ f_2(a),\ \cdots\cdots,\ f_m(a))$$

のように，簡単に書かれることが多い。

例 3　n 変数の関数 $f(x_1, x_2, \cdots\cdots, x_n)$ は，R^n の部分集合から R への写像である。特に，2変数関数 $z=f(x, y)$ は，R^2 の部分集合から R への写像で，1変数関数 $y=f(x)$ は，実直線 R の部分集合から R への写像である。

例 4　$n=1$，$m=2$ のとき，R の区間 I から R^2 への写像 $t \longmapsto (f(t), g(t))$ は，$f(t)$，$g(t)$ が t についての連続関数であれば，t でパラメータ表示された，平面内の連続曲線を表している。

これは，R^2 の弧（*p. 174，定義 1-4*）に他ならない。$m=3$ として，R の区間 I から R^3 への写像 $t \longmapsto (f(t), g(t), h(t))$ についても同様で，$f(t)$，$g(t)$，$h(t)$ が t についての連続関数ならば，これは t でパラメータ表示された，空間内の連続曲線を表している。

例4からわかるように定義1-4で定義したR^nの弧は，Rの閉区間$[0, 1]$からR^nへの写像である。

$n=2$，$m=3$のとき。R^2の開領域UからR^3への写像
$(u, v) \longmapsto (f(u, v), g(u, v), h(u, v))$は，$f(u, v), g(u, v), h(u, v)$が$u, v$についての連続関数ならば，$u, v$でパラメータ表示された，空間内の連続な曲面を表している。

写像の連続性は，多変数関数の連続性（$p.184$，定義2-2）と同様に定義する。

定義2-3 写像の連続性
R^nの部分集合SからR^mへの写像
$$x=(x_1, x_2, \cdots\cdots, x_n) \longmapsto F(x)=(f_1(x), f_2(x), \cdots\cdots, f_m(x))$$
が点$a=(a_1, a_2, \cdots\cdots, a_n)$において連続であるとは，任意の正の実数$\varepsilon$に対して，ある正の実数$\delta$が存在して，$x \in N(a, \delta)$である定義域$S$内の点$x$について，$F(x) \in N(F(a), \varepsilon)$が成り立つことである。

注意 定義2-3を論理式で書くと，次のようになる。
$$(*) \quad \forall \varepsilon>0 \quad \exists \delta>0 \text{ such that } \forall x \in S \quad (x \in N(a, \delta) \Longrightarrow F(x) \in N(F(a), \varepsilon))$$

$F(x)$がその定義域Sのすべての点で連続であるとき，写像$F(x)$は連続であるという。

実は，次の定理が示すように，写像$F(x)=(f_1(x), f_2(x), \cdots\cdots, f_m(x))$の連続性は，各成分の$n$変数関数$f_i(x)$が連続であることと同値である。

定理 2-5 写像の連続性と各成分の連続性
R^nの部分集合SからR^mへの写像$F(x)=(f_1(x), f_2(x), \cdots\cdots, f_m(x))$が点$a=(a_1, a_2, \cdots\cdots, a_n)$において連続であるための必要十分条件は，すべての$i=1, 2, \cdots\cdots, m$について，$n$変数関数$f_i(x_1, x_2, \cdots\cdots, x_n)$が点$a=(a_1, a_2, \cdots\cdots, a_n)$において連続であることである。

証明 写像$F(x)$が点aで連続であるとして，$f_i(x)$が点aで連続であることを示そう。任意の正の実数εについて，$x \in N(a, \delta)$ならば$F(x) \in N(F(a), \varepsilon)$が成り立つような正の実数$\delta$をとる。
このとき，$x \in N(a, \delta)$ならば

$$|f_i(x)-f_i(a)| \leq \sqrt{\sum_{j=1}^{m}\{f_j(x)-f_j(a)\}^2} = d(F(x),\ F(a)) < \varepsilon$$

である。

よって，$f_i(x)$ が点 a で連続である。

逆に，各 $f_i(x)$ $(i=1,\ 2,\ \cdots\cdots,\ m)$ が点 a で連続であるとしよう。
このとき，任意の正の実数 ε について，正の実数 δ_i を，$x \in N(a,\ \delta_i)$ ならば $|f_i(x)-f_i(a)| < \dfrac{\varepsilon}{\sqrt{m}}$ が成り立つようにとれる。

$\min\{\delta_1,\ \delta_2,\ \cdots\cdots,\ \delta_m\}$ を δ とすると，$x \in N(a,\ \delta)$ ならば
$$d(F(x),\ F(a)) = \sqrt{\sum_{j=1}^{m}\{f_j(x)-f_j(a)\}^2} < \sqrt{m\left(\dfrac{\varepsilon}{\sqrt{m}}\right)^2} = \varepsilon$$

となる。

これは，$F(x)$ が点 a で連続であることを示している。∎

練習 8

U を $\mathbb{R}^n$ の開集合とし，$f : \mathbb{R} \longrightarrow \mathbb{R}^n$ を連続写像とする。$r \in \mathbb{R}$ について $f(r) \in U$ ならば，r を含む $\mathbb{R}$ の開区間 I が存在して $f(I) \subset U$ となることを示せ。ただし，$f(I) = \{f(a) \mid a \in I\}$ である。

発展　写像の合成と連続性

F が $\mathbb{R}^n$ の部分集合 S から $\mathbb{R}^m$ への写像，G が $\mathbb{R}^m$ の部分集合 T から $\mathbb{R}^l$ への写像とする。もし，F による S の像 $F(S) = \{F(x) \mid x \in S\}$ が T に入るならば，F と G を合成して，新しい写像を作ることができる。すなわち

$$S \xrightarrow{F} T \xrightarrow{G} \mathbb{R}^l$$

によって，S から $\mathbb{R}^l$ への写像

$$G \circ F : S \longrightarrow \mathbb{R}^l$$

ができる。

$F(x) = (f_1(x),\ f_2(x),\ \cdots\cdots,\ f_m(x))$，$x = (x_1,\ x_2,\ \cdots\cdots,\ x_n)$ であり
$G(y) = (g_1(y),\ g_2(y),\ \cdots\cdots,\ g_l(y))$，$y = (y_1,\ y_2,\ \cdots\cdots,\ y_m)$ ならば
$(G \circ F)(x) = (g_1(f_1(x),\ f_2(x),\ \cdots\cdots,\ f_m(x)),$
$\quad g_2(f_1(x),\ f_2(x),\ \cdots\cdots,\ f_m(x)),\ \cdots\cdots,\ g_l(f_1(x),\ f_2(x),\ \cdots\cdots,\ f_m(x)))$

すなわち，合成写像 $(G \circ F)(x)$ の第 j 成分は $g_j(f_1(x),\ f_2(x),\ \cdots\cdots,\ f_m(x))$，つまり，$G$ の第 j 成分である $g_j(y)$ に $y = (f_1(x),\ f_2(x),\ \cdots\cdots,\ f_m(x))$ を代入してできた合成関数である。

例6　$F(x) = (f_1(x_1, x_2), f_2(x_1, x_2))$ と $G(x) = (g_1(x_1, x_2), g_2(x_1, x_2))$ が，どちらも $\mathbb{R}^2$ から $\mathbb{R}^2$ への写像であるとき，合成写像 $G \circ F$ が定義できる。具体的に書くと
$$(G \circ F)(x) = (G \circ F)(x_1, x_2)$$
$$= (g_1(f_1(x), f_2(x)), g_2(f_1(x), f_2(x)))$$
$$= (g_1(f_1(x_1, x_2), f_2(x_1, x_2)), g_2(f_1(x_1, x_2), f_2(x_1, x_2)))$$

次の定理が示すように，連続な写像の合成は，また連続である。

定理 2-6　合成写像の連続性

F が $\mathbb{R}^n$ の部分集合 S から $\mathbb{R}^m$ への写像，G が $\mathbb{R}^m$ の部分集合 T から $\mathbb{R}^l$ への写像であるとして，F による S の像が T に含まれる ($F(S) \subset T$) とする。F，G が連続なら，合成写像 $G \circ F$ も連続である。

証明　定理 2-5 より，$F(x) = (f_1(x), f_2(x), \ldots, f_m(x))$ を $\mathbb{R}^n$ の部分集合 S 上の連続写像，$g(y_1, \ldots, y_m)$ を $\mathbb{R}^m$ の部分集合 T 上の連続関数で，任意の $x = (x_1, \ldots, x_n) \in S$ について $F(x) \in T$ とするとき，S 上の関数
$$h(x) = g(F(x)) = g(f_1(x), f_2(x), \ldots, f_m(x)), \quad x = (x_1, x_2, \ldots, x_n)$$
は連続であることを示せばよい。

$a = (a_1, a_2, \ldots, a_n) \in S$ を任意の S の点とし，
$b = (f_1(a), f_2(a), \ldots, f_m(a))$ とする。任意の正の実数 ε について，$g(y)$ の連続性から，正の実数 δ' を，$y \in N(b, \delta')$ ならば
$|g(y) - g(b)| < \varepsilon$ となるようにとれる。
写像 $F(x) = (f_1(x), f_2(x), \ldots, f_m(x))$ の連続性から，正の実数 δ を，$x \in N(a, \delta)$ ならば $F(x) \in N(F(a), \delta') = N(b, \delta')$ となるようにとれる。

よって，$x \in N(a, \delta)$ ならば
$$|g(F(x)) - g(F(a))| = |g(F(x)) - g(b)| < \varepsilon$$
である。これは，$g(F(x))$ が点 a において連続であることを示している。a は S の任意の点なので，これより $g(F(x))$ が S 上で連続であることが示された。∎

3 補遺：定理の証明

◆ 点列とその収束

自然数 $n=1, 2, 3, \cdots$ で順番付けられた，R^m の点の列

$$a_1, a_2, a_3, \cdots \quad (a_n \in \mathrm{R}^m)$$

を，R^m の **点列** という。$m=1$ のとき，これは数列に他ならない。すなわち，R の点列とは数列のことである。したがって，点列とは数列の概念の一般化である。R^m の点列も，数列と同様に，記号で $\{a_n\}$ と書かれる。

R^m の点列 $\{a_n\}$ の各項 a_n は R^m の点であるから，座標を用いて

$$a_n = (a_{n,1}, a_{n,2}, \cdots, a_{n,m})$$

のように書かれ，その i 番目の座標は，自然数 $n=1, 2, 3, \cdots$ で番号付けられた数列 $\{a_{n,i}\}$ である。すなわち，R^m の点列は，m 個の数列 $\{a_{n,1}\}$，$\{a_{n,2}\}$，$\cdots$，$\{a_{n,m}\}$ を（番号 n ごとに）並べたものだと解釈できる。

数列の場合と同様に，R^m の点列が R^m の点に収束するということを，次のように $\varepsilon - N$ 論法で定義する。

定義 3-1　点列の収束

R^m の点列 $\{a_n\}$ が R^m の点 α に収束するとは，次が成り立つことである。

任意の正の実数 ε に対して，ある自然数 N が存在して，$n \geq N$ であるすべての n について $d(a_n, \alpha) < \varepsilon$ が成り立つ。

点列 $\{a_n\}$ が点 α に収束することを，数列の場合と同様に

$$\lim_{n \to \infty} a_n = \alpha \quad \text{または} \quad n \longrightarrow \infty \text{ のとき } a_n \longrightarrow \alpha$$

と書く。

注意　R^m の点列 $\{a_n\}$ について，上のように，各 a_n の i 番目の座標を取り出して作った数列 $\{a_{n,i}\}$ を考える。このとき，点列 $\{a_n\}$ が $\alpha = (\alpha_1, \alpha_2, \cdots, \alpha_m)$ に収束するための必要十分条件は，すべての $i=1, 2, \cdots, m$ について，数列 $\{a_{n,i}\}$ が（$n \longrightarrow \infty$ で）α_i に収束することである。（*p. 194*，章末問題 6 参照。）

190 | 第 5 章　関数（多変数）

◆ ボルツァーノ・ワイエルシュトラスの定理（多変数）

第 1 章定理 3-4 ($p.41$) では，閉区間におけるボルツァーノ・ワイエルシュトラスの定理を証明した。次の定理は，これを多変数の場合に一般化したものである。

> **定理 3-1** ボルツァーノ・ワイエルシュトラスの定理（多変数）
> D を $\mathbb{R}^m$ の有界閉集合とし，$\{a_n\}$ を D 内の点列，すなわちすべての n について $a_n \in D$ である点列とする。このとき，$\{a_n\}$ の部分列 $\{a_{n_k}\}$ で D の中の点に収束するものが存在する。

$m=1$ で D が有界閉区間 $[a, b]$ $(-\infty < a \le b < \infty)$ である場合が，第 1 章定理 3-4 ($p.41$) に他ならない。

この定理 3-1 を証明するための準備として，次の定理を証明しておく。

> **定理 3-2** 閉集合と収束点列
> D を $\mathbb{R}^m$ の閉集合とし，$\{a_n\}$ を D 内の点列とする。$\{a_n\}$ が $\mathbb{R}^m$ の点 α に収束するとき，$\alpha \in D$ である。

例えば，$m=1$ として，$D=[a, \infty)$ とすると，この定理の主張は第 1 章定理 2-6(1) ($p.34$) に他ならない。同様に $D=(-\infty, b]$ とした場合が，第 1 章定理 2-6(2) である。よって，定理 3-2 は，第 1 章定理 2-6 の一般化になっている。証明は，背理法を用いる。

定理 3-2 の 証明 $\alpha \notin D$ であるとする。

すなわち，$U = \mathbb{R}^m \setminus D$ (D の $\mathbb{R}^m$ における補集合）として，$\alpha \in U$ であるとする。D は閉集合であるから，U は $\mathbb{R}^m$ の開集合である。

よって，$N(\alpha, \varepsilon) \subseteq U$ を満たす，正の実数 ε が存在する。

ところで，$\lim_{n \to \infty} a_n = \alpha$ であるから，ある自然数 N が存在して，$n \ge N$ であるすべての n について $d(a_n, \alpha) < \varepsilon$ が成り立つ。

しかし，これは $a_n \in N(\alpha, \varepsilon) \subseteq U$ であることを意味し，$a_n \in D$ であることに矛盾している。

よって，背理法により $\alpha \in D$ であることが証明された。　■

3　補遺：定理の証明　191

定理 3-2 を踏まえて，ボルツァーノ・ワイエルシュトラスの定理（多変数）（定理 3-1）の証明をしよう。

定理 3-1 の 証明　D は有界なので，有界閉区間の直積

$$F = [c_1,\ d_1] \times [c_2,\ d_2] \times \cdots\cdots \times [c_m,\ d_m]$$

で，D をすっぽり含むものをとることができる。

D 内の点列 $\{a_n\}$ は，F 内の点列でもあるが，これが F の点に収束する部分列をもつならば，定理 3-2 より，その部分列の収束先は D の中の点である。よって，$\{a_n\}$ は F の点に収束する部分列をもつことを示せば十分であり，したがって，最初から D は

$$D = [c_1,\ d_1] \times [c_2,\ d_2] \times \cdots\cdots \times [c_m,\ d_m]$$

という形であるとしても，一般性を失わない。

各 a_n の i 番目の座標を $a_{n,i}$ とする。

すなわち，$a_n = (a_{n,1},\ a_{n,2},\ \cdots\cdots,\ a_{n,m})$ とする。

数列 $\{a_{n,1}\}$ は閉区間 $[c_1,\ d_1]$ 内の数列である。よって，閉区間におけるボルツァーノ・ワイエルシュトラスの定理（第 1 章定理 3-4 ($p.41$)）から，閉区間 $[c_1,\ d_1]$ 内の値 α_1 に収束する部分列 $\{a_{n_k,1}\}$ をもつ。

次に，数列 $\{a_{n_k,2}\}$ を考える。これは閉区間 $[c_2,\ d_2]$ 内の数列なので，上と同様に，$[c_2,\ d_2]$ の値 α_2 に収束する部分列をもつ。この部分列を改めて $\{a_{n_k,2}\}$ としてもよい。実際，この置き換えをしても，第 1 章定理 2-5 ($p.33$) より，$\{a_{n_k,1}\}$ は依然として α_1 に収束する。

同様に，閉区間 $[c_3,\ d_3]$ 内の数列 $\{a_{n_k,3}\}$ も，この閉区間内の何らかの値 α_3 に収束する部分列をもつので，この部分列を改めて $\{a_{n_k,3}\}$ とおく。こうしても，$\lim_{k \to \infty} a_{n_k,1} = \alpha_1$ かつ $\lim_{k \to \infty} a_{n_k,2} = \alpha_2$ であることは影響を受けない。

以上を繰り返すことで，$\{a_{n,1}\}$，$\{a_{n,2}\}$，$\cdots\cdots$，$\{a_{n,m}\}$ の部分列 $\{a_{n_k,1}\}$，$\{a_{n_k,2}\}$，$\cdots\cdots$，$\{a_{n_k,m}\}$ を，各 $i = 1,\ 2,\ \cdots\cdots,\ m$ について，$\{a_{n_k,i}\}$ は閉区間 $[c_i,\ d_i]$ の値 α_i に収束するようにとることができる。

このとき，部分点列 $\{a_{n_k}\}$ は，$D = [c_1,\ d_1] \times [c_2,\ d_2] \times \cdots\cdots \times [c_m,\ d_m]$ の点 $\alpha = (\alpha_1,\ \alpha_2,\ \cdots\cdots,\ \alpha_m)$ に収束する。

以上で，定理 3-1 が証明された。

◆最大値・最小値原理の証明

多変数版のボルツァーノ・ワイエルシュトラスの定理（定理 3-1）を用いると，多変数版の最大値・最小値原理（定理 2-4 (p.185)）を証明することができる。証明は，1 変数の場合の証明（定理 3-4 (p.74) の証明）で，$[a, b]$ を有界閉集合 F に（そして「数列」を「点列」に）おき換えて，多変数版のボルツァーノ・ワイエルシュトラスの定理（定理 3-1）を使えば，まったく同様である。

章末問題A

1. $R^n\ (n \geqq 2)$ の1点だけからなる部分集合 $\{P\}$ は，R^n の閉集合であることを示せ。

2. 次の2変数関数が $(x,\ y) \longrightarrow (0,\ 0)$ で極限をもつかどうか調べ，もつなら極限値を求めよ。

(1) $\dfrac{xy}{x^2+y^2}$ 　　　(2) $\dfrac{x^3-8y^3+2x^2+8y^2}{x^2+4y^2}$ 　　　(3) $\dfrac{x^2-y^2}{\sqrt{x^2+y^2}}$

3. 次の2変数関数は $(x,\ y) \longrightarrow (0,\ 0)$ で極限をもたないことを示せ。

(1) $\dfrac{\sin xy}{x^2+y^2}$ 　　　(2) $\dfrac{xy^2}{x^2+y^4}$

4. 次の関数は R^2 で連続であることを示せ。

(1) $f(x,\ y)=\begin{cases}\dfrac{x^3+y^3}{x^2+y^2} & ((x,\ y) \neq (0,\ 0)) \\ 0 & ((x,\ y)=(0,\ 0))\end{cases}$ 　(2) $f(x,\ y)=\begin{cases}\dfrac{e^{x^2+y^2}-1}{x^2+y^2} & ((x,\ y) \neq (0,\ 0)) \\ 1 & ((x,\ y)=(0,\ 0))\end{cases}$

章末問題B

5. （多変数の中間値の定理）　$f(x)=f(x_1,\ x_2,\ \cdots\cdots,\ x_n)$ を R^n の弧状連結集合 D 上の連続関数とし，$a,\ b \in D$ において $f(a) \neq f(b)$ とする。このとき，$f(a)$ と $f(b)$ の間の任意の値 l に対して，$f(c)=l$ を満たす $c \in D$ が，少なくとも1つ存在することを示せ。

6. 2つの数列 $\{a_n\}$，$\{b_n\}$ によって得られる，平面上の点の列 $\{(a_n,\ b_n)\}$ を点列という。点列 $\{(a_n,\ b_n)\}$ が平面上の点 $(\alpha,\ \beta)$ に収束するとは，次が成り立つことである。
　　「任意の正の実数 ε について，番号 N が存在して，$n \geqq N$ であるすべての n について $d((a_n,\ b_n),\ (\alpha,\ \beta)) < \varepsilon$」
点列 $\{(a_n,\ b_n)\}$ が点 $(\alpha,\ \beta)$ に収束するための必要十分条件は，$\displaystyle\lim_{n\to\infty} a_n=\alpha$ かつ $\displaystyle\lim_{n\to\infty} b_n=\beta$ であることを示せ。

7. $f(x,\ y)$ について，$\displaystyle\lim_{(x,\ y)\to(a,\ b)} f(x,\ y)=\alpha$ であるための必要十分条件は，$f(x,\ y)$ の定義域内の $(a,\ b)$ に収束する任意の点列 $\{(a_n,\ b_n)\}$ について，$\displaystyle\lim_{n\to\infty} f(a_n,\ b_n)=\alpha$ となることを示せ。

8. U を R^n の開集合とし，$\Phi : U \longrightarrow R^m$ を写像とする。次の2条件が互いに同値であることを示せ。
(1) Φ は連続写像である。
(2) R^m の任意の開集合 V に対して，$\Phi^{-1}(V)=\{x \in U \mid \Phi(x) \in V\}$ （Φ による V の逆像）が U の開集合である。

194　第5章　関数（多変数）

第6章

微分（多変数）

1 多変数関数の微分／2 微分法の応用／3 陰関数
4 発展：写像の微分／5 発展：微分作用素
6 補遺：定理の証明

第3章の冒頭でも述べたように，微分の本質は「1次近似」にある。この基本的な考え方は，多変数においてこそ重要性が高い。なぜなら，多変数の関数や写像の「微分」とは，本来何であり，何であるべきか，といった問題を考える上で，これがもっとも的確な指針となるからである。多変数関数の微分とは，多変数の1次関数で近似することであり，写像の微分とは，（線形代数で扱う）線形写像（1次写像ともいう）で，写像を近似することである。

この章の1では，まず偏微分の概念を学び，これを踏まえて，関数の（全）微分を扱う。全微分により，関数は1次関数（接平面）で近似され，その1次式の係数が偏微分係数である。

2では微分法の応用として，多変数のテイラーの定理や，極大・極小問題を扱う。3で学ぶ「陰関数」の概念は，大学の微分積分学で初出である。この概念によって，「$y=f(x)$」の形に具体的に書けないような関数についても，柔軟に計算ができるようになる。その1つの応用が，条件付き極値問題である。

4から6は発展的な節である。4では，写像の微分の考え方を概観する。上で述べたように，写像の微分とは，線形写像による写像の近似であり，よってその微分は線形写像を表現する行列（いわゆる，ヤコビ行列）の形で与えられる。5では，テイラーの定理の証明のために，微分作用素の考え方を紹介する。最後の6では，本文中のいくつかの定理の証明を行う。

1 多変数関数の微分

「微分」という概念の本質は「1次近似」，すなわち，関数を1次関数で近似することにある。この基本思想は多変数の場合でも同じで，各点で関数を1次関数で近似できることが全微分可能ということになる。本章では，これを基軸に偏微分から全微分へ進み，これらについて詳しく議論する。

◆ 偏微分

$f(x, y)$ を平面 $\mathbb{R}^2$ の開領域 U で定義された関数とし，$(a, b) \in U$ とする。関数 $f(x, y)$ において $y=b$ とすると，x のみの関数（1変数関数）$g(x)=f(x, b)$ が得られる。関数 $g(x)$ は，$x=a$ の近傍で定義されている[1]。関数 $g(x)$ が $x=a$ で微分可能であるとき，その微分係数 $\dfrac{dg}{dx}(a)$ を，$\dfrac{\partial f}{\partial x}(a, b)$ または $f_x(a, b)$ と書き，関数 $f(x, y)$ の (a, b) における，**x についての偏微分係数** という（∂はラウンドやラウンドディーと読む）。

(a, b) における x について偏微分係数 $\dfrac{\partial f}{\partial x}(a, b)$ は，図1のように，$z=f(x, y)$ のグラフを，xy 平面に垂直な平面 $y=b$ で切った断面として得られる曲線 $z=f(x, b)$ を，$x=a$ において x で微分したものである。よって，これはこの曲線 $z=f(x, b)$ の $x=a$ における接線の傾きに等しい（図1参照）。

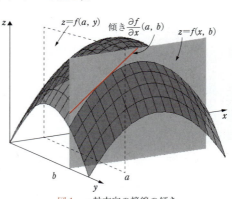

図1　x 軸方向の接線の傾き

同様に，関数 $f(x, y)$ において $x=a$ とすると，y のみの関数（1変数関数）$h(y)=f(a, y)$ が得られる。関数 $h(y)$ は，$y=b$ の近傍で定義されている。関数 $h(y)$ が $y=b$ で微分可能であるとき，その微分係数 $\dfrac{dh}{dy}(b)$ を，$\dfrac{\partial f}{\partial y}(a, b)$ または $f_y(a, b)$ と書き，関数 $f(x, y)$ の (a, b) における，**y についての偏微分係数** という。

---

[1] U は開集合なので，$N((a, b), \delta) \in U$ である正の実数 δ が存在する。よって，$g(x)$ は $(a-\delta, a+\delta)$ では定義されている。

例題 1 関数 $f(x, y) = x^2y + 2xy^2 - y^3$ …… ① の (a, b) における偏微分係数 $f_x(a, b)$, $f_y(a, b)$ を求めよ。

解答
① に $y=b$ を代入して　　$f(x, b) = bx^2 + 2b^2x - b^3$
この右辺を x で微分すると　　$2bx + 2b^2$
よって, $x=a$ を代入して　　$f_x(a, b) = 2ab + 2b^2$
また, ① に $x=a$ を代入して　　$f(a, y) = a^2y + 2ay^2 - y^3$
この右辺を y で微分すると　　$a^2 + 4ay - 3y^2$
よって, $y=b$ を代入して　　$f_y(a, b) = a^2 + 4ab - 3b^2$

練習 1 次の関数の (a, b) における偏微分係数 $f_x(a, b)$, $f_y(a, b)$ を求めよ。
(1) $f(x, y) = 2x^2y^2 - 3xy^3 + y^4$　　(2) $f(x, y) = \sin(x+y)$
(3) $f(x, y) = \dfrac{\sqrt{2x+y}}{x^2+y^2}$　　(4) $f(x, y) = x^2 e^y$

◆ 偏導関数

偏微分係数 $\dfrac{\partial f}{\partial x}(a, b)$ が, 開領域 U のすべての点 (a, b) で存在するとき, これは U 上の関数を定める。この関数を

$$\frac{\partial f}{\partial x}(x, y) \text{ または } f_x(x, y)$$

と書き, $f(x, y)$ の U における **x についての偏導関数** という。

同様に, 偏微分係数 $\dfrac{\partial f}{\partial y}(a, b)$ が, 開領域 U のすべての点 (a, b) で存在するとき, これは U 上の関数を定める。この関数を

$$\frac{\partial f}{\partial y}(x, y) \text{ または } f_y(x, y)$$

と書き, $f(x, y)$ の U における **y についての偏導関数** という。

偏導関数 $f_x(x, y)$, $f_y(x, y)$ を求めるには, すべての点 (a, b) における偏微分係数 $f_x(a, b)$, $f_y(a, b)$ を求めて, a, b をそれぞれ変数 x, y でおき換えればよいが, 実際には, それぞれの点 (a, b) で考える手順は形式的に省いてもよい。例えば $f_x(x, y)$ を求めるには, 単に y を定数として, x だけで微分すればよい。

例題 2 $f(x, y) = 5x^3 + 2x^2y - 3xy^2 + y^3$ の偏導関数 $f_x(x, y)$, $f_y(x, y)$ を求めよ。

> **解答** $f(x, y)=5x^3+2x^2y-3xy^2+y^3$ の y を定数として，x で微分して
> $$f_x(x, y)=15x^2+4xy-3y^2$$
> 同様に，$f(x, y)=5x^3+2x^2y-3xy^2+y^3$ の x を定数として，y で
> 微分して $\quad f_y(x, y)=2x^2-6xy+3y^2$

練習 2 次の関数の偏導関数 $f_x(x, y)$，$f_y(x, y)$ を求めよ。

(1) $f(x, y)=x^4-3x^2y^2-2xy^3+4y^4$ $\quad$ (2) $f(x, y)=\tan(x-y)$

(3) $f(x, y)=\dfrac{e^{2x+3y}}{x^2+y^2}$

◆ 微分の概念

多変数関数の微分の概念について考えるために，1 変数のときの微分について，今一度考えてみよう。1 変数関数 $f(x)$ の $x=a$ における微分係数は，
$\displaystyle\lim_{x\to a}\dfrac{f(x)-f(a)}{x-a}=f'(a)$ で定義されていた。これは $\dfrac{f(x)-f(a)-f'(a)(x-a)}{|x-a|}$
が $x\longrightarrow a$ で 0 に収束すること，すなわち次と同値である。

$$f(x)=f(a)+f'(a)(x-a)+o(|x-a|) \quad (x\longrightarrow a) \qquad (*)$$

ここで o はランダウ記号である（$p.124$，第 3 章 ④ 参照）。
式 $(*)$ は，関数 $y=f(x)$ が，x についての 1 次関数

$$y=f(a)+m(x-a), \quad m=f'(a)$$

すなわち，$(a, f(a))$ における接線で近似されていることを表している。

逆に，関数 $y=f(x)$ が，$x=a$ の近傍で 1 次関数によって

$$f(x)=f(a)+m(x-a)+o(|x-a|) \quad (x\longrightarrow a)$$

という形で近似されているとしよう。

このとき，両辺を $x-a$ で割って $x\longrightarrow a$ とすることで $\displaystyle\lim_{x\to a}\dfrac{f(x)-f(a)}{x-a}=m$ が
わかる。

これは，$f(x)$ は $x=a$ で微分可能であり，$f'(a)=m$ であることを示している。すなわち，$f(x)$ は $x=a$ の近傍で，1 次関数 $f(a)+f'(a)(x-a)$ で近似されており，その 1 次の係数（傾き）が微分係数 $f'(a)$ に他ならない。
このように，関数を 1 次関数で近似することを **1 次近似** とよぶが，1 次近似こそが微分の本質である。

198 第 6 章 微分（多変数）

多変数（2変数）関数の場合も，考え方は同様である。

関数 $z＝f(x, y)$ を点 $P(a, b)$ において微分するとは，1次関数
$z＝f(a, b)＋m(x－a)＋n(y－b)$ で近似することである。

すなわち点 (x, y) をXとすると

$$f(x, y)＝f(a, b)＋m(x－a)＋n(y－b)＋o(d(P, X))$$
$$((x, y) \longrightarrow (a, b)) \qquad (＊＊)$$

という式を考えることである。ここで $d(P, X)＝\sqrt{(x－a)^2＋(y－b)^2}$ は2点
$P(a, b)$ と $X(x, y)$ の間の距離である（*p. 172，第5章定義1-1*）。

関数 $z＝f(x, y)$ に対して，(a, b) の近傍で1次近似（＊＊）が成り立つとして，両辺から $f(a, b)$ を引いた式（＊＊）$'$ を考える。

（＊＊）$'$ の両辺に $y＝b$ を代入して，更に $x－a$ で割って $x \longrightarrow a$ で極限をとると
$\displaystyle\lim_{x \to a} \frac{f(x, b)－f(a, b)}{x－a}＝m$ となるが，これは偏微分係数 $f_x(a, b)$ が存在して，
m に等しいこと，すなわち $m＝f_x(a, b)$ であることを示している。同様に，
（＊＊）$'$ に $x＝a$ を代入して，更に $y－b$ で割って $y \longrightarrow b$ での極限を考えることで，$n＝f_y(a, b)$ がわかる。

以上より，(a, b) での1次近似（＊＊）が成り立つなら，それは

$$f(x, y)＝f(a, b)＋f_x(a, b)(x－a)＋f_y(a, b)(y－b)＋o(d(P, X))$$
$$((x, y) \longrightarrow (a, b))$$

という形であることがわかる。

以上を踏まえて，多変数関数の微分可能性は，次のように定義される。

定義1-1　全微分可能性

平面上の開領域 U で定義された関数 $f(x, y)$ と $(a, b) \in U$ について

$$f(x, y)＝f(a, b)＋m(x－a)＋n(y－b)＋o(d(P, X))$$
$$((x, y) \longrightarrow (a, b))$$

すなわち $\displaystyle\lim_{(x,y) \to (a,b)} \frac{f(x, y)－f(a, b)－m(x－a)－n(y－b)}{\sqrt{(x－a)^2＋(y－b)^2}}＝0$ となる定数
m, n が存在するとき，関数 $f(x, y)$ は (a, b) で全微分可能であるという。
$f(x, y)$ が U のすべての点 (a, b) で全微分可能であるとき，関数 $f(x, y)$
は U で全微分可能であるという。

注意 本章では「全微分」という用語を用いているが，これは「偏微分」との違いを明確にするための用語である．概念としては，上にも述べたように，あくまでも1変数の場合と同様な意味での「微分」の概念に基づいたものであり，その意味では，定義 1-1 の「全微分可能」は，本来は単に「微分可能」というべきである．しかし，「全微分」という用語はすでに定着しており，他の教科書や参考書との整合性のために，本書でも採用することにする．

関数 $f(x, y)$ が (a, b) で全微分可能であれば，上の議論によって，偏微分係数 $f_x(a, b)$, $f_y(a, b)$ が存在し，$m = f_x(a, b)$, $n = f_y(a, b)$ が成り立つ．また，このとき，1次関数 $z = f(a, b) + f_x(a, b)(x-a) + f_y(a, b)(y-b)$ は，関数 $z = f(x, y)$ のグラフの，点 (a, b) での**接平面**を与えている（図2）．

1変数の微分積分学において，微分と言えばもっぱら微分係数や導関数 $f'(x)$ のことだと考えてしまうと，今まで述べてきたような微分の概念は，奇異に感じられるかもしれない．しかし，微分とは「1次近似」，つまり1次関数による近似のことであり，その近似を与える1次関数（すなわち，接線や接平面を表す式）

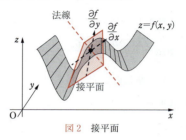

図2　接平面

の係数が微分係数や偏微分係数であるにすぎない，という考え方を基軸にして微分の概念を理解すれば，1変数の場合も多変数の場合も，基本的な考え方はまったく同じであるということに気づくであろう．なお，次の表1を参照のこと．

	1変数関数 $f(x)$	多変数関数 $f(x, y)$
微分の概念	1次近似	1次近似
（偏）微分係数	$f'(a)$	$f_x(a, b)$, $f_y(a, b)$
近似関数（グラフ）	接線	接平面
（偏）導関数	$f'(x)$	$f_x(x, y)$, $f_y(x, y)$

表1　（全）微分に関連する概念の比較

注意 一般に，(a, b) において偏微分係数 $f_x(a, b)$, $f_y(a, b)$ が存在するだけでは，$f(x, y)$ は (a, b) において全微分可能であるとは限らない．すなわち，全微分可能であれば偏微分係数は存在するが，逆は真ではない．後述の例2を参照．

◆空間内の平面の方程式（復習）

上記の接平面に関連して，空間における平面の方程式について調べてみよう。
座標空間において
$\vec{a} = \overrightarrow{OA}$, $\vec{b} = \overrightarrow{OB}$, $\vec{c} = \overrightarrow{OC}$, $\vec{x} = \overrightarrow{OP}$（Pは平面上の動点），$\vec{n} = (l, m, n) \neq \vec{0}$
また，$A(x_1, y_1, z_1)$, $B(x_2, y_2, z_2)$, $C(x_3, y_3, z_3)$, $P(x, y, z)$, s, t は実数の変数とする。
平面の方程式は，与えられた条件により，次のようにいろいろな形で表される。

[1] 点Aを通り，$\vec{n}$ に垂直な平面
① $\vec{n} \cdot (\vec{x} - \vec{a}) = 0$
$\vec{n}$ を平面の **法線ベクトル** という。
② $l(x - x_1) + m(y - y_1) + n(z - z_1) = 0$
すなわち，$lx_1 + my_1 + nz_1 = p$ とおくと
$lx + my + nz - p = 0$

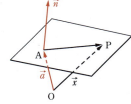

このように，空間内の平面は，実数 a, b, c, d（ただし，a, b, c は同時に 0 ではない）によって，x, y, z の1次方程式
$$ax + by + cz + d = 0$$
で表される。

[2] 一直線上にない3点 A，B，C を通る平面は，2つのパラメータ s, t によって次のようにパラメータ表示される。
① $\vec{x} = \vec{a} + s(\vec{b} - \vec{a}) + t(\vec{c} - \vec{a})$
すなわち
$\vec{x} = (1 - s - t)\vec{a} + s\vec{b} + t\vec{c}$
② $\begin{cases} x = x_1 + s(x_2 - x_1) + t(x_3 - x_1) \\ y = y_1 + s(y_2 - y_1) + t(y_3 - y_1) \\ z = z_1 + s(z_2 - z_1) + t(z_3 - z_1) \end{cases}$

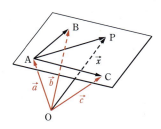

> **例題 3** 次の (1), (2) の平面の方程式を求めてみよう。
> (1) 点 $A(2, 1, -3)$ を通り, 平面 $x+2y-3z=0$ に平行な平面
> (2) 3点 $A(1, -1, 1)$, $B(2, 1, -1)$, $C(2, 3, 1)$ を通る平面

> **解答** (1) 求める平面の法線ベクトルは, 平面 $x+2y-3z=0$ の法線ベクトル $(1, 2, -3)$ と平行であるから, 求める平面は,
>   点 $A(2, 1, -3)$ を通り, ベクトル $(1, 2, -3)$ と垂直
> で, その方程式は
> $$1\cdot(x-2)+2\cdot(y-1)+(-3)\{z-(-3)\}=0$$
> すなわち $x+2y-3z-13=0$ である。
> (2) 求める平面の方程式は $ax+by+cz+d=0$ とおいて, 3点 A, B, C を通るから
> $$\begin{cases} a-b+c+d=0 \\ 2a+b-c+d=0 \\ 2a+3b+c+d=0 \end{cases}$$ これらから $a=4c$, $b=-c$, $d=-6c$, $c\neq 0$
> よって, 求める平面の方程式は $4x-y+z-6=0$ である。

さて, *p.200* の $z=f(a, b)+f_x(a, b)(x-a)+f_y(a, b)(y-b)$ は
$$Ax+By-z+C=0$$
と表せる。ただし
$$A=f_x(a, b), \quad B=f_y(a, b), \quad C=f(a, b)-f_x(a, b)a-f_y(a, b)b$$
である。
$Ax+By-z+C=0$ は, 座標空間における平面の方程式を表し, この平面は
  点 $(a, b, f(a, b))$ を通り, 法線ベクトルは $(A, B, -1)$
となる。

例1 関数 $z=2x^3+y^2$ のグラフの, 点 $(-1, 2, 2)$ における接平面の方程式を求めよう。$f(x, y)=2x^3+y^2$ とする。このとき
$$f_x(x, y)=6x^2, \quad f_y(x, y)=2y$$
から $f_x(-1, 2)=6$, $f_y(-1, 2)=4$
$f(-1, 2)=2$ なので, 求める接平面の方程式は
$$z=2+6(x+1)+4(y-2) \quad \text{すなわち} \quad 6x+4y-z=0$$

◆ 全微分可能性と連続性

1 変数の場合（*p.94*，第 3 章定理 1-1）と同様に，全微分可能な関数は，以下の定理が示すように，連続である。

> **定理 1-1　全微分可能性と連続性**
> 関数 $f(x, y)$ が $(x, y)=(a, b)$ で全微分可能ならば，$(x, y)=(a, b)$ で連続である。

証明　定理 1-1 の仮定により，定義 1-1 (*p.199*) の式
$$f(x, y)=f(a, b)+m(x-a)+n(y-b)+o(d(\mathrm{P}, \mathrm{X}))$$
$$((x, y) \longrightarrow (a, b))$$
が成り立つ。この両辺を，そのまま $(x, y) \longrightarrow (a, b)$ で極限をとると
$$\lim_{(x,y)\to(a,b)} f(x, y)=f(a, b) \quad \text{が導かれる。}$$
これは関数 $f(x, y)$ が $(x, y)=(a, b)$ で連続であることを示している。　∎

前項目の最後 (*p.200*) で注意したように，一般に，偏微分係数が存在するだけでは，全微分可能であるとは限らない。次の例が，その反例を与えている。

例 2　$\mathbb{R}^2$ で定義された

関数　$f(x, y)=\begin{cases} \dfrac{xy^2}{x^2+y^2} & ((x, y) \neq (0, 0)) \\ 0 & ((x, y)=(0, 0)) \end{cases}$

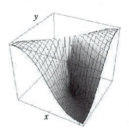

を考える。$y=mx$ として $x \longrightarrow 0$ とすると
$$\lim_{x\to 0} f(x, mx)=\frac{m}{1+m^2}$$
となり，これは明らかに m に依存している。
よって，極限 $\lim_{(x,y)\to(0,0)} f(x, y)$ は存在しないので，関数 $f(x, y)$ は原点 $(0, 0)$ で連続ではない。

定理 1-1 の対偶により，関数 $f(x, y)$ は原点 $(0, 0)$ で全微分可能でない。しかし，$f(x, 0)=0$ なので，偏微分係数 $f_x(0, 0)$ は存在し，$f_x(0, 0)=0$ である。同様に，$f(0, y)=0$ なので，偏微分係数 $f_y(0, 0)$ は存在し，$f_y(0, 0)=0$ である。

例 2 の関数 $f(x,\ y)$ は偏微分係数 $f_x(0,\ 0)$, $f_y(0,\ 0)$ をもつので

$$z=f(0,\ 0)+f_x(0,\ 0)x+f_y(0,\ 0)y$$

で定まる平面 (今の場合は, $z=0$, つまり, $(x,\ y)$ 平面) を考えることはできる。しかし, この平面は $z=f(x,\ y)$ のグラフの原点における接平面にはなっていない。実際, $z=f(x,\ y)$ のグラフの原点における接平面は存在しない。

練習 3 R^2 で定義された関数

$$f(x,\ y)=\begin{cases} \dfrac{2x^3+y^4}{x^2-xy+y^2} & ((x,\ y)\neq(0,\ 0)) \\ 0 & ((x,\ y)=(0,\ 0)) \end{cases}$$

の原点における全微分可能性を調べよ。

◆全微分可能性の判定

いままで学んできたように, 多変数関数の全微分可能性は, 偏微分係数の存在だけでは保証されない。しかし, 次の定理が示すように, 偏導関数が連続であれば, 全微分可能である。

> **定理 1-2　全微分可能性の判定**
>
> $f(x,\ y)$ を平面上の開領域 U で定義された関数とし, $(a,\ b)\in U$ とする。U 上で $f(x,\ y)$ の偏導関数 $f_x(x,\ y)$, $f_y(x,\ y)$ が存在し, それらが $(a,\ b)$ で連続であれば, $f(x,\ y)$ は $(a,\ b)$ で全微分可能である。

証明　$(x,\ y)\neq(a,\ b)$ である任意の点 $(x,\ y)$ $(\in U)$ をとる。

まず, x に注目して, 平均値の定理 (第 3 章定理 2-3 $p.\,106$) より

$$f(x,\ y)-f(a,\ y)=f_x(h,\ y)(x-a)\ \cdots\cdots\ ①$$

である h が, x と a の間にとれる。次に, y に注目して, 同様に

$$f(a,\ y)-f(a,\ b)=f_y(a,\ k)(y-b)\ \cdots\cdots\ ②$$

である k が, y と b の間にとれる。

$f_x(x,\ y)$, $f_y(x,\ y)$ は $(a,\ b)$ で連続なので

$$\lim_{(x,y)\to(a,b)} f_x(h,\ y)=f_x(a,\ b),\qquad \lim_{(x,y)\to(a,b)} f_y(a,\ k)=f_y(a,\ b)$$

が成り立つ。

よって, $s=x-a$, $t=y-b$ として, ①, ② と

$f(x,\ y)-f(a,\ b)=f(x,\ y)-f(a,\ y)+f(a,\ y)-f(a,\ b)$ から

$$\left| \frac{f(x,\ y)-f(a,\ b)-f_x(a,\ b)(x-a)-f_y(a,\ b)(y-b)}{\sqrt{(x-a)^2+(y-b)^2}} \right|$$

204 第 6 章 微分 (多変数)

$$= \left| \frac{\{f_x(h, y) - f_x(a, b)\}s + \{f_y(a, k) - f_y(a, b)\}t}{\sqrt{s^2 + t^2}} \right|$$

$$\leq |f_x(h, y) - f_x(a, b)| \frac{|s|}{\sqrt{s^2 + t^2}} + |f_y(a, k) - f_y(a, b)| \frac{|t|}{\sqrt{s^2 + t^2}}$$

$$\leq |f_x(h, y) - f_x(a, b)| + |f_y(a, k) - f_y(a, b)| \longrightarrow 0$$

$$((x, y) \longrightarrow (a, b))$$

となるので

$$\lim_{(x,y) \to (a,b)} \frac{f(x, y) - f(a, b) - f_x(a, b)(x-a) - f_y(a, b)(y-b)}{\sqrt{(x-a)^2 + (y-b)^2}} = 0$$

である。

これは，$f(x, y)$ が (a, b) で全微分可能であることを示している。■

例3　第 5 章 ② の例 2 ($p.184$) で確認したように，x，y についての有理関数 $f(x, y) = \dfrac{g(x, y)}{h(x, y)}$ ($g(x, y)$，$h(x, y)$ は x，y についての多項式) は，$h(x, y) \neq 0$ であるすべての点 (x, y) で連続である。
$f(x, y)$ は明らかに偏導関数 $f_x(x, y)$，$f_y(x, y)$ をもち

$$f_x(x, y) = \frac{g_x(x, y)h(x, y) - g(x, y)h_x(x, y)}{\{h(x, y)\}^2}$$

など ($f_y(x, y)$ も同様) から，これらもまた x，y についての有理関数であり，$h(x, y) \neq 0$ であるすべての点 (x, y) で連続である。
よって，定理 1-2 から，$f(x, y)$ は $h(x, y) \neq 0$ であるすべての点 (x, y) で全微分可能である。

練習4　関数 $f(x, y) = e^{xy}$ は $\mathbb{R}^2$ で全微分可能であることを示せ。また，点 $(1, 1, e)$ における $z = f(x, y)$ の接平面の方程式を求めよ。

偏導関数 $f_x(x, y)$，$f_y(x, y)$ が存在し，それらが連続であるような関数 $f(x, y)$ は，**1 回連続微分可能**，あるいは **C^1 級関数** と呼ばれる。定理 1-2 より，C^1 級関数は全微分可能であり，更に定理 1-1 ($p.203$) より連続である。

◆合成関数の微分

多変数の合成関数の微分は，考えている関数の形によって，さまざまな場合がある。この項では，多変数の合成関数の微分について，2 つの場合について述べる。後の発展で，より一般の形の合成関数の微分について述べることにする。

まずは，合成関数の微分の１つの形について述べよう。

定理 1-3　合成関数の微分（その１）

$z=f(x, y)$ を平面上の開領域 U で定義された全微分可能関数とする。
$x=\varphi(t)$，$y=\psi(t)$ を開区間 I で定義された微分可能関数とし，すべての $t\in I$ について，$(\varphi(t), \psi(t))\in U$ とする。
このとき，t についての I 上の関数 $z=f(\varphi(t), \psi(t))$ は I 上で微分可能であり，その導関数は次で与えられる。

$$\frac{d}{dt}f(\varphi(t), \psi(t))=\frac{\partial f}{\partial x}(\varphi(t), \psi(t))\frac{d\varphi}{dt}(t)+\frac{\partial f}{\partial y}(\varphi(t), \psi(t))\frac{d\psi}{dt}(t) \quad (*)$$

注意　定理 1-3 の式 $(*)$ の左辺 $\dfrac{d}{dt}f(\varphi(t), \psi(t))$ は $z(t)=f(\varphi(t), \psi(t))$ という t に関する関数を，普通に t で微分した導関数を表している。この式は，できるだけ誤解のないように正確に書かれてあるため，かえって記号が煩雑になり，読みにくくなっている。これを，関数 $z=f(x, y)$ や $x=\varphi(t)$，$y=\psi(t)$ の独立変数と従属変数のみを用いて $\dfrac{dz}{dt}(t)=\dfrac{\partial z}{\partial x}(x, y)\cdot\dfrac{dx}{dt}(t)+\dfrac{\partial z}{\partial y}(x, y)\cdot\dfrac{dy}{dt}(t)$ と書くこともできるし，独立変数を省略して $\dfrac{dz}{dt}=\dfrac{\partial z}{\partial x}\cdot\dfrac{dx}{dt}+\dfrac{\partial z}{\partial y}\cdot\dfrac{dy}{dt}$ という鮮やかな形にすることもできる。しかし，その本当の意味は定理の式 $(*)$ のようなものなのであることは，注意を要する。特に，上に現れる $\dfrac{\partial z}{\partial x}(x, y)$ や $\dfrac{\partial z}{\partial y}(x, y)$ の (x, y) には $x=\varphi(t)$，$y=\psi(t)$ が代入されなければならないという点は見落とされやすいので，注意が必要である。

定理 1-3 の　証明　任意の $t_0\in I$ について，$x_0=\varphi(t_0)$，$y_0=\psi(t_0)$ とおく。
$t+\delta\in I$ を満たす任意の実数 δ について，$h=h(\delta)$，$k=k(\delta)$ を
$h=\varphi(t_0+\delta)-\varphi(t_0)$，$k=\psi(t_0+\delta)-\psi(t_0)$ で定める。このとき

$$\lim_{\delta\to 0}\frac{h(\delta)}{\delta}=\frac{d\varphi(t_0)}{dt}, \quad \lim_{\delta\to 0}\frac{k(\delta)}{\delta}=\frac{d\psi(t_0)}{dt}$$

である。$f(x, y)$ は全微分可能なので

$$f(\varphi(t_0+\delta), \psi(t_0+\delta))-f(\varphi(t_0), \psi(t_0))=f(x_0+h, y_0+k)-f(x_0, y_0)$$

$$=\frac{\partial f(x_0, y_0)}{\partial x}\cdot h+\frac{\partial f(x_0, y_0)}{\partial y}\cdot k+o(\sqrt{h^2+k^2})$$

また，$\delta\longrightarrow 0$ で　$\dfrac{o(\sqrt{h^2+k^2})}{\delta}=\dfrac{h}{\delta}\cdot\dfrac{o(\sqrt{h^2+k^2})}{h}\longrightarrow\dfrac{d\varphi(t_0)}{dt}\cdot 0=0$

206 ｜ 第 6 章　微分（多変数）

なので
$$\lim_{\delta \to 0} \frac{f(\varphi(t_0+\delta),\ \psi(t_0+\delta))-f(\varphi(t_0),\ \psi(t_0))}{\delta}$$
$$=\frac{\partial f}{\partial x}(x_0,\ y_0)\cdot\frac{d\varphi}{dt}(t_0)+\frac{\partial f}{\partial y}(x_0,\ y_0)\cdot\frac{d\psi}{dt}(t_0)$$

となる。これは関数 $z=f(\varphi(t),\ \psi(t))$ が $t=t_0$ で微分可能で，その微分係数が
$$\frac{\partial f}{\partial x}(x_0,\ y_0)\cdot\frac{d\varphi}{dt}(t_0)+\frac{\partial f}{\partial y}(x_0,\ y_0)\cdot\frac{d\psi}{dt}(t_0)$$
で与えられることを示している。■

例 4　$z=f(x,\ y),\ x=at+b,\ y=ct+d$ ならば
$$\frac{dz}{dt}=\frac{\partial z}{\partial x}\cdot\frac{dx}{dt}+\frac{\partial z}{\partial y}\cdot\frac{dy}{dt}=a\frac{\partial z}{\partial x}+c\frac{\partial z}{\partial y}$$
$$=af_x(at+b,\ ct+d)+cf_y(at+b,\ ct+d)$$

練習 5　$f(x,\ y)=\log(x^2+xy+y^2+1)$ として，$\varphi(t)=e^t+e^{-t}$，$\psi(t)=e^t-e^{-t}$ とする。$g(t)=f(\varphi(t),\ \psi(t))$ とするとき，導関数 $g'(t)$ を求めよ。

多変数の合成関数の微分に関して，もう1つの形は次のものである。$z=f(x,\ y)$ で $x,\ y$ がともに2変数 $u,\ v$ の関数である場合を考える。

定理 1-4　**合成関数の微分（その2）**

$z=f(x,\ y)$ を平面上の開領域 U で定義された全微分可能関数とする。$x=\varphi(u,\ v),\ y=\psi(u,\ v)$ を平面上の開領域 V で定義された関数とし，すべての $(u,\ v)\in V$ について，$(\varphi(u,\ v),\ \psi(u,\ v))\in U$ であるとする。また，V 上で偏導関数 $\varphi_u(u,\ v),\ \varphi_v(u,\ v),\ \psi_u(u,\ v),\ \psi_v(u,\ v)$ が存在するとする。

このとき，$(u,\ v)$ についての V の関数 $z=f(\varphi(u,\ v),\ \psi(u,\ v))$ は，V 上で $u,\ v$ に関する偏導関数をもち，それらは次で与えられる。

$$\frac{\partial}{\partial u}f(\varphi(u,\ v),\ \psi(u,\ v))$$
$$=\frac{\partial f}{\partial x}(\varphi(u,\ v),\ \psi(u,\ v))\frac{\partial \varphi}{\partial u}(u,\ v)+\frac{\partial f}{\partial y}(\varphi(u,\ v),\ \psi(u,\ v))\frac{\partial \psi}{\partial u}(u,\ v)$$

$$\frac{\partial}{\partial v}f(\varphi(u,\ v),\ \psi(u,\ v))$$
$$=\frac{\partial f}{\partial x}(\varphi(u,\ v),\ \psi(u,\ v))\frac{\partial \varphi}{\partial v}(u,\ v)+\frac{\partial f}{\partial y}(\varphi(u,\ v),\ \psi(u,\ v))\frac{\partial \psi}{\partial v}(u,\ v)$$

注意 この定理 1-4 の式についても，現れる関数の独立変数と従属変数のみを用いて省略形で書くと，次のように，簡単な形で書くことができる。

$$\frac{\partial z}{\partial u}=\frac{\partial z}{\partial x}\cdot\frac{\partial x}{\partial u}+\frac{\partial z}{\partial y}\cdot\frac{\partial y}{\partial u}, \quad \frac{\partial z}{\partial v}=\frac{\partial z}{\partial x}\cdot\frac{\partial x}{\partial v}+\frac{\partial z}{\partial y}\cdot\frac{\partial y}{\partial v}$$

定理 1-4 の **証明** $z=f(\varphi(u,\ v),\ \psi(u,\ v))$ の，変数 u についての $(u_0,\ v_0)$ における偏微分係数 $\dfrac{\partial z(u_0,\ v_0)}{\partial u}$ は，v に $v=v_0$ を代入して得られる u についての 1 変数関数 $z=f(\varphi(u,\ v_0),\ \psi(u,\ v_0))$ の，変数 u についての u_0 における微分係数に他ならない。よって，その計算は定理 1-3 $(p.206)$ に帰着する。変数 v についての偏微分係数についても同様である。 ■

例題 4 $f(x,\ y)=e^{x^2+y^2}$ として，$\varphi(u,\ v)=u\cos v,\ \psi(u,\ v)=u\sin v$ とする。$g(u,\ v)=f(\varphi(u,\ v),\ \psi(u,\ v))$ とするとき，$g_u(u,\ v),\ g_v(u,\ v)$ を求めよ。

解答 $x=u\cos v,\ y=u\sin v$ のとき $x^2+y^2=u^2$ だから

$$g_u(u,\ v)=\frac{\partial}{\partial u}f(\varphi(u,\ v),\ \psi(u,\ v))$$

$$=\frac{\partial f}{\partial x}(\varphi(u,\ v),\ \psi(u,\ v))\frac{\partial \varphi}{\partial u}(u,\ v)$$

$$+\frac{\partial f}{\partial y}(\varphi(u,\ v),\ \psi(u,\ v))\frac{\partial \psi}{\partial u}(u,\ v)$$

$$=e^{u^2}\cdot 2u\cos v\cdot\cos v+e^{u^2}\cdot 2u\sin v\cdot\sin v=2ue^{u^2}(\cos^2 v+\sin^2 v)=2ue^{u^2}$$

$$g_v(u,\ v)=\frac{\partial}{\partial v}f(\varphi(u,\ v),\ \psi(u,\ v))$$

$$=\frac{\partial f}{\partial x}(\varphi(u,\ v),\ \psi(u,\ v))\frac{\partial \varphi}{\partial v}(u,\ v)$$

$$+\frac{\partial f}{\partial y}(\varphi(u,\ v),\ \psi(u,\ v))\frac{\partial \psi}{\partial v}(u,\ v)$$

$$=e^{u^2}\cdot 2u\cos v\cdot(-u\sin v)+e^{u^2}\cdot 2u\sin v\cdot(u\cos v)=0$$

練習 6 $f(x,\ y)=ye^{\sqrt{x^2+y^2}}$ として，$\varphi(u,\ v)=u\cos v,\ \psi(u,\ v)=u\sin v$ とする。$g(u,\ v)=f(\varphi(u,\ v),\ \psi(u,\ v))$ とするとき，$g_u(u,\ v),\ g_v(u,\ v)$ を求めよ。

◆高階の偏微分

2 変数関数 $z=f(x,\ y)$ が偏導関数 $f_x(x,\ y),\ f_y(x,\ y)$ をもち，それらがま

た，(x, y) についての関数として偏導関数をもつとする。

例えば，$f_x(x, y)$ を y で偏微分して得られる偏導関数

$$(f_x)_y(x, y) = \frac{\partial}{\partial y}\left(\frac{\partial f}{\partial x}\right)(x, y) = \frac{\partial}{\partial y}\left(\frac{\partial z}{\partial x}\right)(x, y)$$

を $\dfrac{\partial^2 f}{\partial y \partial x}(x, y)$ または $f_{xy}(x, y)$ のように書く。

　同様にして，$\dfrac{\partial^2 f}{\partial x \partial x}(x, y)$，$\dfrac{\partial^2 f}{\partial x \partial y}(x, y)$，$\dfrac{\partial^2 f}{\partial y \partial y}(x, y)$，別の書き方では $f_{xx}(x, y)$，$f_{yx}(x, y)$，$f_{yy}(x, y)$ も考えられる。これらは順番に，$f_x(x, y)$ を x で偏微分したもの，$f_y(x, y)$ を x で偏微分したもの，および $f_y(x, y)$ を y で偏微分したものである。$f_{xx}(x, y)$，$f_{xy}(x, y)$，$f_{yx}(x, y)$，$f_{yy}(x, y)$ を，関数 $f(x, y)$ の **2次の偏導関数** という。

注意　これらさまざまな書き方の間での，変数が現れる順番に注意しよう。

例えば，$f_{xy}(x, y)$ は「x で偏微分して y で偏微分」という順番で得られたものであるが，同じものを他の書き方で書くと $\dfrac{\partial^2 f}{\partial y \partial x}(x, y)$ というように，赤字部分の x と y の順番が（書き方だけの問題として）逆転する。

例題 5　関数 $f(x, y) = \log(x^2 + xy + 2y^2)$ について，偏導関数 $f_x(x, y)$，$f_y(x, y)$，および 2次の偏導関数 $f_{xx}(x, y)$，$f_{xy}(x, y)$，$f_{yx}(x, y)$，$f_{yy}(x, y)$ を求めよ。

解答　$f_x(x, y) = \dfrac{2x+y}{x^2+xy+2y^2}$，　$f_y(x, y) = \dfrac{x+4y}{x^2+xy+2y^2}$

$f_x(x, y)$ を x および y でそれぞれ偏微分して

$$f_{xx}(x, y) = \frac{2(x^2+xy+2y^2)-(2x+y)^2}{(x^2+xy+2y^2)^2} = -\frac{2x^2+2xy-3y^2}{(x^2+xy+2y^2)^2},$$

$$f_{xy}(x, y) = \frac{1\cdot(x^2+xy+2y^2)-(2x+y)(x+4y)}{(x^2+xy+2y^2)^2}$$

$$= -\frac{x^2+8xy+2y^2}{(x^2+xy+2y^2)^2}$$

同様にして，$f_y(x, y)$ を x および y でそれぞれ偏微分して

$$f_{yx}(x, y) = -\frac{x^2+8xy+2y^2}{(x^2+xy+2y^2)^2}, \quad f_{yy}(x, y) = \frac{3x^2-4xy-8y^2}{(x^2+xy+2y^2)^2}$$

1　多変数関数の微分　209

例題 5 では，$f_{xy}(x, y)$ と $f_{yx}(x, y)$ が一致している。実は，以下の定理が示すように，このことは連続性の仮定のもとに，一般的に成り立つ。

定理 1-5　偏微分の順序交換

開領域 U 上の関数 $f(x, y)$ が 2 次の偏導関数 $f_{xy}(x, y)$ と $f_{yx}(x, y)$ をもち，どちらも連続であるとする。このとき，$f_{xy}(x, y) = f_{yx}(x, y)$ が成り立つ。

証明　開領域 U 上の各点 $(a, b) \in U$ について $f_{xy}(a, b) = f_{yx}(a, b)$ であることを示す。

正の実数 δ を，$|x-a| < \delta$，$|y-b| < \delta$ を満たすすべての (x, y) が U に属するように十分小さくとる。

$0 < |h| < \delta$，$0 < |k| < \delta$ であるすべての h，k について

$$F(h, k) = f(a+h, b+k) - f(a+h, b) - f(a, b+k) + f(a, b)$$

とおく。

y についての 1 変数関数 $u(y)$ を $u(y) = f(a+h, y) - f(a, y)$ で定める。このとき，$F(h, k) = u(b+k) - u(b)$ と書ける。

$u(y)$ は y について微分可能であり，$u'(y) = f_y(a+h, y) - f_y(a, y)$ である。

平均値の定理（$p.106$，第 3 章 2 定理 2-3）より

$$F(h, k) = u'(b+\theta k)k = k\{f_y(a+h, b+\theta k) - f_y(a, b+\theta k)\} \quad (0 < \theta < 1)$$

となる θ がとれる。

次に，x についての 1 変数関数 $f_y(x, b+\theta k)$ を考えると，再び平均値の定理から

$$F(h, k) = hkf_{yx}(a+\eta h, b+\theta k) \quad (0 < \eta < 1) \tag{$*$}$$

となる η がとれる。

更に，以上の議論を，以下のように，x と y の役割を入れ替えて同様に行う。具体的には，x についての 1 変数関数 $v(x)$ を

$$v(x) = f(x, b+k) - f(x, b)$$

で定め（このとき，$F(h, k) = v(a+h) - v(a)$），平均値の定理から

$$F(h, k) = v'(a+\theta'h)h = h\{f_x(a+\theta'h, b+k) - f_x(a+\theta'h, b)\} \quad (0 < \theta' < 1)$$

となる θ' をとる。

次に，y についての 1 変数関数 $f_x(a+\theta'h, y)$ に平均値の定理を適用することで

210 ｜ 第 6 章　微分（多変数）

$$F(h, k) = hk f_{xy}(a+\theta'h, b+\eta'k) \quad (0<\eta'<1) \quad (**)$$

となる η' がとれる。

(*)と(**)から

$$f_{yx}(a+\eta h, b+\theta k) = f_{xy}(a+\theta'h, b+\eta'k)$$

が得られる。ここで $(h, k) \longrightarrow 0$ とすると，$f_{yx}(x, y)$, $f_{xy}(x, y)$ の連続性から $f_{xy}(a, b) = f_{yx}(a, b)$ となる。 ■

次の関数 $f(x, y)$ について，その2次の偏導関数 $f_{xx}(x, y)$, $f_{xy}(x, y)$, $f_{yx}(x, y)$, $f_{yy}(x, y)$ を求め，$f_{xy}(x, y) = f_{yx}(x, y)$ であることを確かめよ。
(1) $f(x, y) = x^4 - 3x^2 y^2 - 2xy^3 + 4y^4$ 　　(2) $f(x, y) = \tan(x-y)$

関数 $f(x, y)$ の2次の偏導関数 $f_{xx}(x, y)$, $f_{xy}(x, y)$, $f_{yx}(x, y)$, $f_{yy}(x, y)$ が，また偏導関数をもてば，それらは $f_{xxx}(x, y)$, $f_{xxy}(x, y)$, $f_{xyx}(x, y)$, $f_{xyy}(x, y)$, $f_{yxx}(x, y)$, $f_{yxy}(x, y)$, $f_{yyx}(x, y)$, $f_{yyy}(x, y)$ のように書かれる。例えば $f_{xyy}(x, y)$ は，2次の偏導関数 f_{xy} を更に y で偏微分したもの，すなわち

$$f_{xyy}(x, y) = \frac{\partial^3 f}{\partial y \partial y \partial x}(x, y) = \frac{\partial^3 f}{\partial y^2 \partial x}(x, y)$$

である。$f_{xy}(x, y)$, $f_{yx}(x, y)$ が連続ならば，定理 1-5 より $f_{xy}(x, y) = f_{yx}(x, y)$ だから，例えば，$f_{xyy}(x, y) = f_{yxy}(x, y)$, すなわち

$$\frac{\partial^3 f}{\partial y^2 \partial x} = \frac{\partial^3 f}{\partial y \partial x \partial y}$$

が成り立つ。

$f_{xxx}(x, y)$, $f_{xxy}(x, y)$, …… の8個の偏微分を **3次の偏導関数** という。同様のことを繰り返せば，以下のことがわかる。

定義 1-2　C^n 級関数

$f(x, y)$ を開領域 U 上で定義された関数とし，n を0以上の整数とする。

(1) $f(x, y)$ が U 上で n 次までの偏導関数をすべてもち，しかもそれらがすべて連続であるとき，$f(x, y)$ は U 上で n 回連続微分可能，あるいは C^n 級関数であるという。

(2) $f(x, y)$ が U 上ですべての次数の偏導関数をもち，それらがすべて連続であるとき，$f(x, y)$ は U 上で無限回微分可能，あるいは C^∞ 級関数であるという。

なお，関数 $f(x, y)$ が U 上で C^0 級関数であるとは，$f(x, y)$ が U 上で連続であることに他ならない。

例 5　関数 $f(x, y)$ が C^3 級ならば，例えば $f_y(x, y)$ の2次の偏導関数である $f_{yxy}(x, y)$ と $f_{yyx}(x, y)$ は連続である。よって，定理 1-5 ($p.\,210$) より，$f_{yxy}(x, y) = f_{yyx}(x, y)$ が成り立つ。上で述べた等式も加味すると
$$f_{xyy}(x, y) = f_{yxy}(x, y) = f_{yyx}(x, y)$$

例 5 より，C^3 級関数の3次の偏導関数においては，x および y で偏微分した回数のみが重要であり，どの順番に偏微分したかには依存しないことがわかる。

一般に，C^n 級関数においては，n 次までの偏導関数は x および y で偏微分した回数のみで決まり，その順番には依存しない。

例えば，x で i 回，y で j 回 $(i+j \leqq n)$ 偏微分したものはすべて，次のように書ける。
$$\frac{\partial^{i+j} f}{\partial x^i \partial y^j}(x, y) = f_{\underset{i\,個}{\underline{x\cdots\cdots x}}\,\underset{j\,個}{\underline{y\cdots\cdots y}}}(x, y)$$

ここで，$f_{\underset{i\,個}{\underline{x\cdots\cdots x}}\,\underset{k-i\,個}{\underline{y\cdots\cdots y}}}(x, y)$ とは，$f(x, y)$ を x で i 回，y で $k-i$ 回偏微分したものを表す。

2 微分法の応用

この節では，多変数の微分法の応用として，多変数のテイラーの定理や極値問題などについて学習する。

◆ テイラーの定理（多変数）

*p.120, 第3章*のテイラーの定理（1変数）のところでも述べたように，多変数においても関数の1次近似としての微分の考え方の拡張として，高階の（偏）微分を用いて，高い次数の近似を与えるテイラーの定理がある。

テイラーの定理について述べるために，平面の開領域 U 上の C^n 級関数 $f(x, y)$，点 $(a, b) \in U$，および $0 \leq k \leq n$ である整数 k に対して，次の記号を導入する。

$$F_k(x, y) = \sum_{i=0}^{k} \binom{k}{i} f_{\underset{i \text{個}}{x \cdots x} \underset{k-i \text{個}}{y \cdots y}}(a, b)(x-a)^i (y-b)^{k-i}$$

ここで，$f_{\underset{i \text{個}}{x \cdots x} \underset{k-i \text{個}}{y \cdots y}}(a, b)$ とは，$f(x, y)$ を x で i 回，y で $k-i$ 回偏微分して得られた k 次の偏微分係数である。$f(x, y)$ は C^n 級であり，$0 \leq k \leq n$ であるから，これは x, y それぞれで偏微分する回数だけに依存し，x と y で偏微分する順番によらない。例えば，$k=0, 1, 2$ のときは，次のように計算される。

$F_0(x, y) = f(a, b)$　　（定数関数）

$F_1(x, y) = f_x(a, b)(x-a) + f_y(a, b)(y-b)$

$F_2(x, y) = f_{xx}(a, b)(x-a)^2 + 2f_{xy}(a, b)(x-a)(y-b) + f_{yy}(a, b)(y-b)^2$

定理 2-1　テイラーの定理

$f(x, y)$ を平面の開領域 U 上の C^n 級関数とし，$(a, b) \in U$ とする。このとき，点 (x, y) と点 (a, b) を結ぶ線分が U に入るならば，次が成り立つ。

$$f(x, y) = F_0(x, y) + F_1(x, y) + \frac{1}{2}F_2(x, y) + \frac{1}{3!}F_3(x, y)$$

$$+ \cdots\cdots + \frac{1}{(n-1)!}F_{n-1}(x, y) + R_n(x, y)$$

ただし，$R_n(x, y)$ は，$0 < \theta < 1$ である実数 θ を用いて，次のように表される。

$$R_n(x, y) = \frac{1}{n!} \sum_{i=0}^{n} \binom{n}{i} f_{\underset{i \text{個}}{x \cdots x} \underset{n-i \text{個}}{y \cdots y}}(a+\theta(x-a), b+\theta(y-b))(x-a)^i (y-b)^{n-i}$$

---

2 微分法の応用 213

この定理の証明は，後の発展で行う（後述の *p. 236，定理 5-1* を参照）。

ここでは，応用上特に重要である $n=2$ の場合についてのみ，証明を行う。

定理 2-2 テイラーの定理 $(n=2)$

$f(x, y)$ を平面の開領域 U 上の C^2 級関数とし，$(a, b) \in U$ とする。このとき，点 (x, y) と点 (a, b) を結ぶ線分が U に入るならば，次が成り立つ。

$$f(x, y) = f(a, b) + f_x(a, b)(x-a) + f_y(a, b)(y-b)$$
$$+ \frac{1}{2} \{ f_{xx}(a', b')(x-a)^2 + 2f_{xy}(a', b')(x-a)(y-b)$$
$$+ f_{yy}(a', b')(y-b)^2 \}$$

ただし，a', b' は，$0 < \theta < 1$ である実数 θ を用いて，$a' = a + \theta(x-a)$，$b' = b + \theta(y-b)$ で与えられる。

証明 $h = x - a,\ k = y - b$ として，t に関する関数 $g(t)$ を $g(t) = f(a+ht, b+kt)$ で定義する。点 (x, y) と点 (a, b) を結ぶ線分が $f(x, y)$ の定義域 U に入るので，$g(t)$ は $[0, 1]$ を含む開区間で定義された C^2 級関数である。

関数 $g(t)$ の有限マクローリン展開（*p. 122，第 3 章* ④）を求めると

$$g(t) = g(0) + g'(0)t + \frac{1}{2}g''(\theta t)t^2 \quad (0 < \theta < 1)$$

となる。$g(1) = f(x, y)$ なので　$f(x, y) = g(0) + g'(0) + \frac{1}{2}g''(\theta)$　（＊）

合成関数の微分（*p. 206，定理 1-3*）より

$$g'(t) = f_x(a+ht, b+kt)h + f_y(a+ht, b+kt)k$$
$$g''(t) = f_{xx}(a+ht, b+kt)h^2 + f_{xy}(a+ht, b+kt)hk$$
$$+ f_{yx}(a+ht, b+kt)kh + f_{yy}(a+ht, b+kt)k^2$$

と計算される。$f(x, y)$ は C^2 級と仮定したので，$f_{xy}(x, y) = f_{yx}(x, y)$ であることを用いると

$$g(0) = f(a, b)$$
$$g'(0) = f_x(a, b)h + f_y(a, b)k$$
$$g''(\theta) = f_{xx}(a+\theta h, b+\theta k)h^2 + 2f_{xy}(a+\theta h, b+\theta k)hk$$
$$+ f_{yy}(a+\theta h, b+\theta k)k^2$$

これらを（＊）に代入して，題意の等式が得られる。　■

定理 2-1（および定理 2-2）における $f(x, y)$ の式を，$f(x, y)$ の **有限テイラー展開** といい，その最後の項 $R_n(x, y)$ を **剰余項** という。特に $(a, b)=(0, 0)$ のときの有限テイラー展開は **有限マクローリン展開** と呼ばれる。

例 1 関数 $f(x, y)=e^{2x+3y}$ の $n=2$ での有限マクローリン展開を求めると
$$e^{2x+3y}=1+2x+3y+\frac{1}{2}(4x^2+12xy+9y^2)e^{2\theta x+3\theta y}$$
となる。

練習 1 次の関数の $n=3$ での有限マクローリン展開を 3 次の剰余項を省略して求めよ。
(1) $f(x, y)=e^{x-y}$ (2) $f(x, y)=\cos(x+2y)$ (3) $f(x, y)=(1+x)\sin y$

◆ 漸近展開

1 変数の漸近展開（*p. 124, 第 3 章定理 4-2*）と同様に考えれば，多変数の漸近展開を得ることができる。例として，2 次の漸近展開について述べよう。

系 2-1 2 次の漸近展開

$f(x, y)$ を平面の開領域 U 上の C^2 級関数，$P(a, b)$，$X(x, y) \in U$ とし，点 X と点 P を結ぶ線分が U に入るとする。このとき，次が成り立つ。
$f(x, y)=f(a, b)+f_x(a, b)(x-a)+f_y(a, b)(y-b)$
$\quad +\frac{1}{2}\{f_{xx}(a, b)(x-a)^2+2f_{xy}(a, b)(x-a)(y-b)+f_{yy}(a, b)(y-b)^2\}$
$\quad +o(d(P, X)^2) \quad (P \longrightarrow X)$

証明 $h=x-a$，$k=y-b$ とすると，$d(P, X)^2=h^2+k^2$ である。
$A=f_{xx}(a, b)$，$B=f_{xy}(a, b)$，$C=f_{yy}(a, b)$ とおく。
定理 2-2 より
$$f(x, y)=f(a, b)+f_x(a, b)h+f_y(a, b)k$$
$$+\frac{1}{2}\{Ah^2+2Bhk+Ck^2\}+\frac{1}{2}r(h, k)$$
ただし，$0<\theta<1$，$a'=a+\theta(x-a)$，$b'=b+\theta(y-b)$，$A'=f_{xx}(a', b')$，$B'=f_{xy}(a', b')$，$C'=f_{yy}(a', b')$ として
$$r(h, k)=(A'-A)h^2+2(B'-B)hk+(C'-C)k^2$$
である。$f_{xx}(x, y)$，$f_{xy}(x, y)$，$f_{yy}(x, y)$ は連続なので，$X \longrightarrow P$ のとき，$A'-A$，$B'-B$，$C'-C$ はどれも 0 に収束する。

よって

$$(A'-A)\frac{h^2}{h^2+k^2},\ (B'-B)\frac{2hk}{h^2+k^2},\ (C'-C)\frac{k^2}{h^2+k^2}$$

はどれも $X \longrightarrow P$ で 0 に収束する。

実際，$h^2 \leqq h^2+k^2$，$2hk \leqq h^2+k^2$，$k^2 \leqq h^2+k^2$ より $X \longrightarrow P$ のとき

$$\left|(A'-A)\frac{h^2}{h^2+k^2}\right| \leqq |A'-A| \longrightarrow 0$$

$$\left|(B'-B)\frac{2hk}{h^2+k^2}\right| \leqq |B'-B| \longrightarrow 0$$

$$\left|(C'-C)\frac{k^2}{h^2+k^2}\right| \leqq |C'-C| \longrightarrow 0$$

よって，$r(h, k)=o(d(P, X)^2)$ となり，題意が示された。 ■

◆ 極値問題

第3章 ② ($p.103$) では，1変数の関数の極大値や極小値をとるときの変数の値が，1次導関数および2次導関数を用いて求められることを述べた。

テイラーの定理を用いると，同様のことが2変数のときにも成り立つことがわかる。まず，2変数の場合の極大・極小値は，第3章 ② で与えた1変数の場合と同様に，次で定義する。

> **定義 2-1　極大・極小**
> $f(x, y)$ を開領域 U 上で定義された関数とし，$P(a, b) \in U$ とする。
> (1) 正の実数 δ が存在して，$(x, y) \in N(P, \delta) \cap U$ かつ $(x, y) \neq (a, b)$ であるすべての点 (x, y) について $f(x, y) < f(a, b)$ が成り立つとき，$f(a, b)$ は関数 $f(x, y)$ の**極大値**であるという。
> (2) 正の実数 δ が存在して，$(x, y) \in N(P, \delta) \cap U$ かつ $(x, y) \neq (a, b)$ であるすべての点 (x, y) について $f(x, y) > f(a, b)$ が成り立つとき，$f(a, b)$ は関数 $f(x, y)$ の**極小値**であるという。

極大値と極小値を総称して，**極値**という。

例 2　$\mathbb{R}^2$ で定義された関数 $f(x, y) = x^2+y^2$ （$p.179$，第5章図7を参照）は，$(0, 0)$ において極小値 $f(0, 0)=0$ をとる。

実際，$(x, y) \neq (0, 0)$ ならば　$f(x, y)=x^2+y^2 > f(0, 0)$　である。

定理 2-3 極値をとるための必要条件

$f(x, y)$ は開領域 U 上で定義された関数，$(a, b) \in U$ とし，(a, b) における偏微分係数 $f_x(a, b)$，$f_y(a, b)$ が存在するとする。このとき，$f(x, y)$ が (a, b) で極値をとるならば，$f_x(a, b) = f_y(a, b) = 0$ である。

証明 $f(x, y)$ が (a, b) で極値をとるならば，x についての 1 変数関数 $f(x, b)$ は $x = a$ で極値をとる。よって，第 3 章定理 2-1 ($p.104$) より，$f_x(a, b) = 0$ である。同様に，$f_y(a, b) = 0$ もわかる。 ■

1 変数関数の場合と同様に，定理 2-3 の条件は，極値をとるための十分条件ではない。次の例がその反例を与えている。

例 3 R^2 で定義された関数 $f(x, y) = x^2 - y^2$ ($p.180$, 第 5 章図 8 参照) は，$f_x(0, 0) = f_y(0, 0) = 0$ を満たす。しかし，$f(x, 0) = x^2$ のグラフは下に凸であるが，$f(0, y) = -y^2$ のグラフは上に凸である。
つまり，$f(x, y)$ の値は，原点から x 軸に沿って動くと増加するが，y 軸に沿って動くと減少する。よって，$f(0, 0)$ は極大値でも極小値でもない。

1 変数の場合の「2 次導関数と極値」の関係 ($p.107$, 第 3 章系 2-3 参照) の 2 変数の場合の類似は，次のようになる。

定理 2-4 2 変数関数の極値判定

$f(x, y)$ は開領域 U 上で定義された C^2 級関数，$(a, b) \in U$ とし，$f_x(a, b) = f_y(a, b) = 0$ が成り立つとする。
また，判別式を $D = f_{xx}(a, b) f_{yy}(a, b) - \{f_{xy}(a, b)\}^2$ とおく。
(1) $D > 0$ のとき，
　[1] $f_{xx}(a, b) > 0$ なら，$f(x, y)$ は $(x, y) = (a, b)$ で極小値をとる。
　[2] $f_{xx}(a, b) < 0$ なら，$f(x, y)$ は $(x, y) = (a, b)$ で極大値をとる。
(2) $D < 0$ のとき，$f(x, y)$ は $(x, y) = (a, b)$ で極値をとらない。

この定理の証明は，この章の 6 補遺 ($p.237$) で行う。

注意 1 変数の場合も同様であったが，上の定理は，例えば $D = 0$ である場合については，極値をとるか否かについて，何も述べていない。実際に，極値をとる場合もあるし，とらない場合もあり得る。

2 微分法の応用 217

例題 1 R^2 の関数 $f(x, y) = x^3 + y^3 - 3(x+y)$ の極値を求めよ。

解答 $f_x(x, y) = 3(x^2 - 1)$,
$f_y(x, y) = 3(y^2 - 1)$
であるから
$f_x(x, y) = f_y(x, y) = 0$
となる (x, y) は
$(x, y) = (1, 1)$,
$(-1, -1)$,
$(1, -1)$,
$(-1, 1)$

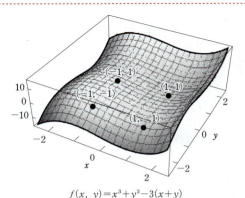

$f(x, y) = x^3 + y^3 - 3(x+y)$

の4通りある。
$f_{xx}(x, y) = 6x$, $f_{xy}(x, y) = 0$, $f_{yy}(x, y) = 6y$ なので
$$f_{xx}(x, y)f_{yy}(x, y) - \{f_{xy}(x, y)\}^2 = 36xy$$
である。
$(x, y) = (1, 1)$ のとき
 $D = 36 > 0$ であり,$f_{xx}(1, 1) = 6 > 0$ なので,$f(x, y)$ は極小値 $f(1, 1) = -4$ をとる。
$(x, y) = (-1, -1)$ のとき
 $D = 36 > 0$ であり,$f_{xx}(-1, -1) = -6 < 0$ なので,$f(x, y)$ は極大値 $f(-1, -1) = 4$ をとる。
$(x, y) = (1, -1), (-1, 1)$ のとき
 ともに $D = -36 < 0$ なので,$f(x, y)$ は極値をとらない。
以上より
 $(x, y) = (1, 1)$ で極小値 -4,
 $(x, y) = (-1, -1)$ で極大値 4
をとる。

 R^2 の関数 $f(x, y) = x^2 - xy + y^2 + x - y$ の極値を求めよ。

3 陰関数

$y=f(x)$ の形に明示的に書けなくても，x と y の関係式から関数が決まることがある。そのような関数を **陰関数** という。陰関数の微分積分は応用上も重要であるが，厳密な定義として高等学校の数学には出てこない新しい分野である。この節では，陰関数について基礎的なことを学ぶ。

◆ 陰関数の概念

1 変数関数 $y=f(x)$ のグラフとは，関係式 $y-f(x)=0$ で定義される (x, y) 平面上の図形である。では，一般に関係式 $F(x, y)=0$ で定義される平面上の図形は，関数のグラフになるであろうか。実は，すぐにわかるように，一般にはそうではない。例えば，関係式 $F(x, y)=x^2+y^2-1=0$ で定義される単位円を考えよう（図 3 左）。

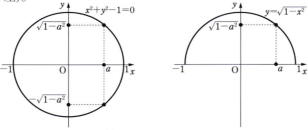

図 3　単位円（左）と関数 $y=\sqrt{1-x^2}$（$-1 \leqq x \leqq 1$）のグラフ（右）

このとき，x の値 a（$-1<a<1$）に対して，y の値は $\pm\sqrt{1-a^2}$ の 2 つの可能性がある。関数とは，x の各値に対して，対応する y の値がただ 1 つに定まらなければならないから，これはこのままでは関数のグラフとはならない。

ここから関数を作るには，例えば図 3 右にあるように，図形の一部だけをとり出す必要がある。この場合は，曲線の x 軸よりも上にある部分をとることで，開区間 $(-1, 1)$ 上の関数 $\varphi(x)=\sqrt{1-x^2}$ をとり出すことができた。曲線の一部を **分枝** と呼ぶことにすると，曲線の x 軸よりも下の分枝をとることで，同じく開区間 $(-1, 1)$ 上の関数 $\varphi(x)=-\sqrt{1-x^2}$ が得られる。

これをもう少し系統的に考えよう。曲線 $F(x, y)=x^2+y^2-1=0$ 上の点 P(a, b) をとる（$a^2+b^2=1$）。もし，$b \neq 0$ ならば，点 P は単位円の x 軸よりも上か，あるいは下の分枝上にある。したがって，その場合は，点 P を通る分枝をとって，$x=a$ の近傍 I（例えば，$I=(-1, 1)$）上の関数 $y=\varphi(x)$ をとることができる。この関数 $y=\varphi(x)$ は次を満たしている。

(a) すべての $x \in I$ について $F(x, \varphi(x))=0$ (b) $b=\varphi(a)$

条件 (a) は，関数 $y=\varphi(x)$ のグラフが，曲線 $F(x, y)=0$ の一部（分枝）と一致していることを示し，条件 (b) はその分枝が点 $\mathrm{P}(a, b)$ を通るものであることを示している。

もし最初にとった点 $\mathrm{P}(a, b)$ が $b=0$ を満たす（つまり，$\mathrm{P}(\pm1, 0)$）なら，図からわかるように，P を通るような単位円の部分をどのようにとっても，関数にすることができない。実際，$x<1$ である x を，どんなに 1 に近くにとっても，$F(x, y)=0$ を満たす y は 2 つあり，1 つに定まらない。

ここで $F_y(x, y)=2y$ だから，$b=0$ は $F_y(a, b)=0$ と同値であることに注意する。すなわち，$b=0$ のとき点 $\mathrm{P}(a, b)$ の近傍で関数のグラフがかけないのは，この点における単位円の接線が，x 軸に対して垂直になってしまうからである。

　一般に，平面上の関係式 $F(x, y)=0$ について，1 変数関数 $y=\varphi(x)$ が，その定義域内のすべての x について $F(x, \varphi(x))=0$ を満たすとき，関数 $\varphi(x)$ は $F(x, y)=0$ の **陰関数** と呼ばれる。上の例では，開区間 $(-1, 1)$ 上の関数 $y=\sqrt{1-x^2}$ や $y=-\sqrt{1-x^2}$ は，$x^2+y^2-1=0$ の陰関数である。

◆ 陰関数定理

　一般の関係式 $F(x, y)=0$ についての陰関数の存在について述べるのが，次の陰関数定理である（この定理の証明は，この章の 6 補遺：定理の証明で行う）。

定理 3-1　**陰関数定理**

$F(x, y)$ は平面上の開領域 U 上の C^1 級関数とし，点 $\mathrm{P}(a, b)$ が次を満たすとする。

　・$F(a, b)=0$ （つまり，点 P は曲線 $F(x, y)=0$ 上の点である）

　・$F_y(a, b) \neq 0$

このとき，x 軸上の $x=a$ を含む開区間 I と，I 上で定義された 1 変数関数 $y=\varphi(x)$ が存在して，次を満たす。

　(a) すべての $x \in I$ について $F(x, \varphi(x))=0$（すなわち，$\varphi(x)$ は I 上の $F(x, y)=0$ の陰関数である）

　(b) $b=\varphi(a)$

更にこのとき，関数 $\varphi(x)$ は I 上で微分可能であり，次が成り立つ。

$$\varphi'(x)=-\frac{F_x(x, \varphi(x))}{F_y(x, \varphi(x))}$$

---

220 | 第 6 章　微分（多変数）

注意 定理の最後の等式は，陰関数 $\varphi(x)$ の存在がわかっていれば，次のように導き出せる。$F(x, \varphi(x))=0$ の両辺を x で微分すると，合成関数の微分 (p.206, 定理1-3) より，$F_x(x, \varphi(x))+F_y(x, \varphi(x))\varphi'(x)=0$ となる。これを解けば，
$$\varphi'(x)=-\frac{F_x(x, \varphi(x))}{F_y(x, \varphi(x))}$$
が得られる。

ここで，定理の意味をもう一度確認しよう。図4のように，平面上に曲線 $F(x, y)=0$ が与えられているとする。
この曲線上の点 $P(a, b)$ が $F_y(a, b)\neq 0$ を満たすなら，a を含む開区間 I 上で，曲線のPを含む分枝をとれば，これは I 上の関数 $\varphi(x)$ のグラフ

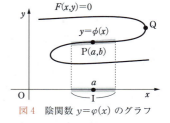

図4　陰関数 $y=\varphi(x)$ のグラフ

になっている。しかし，$F_y(a, b)=0$ となる点（例えば，図4の点Q）では，一般に，このようなことはできない。

　一般の曲線 $F(x, y)=0$ は，そのままでは全体が関数のグラフにはならないかもしれないが，部分的には関数（陰関数）になる部分を切り出すことができる。陰関数定理は，このようなことを主張した定理である。

注意 (1) 非常に噛み砕いて言えば，陰関数 $y=\varphi(x)$ とは，関係式 $F(x, y)=0$ を y についての方程式であるとして解いたときの解のことである。つまり，関係式 $F(x, y)=0$ を y について解いて得られる関数である。
　　　例えば，$F(x, y)=x+y$ なら，$F(x, y)=0$ によって定まる陰関数とは，関数 $y=-x$ である。また，単位円の場合もそうであったように，そのまま解いても多くの場合関数にはならないが，部分的に解くことはできて，その解として得られるのが陰関数というわけである。ただし，$F(x, y)$ が複雑な式であるときは，$F(x, y)=0$ の陰関数 $y=\varphi(x)$ は具体的に書けないこともある。陰関数は「存在する」ことが重要で，具体的に求めなくてもいい場面が多い。

(2) $F_y(a, b)=0$ であっても，$F_x(a, b)\neq 0$ であれば，x と y を入れ替えた形で定理を適用し，y についての関数 $x=\varphi(y)$ という形で陰関数を得ることができる。しかし，$F_x(a, b)=F_y(a, b)=0$ ならば，それもできない。
　　　曲線 $F(x, y)=0$ 上の $F_x(a, b)=F_y(a, b)=0$ を満たす点を **特異点** といい，そうでない点を **正則点** という。陰関数定理により，曲線の正則点の近傍では，関係式 $F(x, y)=0$ を解いて陰関数を得ることができる。

(3) 第2章 4 (p.75) で導入した代数関数は，陰関数の例の1つと見なすことができる。

◆ 曲線の接線

　陰関数定理を用いると，関数のグラフとは限らない一般の曲線 $F(x, y)=0$ の接線を求めることができる。

例えば，点 (a, b) は曲線 $F(x, y)=0$ 上の点であり（すなわち，$F(a, b)=0$），しかも正則点であるとしよう。

このとき，例えば，$F_y(a, b) \neq 0$ ならば，曲線の点 (a, b) の近傍での形状は，陰関数 $y=\varphi(x)$ のグラフに一致する。

よって，曲線 $F(x, y)=0$ の，点 (a, b) における接線の方程式は $y-b=\varphi'(a)(x-a)$，すなわち $\boldsymbol{F_x(a, b)(x-a)+F_y(a, b)(y-b)=0}$ で与えられる。$F_y(a, b)=0$ だが $F_x(a, b) \neq 0$ のときも，同様に考えれば，接線の方程式として同じ式が得られる。

例題1 平面上の曲線 $y^2=x^3-x$ の，点 $(2, \sqrt{6})$ における接線の方程式を求めよ。

解答　$F(x, y)=y^2-x^3+x$ とする。
$$F_x(x, y)=-3x^2+1, \quad F_y(x, y)=2y$$
なので，$F_x(2, \sqrt{6})=-11$，$F_y(2, \sqrt{6})=2\sqrt{6}$ である。
求める接線の方程式は　$-11(x-2)+2\sqrt{6}(y-\sqrt{6})=0$
すなわち，$11x-2\sqrt{6}\,y-10=0$ である。

練習1 平面上の曲線 $x^3+y^3=1$ の，点 $\left(\dfrac{1}{\sqrt[3]{2}}, \dfrac{1}{\sqrt[3]{2}}\right)$ における接線の方程式を求めよ。

練習2 平面上の曲線 $x^3+y^3-3xy=0$ の正則点のうち，その点における接線が x 軸と平行になるようなものをすべて求めよ。

◆ 条件付き極値問題

　前節では，2 変数関数 $f(x, y)$ の極値問題について学習した。このような問題は応用上重要なものであるが，実際の応用の場面では，更にこの極値問題に付帯条件を付けて，例えば「$g(x, y)=0$ という条件のもとでの $f(x, y)$ の極値を求めよ」という形の問題に一般化しておくと便利である。

次のような問題を考えよう。

例題
2
点 (x, y) が単位円 $x^2+y^2=1$ の周上を動くときの，
$f(x, y)=x^2+xy+y^2$ の極値を求めよ。

指針 これはつまり，$g(x, y)=x^2+y^2-1$ としたときに「$g(x, y)=0$ という条件のもとでの $f(x, y)$ の極値を求めよ」という形の問題になっている。

この問題の解答として，最初に考えられる方法は，$g(x, y)=x^2+y^2-1=0$ を y について，あるいは x について解いて（つまり，陰関数を求めて），これを $f(x, y)$ に代入するという方法である。まず，その方法で例題を解いてみよう。

解答 開区間 $(-1, 1)$ 上の陰関数 $y=\sqrt{1-x^2}$ （点 $(0, 1)$ を通る分枝）を考えて，これを $f(x, y)$ に代入したものを $h(x)=f(x, y(x))$ とすると，$h(x)=x^2+x\sqrt{1-x^2}+(\sqrt{1-x^2})^2=x\sqrt{1-x^2}+1$ である。

$h'(x)=\dfrac{1-2x^2}{\sqrt{1-x^2}}$ なので，$h(x)$ は $x=-\dfrac{1}{\sqrt{2}}$ で極小値をとり，

$x=\dfrac{1}{\sqrt{2}}$ で極大値をとる。つまり，$f(x, y)$ は単位円周上の点

$\left(-\dfrac{1}{\sqrt{2}}, \dfrac{1}{\sqrt{2}}\right)$ で極小値 $\dfrac{1}{2}$ をとり，$\left(\dfrac{1}{\sqrt{2}}, \dfrac{1}{\sqrt{2}}\right)$ で極大値 $\dfrac{3}{2}$

をとる。

開区間 $(-1, 1)$ 上の陰関数 $y=-\sqrt{1-x^2}$ （点 $(0, -1)$ を通る分枝）についても同様に，$h(x)=-x\sqrt{1-x^2}+1$ から $f(x, y)$ は単位円周上の点 $\left(\dfrac{1}{\sqrt{2}}, -\dfrac{1}{\sqrt{2}}\right)$ で極小値 $\dfrac{1}{2}$ を，$\left(-\dfrac{1}{\sqrt{2}}, -\dfrac{1}{\sqrt{2}}\right)$

で極大値 $\dfrac{3}{2}$ をそれぞれとることがわかる。

次に，2点 $(1, 0)$，$(-1, 0)$ の近傍を見る。

この場合は，y についての陰関数 $x=\sqrt{1-y^2}$ （点 $(1, 0)$ を通る分枝）と $x=-\sqrt{1-y^2}$ （$(-1, 0)$ を通る分枝）を考えて，上と同様に議論すると，上と同じ点で極大値および極小値をとることがわかる。

以上より，$f(x, y)$ は単位円周上で

$(x, y)=\left(\pm\dfrac{1}{\sqrt{2}}, \mp\dfrac{1}{\sqrt{2}}\right)$ （複号同順）のときに極小値 $\dfrac{1}{2}$ をとり，

$(x, y)=\left(\pm\dfrac{1}{\sqrt{2}}, \pm\dfrac{1}{\sqrt{2}}\right)$ （複号同順）のときに極大値 $\dfrac{3}{2}$ をとる。

3 陰関数 223

注意 例題 2 の解である極小値 $\dfrac{1}{2}$ と極大値 $\dfrac{3}{2}$ は，それぞれ点 (x, y) が単位円周上を動くときの，関数 $f(x, y)$ の最小値と最大値である。

例題 2 の解答は直接的でわかりやすいが，この方法は，具体的に $g(x, y)=0$ の陰関数が求められる場合にしか通用しない。一般の場合は，$g(x, y)=0$ の陰関数が具体的な形で書けるとは限らないので，別の解き方が必要となる。このような問題を考える上で，次の「**ラグランジュの未定乗数法**」は有効な論法を提供する。

定理 3-2 **ラグランジュの未定乗数法**

$f(x, y)$ と $g(x, y)$ を C^1 級関数とし，λ を新たな変数として
$$F(x, y, \lambda)=f(x, y)-\lambda g(x, y)$$
とおく。今，点 (a, b) が次を満たすとする。

(a) 関数 $f(x, y)$ は条件 $g(x, y)=0$ のもとで $(x, y)=(a, b)$ において極値をとる（特に，$g(a, b)=0$ である）。

(b) $g_x(a, b)=g_y(a, b)=0$ ではない（つまり，点 (a, b) は $g(x, y)=0$ の正則点である）。

このとき，次を満たす実数 α が存在する。
$$F_x(a, b, \alpha)=F_y(a, b, \alpha)=F_\lambda(a, b, \alpha)=0$$

証明 条件より $F_\lambda(a, b, \alpha)=-g(a, b)=0$ である。よって
$$\begin{cases} F_x(a, b, \alpha)=f_x(a, b)-\alpha g_x(a, b)=0 \\ F_y(a, b, \alpha)=f_y(a, b)-\alpha g_y(a, b)=0 \end{cases} \tag{$*$}$$
を満たす α の存在を示せばよい。

仮定 (b) より，$g_x(a, b)\neq0$ または $g_y(a, b)\neq0$ である。

よって，$g_y(a, b)\neq0$ のときを考える（他の場合も同様である）。

陰関数定理（定理 3-1）より，$x=a$ の近傍で定義された関数 $y=y(x)$ で $b=y(a)$ かつ $g(x, y(x))=0$ であるものが存在する。点 (a, b) の近傍では，$g(x, y)=0$ を満たす点は $(x, y(x))$ という形である。

よって，考えるべき問題は 1 変数関数 $f(x, y(x))$ の（$x=a$ の近傍での）極値問題である。ここで $y'(x)=-\dfrac{g_x(x, y(x))}{g_y(x, y(x))}$ である。

$f(x, y(x))$ を x で微分すると

224 | 第 6 章 微分（多変数）

$$f_x(x, \ y(x)) + f_y(x, \ y(x))y'(x) = f_x(x, \ y(x)) - f_y(x, \ y(x))\frac{g_x(x, \ y(x))}{g_y(x, \ y(x))}$$

仮定より $f(x, \ y(x))$ は $x=a$ で極値をとるので，$f_x(x, \ y(x))$，
$f_y(x, \ y(x))$ は $x=a$ において 0 となる。すなわち

$$f_x(a, \ b) - f_y(a, \ b)\frac{g_x(a, \ b)}{g_y(a, \ b)} = 0$$

よって $f_x(a, \ b)g_y(a, \ b) - f_y(a, \ b)g_x(a, \ b) = 0$

これより $\alpha = \dfrac{f_y(a, \ b)}{g_y(a, \ b)}$ とすれば（＊）を満たすことがわかる。 ■

例えば，ラグランジュの未定乗数法を用いて，今一度，**例題2** を解いてみよう。

例題2 の **解答**

$F(x, \ y, \ \lambda) = f(x, \ y) - \lambda g(x, \ y) = (x^2 + xy + y^2) - \lambda(x^2 + y^2 - 1)$ と
する。

$$\begin{cases} F_x(x, \ y, \ \lambda) = 2(1-\lambda)x + y = 0 \\ F_y(x, \ y, \ \lambda) = x + 2(1-\lambda)y = 0 \end{cases} \quad (\ast)$$

を解く。これが $F_\lambda(x, \ y, \ \lambda) = -(x^2 + y^2 - 1) = 0$ をも満たさなけれ
ばならないので，特に $(x, \ y) \neq (0, \ 0)$ でなければならない。

（＊）より，$x \neq 0$ かつ $y \neq 0$ である。よって，これを解くと

$\{4(1-\lambda)^2 - 1\}y = 0$ から $4(1-\lambda)^2 - 1 = 0$ が得られ，$\lambda = \dfrac{3}{2}$ または

$\lambda = \dfrac{1}{2}$ となる。

$\lambda = \dfrac{3}{2}$ のとき，$F_x(x, \ y, \ \lambda) = -x + y = 0$ であり

$F_\lambda(x, \ y, \ \lambda) = -(x^2 + y^2 - 1) = 0$ に代入して

$(x, \ y) = \left(\pm\dfrac{1}{\sqrt{2}}, \ \pm\dfrac{1}{\sqrt{2}} \right)$ （複号同順）がわかる。

$\lambda = \dfrac{1}{2}$ のとき，$F_x(x, \ y, \ \lambda) = x + y = 0$ であり

$F_\lambda(x, \ y, \ \lambda) = -(x^2 + y^2 - 1) = 0$ に代入して

$(x, \ y) = \left(\pm\dfrac{1}{\sqrt{2}}, \ \mp\dfrac{1}{\sqrt{2}} \right)$ （複号同順）がわかる。

これらの点が実際に極値を与えるか否かを判定するために，これら
の点 $(a, \ b)$ の近傍の様子を観察しよう。

$b \neq 0$ なので,その近傍における単位円の点の座標は,陰関数 $y = y(x)$ によって $(x, y(x))$ という形で書ける。

よって,考えるべき問題は 1 変数関数 $h(x) = f(x, y(x))$ の極値問題である。$y'(x)$ を計算すると定理 3-1 ($p.220$) より

$$y'(x) = -\frac{x}{y(x)}$$ となるので

$$h'(x) = f_x(x, y(x)) + f_y(x, y(x))\left(-\frac{x}{y(x)}\right) = \frac{1-2x^2}{y(x)}$$

$$h''(x) = \frac{-4x\{y(x)\} - (1-2x^2)\{y'(x)\}}{\{y(x)\}^2} = \frac{-2x^3 + [1 - 4\{y(x)\}^2]x}{\{y(x)\}^3}$$

となる。$(x, y(x)) = \left(\pm\dfrac{1}{\sqrt{2}}, \pm\dfrac{1}{\sqrt{2}}\right)$ (複号同順) のとき,

$h'(x) = 0$ かつ $h''(x) = -4 < 0$ なので,第 3 章系 2-3 ($p.107$) より,このとき $h(x)$ は極大値 $\dfrac{3}{2}$ をとる。

また,$(x, y(x)) = \left(\pm\dfrac{1}{\sqrt{2}}, \mp\dfrac{1}{\sqrt{2}}\right)$ (複号同順) のとき,$h'(x) = 0$ かつ $h''(x) = 4 > 0$ なので,このとき $h(x)$ は極小値 $\dfrac{1}{2}$ をとる。

この解答で重要なことは,陰関数 $y(x)$ の具体的な形がわからなくてもよいという点である。すなわち,条件付き極値問題は,次の手順で解くことができる。

・まず,ラグランジュの未定乗数法を用いて,極値を与える点の候補をあげる。
・候補としてあげられた各点の近傍で陰関数を考え,その微分や 2 次微分を計算する。

陰関数の 2 次微分の正負は,上の例題でもそうであったように,陰関数の具体的な形がわからなくても計算できる場合が多い。したがって,この手順によって,候補としてあがった点で,実際に極値をとるか否かを判定できる。

条件 $g(x, y) = 2xy^2 + x^2y - 8 = 0$ のもとで,関数 $f(x, y) = x + 2y$ の極値を求めよ。

関数 $f(x, y) = x^2 + xy + y^2$ の $\{(x, y) \mid x^2 + y^2 \leq 1\}$ における最大値と最小値を求めよ。

4 発展：写像の微分

この発展的節では，関数の微分の考え方を一般化して，写像の微分の考え方について学ぶ。

◆ 全微分可能性 （一般形）

まず，一般の多変数関数 $y=f(x)$, $x=(x_1, x_2, \cdots\cdots, x_n)$
（上のように，$n=1$ なら1変数関数）の全微分可能性について述べる。

定義 4-1 全微分可能性

R^n の開領域 U で定義された関数 $f(x)$ と $a=(a_1, a_2, \cdots\cdots, a_n)\in U$ について，$x \longrightarrow a$ のとき

$$f(x)=f(a)+m_1(x_1-a_1)+m_2(x_2-a_2)+\cdots\cdots+m_n(x_n-a_n)+o(d(a, x))$$
$$(*)$$

となる定数 $m_1, m_2, \cdots\cdots, m_n$ が存在するとき，関数 $f(x)$ は a で全微分可能であるという。$f(x)$ が U のすべての点で全微分可能であるとき，関数 $f(x)$ は U で全微分可能であるという。

$n=2$ のときは，定理 1-1 ($p.203$) で与えたものに一致していることに注意しよう。また，$n=1$ のときは，1変数の場合の微分可能性の定義 ($p.92$, 第 3 章 ①) に一致していることに注意しよう。

$n=1$, 2 のときと同様に，n 変数関数 $y=f(x)=f(x_1, x_2, \cdots\cdots, x_n)$ が $a=f(a_1, a_2, \cdots\cdots, a_n)$ で全微分可能であれば，n 個の定数 $m_1, m_2, \cdots\cdots, m_n$ について，次が成り立つ。

$$m_i=\frac{\partial f}{\partial x_i}(a) \quad (i=1, 2, \cdots\cdots, n)$$

また，次の定理も成り立つ。

定理 4-1 全微分可能性と連続性

関数 $f(x)=f(x_1, x_2, \cdots\cdots, x_n)$ が $a=(a_1, a_2, \cdots\cdots, a_n)$ で全微分可能ならば，$x=a$ で連続である。

証明は定理 1-1 の証明と同様なので省略する。

| 定理 4-2 | 全微分可能性の判定 |

$f(\boldsymbol{x})=f(x_1,\ x_2,\ \cdots\cdots,\ x_n)$ を $\mathbb{R}^n$ の開領域 U で定義された関数とし，$\boldsymbol{a}=(a_1,\ a_2,\ \cdots\cdots,\ a_n)\in U$ とする。

U 上で $f(\boldsymbol{x})$ のすべての偏導関数 $\dfrac{\partial f}{\partial x_i}(\boldsymbol{x})$ $(i=1,\ 2,\ \cdots\cdots,\ n)$ が存在し，それらが $\boldsymbol{x}=\boldsymbol{a}$ で連続であれば，$f(\boldsymbol{x})$ は $\boldsymbol{x}=\boldsymbol{a}$ で全微分可能である。

証明は定理 1-2 $(p.204)$ の証明と同様なので省略する。

◆ C^r 級関数

U 上の n 変数関数 $f(\boldsymbol{x})=f(x_1,\ x_2,\ \cdots\cdots,\ x_n)$ について，すべての偏導関数 $\dfrac{\partial f}{\partial x_i}(\boldsymbol{x})$ $(i=1,\ 2,\ \cdots\cdots,\ n)$ が存在し，U 上で連続であるとき，関数 $f(\boldsymbol{x})$ は U 上で **1 回連続微分可能**，あるいは **C^1 級関数** と呼ばれる。

定理 4-2 より，C^1 級関数は全微分可能であり，更に定理 4-1 $(p.227)$ より連続である。

高階偏導関数についても，2 変数の場合と同様である。n 変数関数 $f(\boldsymbol{x})=f(x_1,\ x_2,\ \cdots\cdots,\ x_n)$ が偏導関数 $f_{x_i}(\boldsymbol{x})=\dfrac{\partial f}{\partial x_i}(\boldsymbol{x})$ をもち，それらがまた，$(x,\ y)$ についての関数として偏導関数をもつとする。$f_{x_i}(\boldsymbol{x})$ を x_j で偏微分して得られる偏導関数は，次のように書かれる。

$$f_{x_i x_j}(\boldsymbol{x})=\frac{\partial^2 f}{\partial x_j \partial x_i}(\boldsymbol{x})$$

| 定理 4-3 | 偏微分の順序交換（一般形） |

開領域 U 上の n 変数関数 $f(\boldsymbol{x})=f(x_1,\ x_2,\ \cdots\cdots,\ x_n)$ が 2 階の偏導関数 $f_{x_i x_j}(\boldsymbol{x})$ と $f_{x_j x_i}(\boldsymbol{x})$ $(i,\ j=1,\ 2,\ \cdots\cdots,\ n)$ をもち，どちらも連続であるとする。このとき，$f_{x_i x_j}(\boldsymbol{x})=f_{x_j x_i}(\boldsymbol{x})$ が成り立つ。

$f(\boldsymbol{x})=f(x_1,\ x_2,\ \cdots\cdots,\ x_n)$ の $x_i,\ x_j$ の他の変数を定数にしてよいので，この定理の証明は定理 1-5 $(p.210)$ に帰着する。

定義 4-2　C^r 級関数

$f(x)=f(x_1,\ x_2,\ \cdots\cdots,\ x_n)$ を開領域 U 上で定義された関数とし，r を 0 以上の整数とする。

⑴　$f(x)$ が U 上で r 階までの偏導関数をすべてもち，しかもそれらがすべて連続であるとき，$f(x)$ は U 上で r 回連続微分可能，あるいは C^r 級関数であるという。

⑵　$f(x)$ が U 上ですべての次数の偏導関数をもち，それらがすべて連続であるとき，$f(x)$ は U 上で無限回微分可能，あるいは C^∞ 級関数であるという。

例えば，関数 $f(x)$ が U 上で C^0 級関数であるとは，$f(x)$ が U 上で連続であることに他ならない。

2 変数の場合と同様に，C^r 級関数においては，r 階までの偏導関数は各 x_i $(i=1,\ 2,\ \cdots\cdots,\ n)$ で偏微分した回数のみで決まり，その順番には依存しない。

◆ C^r 級写像

$$F(x)=(f_1(x),\ f_2(x),\ \cdots\cdots,\ f_m(x)),\quad x=(x_1,\ x_2,\ \cdots\cdots,\ x_n)$$

を R^n の開領域 U から R^m への写像とする。このとき，各 $k=1,\ 2,\ \cdots\cdots,\ m$ について，$f_k(x)=f_k(x_1,\ x_2,\ \cdots\cdots,\ x_n)$ は，R^n の開領域 U 上の関数である。すべての $f_k(x)$ $(k=1,\ 2,\ \cdots\cdots,\ m)$ が C^r 級関数（r は 0 以上の整数，または ∞）であるとき，写像 $F(x)$ は **C^r 級写像** であるという。

◆ 合成写像の微分

R^n の開領域 U から R^m への写像

$$F(x)=(f_1(x),\ f_2(x),\ \cdots\cdots,\ f_m(x)),\quad x=(x_1,\ x_2,\ \cdots\cdots,\ x_n)$$

と，R^m の開領域 V から R^l への写像

$$G(y)=(g_1(y),\ g_2(y),\ \cdots\cdots,\ g_l(y)),\quad y=(y_1,\ y_2,\ \cdots\cdots,\ y_m)$$

を考え，F による U の像 $\{F(x)\,|\,x\in U\}$ が V に入るとする。

このとき，F と G の合成 $G\circ F$ という U から R^l への写像

$$(G\circ F)(x)=(h_1(x),\ h_2(x),\ \cdots\cdots,\ h_l(x)),\quad x=(x_1,\ x_2,\ \cdots\cdots,\ x_n)$$

ができる。ここで $(G\circ F)(x)$ の第 k 成分 $h_k(x)$　$(k=1,\ 2,\ \cdots\cdots,\ l)$ は

$$h_k(x) = g_k(f_1(x), \ f_2(x), \ \cdots\cdots, \ f_m(x))$$

つまり，G の第 k 成分である $g_k(y)$ に $y_1 = f_1(x)$，$y_2 = f_2(x)$，$\cdots\cdots$，$y_m = f_m(x)$ を代入してできた合成関数である。

これらの関数が，すべての偏導関数をもつとしよう。写像 $F(x)$ は，その m 個の成分 $f_j(x)$ $(j = 1, 2, \cdots\cdots, m)$ が，それぞれ n 個の独立変数 x_1, x_2, $\cdots\cdots$, x_n の関数なので，mn 個の偏導関数

$$\frac{\partial f_j}{\partial x_i}(x) \quad (x = (x_1, \ x_2, \ \cdots\cdots, \ x_n))$$

をもつ。また，写像 $G(x)$ は，その l 個の成分 $g_k(y)$ $(k = 1, 2, \cdots\cdots, l)$ が，それぞれ m 個の独立変数 y_1, y_2, $\cdots\cdots$, y_m の関数なので，lm 個の偏導関数

$$\frac{\partial g_k}{\partial y_j}(y) \quad (y = (y_1, \ y_2, \ \cdots\cdots, \ y_m))$$

をもつ。一方，合成写像 $(G \circ F)(x)$ においては，l 個の成分 $h_k(x)$ $(k = 1, 2, \cdots\cdots, l)$ が，それぞれ n 個の独立変数 x_1, x_2, $\cdots\cdots$, x_n の関数なので，ln 個の偏導関数

$$\frac{\partial h_k}{\partial x_i}(x) \quad (x = (x_1, \ x_2, \ \cdots\cdots, \ x_n))$$

が考えられる。

これらの偏導関数の間の関係を述べたのが，次の定理である。

定理 4-4　合成関数の微分（一般形）

合成写像の微分に関して，写像 F, G は C^1 級とする。このとき，合成写像 $G \circ F$ もまた C^1 級であり，すべての $k = 1, 2, \cdots\cdots, l$ と $i = 1, 2, \cdots\cdots, n$ について，次の等式が成り立つ。

$$\frac{\partial h_k}{\partial x_i}(x) = \sum_{j=1}^{m} \frac{\partial g_k}{\partial y_j}(F(x)) \frac{\partial f_j}{\partial x_i}(x) \qquad (*)$$

注意　定理 4-4 の式 $(*)$ を，写像 F の変数による表示

$$y_j = f_j(x_1, \ x_2, \ \cdots\cdots, \ x_n) \quad (j = 1, 2, \cdots\cdots, m)$$

と，写像 G の変数による表示

$$z_k = g_k(y_1, \ y_2, \ \cdots\cdots, \ y_m) \quad (k = 1, 2, \cdots\cdots, l)$$

に基づいて，変数のみを用いて簡略形で書くと，次のようになる。

$$\frac{\partial z_k}{\partial x_i} = \sum_{j=1}^{m} \frac{\partial z_k}{\partial y_j} \cdot \frac{\partial y_j}{\partial x_i} = \frac{\partial z_k}{\partial y_1} \cdot \frac{\partial y_1}{\partial x_i} + \frac{\partial z_k}{\partial y_2} \cdot \frac{\partial y_2}{\partial x_i} + \cdots\cdots + \frac{\partial z_k}{\partial y_m} \cdot \frac{\partial y_m}{\partial x_i}$$

定理 4-4 の 証明　それぞれの $k=1,\ 2,\ \cdots\cdots,\ l$ について，関数 $h_k(x)$ のみを考えれば，$l=1$ としても差し支えない。また，各 x_i での偏微分を計算するには，他の変数を定数にして，x_i だけの 1 変数関数として微分すればよいので，$n=1$ としてもよい。

というわけで，m 変数関数 $z=h(y_1,\ y_2,\ \cdots\cdots,\ y_m)$ に，m 個の 1 変数関数 $y_j=g_j(x)$ を合成して得られた 1 変数関数 $z=h(g_1(x),\ g_2(x),\ \cdots\cdots,\ g_m(x))$ を x で微分したときの微分係数を求める問題に帰着される。

これの $m=2$ の場合が，定理 1-3 ($p.\,206$) で扱った場合に他ならない。
一般の m の場合の証明も，定理 1-3 の証明と同様である。

最後に，（＊）より，偏導関数 $\dfrac{\partial h_k}{\partial x_i}(x)$ は連続であり，したがって，写像 $G \circ F$ は C^1 級である。　■

注意　定理 4-4 は，① の合成関数の微分の項に出てきた定理 1-3 と定理 1-4 ($p.\,207$) の一般形を意図したものであるが，（議論を簡単にするため）C^1 級という関数のクラスで述べてあるため，完全な一般化にはなっていない。

◆ ヤコビ行列

この項は，既に線形代数学で行列を履修済みの読者向けである。R^n の開領域 U から R^m への写像 $F(x)=(f_1(x),\ f_2(x),\ \cdots\cdots,\ f_m(x))$，
$x=(x_1,\ x_2,\ \cdots\cdots,\ x_n)$ について，$a=(a_1,\ a_2,\ \cdots\cdots,\ a_n) \in U$ における偏微分係数 $\dfrac{\partial f_i}{\partial x_j}(a)$ を $(i,\ j)$ 成分とすることで，$m \times n$ 行列

$$J_F(a) = \left[\frac{\partial f_i}{\partial x_j}(a)\right] = \begin{bmatrix} \dfrac{\partial f_1}{\partial x_1}(a) & \dfrac{\partial f_1}{\partial x_2}(a) & \cdots & \dfrac{\partial f_1}{\partial x_n}(a) \\[2mm] \dfrac{\partial f_2}{\partial x_1}(a) & \dfrac{\partial f_2}{\partial x_2}(a) & \cdots & \dfrac{\partial f_2}{\partial x_n}(a) \\[1mm] \vdots & \vdots & & \vdots \\[1mm] \dfrac{\partial f_m}{\partial x_1}(a) & \dfrac{\partial f_m}{\partial x_2}(a) & \cdots & \dfrac{\partial f_m}{\partial x_n}(a) \end{bmatrix}$$

を考えることができる。この行列を写像 $F(x)$ の $x=a$ における **関数行列**，または **ヤコビ行列** という。

$m=1$ のとき，すなわち，1 つの n 変数関数 $f(x)=f(x_1,\ x_2,\ \cdots\cdots,\ x_n)$ につ

4　発展：写像の微分　231

いては，そのヤコビ行列は，横ベクトル

$$J_f(a) = (f_{x_1}(a), \ f_{x_2}(a), \ \cdots\cdots, \ f_{x_n}(a))$$

で表される。これは，n 次元ベクトル空間 R^n 上の線形関数

$$\boldsymbol{v} = \begin{bmatrix} v_1 \\ v_2 \\ \vdots \\ v_n \end{bmatrix} \longmapsto J_f(a)v = f_{x_1}(a)v_1 + f_{x_2}(a)v_2 + \cdots\cdots + f_{x_n}(a)v_n$$

を定義するが，これは関数 $f(x)$ の $x=a$ における 1 次近似

$$f(x) = f(a) + \{f_{x_1}(a)v_1 + f_{x_2}(a)v_2 + \cdots\cdots + f_{x_n}(a)v_n\} + o(d(a, \ x))$$

（ただし，$v_1 = x_1 - a_1, \ v_2 = x_2 - a_2, \ \cdots\cdots, \ v_n = x_n - a_n$ とおいた）の 1 次部分を与えている。つまり，横ベクトル $J_f(a)$ は関数 $f(x)$ を $x=a$ で 1 次近似する線形関数を与えている。

　この考え方は，一般の m の場合に一般化することができる。R^n の開領域 U から R^m への写像 $F(x) = (f_1(x), \ f_2(x), \ \cdots\cdots, \ f_m(x)), \ x = (x_1, \ x_2, \ \cdots\cdots, \ x_n)$ の $a = (a_1, \ a_2, \ \cdots\cdots, \ a_n) \in U$ におけるヤコビ行列 $J_F(a)$ は，写像 $F(x)$ を $x=a$ で 1 次近似する線形写像を与える行列と考えることができる。

例 1

$x = 2u - v, \ y = 4u + 3v$ とすると

$$\frac{\partial x}{\partial u} = 2, \ \frac{\partial x}{\partial v} = -1, \ \frac{\partial y}{\partial u} = 4, \ \frac{\partial y}{\partial v} = 3$$

よって　$\begin{bmatrix} \dfrac{\partial x}{\partial u} & \dfrac{\partial x}{\partial v} \\ \dfrac{\partial y}{\partial u} & \dfrac{\partial y}{\partial v} \end{bmatrix} = \begin{bmatrix} 2 & -1 \\ 4 & 3 \end{bmatrix}$

練習 1

次の各々の $(u, \ v)$ 平面から $(x, \ y)$ 平面への写像のヤコビ行列

$$\begin{bmatrix} \dfrac{\partial x}{\partial u} & \dfrac{\partial x}{\partial v} \\ \dfrac{\partial y}{\partial u} & \dfrac{\partial y}{\partial v} \end{bmatrix}$$

を求めよ。

(1) $x = u + v^2, \ y = u^2 - v$ 　　　　(2) $x = u\cos v, \ y = u\sin v$

◆鎖法則（一般形）

　$F(x) = (f_1(x), \ f_2(x), \ \cdots\cdots, \ f_m(x)), \ x = (x_1, \ x_2, \ \cdots\cdots, \ x_n)$ を R^n の開領域 U から R^m への写像，$G(y) = (g_1(y), \ g_2(y), \ \cdots\cdots, \ g_l(y))$，

$y=(y_1,\ y_2,\ \cdots\cdots,\ y_m)$ を R^m の開領域 V から R^l への写像とし，F による U の像 $\{F(x)\,|\,x\in U\}$ が V に入るとする。

このとき，合成写像 $(G\circ F)(x)=(h_1(x),\ h_2(x),\ \cdots\cdots,\ h_l(x))$ の偏微分は，定理 4-4（$p.230$）の式（＊）で与えられていた。

この式は，行列を用いて書くと

$$
\begin{bmatrix}
\dfrac{\partial h_1}{\partial x_1}(a) & \dfrac{\partial h_1}{\partial x_2}(a) & \cdots & \dfrac{\partial h_1}{\partial x_n}(a) \\[2mm]
\dfrac{\partial h_2}{\partial x_1}(a) & \dfrac{\partial h_2}{\partial x_2}(a) & \cdots & \dfrac{\partial h_2}{\partial x_n}(a) \\[2mm]
\vdots & \vdots & & \vdots \\[2mm]
\dfrac{\partial h_l}{\partial x_1}(a) & \dfrac{\partial h_l}{\partial x_2}(a) & \cdots & \dfrac{\partial h_l}{\partial x_n}(a)
\end{bmatrix}
$$

$$
=
\begin{bmatrix}
\dfrac{\partial g_1}{\partial y_1}(F(a)) & \dfrac{\partial g_1}{\partial y_2}(F(a)) & \cdots & \dfrac{\partial g_1}{\partial y_m}(F(a)) \\[2mm]
\dfrac{\partial g_2}{\partial y_1}(F(a)) & \dfrac{\partial g_2}{\partial y_2}(F(a)) & \cdots & \dfrac{\partial g_2}{\partial y_m}(F(a)) \\[2mm]
\vdots & \vdots & & \vdots \\[2mm]
\dfrac{\partial g_l}{\partial y_1}(F(a)) & \dfrac{\partial g_l}{\partial y_2}(F(a)) & \cdots & \dfrac{\partial g_l}{\partial y_m}(F(a))
\end{bmatrix}
\begin{bmatrix}
\dfrac{\partial f_1}{\partial x_1}(a) & \dfrac{\partial f_1}{\partial x_2}(a) & \cdots & \dfrac{\partial f_1}{\partial x_n}(a) \\[2mm]
\dfrac{\partial f_2}{\partial x_1}(a) & \dfrac{\partial f_2}{\partial x_2}(a) & \cdots & \dfrac{\partial f_2}{\partial x_n}(a) \\[2mm]
\vdots & \vdots & & \vdots \\[2mm]
\dfrac{\partial f_m}{\partial x_1}(a) & \dfrac{\partial f_m}{\partial x_2}(a) & \cdots & \dfrac{\partial f_m}{\partial x_n}(a)
\end{bmatrix}
$$

すなわち

$$
J_{G\circ F}(a)=J_G(F(a))\cdot J_F(a)
$$

と，行列の積を用いて書くことができる。これは1変数関数の合成関数の微分係数が，それぞれの関数の微分係数の積になっているという，いわゆる **鎖法則**（**チェイン・ルール**）（$p.98$，3章 $\boxed{1}$）の一般化になっている。

つまり，多変数においては，合成写像の微分に関する鎖法則は，それぞれの写像のヤコビ行列の積という形になる。

　これは，前項で述べた「写像の1次近似」としてのヤコビ行列という考え方とも整合している。実際，鎖法則は写像の合成のヤコビ行列がそれぞれのヤコビ行列の積に一致することを意味しているが，一方，線形代数より，行列の積は対応する線形写像の合成を表しているので，これはつまり，合成 $G\circ F$ の1次近似は，F と G それぞれの1次近似の合成に一致するということに他ならない。

$\boxed{4}$　発展：写像の微分　233

5 発展：微分作用素

今まで考えてきた導関数 $\dfrac{\partial f}{\partial x}$ の $\dfrac{\partial}{\partial x}$ の部分を，数学の実体（微分作用素）として扱うことで，今までの議論では考えられなかった柔軟性が生まれる。微分作用素とは，関数に対して，その微分を与える作用素である。ここではこのような微分作用素の考え方について解説し，その応用としてテイラーの定理を証明する。

◆ 微分作用素

$\boxed{1}$ では，x, y についての関数 $f(x, y)$ について，その x および y での偏微分

$$\frac{\partial}{\partial x}f(x, y), \quad \frac{\partial}{\partial y}f(x, y)$$

に関して学んだ。これについて，次のような見方をすることが大事である。すなわち，$f_x(x, y) = \dfrac{\partial}{\partial x}f(x, y)$ とは，もともとの関数 $f(x, y)$ に，$\dfrac{\partial}{\partial x}$ というものが（左から）作用して，その結果として得られたものである，という見方である。ここでは「$\dfrac{\partial}{\partial x}$」という数でも関数でもないものが，何らかの実体的なものとして考えられている。「$\dfrac{\partial}{\partial y}$」についても同様に考えられる。

これらは関数に対して「（偏）微分する」という作用を施すものであるので，**（偏）微分作用素** と呼ばれる。

このような考え方をすると，非常に便利であることが多い。例えば，実数 a, b について

$$a\frac{\partial}{\partial x} + b\frac{\partial}{\partial y}$$

という作用素を考えることができるが，これは関数 $f(x, y)$ に対して，$af_x(x, y) + bf_y(x, y)$ を対応させる作用素である。このように，微分作用素を単独で扱い，それらの間の演算を行うことで，より柔軟性の高い微分の計算を整合的に行うことができる。

微分作用素 $D = a\dfrac{\partial}{\partial x} + b\dfrac{\partial}{\partial y}$ (a, b は実数) に対して，次を計算せよ。

(1) $D(x^2 y^3)$ 　　　(2) $D(\sin(x^2 + y^2))$ 　　　(3) $D(e^{x+y})$

234 ｜ 第6章 微分（多変数）

D, E が微分作用素であるとき，微分作用素 DE を次で定義する．

関数 $f(x, y)$ に対して，$DEf(x, y) = D(Ef(x, y))$

つまり，微分作用素 DE は，関数に対して，最初に E を作用させ，その結果として得られた関数に D を作用させるという微分作用素である．$D=E$ のとき，$D^2 = DE$ と書く．

例えば，関数に対してその 2 次微分を対応させることは，微分を 2 回合成することに他ならないから

$$\frac{\partial^2}{\partial x^2} = \left(\frac{\partial}{\partial x}\right)^2$$

が成り立つ．3 つ以上の微分作用素の積についても同様である．

ラプラス作用素 次の微分作用素を（2 変数の）ラプラス作用素という．

$$\Delta = \frac{\partial^2}{\partial x^2} + \frac{\partial^2}{\partial y^2}$$

ラプラス作用素 Δ は関数 $f(x, y)$ に，次のように作用する．

$$\Delta f(x, y) = f_{xx}(x, y) + f_{yy}(x, y)$$

a, b を実数として，$a\dfrac{\partial}{\partial x} + b\dfrac{\partial}{\partial y}$ を C^∞ 級の関数に作用する微分作用素とする．

このとき，定理 1-5 ($p.\,210$) より $\dfrac{\partial^2}{\partial x \partial y} = \dfrac{\partial^2}{\partial y \partial x}$ なので，次が成り立つ．

$$\left(a\frac{\partial}{\partial x} + b\frac{\partial}{\partial y}\right)^2 = a^2 \frac{\partial^2}{\partial x^2} + 2ab\frac{\partial^2}{\partial x \partial y} + b^2 \frac{\partial^2}{\partial y^2}$$

一般に，次が成り立つ．

$$\left(a\frac{\partial}{\partial x} + b\frac{\partial}{\partial y}\right)^n = \sum_{k=0}^{n} \binom{n}{k}^{*)} a^k b^{n-k} \frac{\partial^n}{\partial x^k \partial y^{n-k}} \qquad (*)$$

例 2 で挙げた等式

$$\left(a\frac{\partial}{\partial x} + b\frac{\partial}{\partial y}\right)^n = \sum_{k=0}^{n} \binom{n}{k} a^k b^{n-k} \frac{\partial^n}{\partial x^k \partial y^{n-k}}$$

が成り立つことを証明せよ．

---

*) $\binom{n}{k} = {}_n C_k$

◆テイラーの定理の証明

例 2（$p.235$）に述べた結果を使うと，テイラーの定理（$p.213$, 定理 2-1）の式は微分作用素を用いて，次のように簡潔に書くことができる。

定理 5-1 テイラーの定理

$f(x, y)$ を平面の開領域 U 上の C^n 級関数とし，$(a, b) \in U$ とする。このとき，点 (x, y) と点 (a, b) を結ぶ線分が U に入るならば，次が成り立つ。

$$f(x, y) = \sum_{k=0}^{n-1} \frac{1}{k!} \left(h\frac{\partial}{\partial x} + k\frac{\partial}{\partial y} \right)^k f(a, b)$$

$$+ \frac{1}{n!} \left(h\frac{\partial}{\partial x} + k\frac{\partial}{\partial y} \right)^n f(a+\theta h, b+\theta k)$$

ただし，θ は $0 < \theta < 1$ を満たす実数であり，$h = x - a$，$k = y - b$ である。

証明 t に関する関数 $g(t)$ を $g(t) = f(a+ht, b+kt)$ で定義する。

点 (x, y) と点 (a, b) を結ぶ線分が $f(x, y)$ の定義域 U に入るので，$g(t)$ は $[0, 1]$ を含む開区間で定義された C^n 級関数であり

$$g(0) = f(a, b), \quad g(1) = f(x, y)$$

である。

関数 $g(t)$ の有限マクローリン展開（$p.122$, 第 3 章 ④）をとると

$$g(t) = \sum_{k=0}^{n-1} \frac{1}{k!} g^{(k)}(0) t^k + \frac{1}{n!} g^{(n)}(\theta t) t^n \qquad (*)$$

$(0 < \theta < 1)$ と書ける。$g(t)$ の k 回微分 $g^{(k)}(t)$ を合成関数の微分（$p.206$, 定理 1-3）に従って計算すると

$$g^{(k)}(t) = \frac{d^k}{dt^k} f(a+ht, b+kt)$$

$$= \left(h\frac{\partial}{\partial x} + k\frac{\partial}{\partial y} \right)^k f(a+ht, b+kt)$$

と計算されるので，$g^{(k)}(0) = \left(h\frac{\partial}{\partial x} + k\frac{\partial}{\partial y} \right)^k f(a, b)$ となる。

これらを $(*)$ に代入して，最後に $t = 1$ とおけば，題意の等式が得られる。 ■

6 補遺：定理の証明

この節では，*p.* 217 の定理 2-4（2 変数関数の極値判定）と *p.* 220 の定理 3-1（陰関数定理）の証明を行う。第 2 章 ⑤ などでもそうであったように，これらの証明は必ずしも知っておかなければならないというものではない。

◆ 2 変数関数の極値判定の証明

定理 2-4 を証明する。

証明 $A = f_{xx}(a, b)$，$B = f_{xy}(a, b)$，$C = f_{yy}(a, b)$ とおく。$D = AC - B^2$ である。また，$h = x - a$，$k = y - b$ とする。

(1) $D > 0$ のときを考える。

(x, y) は (a, b) に十分近いとして，テイラーの定理（*p.* 214，定理 2-2）を適用すると，$f_x(a, b) = f_y(a, b) = 0$ より

$$f(x, y) - f(a, b) = \frac{1}{2}(A'h^2 + 2B'hk + C'k^2)$$

ここで，$A' = f_{xx}(a', b')$，$B' = f_{xy}(a', b')$，$C' = f_{yy}(a', b')$ とした。$f_{xx}(x, y)$，$f_{xy}(x, y)$，$f_{yy}(x, y)$ は連続なので，(x, y) が (a, b) に十分近ければ，$D' = A'C' - B'^2$ は $D' > 0$ を満たす。

$A > 0$ とすると，(x, y) が (a, b) に十分近ければ，$A' > 0$ である。このとき

$$A'h^2 + 2B'hk + C'k^2 = A'\left(h + \frac{B'}{A'}k\right)^2 + \frac{A'C' - B'^2}{A'}k^2 > 0$$

なので，(a, b) の十分小さい近傍で $f(x, y) > f(a, b)$ となる。これは $f(a, b)$ が極小値であることを示している。

同様にして，$A < 0$ のときは，$f(a, b)$ は極大値であることもわかる。

(2) $D < 0$ のときを考える。

系 2-1 より，$(x, y) \longrightarrow (a, b)$ で

$$f(x, y) - f(a, b) = \frac{1}{2}(Ah^2 + 2Bhk + Ck^2) + o(h^2 + k^2)$$

である。$f(a, b)$ が極値でないことを示すには，この右辺が正にも負にもなり得ることを示せばよい。もし，$A \neq 0$ ならば，$D < 0$ なので，t についての 2 次方程式 $At^2 + 2Bt + C = 0$ は相違なる 2 つの実数解をもつ。これを α, β $(\alpha < \beta)$ とすると

---

⑥ 補遺：定理の証明 | 237

$$f(x,\ y)-f(a,\ b)=\frac{1}{2}A(h-\alpha k)(h-\beta k)+r(h,\ k),$$

$$\lim_{(x,y)\to(a,b)}\frac{r(h,\ k)}{h^2+k^2}=0$$

が成り立つ。

$\alpha>\gamma>\beta$ である γ を任意にとる（例えば，$\gamma=\dfrac{\alpha+\beta}{2}$ とすればよい）。

このとき，$(\gamma-\alpha)(\gamma-\beta)<0$ である。

また，$h=\gamma k$ とすると，$\displaystyle\lim_{k\to0}\frac{r(\gamma k,\ k)}{k^2}=0$ であり，

$\varepsilon=\left|\dfrac{1}{2}A(\gamma-\alpha)(\gamma-\beta)\right|$ は正の実数なので，$|k|$ が十分小さいとき，

$\dfrac{r(\gamma k,\ k)}{k^2}<\varepsilon$ とできる。このとき

$$f(x,\ y)-f(a,\ b)=k^2\left\{\frac{1}{2}A(\gamma-\alpha)(\gamma-\beta)+\frac{r(\gamma k,\ k)}{k^2}\right\}$$

の符号は $\dfrac{1}{2}A(\gamma-\alpha)(\gamma-\beta)$ の符号と同じであり，$(\gamma-\alpha)(\gamma-\beta)<0$ なので，A と異なる符号になる。

$\gamma>\alpha>\beta$ である γ を任意にとる（例えば，$\gamma=2\alpha-\beta$ とすればよい）。
このとき，$h=\gamma k$ として上と同様に議論すると，十分小さい $|k|$ に対して，$f(x,\ y)-f(a,\ b)$ の符号は A の符号と同じになる。

以上より，$D<0$ かつ $A\neq0$ のときは，$f(x,\ y)-f(a,\ b)$ の値が，点 $(a,\ b)$ の近傍で正にも負にもなり得るので，$f(a,\ b)$ は極値ではない。
$A=0$ のとき，もし，$C\neq0$ ならば，A と C の役割を入れ替えて（すなわち，x と y を入れ替えて）同様に議論すれば，$f(a,\ b)$ は極値ではないことがわかる。

$A=C=0$ のときが残った。$D<0$ としたので，$B\neq0$ である。

$$f(x,\ y)-f(a,\ b)=Bhk+o(h^2+k^2)$$

となるが，$h=k$ として上と同様に議論すると，$|k|$ が十分小さいとき，右辺の符号は B の符号と同じになる。また，$h=-k$ として同様に議論すると，$|k|$ が十分小さいとき，右辺の符号は B の符号と異なる。
よって，このときも $f(x,\ y)-f(a,\ b)$ の値が点 $(a,\ b)$ の近傍で正にも負にもなり得るので，$f(a,\ b)$ は極値ではない。

以上から定理が証明された。　■

◆ 陰関数定理の証明

定理 3-1 ($p.220$) を証明する。

証明 $F_y(a, b) \neq 0$ なので，$F_y(a, b) > 0$ または $F_y(a, b) < 0$ である。
以下では $F_y(a, b) > 0$ の場合を証明する（他の場合の証明も同様）。

第 1 段階 $F_y(a, b) > 0$ であり，$F_y(x, y)$ は連続関数であるから，正の実数 ε を十分小さくとって，次を満たすようにできる。

$$|x - a| < \varepsilon, \ |y - b| < 2\varepsilon \Longrightarrow F_y(x, y) > 0$$

$|x_0 - a| < \varepsilon$ を満たすすべての x_0 について，y についての 1 変数関数 $g(y) = F(x_0, y)$ は，$g'(y) = F_y(x_0, y) > 0$ なので，開区間 $(b - 2\varepsilon, b + 2\varepsilon)$ 上で狭義単調増加関数である。特に $F(a, b) = 0$ なので，$F(a, b - \varepsilon) < 0$ かつ $F(a, b + \varepsilon) > 0$ が成り立っている。

ここで再び，$F_y(x, y)$ の連続性から，十分小さい正の実数 ε' をとれば $|x_0 - a| < \varepsilon'$ であるすべての x_0 について，次が成り立つようにできる。

- y についての 1 変数関数 $F(x_0, y)$ は $(b - 2\varepsilon, b + 2\varepsilon)$ 上で狭義単調増加
- $F(x_0, b - \varepsilon) < 0$ かつ $F(x_0, b + \varepsilon) > 0$

ここで中間値の定理 ($p.74$，第 2 章定理 3-3) より，$|x_0 - a| < \varepsilon'$ であるすべての x_0 について，$F(x_0, y_0) = 0$ を満たす y_0 が，$|y_0 - b| < \varepsilon$ の範囲で存在する。しかも，$F(x_0, y)$ は狭義単調増加なので，そのような y_0 は x_0 に対して，ただ 1 つに決まる。よって，開区間 I を $I = (a - \varepsilon', a + \varepsilon')$ で定義すると，任意の $x_0 \in I$ に対して，上のようにして決まる y_0 を対応させることで，関数 $y = \varphi(x)$ が定義できる。
作り方から，この関数は定理の条件 (a)，(b) を満たしている。

第 2 段階 関数 $\varphi(x)$ が I 上で微分可能であることを示す前に，I 上で連続であることを示す必要がある（次の **第 3 段階** で必要になる）。

任意の $x_0 \in I$ について，$h \longrightarrow 0$ ならば $\varphi(x_0 + h) \longrightarrow \varphi(x_0)$ であることを示せばよい。そこで $\lim_{h \to 0} \varphi(x_0 + h) \neq \varphi(x_0)$ と仮定して，背理法により証明しよう。このとき，$n \longrightarrow \infty$ で 0 に収束する数列 $\{h_n\}$ と正の実数 ε'' が存在して，次が成り立つ。

- すべての自然数 n について，$|\varphi(x_0 + h_n) - \varphi(x_0)| \geqq \varepsilon''$

($p.90$，第 2 章章末問題 5 参照）。第 1 段階における $\varphi(x)$ の作り方から，任意の n について $\varphi(x_0 + h_n)$ は閉区間 $[b - \varepsilon, b + \varepsilon]$ に属している。

よってボルツァーノ・ワイエルシュトラスの定理（*p.* 41，第 1 章 研究 定理 3-4）より，$\{h_n\}$ の部分列 $\{h_{n_k}\}$ で，数列 $\{\varphi(x_0+h_{n_k})\}$ が閉区間 $[b-\varepsilon,\ b+\varepsilon]$ 内の値 α に収束するものがとれる。任意の k について $|\varphi(x_0+h_{n_k})-\varphi(x_0)|\geqq\varepsilon''$ なので，$|\alpha-\varphi(x_0)|\geqq\varepsilon''$ であり，特に $\alpha\neq\varphi(x_0)$ である。

そこで，平面上の点列 $\{x_0+h_{n_k},\ \varphi(x_0+h_{n_k})\}$ を考えると，これは $(x_0,\ \alpha)$ に収束する（*p.* 194，第 5 章章末問題 5）。また，$F(x,\ y)$ は連続なので，$k\longrightarrow\infty$ で $F(x_0+h_{n_k},\ \varphi(x_0+h_{n_k}))$ は $F(x_0,\ \alpha)$ に収束する（第 5 章章末問題 6）。しかし，任意の k について $F(x_0+h_{n_k},\ \varphi(x_0+h_{n_k}))=0$ なので，特に $F(x_0,\ \alpha)=0$ である。

ところで，$[b-\varepsilon,\ b+\varepsilon]$ 内の値 y_0 で，$F(x_0,\ y_0)=0$ を満たすものは唯一であったから，これは $\alpha=\varphi(x_0)$ を意味しているが，上では $\alpha\neq\varphi(x_0)$ であったから，これは矛盾である。よって，背理法により $\lim\limits_{h\to 0}\varphi(x_0+h)=\varphi(x_0)$ であり，$\varphi(x)$ は I 上の連続関数である。

第 3 段階 関数 $\varphi(x)$ が I 上で微分可能であることを示そう。

つまり，極限 $\lim\limits_{h\to 0}\dfrac{\varphi(x+h)-\varphi(x)}{h}$ が存在すればよい。テイラーの定理（*p.* 213，定理 2-1）の $n=1$ の場合によれば

$$F(x+h,\ y+k)=F(x,\ y)+F_x(x+\theta h,\ y+\theta k)h$$
$$+F_y(x+\theta h,\ y+\theta k)k$$

（ただし $0<\theta<1$）と書ける。ここで $y=\varphi(x)$，$k=\varphi(x+h)-\varphi(x)$ とすると，$F(x,\ \varphi(x))=F(x+h,\ \varphi(x+h))=0$ であるから

$$F_x(x+\theta h,\ \varphi(x)+\theta k)h+F_y(x+\theta h,\ \varphi(x)+\theta k)k=0$$

すなわち $\dfrac{\varphi(x+h)-\varphi(x)}{h}=\dfrac{k}{h}=-\dfrac{F_x(x+\theta h,\ \varphi(x)+\theta k)}{F_y(x+\theta h,\ \varphi(x)+\theta k)}$

ここで $h\longrightarrow 0$ とすると，$\varphi(x)$ の連続性（第 2 段階）から，$k\longrightarrow 0$ となる。よって，$F_x(x,\ y)$，$F_y(x,\ y)$ の連続性より

$$\lim_{h\to 0}\frac{\varphi(x+h)-\varphi(x)}{h}=-\frac{F_x(x,\ \varphi(x))}{F_y(x,\ \varphi(x))}$$

となる。よって，$\varphi(x)$ は I 上で微分可能であり，その導関数 $\varphi'(x)$ は $-\dfrac{F_x(x,\ \varphi(x))}{F_y(x,\ \varphi(x))}$ に等しい。

以上で定理は証明された。 ∎

240 | 第 6 章 微分（多変数）

Column コラム 接線法と極値問題

曲線に接線を引く方法と極値問題はまったく異質の問題であるにもかかわらず，どちらも微分法という単一の手法で取り扱うことができる。どうしてそのようなことが可能なのであろうか。オイラーの著作『微分計算教程』(1755年)から一例を拾うと，オイラーはデカルトが提案して「デカルトの葉」と呼ばれることになった代数曲線の方程式

$$x^3+y^3=3axy \ (a>0 \text{ は定数})$$

を書き，これにより定義される x の関数 y の極値を求める問題を提示した（3 練習 2, p.222 を参照）。

y の x に関する導関数を求めるために，オイラーはこの方程式をそのまま微分した。左右両辺の2変数関数の各々に対し，左辺の微分は

$$d(x^3+y^3)=3x^2dx+3y^2dy$$

右辺の微分は

$$d(3axy)=3a(ydx+xdy)$$

これらを等置すると，等式

$$(x^2-ay)dx+(y^2-ax)dy=0$$

が得られる。

この方程式は，デカルトの葉の原点以外の点 $P(x, y)$ における接線 L の無限小部分を表している（原点では $x=0$, $y=0$ により，この方程式は消失してしまう。原点はデカルトの葉の特異点であり，原点では接線は存在しない）。

L 上の点 (X, Y) に対し，比例式 $dx:dy=X-x:Y-y$ が成立するから，接線 L の方程式は $(x^2-ay)(X-x)+(y^2-ax)(Y-y)=0$ となる。

したがって

$$(x^2-ay)X+(y^2-ax)Y=x(x^2-ay)+y(y^2-ax)$$
$$=x^3+y^3-2axy=3axy-2axy=axy$$

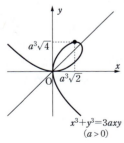

$x^3+y^3=3axy$
$(a>0)$

となる。

接線を自由に引くことができれば曲線の概形を描くことが可能になり，概形を観察すれば y が極大値をとる場所は一目瞭然である。それは接線が x 軸と平行になる点であり，連立方程式 $x^2-ay=0$, $x^3+y^3=3axy$ を解くと，その点は $(a\sqrt[3]{2}, a\sqrt[3]{4})$ であることがわかる。それゆえ，y は $x=a\sqrt[3]{2}$ において極大値 $a\sqrt[3]{4}$ をとる。曲線は関数のグラフであり，関数の挙動は関数のグラフの形状にありありと現れている。

極値問題が接線法により解決されるのは，両者がこのように連繋しているからである。

章末問題A

1. 次の関数 $f(x, y)$ の偏導関数を求めよ。

   (1) $f(x, y) = ax^3 + bx^2y + cxy^2 + dy^3$　$(a, b, c, d$ は実数$)$

   (2) $f(x, y) = \dfrac{\sin x}{\cos y}$　　　　　　(3) $f(x, y) = \mathrm{Tan}^{-1}\dfrac{y}{x}$

2. $z = x^2 + y^3$ のグラフ上の点 $(1, 2, 9)$ における接平面の方程式を求めよ。

3. 関数 $f(x, y)$ を用いて作った，以下の合成関数の微分，あるいは偏微分を，
   $f(x, y)$ の偏導関数などを用いて表せ。

   (1) $\dfrac{d}{dt}f(\sin t, \cos t)$　　(2) $\dfrac{\partial}{\partial u}f\left(\dfrac{u^2v}{1+u+v^2}, uv\right),\ \dfrac{\partial}{\partial v}f\left(\dfrac{u^2v}{1+u+v^2}, uv\right)$

4. 次のそれぞれの関数 $f(x, y)$ について，その 2 次までの偏導関数をすべて求めよ。

   (1) $f(x, y) = (1+xy)^2$　　　　　　(2) $f(x, y) = \sin(x^2+y^2)$

   (3) $f(x, y) = y\log(1+x^2)$　　　　(4) $f(x, y) = y\,\mathrm{Tan}^{-1}(xy)$

章末問題B

5. 開領域 $U = \{(x, y) \mid a < x < a',\ b < y < b'\}$ 上の関数 $f(x, y)$ について，
   $f_y(x, y) = 0$ であるとする。このとき，開区間 (a, a') 上の関数 $g(x)$ が存在して，
   任意の $(x, y) \in U$ について，$f(x, y) = g(x)$ が成り立つことを示せ（つまり，関数
   $f(x, y)$ は y には依存せず，x のみの関数になっているということである）。

6. $f(x, y)$ を平面上の開領域 U 上の全微分可能関数，$g(x)$ を開区間 I 上の微分可能関
   数とし，すべての $x \in I$ について $(x, g(x)) \in U$ とする。このとき，I 上の x につい
   ての 1 変数関数 $f(x, g(x))$ の導関数を，$f(x, y)$ の偏導関数や $g(x)$ の導関数を用
   いて表せ。

7. 次の関数 $f(x, y)$ について，$(x, y) = (1, 1)$ における 2 次漸近展開を求めよ。

   (1) $f(x, y) = \log(x^2+y^2)$　　(2) $f(x, y) = \dfrac{1}{\sqrt{x^2+y^2}}$　　(3) $f(x, y) = \mathrm{Tan}^{-1}\dfrac{y}{x}$

8. $U = \{(x, y) \mid x^2+y^2 < 1\}$ 上の関数 $f(x, y) = \sqrt{1-x^2-y^2}$ の極値を求めよ。

■　9.，10.　与えられた条件のもとで，関数 $f(x, y)$ の最大値，最小値を求めよ。

9. $f(x, y) = y - x$　　（条件：$x^2+y^2 = 2$）

10. $f(x, y) = xy$　　（条件：$x^2+2y^2 = 1$）

11. ラプラス作用素 $\varDelta = \dfrac{\partial^2}{\partial x^2} + \dfrac{\partial^2}{\partial y^2}$ を，変数変換 $x = r\cos\theta,\ y = r\sin\theta$ で変換する
    と，$\varDelta = \dfrac{\partial^2}{\partial r^2} + \dfrac{1}{r}\cdot\dfrac{\partial}{\partial r} + \dfrac{1}{r^2}\cdot\dfrac{\partial^2}{\partial\theta^2}$ のように書けることを示せ。

242 | 第6章 微分（多変数）

第7章

積分（多変数）

1 重積分／2 重積分の応用／3 広義の重積分とその応用
4 発展：重積分の存在／5 補遺：定理の証明

　第4章では，関数のグラフから決まる領域の面積計算によって，関数の定積分（リーマン積分）を導入した。この考え方を自然に拡張することで，多変数関数の定積分の概念を得ることができる。例えば，2変数関数の定積分（重積分）は，グラフから決まる領域の体積計算によって与えられる。3変数関数の定積分（3重積分）や，さらに多くの変数をもつ関数の定積分は，面積や体積のように目に見える形では理解できないにしても，同様の計算によって導入される。

　多変数関数の定積分を計算するには，累次積分によって1変数の積分の計算に帰着させることが必要である。これらの手法も含めた，重積分の一般論を，この章の 1 で扱う。この節では，1変数の場合と同様に，概念としての定積分の導入は直観的な概略にとどめ，累次積分の計算方法や，変数変換などの手法を詳しく学ぶ。

　2 では重積分の応用として，様々な図形の体積の計算や，曲面の表面積の計算などを学ぶ。3 ではさらに進んで，多変数の積分における広義積分の考え方を導入し，その応用として，確率論や統計学などで重要なガウス積分や，ガンマ関数とベータ関数の関係など，より進んだ内容について学ぶ。

　4 では重積分の概念や，その存在についての，より精密な議論を与え，最後の補遺 5 では本文中のいくつかの定理の証明（変数変換の公式については証明の概略）を述べる。

1 重積分

　積分の概念の多変数への拡張として，この章では主に2変数関数の積分（2重積分）について述べる。2重積分とは，大雑把に言って，2変数関数 $z=f(x, y)$ のグラフによってできる座標空間 R^3 内の図形の体積のことである。

◆多変数関数の積分の問題点

　2変数関数 $z=f(x, y)$ の積分で最初に問題になるのは，以下のことである。

　　・(x, y) の動く範囲（積分領域）の形に多くの可能性がある

　実際，1変数関数の定積分においては，積分範囲は有界閉区間 $[a, b]$ でよかった。2変数関数の場合の積分範囲として最も簡単なものは，有界閉区間の直積 $[a, b]\times[c, d]$，すなわち，(x, y) 座標平面上の，座標軸に平行な辺をもつ長方形である（*p.171，第5章* 1 *例1*参照）。しかし，重積分においては，これよりもっと一般的な有界閉集合を積分領域とする（例えば，円や楕円で囲まれた領域）必要がある。

　次に問題になるのは

　　・どのようにして計算するのか？

ということである。1変数関数の積分は不定積分によって計算された。これは1変数の積分は微分の逆演算であるという「微分積分学の基本定理」（*p.133，第4章定理1-2*）に基づいていた。しかし，2変数以上の関数では，また別の方法が必要である。具体的には累次積分によって，各変数について順番に積分（1変数関数の積分を繰り返し計算）するという方法をとる。

　この節では以上のことを踏まえて，（一般の）重積分の概念や，その計算方法について述べる。この節で述べることの，より詳細な内容や，定理の証明などは，後の 4 と 5 にまとめて述べる。

◆長方形領域上の積分

　D を座標平面上の有界閉区間の直積 $D=[a, b]\times[c, d]$ とする（図1左）。D は，その各辺が座標軸に平行な長方形領域である。

$z=f(x, y)$ を，D 上の有界関数とする。関数 $f(x, y)$ の D 上の定積分，あるいは（2変数であることを強調して）**2 重 積 分**とは，D 上で関数 $z=f(x, y)$ のグラフによって区切られた3次元図形の符号付きの体積[1] のことである（図1右）。

244 │ 第7章　積分（多変数）

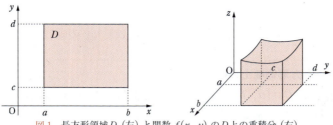

図1　長方形領域 D（左）と関数 $f(x, y)$ の D 上の重積分（右）

その定義の仕方は，1変数の定積分の場合と同様で，長方形領域 D を小さい長方形領域に分割して，それらの上の角柱の体積の和として求める体積を近似する。具体的には次のように，まず閉区間 $[a, b]$ と $[c, d]$ の分割を考える。

$$\Delta : \begin{cases} a = a_0 < a_1 < a_2 < \cdots\cdots < a_{n-1} < a_n = b \\ c = c_0 < c_1 < c_2 < \cdots\cdots < c_{m-1} < c_m = d \end{cases}$$

これによって，長方形領域 $D = [a, b] \times [c, d]$ は，nm 個の小さい長方形領域

$$D_{ij} = [a_i, a_{i+1}] \times [c_j, c_{j+1}] \quad (i = 0, 1, \cdots\cdots, n-1, \; j = 0, 1, \cdots\cdots, m-1)$$

に分割される（図2左）。これらの小さい長方形を底面とする角柱を考えて，その体積の和をとることで，求める図形の体積の近似値を求める（図2右）。

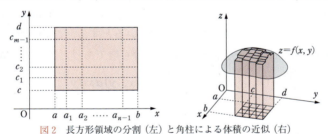

図2　長方形領域の分割（左）と角柱による体積の近似（右）

もう少し詳しく述べよう。上のような分割によって，1変数のときと同様に，角柱の和による体積の近似を，下から行ったものと，上から行ったものを考える。このとき，分割を細かくして，近似の精度を上げていけば，下からの近似は単調に増加して，その上限の値に収束する。また，上からの近似は単調に減少し，その下限の値に収束する。下からの近似の上限と，上からの近似の下限が一致するなら，その共通の値を，求める「体積」として定義してよいことになる。そして，そのとき，関数 $f(x, y)$ は長方形領域 D 上で**リーマン積分可能**といい，その値を $\iint_D f(x, y) dxdy$ と書いて，関数 $f(x, y)$ の長方形領域 D 上の定積分という。

---

1) (x, y) 平面より下にある部分の体積は負の数とする。

このようにして定義された長方形領域上の定積分の存在については，1変数の場合と同様に，次の定理が成り立つ（証明は *p. 275, 4 の練習1* で行う）。

> **定理 1-1** 長方形領域上の積分可能性
> 長方形領域 $D=[a, b]\times[c, d]$ 上で連続な関数 $f(x, y)$ は，D 上でリーマン積分可能である。

また，以下の基本性質が成り立つ（*p. 290, 章末問題10* 参照）。

> **定理 1-2** 定積分の性質
> (1) $f(x, y)$ と $g(x, y)$ が長方形領域 D 上で積分可能であるとする。また，k, l を実数の定数とする。このとき，$kf(x, y)+lg(x, y)$ も D 上で積分可能であり，次が成り立つ。
> $$\iint_D (kf(x, y)+lg(x, y))dxdy$$
> $$=k\iint_D f(x, y)dxdy+l\iint_D g(x, y)dxdy$$
> (2) $f(x, y)$ が長方形領域 D 上で積分可能であり，D が有限個の長方形領域 $D_1, D_2, \cdots\cdots, D_r$ に分割されているとする。このとき，$f(x, y)$ は各 D_i ($i=1, 2, \cdots\cdots, r$) 上でも積分可能であり，次が成り立つ。
> $$\iint_D f(x, y)dxdy=\sum_{i=1}^{r}\iint_{D_i} f(x, y)dxdy$$

◆ 一般の有界閉領域上の積分

上では積分領域が長方形領域での積分に話を限定したが，実際には，長方形領域だけとは限らず，より一般の有界閉領域 D 上の重積分を考えなければならない場面が多い。
この場合，D としてどのくらい一般的なものまで考えるべきかは，簡単な問題ではない。

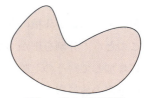

図3 一般の有界閉領域

具体的にどのような閉領域を扱うかについては，4 で詳しく述べることにして，ここでは，図3のような「自分自身と交わらない閉じた連続曲線で囲まれた有界閉領域」ということで，直観的に理解しておく。

例 1 このような領域として，例えば，以下のものは典型的である．
(1) 単位円で囲まれた領域 $D=\{(x, y) \mid x^2+y^2 \leq 1\}$
(2) 単位円の上半分と x 軸で囲まれた領域
$D=\{(x, y) \mid x^2+y^2 \leq 1,\ y \geq 0\}$

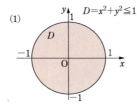
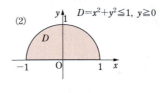

このような領域 D 上の関数 $f(x, y)$ の積分を考えるには，まず図 4 左のように，D を十分に大きな長方形領域 $R=[a, b]\times[c, d]$ で囲んでおく．こうしておいて，長方形領域 R 上の関数 $\tilde{f}(x, y)$ を（$\tilde{f}$ はエフチルダと読む）

$$\tilde{f}(x, y) = \begin{cases} f(x, y) & ((x, y) \in D) \\ 0 & ((x, y) \notin D) \end{cases}$$

として定義し，重積分 $\iint_R \tilde{f}(x, y)dxdy$ を考える．この重積分が存在するなら，その値をもって $f(x, y)$ の D 上の重積分 $\iint_D f(x, y)dxdy$ とするべきであろう[2]．

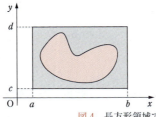
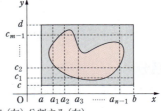

図 4　長方形領域で囲んで（左）分割する（右）

こうすれば，少なくとも，上で述べたような形の有界閉領域に対して重積分を定義することはできるが，それがどのような場合に存在するのかという問題は残る．問題のポイントは，$f(x, y)$ が D 上で連続であっても，上で定義した $\tilde{f}(x,y)$ は R 上で連続とは限らないという点にある．すなわち，長方形領域における連続関数の定積分の存在を述べた定理 1-1 を使うことができないという点にある．

---

[2] 定理 1-2 (2) の性質より，積分 $\iint_R \tilde{f}(x, y)dxdy$ の値は，D を囲む長方形領域 R のとり方には依存しない．つまり，例えば，長方形 R をもっと大きくとっても，積分の値は変わらないことに注意する．

したがって，一般の有界閉領域 D 上での重積分の存在のためには，また別の議論が必要となる。詳細は $\boxed{4}$ に回すが，一般には，重積分 $\iint_D f(x,\ y)dxdy$ の存在は，D の形に依存する。

以下では，$\boxed{4}$ での議論によって重積分の存在が保証されている場合のみを取り扱うことにする。

◆ n 重積分

ここまでは 2 変数関数 $f(x,\ y)$ の平面上の領域 D 上での積分 $\iint_D f(x,\ y)dxdy$ を論じたが，更に変数の個数を増やして，3 変数関数 $f(x,\ y,\ z)$ の，空間内の有界閉領域 D 上での積分（3 重積分）

$$\iiint_D f(x,\ y,\ z)dxdydz$$

を考えることもできる。同様に，一般の n 変数関数 $f(x_1,\ x_2,\ \cdots\cdots,\ x_n)$ の，R^n 内の有界閉領域 D における積分

$$\int\cdots\cdots\int_D f(x_1,\ x_2,\ \cdots\cdots,\ x_n)dx_1dx_2\cdots\cdots dx_n$$

を考えることもできる。これを **多重積分** という。

これらの多重積分も，その存在は関数 $f(x_1,\ x_2,\ \cdots\cdots,\ x_n)$ の性質や，領域 D の形に依存する。以下では主に 2 重積分を扱い，時々 3 重積分も扱うが，その存在についての詳細は 2 変数の場合に $\boxed{4}$ で述べることに止める。

◆ 累次積分

前項までで，2 重積分を中心に，一般の重積分の定義や基本性質などの概念的な側面について述べた。ここでは，重積分を実際に計算するための技術である **累次積分** について述べる。

累次積分とは，1 変数関数の積分を繰り返すことで，多重積分を計算するという積分の計算法で，これによって，多重積分の計算が，1 変数の積分の計算に帰着される。

まず，最初に長方形領域上の累次積分について述べよう。

長方形領域 $D=[a,\ b]\times[c,\ d]$ 上の連続関数 $f(x,\ y)$ を考える。

248　第 7 章　積分（多変数）

いま，x 軸上の値 x_0 を $x_0 \in [a, b]$ となるようにとると，y だけを変数とする 1 変数関数 $f(x_0, y)$ が得られる。1 変数関数 $f(x_0, y)$ は閉区間 $[c, d]$ 上で連続なので，積分可能である。このとき，得られた定積分 $\int_c^d f(x_0, y)dy$ は x_0 の式で表されるので，x_0 を改めて x と書いて，閉区間 $[a, b]$ 上の変数 x についての 1 変数関数

$$F_1(x) = \int_c^d f(x, y)dy$$

が得られる。

補題 1-1 関数 $F_1(x)$ は閉区間 $[a, b]$ 上で連続である。

この補題の証明は ⑤ で与える。補題より，関数 $F_1(x)$ は閉区間 $[a, b]$ 上で積分可能であり，積分の値

$$\int_a^b F_1(x)dx = \int_a^b \left(\int_c^d f(x, y)dy \right)dx \qquad (*)$$

が定まる。このように，変数ごとの積分を繰り返して得られる積分を累次積分という。

注意 $(*)$ の右辺の累次積分は，$\int_a^b dx \int_c^d f(x, y)dy$ のように書かれることもある。

また，これは 2 つの定積分 $\int_a^b dx$，$\int_c^d f(x, y)dy$ の単なる積を表しているのではないことに注意する。

以上は，最初に y で積分して，次に x で積分するという順番で累次積分を計算したが，これを逆にすることもできる。

すなわち，まず x で積分して，$F_2(y) = \int_a^b f(x, y)dx$ を計算し，これが補題 1-1 と同様に連続関数になるので，以下のように計算することもできる。

$$\int_c^d F_2(y)dy = \int_c^d \left(\int_a^b f(x, y)dx \right)dy \qquad (**)$$

次の定理が示すように，こうして得られた 2 つの累次積分 $(*)$ と $(**)$ の値は一致し，どちらも $D = [a, b] \times [c, d]$ 上での $f(x, y)$ の重積分

$$\iint_D f(x, y)dxdy$$

の値に等しい（この定理の証明も，後の ⑤ で与える）。

> **定理 1-3** 長方形領域上での累次積分
> 長方形領域 $D=[a, b]\times[c, d]$ 上の連続関数 $f(x, y)$ について，次の等式が成り立つ．
> $$\iint_D f(x, y)dxdy=\int_a^b\left(\int_c^d f(x, y)dy\right)dx=\int_c^d\left(\int_a^b f(x, y)dx\right)dy$$

 $D=[0, 1]\times[0, 1]$ とするとき，$\iint_D(2x+y)x\,dxdy$ の積分を計算せよ．

解答
$$\begin{aligned}\iint_D(2x+y)x\,dxdy&=\int_0^1\left(\int_0^1(2x^2+xy)dy\right)dx\\&=\int_0^1\left[2x^2y+\frac{1}{2}xy^2\right]_{y=0}^{y=1}{}^{*)}dx=\int_0^1\left(2x^2+\frac{1}{2}x\right)dx\\&=\left[\frac{2}{3}x^3+\frac{1}{4}x^2\right]_{x=0}^{x=1}=\frac{2}{3}+\frac{1}{4}=\frac{11}{12}\end{aligned}$$

例題 1 では，累次積分を，最初に y の関数として積分し，次に x で積分するという順序で計算したが，上で述べたように，この順番を逆にしてもよい．

最初に x の関数として積分し，次に y で積分すると，次のように計算される．
$$\begin{aligned}\iint_D(2x+y)x\,dxdy&=\int_0^1\left(\int_0^1(2x^2+xy)dx\right)dy\\&=\int_0^1\left[\frac{2}{3}x^3+\frac{1}{2}x^2y\right]_{x=0}^{x=1}dy=\int_0^1\left(\frac{2}{3}+\frac{1}{2}y\right)dy\\&=\left[\frac{2}{3}y+\frac{1}{4}y^2\right]_{y=0}^{y=1}=\frac{2}{3}+\frac{1}{4}=\frac{11}{12}\end{aligned}$$

 次の 2 重積分を，x での積分と y での積分の順序を変えて 2 通りに計算せよ．

(1) $\iint_D(x+y)dxdy,\quad D=[0, 1]\times[0, 2]$

(2) $\iint_D(2x^2+y^2)dxdy,\quad D=[0, 1]\times[0, 1]$

(3) $\iint_D\sin(x+y)dxdy,\quad D=[0, \pi]\times\left[0, \frac{\pi}{2}\right]$

関数 $f(x, y)$ が，x だけの関数と y だけの関数の積に分解できる場合は，次に示すように，その積分もそれぞれの関数の積分の積になる．

---

*) ここでは，y の関数として積分しているので，上端・下端は $y=1$, $y=0$ と「$y=$」を書くと，間違いが少ない．「$x=$」を付けているのも同じ理由からである．

系 1-1 $f(x, y)=g(x)h(y)$ の形の関数の累次積分

長方形領域 $D=[a, b]\times[c, d]$ 上の連続関数 $f(x, y)$ が，閉区間 $[a, b]$ 上の連続関数 $g(x)$ と閉区間 $[c, d]$ 上の連続関数 $h(y)$ によって，$f(x, y)=g(x)h(y)$ の形であるとする。このとき，次の等式が成り立つ。

$$\iint_D f(x, y)dxdy=\left(\int_a^b g(x)dx\right)\cdot\left(\int_c^d h(y)dy\right)$$

例 2

$D=[0, 1]\times[0, 1]$ 上の $f(x, y)=e^{x+y}$ について，$e^{x+y}=e^x\times e^y$ から

$$\iint_D e^{x+y}dxdy=\int_0^1\left(\int_0^1 e^{x+y}dy\right)dx=\left(\int_0^1 e^x dx\right)\cdot\left(\int_0^1 e^y dy\right)=(e-1)^2$$

練習 2 次の重積分を計算せよ。

(1) $\displaystyle\iint_D x^3 y^2 dxdy,$ $\qquad D=[0, 1]\times[0, 1]$

(2) $\displaystyle\iint_D \sin x \cos y\, dxdy,$ $\qquad D=\left[0, \dfrac{\pi}{3}\right]\times\left[0, \dfrac{\pi}{6}\right]$

(3) $\displaystyle\iint_D e^x \sin y\, dxdy,$ $\qquad D=[0, 1]\times\left[0, \dfrac{\pi}{6}\right]$

累次積分は，3 変数関数 $\displaystyle\iiint_D f(x, y, z)dxdydz$ の場合も同様に，

$$\int_{a_1}^{a_2}\left(\int_{b_1}^{b_2}\left(\int_{c_1}^{c_2}f(x, y, z)dz\right)dy\right)dx=\int_{a_1}^{a_2}dx\int_{b_1}^{b_2}dy\int_{c_1}^{c_2}f(x, y, z)dz$$ のように書く。

例 3

3 変数関数 $f(x, y, z)$ の直方体領域上の積分（3 重積分）についても，同様に計算できる。例えば，空間の直方体領域

$D=\left[0, \dfrac{\pi}{2}\right]\times\left[0, \dfrac{\pi}{2}\right]\times\left[0, \dfrac{\pi}{6}\right]$ での $f(x, y, z)=\sin(x+y)\cos z$ の積分は，次のように計算される。

$$\iiint_D \sin(x+y)\cos z\, dxdydz$$

$$=\left(\int_0^{\frac{\pi}{6}}\cos z\, dz\right)\cdot\left(\int_0^{\frac{\pi}{2}}dy\int_0^{\frac{\pi}{2}}\sin(x+y)dx\right)$$

$$=\left[\sin z\right]_{z=0}^{z=\frac{\pi}{6}}\int_0^{\frac{\pi}{2}}\left[-\cos(x+y)\right]_{x=0}^{x=\frac{\pi}{2}}dy$$

$$=\frac{1}{2}\int_0^{\frac{\pi}{2}}(\cos y+\sin y)dy=\frac{1}{2}\left[\sin y-\cos y\right]_{y=0}^{y=\frac{\pi}{2}}=1$$

1 重積分 | 251

◆ 2つの連続関数のグラフで挟まれた領域上での累次積分

閉区間 $[a,\ b]$ 上で定義された，2つの連続関数

$$y=\varphi(x), \qquad y=\psi(x)$$

を考えよう。ただし，任意の $x\in[a,\ b]$ に対し
て，$\psi(x)\leqq\varphi(x)$ であるものとする。このとき，
これらの関数のグラフで上下を挟まれた領域

$$D=\{(x,\ y)\,|\,a\leqq x\leqq b,\ \psi(x)\leqq y\leqq\varphi(x)\}$$

を考えることができる。(図5)

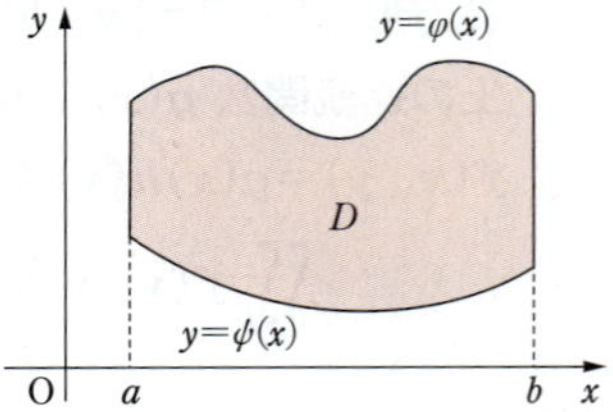

図5　2つの連続関数のグラフで挟まれた領域

$f(x,\ y)$ を D 上の連続関数とする。後の $\boxed{4}$ で述べているように，$f(x,\ y)$ は D 上で積分可能である（$p.\,280,$ 定理 4-3 参照）。その値も，以下に示すように，累次積分で計算することができる。

まず，$x\in[a,\ b]$ となるようにとり，$f(x,\ y)$ を $\psi(x)$ から $\varphi(x)$ まで y について積分すると，1変数関数 $F_1(x)=\displaystyle\int_{\psi(x)}^{\varphi(x)}f(x,\ y)dy$ が得られる。

そして，長方形領域のときと同様に，次のことが成り立つ。

補題 1-2　関数 $F_1(x)$ は閉区間 $[a,\ b]$ 上で連続である。

この補題の証明は $\boxed{5}$ で与える。補題より，関数 $F_1(x)$ は閉区間 $[a,\ b]$ 上で積分可能であり，累次積分の値 $\displaystyle\int_a^b F_1(x)dx=\int_a^b\left(\int_{\psi(x)}^{\varphi(x)}f(x,\ y)dy\right)dx$ が定まる。

次の定理が示すように，こうして得られた累次積分は，2つの連続関数のグラフで挟まれた領域 D 上での $f(x,\ y)$ の重積分 $\displaystyle\iint_D f(x,\ y)dxdy$ の値に等しい。この定理の証明も $\boxed{5}$ で与える。

定理 1-4　**2つの連続関数のグラフで挟まれた領域上での累次積分**
次の等式が成り立つ。

$$\iint_D f(x,\ y)dxdy=\int_a^b\left(\int_{\psi(x)}^{\varphi(x)}f(x,\ y)dy\right)dx$$

例題 2　$D=\{(x,\ y)\,|\,x\geqq0,\ y\geqq0,\ x+y\leqq2\}$ のとき，重積分 $\displaystyle\iint_D(x+y)dxdy$ を計算せよ。

252　第7章　積分（多変数）

解答 図より，題意の積分は次のように累次積分に書き換えられる。

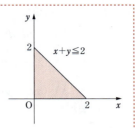

$$\iint_D (x+y)dxdy = \int_0^2 \left(\int_0^{2-x} (x+y)dy \right) dx$$

これを計算して

$$\iint_D (x+y)dxdy = \int_0^2 \left[xy + \frac{y^2}{2} \right]_{y=0}^{y=2-x} dx$$

$$= \int_0^2 \left(2 - \frac{x^2}{2} \right) dx = \left[2x - \frac{x^3}{6} \right]_{x=0}^{x=2} = \frac{8}{3}$$

例 4 $D = \{(x, y) \mid 0 \leq x \leq 1,\ 0 \leq y \leq x^2\}$ とする。この領域は，x についての 2 つの関数 $y = x^2$ と $y = 0$ ($0 \leq x \leq 1$) のグラフで挟まれた領域である。
よって，D 上の関数 $f(x, y)$ の積分は，次のように累次積分に書き換えられる。

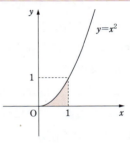

$$\iint_D f(x, y)dxdy = \int_0^1 \left(\int_0^{x^2} f(x, y)dy \right) dx$$

練習 3 次の重積分を計算せよ。

(1) $\iint_D \sin(x+y)dxdy$,　　$D = \{(x, y) \mid x \geq 0,\ y \geq 0,\ x+y \leq \pi\}$

(2) $\iint_D (x+y)dxdy$,　　$D = \{(x, y) \mid x \leq y \leq 2 - x^2\}$

(3) $\iint_D x^2 y\, dxdy$,　　$D = \{(x, y) \mid x^2 + y^2 \leq 1,\ y \geq 0\}$

例 4 の領域 D は，y についての 2 つの関数 $x = 1$ と $x = \sqrt{y}$ ($0 \leq y \leq 1$) で挟まれた領域と見ることもできる。

よって，例 4 の重積分は $\iint_D f(x, y)dxdy = \int_0^1 \left(\int_{\sqrt{y}}^1 f(x, y)dx \right) dy$ のようにも書き換えられる。

練習 4 次の累次積分の積分の順序を入れ換えよ。

(1) $\int_0^1 \left(\int_0^{x^3} f(x, y)dy \right) dx$　　(2) $\int_0^1 \left(\int_{x^2}^x f(x, y)dy \right) dx$

(3) $\int_{-1}^1 \left(\int_0^{2\sqrt{1-x^2}} f(x, y)dy \right) dx$

練習 5 次の累次積分を積分の順序を換えて2通りに計算せよ.

(1) $\iint_D x^3 y \, dx dy$, $D = \{(x, y) \mid 0 \leq x \leq 1, \ 0 \leq y \leq x\}$

(2) $\iint_D (2x+y) \, dx dy$, $D = \{(x, y) \mid 0 \leq x \leq 1, \ x \leq y \leq 2x\}$

(3) $\iint_D (ax+by) \, dx dy$ (a, b は実数), $D = \{(x, y) \mid y \geq x^2, \ x \geq y^2\}$

◆ 重積分の変数変換

前項までで, 少なくとも, 2つの連続関数のグラフで上下を挟まれた有界閉領域上の連続関数の重積分はできるようになった. しかし, もっと一般的な形の有界閉領域上での積分を扱わなければならないこともある. また, 簡単な積分領域上の積分であっても, そのままでは計算が困難であることもある. そのような場合には, 上手に変数を変換することで, より簡単な積分領域上の, 計算しやすい積分に変換させて計算できることがある.

ここでは, 重積分における **変数変換の公式** について学ぶ.

重積分の変数変換について議論するために, 平面 $\mathbb{R}^2$ を2つ考えて, 一方の座標を (u, v), 他方の座標を (いつものように) (x, y) とする. (u, v) 平面の中の有界閉領域 E の近傍で定義された写像 $\Phi(u, v) = (x(u, v), y(u, v))$ が, E を (x, y) 平面内の有界閉領域 D に写すとする (図6).

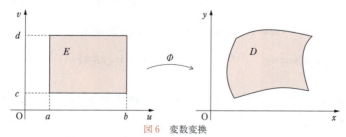

図6 変数変換

以下を仮定する.

(a) $\Phi(u, v)$ は E の内部を D の内部の上に1対1に写像する.

(b) $x(u, v), y(u, v)$ は C^1 級であり, E の内部の任意の点 (u_0, v_0) において
$$\frac{\partial x}{\partial u}(u_0, v_0) \frac{\partial y}{\partial v}(u_0, v_0) - \frac{\partial x}{\partial v}(u_0, v_0) \frac{\partial y}{\partial u}(u_0, v_0) \neq 0$$

注意（線形代数学で行列を履修済みの読者向け）条件(b)の式の左辺は，写像Φの(u_0, v_0)におけるヤコビ行列（p. 231，第6章 4 参照）の行列式である．

$f(x, y)$をD上の連続関数とする．写像Φを$f(x, y)$に合成することで，E上の連続関数$f(x(u, v), y(u, v))$が得られる．次の定理は，$f(x, y)$のD上の積分を，E上の積分に帰着させる．

定理 1-5　重積分の変数変換の公式

次の等式が成り立つ．

$$\iint_D f(x, y)\,dxdy = \iint_E f(x(u, v), y(u, v))\,|J(u, v)|\,dudv$$

ただし，ここで

$$J(u, v) = \frac{\partial x}{\partial u}(u, v)\frac{\partial y}{\partial v}(u, v) - \frac{\partial x}{\partial v}(u, v)\frac{\partial y}{\partial u}(u, v)$$

とする．

◆公式が成り立つ理由

定理1-5の証明は，後の 5 で述べる．しかし，このような公式が成り立つ根拠を直観的に理解することは重要だと思われるので，ここで概観しておくことにしよう．

図6の状態から出発しよう．ここで領域Eを分割すると，それに対応して，領域Dの方も小さい領域の和に分割される（図7）．

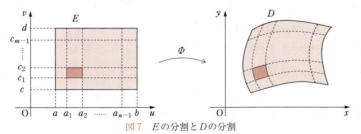

図7　Eの分割とDの分割

具体的には，Eを分割する小長方形$E_{ij} = [a_i, a_{i+1}] \times [c_j, c_{j+1}]$
($i = 0, 1, \cdots, n-1$, $j = 0, 1, \cdots, m-1$) のそれぞれは，Dを分割する小領域D_{ij}に写される（図7で，E_{11}とE_{11}に対応するD_{11}を濃く赤塗りした）．E_{ij}は長方形であるが，D_{ij}は図8に図示したように，E_{ij}の4つの頂点の像を端点とする，滑らかな4つの曲線片で囲まれた図形である．

1 重積分

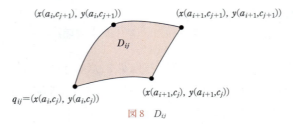

図 8 D_{ij}

そこで，小長方形 E_{ij} の左下の頂点 $p_{ij}=(a_i, c_j)$ を考え，その Φ による像を q_{ij} とおく．すなわち，$q_{ij}=\Phi(p_{ij})=(x(a_i, c_j), y(a_i, c_j))$ である（図 8 参照）．

さて，$f(x, y)$ の D 上の積分は，D_{ij} を底面とし，D_{ij} 内の適当な点における $f(x, y)$ の値，例えば $f(q_{ij})=f(x(a_i, c_j), y(a_i, c_j))$ を高さとする図形の体積の総和で近似され，分割を細かくすることで $f(x, y)$ の D 上の積分に収束する．つまり，公式の左辺の積分 $\iint_D f(x, y) dxdy$ は，D_{ij} の面積を $\mu(D_{ij})$ とすると

$$\sum_{i=0}^{n-1} \sum_{j=0}^{m-1} f(x(a_i, c_j), y(a_i, c_j)) \cdot \mu(D_{ij}) \qquad (*)$$

で近似される[3]．

他方，公式の右辺の積分 $\iint_E f(x(u, v), y(u, v))|J(u, v)|dudv$ は

$$\sum_{i=0}^{n-1} \sum_{j=0}^{m-1} f(x(a_i, c_j), y(a_i, c_j)) \cdot |J(a_i, c_j)| \cdot \mu(E_{ij}) \qquad (**)$$

で近似される．

よって，両者を比べるためには，D_{ij} の面積と E_{ij} の面積を比べる必要がある．これについて詳しい議論は [5] で示すが，おおよそ以下のような方法でなされる．このポイントは，D_{ij} の面積はそのままでは計算できないが，これは次のような平行四辺形で近似できるということにある．2 つのベクトル

$$\boldsymbol{v}=(x_u(a_i, c_j)(a_{i+1}-a_i), y_u(a_i, c_j)(a_{i+1}-a_i))$$
$$\boldsymbol{w}=(x_v(a_i, c_j)(c_{j+1}-c_j), y_v(a_i, c_j)(c_{j+1}-c_j))$$

を考える．この 2 つのベクトルが (x, y) 平面上に（q_{ij} を始点として）張る平行四辺形 P_{ij} は，D_{ij} をよく近似している（図 9）．ここで次の事実を思い出そう．

- 2 つのベクトル $\boldsymbol{v}=(\alpha, \beta)$，$\boldsymbol{w}=(\gamma, \delta)$ によって張られる平行四辺形の面積は $|\alpha\delta-\beta\gamma|$ に等しい（図 10）．

---

3) 以下，平面上の面積をもつ図形 X に対して，$\mu(X)$ でその面積を表す．

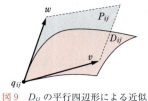
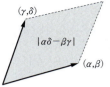

図9 D_{ij} の平行四辺形による近似　　図10 平行四辺形の面積

よって,次が成り立つ.
$$\mu(P_{ij})=|J(a_i,\ c_j)|\cdot\mu(E_{ij})=|J(a_i,\ c_j)|\cdot(a_{i+1}-a_i)(c_{j+1}-c_j)$$

これは D_{ij} の面積 $\mu(D_{ij})$ が,$|J(a_i,\ c_j)|\cdot\mu(E_{ij})$ で近似されることを意味している.したがって,上の和(*)と和(**)は近似的に等しい.更に詳しい議論をすると,分割の長方形を限りなく小さくしていけば,(*)と(**)の差も限りなく小さくなることもわかる.これより,両者の極限が一致し,題意の公式が成り立つ.以上が,定理 1-5 の公式が成り立つ,直観的な説明である.

◆ 変数変換による積分の計算

例題 3 4本の直線
$$y=\frac{1}{2}x,\ y=\frac{1}{2}x+\frac{5}{2},\ y=-2x,\ y=-2x+5$$
で囲まれた,$(x,\ y)$ 平面上の正方形領域を D とする.このとき,$\iint_D (x+y)dxdy$ を計算せよ.

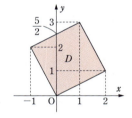

指針 図からわかるように,これは x の範囲を $-1 \leq x \leq 0$,$0 \leq x \leq 1$,$1 \leq x \leq 2$ の3つに分けて,それぞれ累次積分で計算することもできる.しかし,次のように変数変換を巧みに行うことで,計算が容易になる(p. 258 の注意参照).

解答 変数変換　$x(u,\ v)=2u-v,\ y(u,\ v)=u+2v$ 　　(*)
を考えると,これによって $(u,\ v)$ 平面の長方形領域
$E=[0,\ 1]\times[0,\ 1]$ が D に写される.
$J(u,\ v)=x_u(u,\ v)y_v(u,\ v)-x_v(u,\ v)y_u(u,\ v)=2\cdot 2-(-1)\cdot 1=5$
なので,題意の重積分を計算すると
$$\iint_E \{(2u-v)+(u+2v)\}\cdot 5\,dudv=5\int_0^1\left(\int_0^1(3u+v)dv\right)du$$
$$=5\int_0^1\left[3uv+\frac{1}{2}v^2\right]_{v=0}^{v=1}du=5\int_0^1\left(3u+\frac{1}{2}\right)du=5\left[\frac{3}{2}u^2+\frac{1}{2}u\right]_{u=0}^{u=1}=10$$

練習 6 変数変換を用いて，次の 2 重積分を計算せよ．

(1) $\iint_D (x-y)e^{x+y}dxdy$, $D=\{(x, y) \mid 0 \leq x+y \leq 2, \ 0 \leq x-y \leq 2\}$

(2) $\iint_D xy\,dxdy$, D は $(1, 1)$，$(2, 2)$，$(3, 4)$，$(4, 5)$ を頂点とする平行四辺形

注意 （線形代数学を履修した読者向け）例題 3 ($p. 257$) の解における座標変換 ($*$) は，単位ベクトル $\begin{bmatrix} 1 \\ 0 \end{bmatrix}$ を $\begin{bmatrix} 2 \\ 1 \end{bmatrix}$ に，$\begin{bmatrix} 0 \\ 1 \end{bmatrix}$ を $\begin{bmatrix} -1 \\ 2 \end{bmatrix}$ に，それぞれ写す線形変換として求めたものである．すなわち，単位ベクトルを，正方形 D の原点を端点とする 2 つの辺に平行なベクトルに対応させるもので $\begin{bmatrix} x \\ y \end{bmatrix} = \begin{bmatrix} 2 & -1 \\ 1 & 2 \end{bmatrix} \begin{bmatrix} u \\ v \end{bmatrix}$ から

$x=2u-v$, $y=u+2v$ となる．

　一般に，原点と (a, b)，(c, d) および $(a+c, b+d)$ を頂点とする平行四辺形 D 上での積分は，線形変換 $x(u, v)=au+cv$, $y(u, v)=bu+dv$ によって，長方形領域 $E=[0, 1]\times[0, 1]$ 上の積分に帰着される（図 11）．
よって，この場合，D 上での $f(x, y)$ の積分は，次のように変形される．

$$\iint_D f(x, y)dxdy = \iint_E f(au+cv, bu+dv)|ad-bc|du dv$$

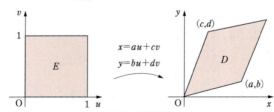

図 11　線形変換

変数変換のもう 1 つの重要な例は，次の **極座標変換** である．

$x(r, \theta)=r\cos\theta$, $y(r, \theta)=r\sin\theta$

このとき，$J(r, \theta)$ は次のようになる．

$$J(r, \theta)=\frac{\partial x}{\partial r}\cdot\frac{\partial y}{\partial \theta}-\frac{\partial x}{\partial \theta}\cdot\frac{\partial y}{\partial r}=\cos\theta\cdot r\cos\theta-r(-\sin\theta)\cdot\sin\theta=r$$

例題 4 $D=\{(x, y) \mid x\geq 0, \ y\geq 0, \ x^2+y^2\leq a^2\}$
（a は正の実数）のとき 2 重積分

$\iint_D (x^2+y^2)dxdy$ を計算せよ．

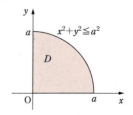

指針 積分範囲 D は，中心が原点，半径が a の円盤の第一象限の部分である。

よって，極座標変換 $x=r\cos\theta$, $y=r\sin\theta$ によって，長方形領域 $E=[0,\ a]\times\left[0,\ \dfrac{\pi}{2}\right]$ 上の積分に帰着される。

解答 極座標変換 $x=r\cos\theta$, $y=r\sin\theta$ とすると，$J(r,\ \theta)=r$ から $dxdy=r\,drd\theta$ であり，r は $[0,\ a]$ を，θ は $\left[0,\ \dfrac{\pi}{2}\right]$ を動く。

よって，$x^2+y^2=r^2$ から

$$
\begin{aligned}
\iint_D (x^2+y^2)dxdy &= \int_0^a \left(\int_0^{\frac{\pi}{2}} r^2\cdot r\,d\theta\right)dr \\
&= \frac{\pi}{2}\int_0^a r^3\,dr = \frac{\pi}{2}\left[\frac{r^4}{4}\right]_0^a \\
&= \frac{a^4\pi}{8}
\end{aligned}
$$

練習7 次の重積分を計算せよ。

(1) $\displaystyle\iint_D e^{x^2+y^2}dxdy$, $D=\{(x,\ y)\mid y\geqq0,\ x^2+y^2\leqq a^2\}$ （a は正の実数）

(2) $\displaystyle\iint_D xy^2dxdy$, $D=\{(x,\ y)\mid x\geqq0,\ y\geqq0,\ x^2+y^2\leqq1\}$

極座標による積分領域の表示には，次のようなものもある。　$D=\{(x,\ y)\mid x^2+y^2\leqq x\}$ を考えよう。
これは，原点と点 $(1,\ 0)$ を結ぶ線分を直径とする円盤である。

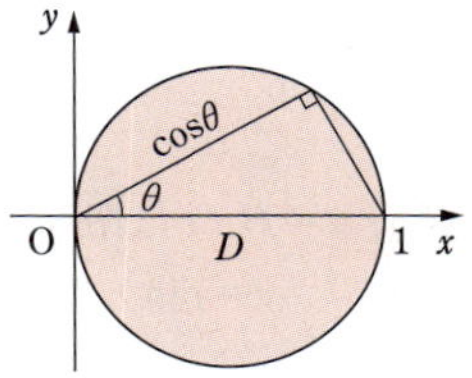

これを，円の中心 $\left(\dfrac{1}{2},\ 0\right)$ を中心とした極座標で変換すると

図 12　極座標による表示

$$
x=\frac{1}{2}+r\cos\theta,\quad y=r\sin\theta \quad \left(0\leqq r\leqq\frac{1}{2},\ 0\leqq\theta\leqq2\pi\right)
$$

であるが，原点を中心とした極座標表示 $x=r\cos\theta$, $y=r\sin\theta$ では，r と θ の範囲は $0\leqq r\leqq\cos\theta$, $-\dfrac{\pi}{2}\leqq\theta\leqq\dfrac{\pi}{2}$ のようになる（図 12 参照）。

練習8 $D=\{(x,\ y)\mid x^2+y^2\leqq x\}$ 上で，次の積分を計算せよ。

(1) $\displaystyle\iint_D (x^2+y^2)dxdy$ 　　　(2) $\displaystyle\iint_D x^2dxdy$

1　重積分　259

2 重積分の応用

この節では，重積分および多重積分の応用として，平面図形の面積や，空間図形の体積，表面積の計算について述べる。

◆ 平面図形の面積

平面上の有界閉領域 D は，D 上での定数関数 1 の積分，すなわち重積分 $\iint_D dxdy$ が存在するとき **面積をもつ** といい，その値を D の面積 $\mu(D)$ として，右のように表す。
$$\mu(D) = \iint_D dxdy$$

注意 定理 4-3 (*p.* 280) より，グラフで囲まれる閉領域（4 参照）は面積をもつ。

原点を中心とする半径 $a\ (>0)$ の円盤 $D = \{(x, y) \mid x^2 + y^2 \leqq a^2\}$ の面積を計算する。

極座標変換 $x = r\cos\theta,\ y = r\sin\theta$ とすると，$dxdy = rdrd\theta$ であり，r は $[0, a]$ を，θ は $[0, 2\pi]$ を動くので
$$\mu(D) = \iint_D dxdy = \int_0^a \left(\int_0^{2\pi} rd\theta \right) dr = 2\pi \int_0^a rdr$$
$$= 2\pi \left[\frac{r^2}{2} \right]_0^a = \pi a^2$$

$f(x)$ は閉区間 $[a, b]$ 上で常に正の値をとる連続関数とする。$y = f(x)$ のグラフと x 軸，および $x = a,\ x = b$ で囲まれる閉領域を D とするとき，$\mu(D) = \int_a^b f(x)dx$ を示せ。

◆ 空間図形の体積

(x, y, z) 空間 $\mathbb{R}^3$ 内の図形 V に対して，多重積分
$$\mu(V) = \iiint_V dxdydz$$
が存在するとき，V は **体積をもつ** といい，その値 $\mu(V)$ を V の体積という。

空間図形の体積の計算において，次の空間極座標は便利である。空間 $\mathbb{R}^3$ の点 $\mathrm{P}(x, y, z)$ に対して，原点 $\mathrm{O}(0, 0, 0)$ からの距離を $r = \sqrt{x^2 + y^2 + z^2}$，ベクトル $\overrightarrow{\mathrm{OP}}$ と z 軸の正の方向とがなす角度を θ，$\overrightarrow{\mathrm{OP}}$ の (x, y) 平面上への正射影が

x 軸の正の方向となす角度を φ とする。
このとき，(x, y, z) は次のように (r, θ, φ)
を用いてパラメータ表示できる。

$x = r\sin\theta\cos\varphi, \ y = r\sin\theta\sin\varphi, \ z = r\cos\theta$

この (r, θ, φ) $(r \geq 0, \ 0 \leq \theta \leq \pi, \ 0 \leq \varphi \leq 2\pi)$
を **空間極座標** という。

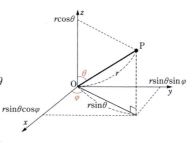

空間極座標への変換のヤコビ行列の行列式は，次で与えられる。

$$\det \begin{bmatrix} x_r & x_\theta & x_\varphi \\ y_r & y_\theta & y_\varphi \\ z_r & z_\theta & z_\varphi \end{bmatrix} = \det \begin{bmatrix} \sin\theta\cos\varphi & r\cos\theta\cos\varphi & -r\sin\theta\sin\varphi \\ \sin\theta\sin\varphi & r\cos\theta\sin\varphi & r\sin\theta\cos\varphi \\ \cos\theta & -r\sin\theta & 0 \end{bmatrix}$$
$$= r^2\sin\theta$$

よって，空間極座標によって，積分は次のように変換される。

$$\iiint_D f(x, y, z)\,dx\,dy\,dz$$
$$= \iiint_E f(x(r, \theta, \varphi), y(r, \theta, \varphi), z(r, \theta, \varphi)) r^2\sin\theta\,dr\,d\theta\,d\varphi$$

例 2 中心が原点の半径 $a\ (>0)$ の球 $V = \{(x, y, z) \mid x^2 + y^2 + z^2 \leq a^2\}$ の体積を計算する。空間極座標 (r, θ, φ) に変換すると

$dx\,dy\,dz = r^2\sin\theta\,dr\,d\theta\,d\varphi$

であり，r が $[0, a]$ を，θ は $[0, \pi]$ を，φ は $[0, 2\pi]$ を動くので

$$\mu(V) = \iiint_V dx\,dy\,dz = \int_0^a dr \int_0^\pi d\theta \int_0^{2\pi} r^2\sin\theta\,d\varphi$$
$$= \int_0^a r^2\,dr \int_0^\pi \sin\theta\,d\theta \int_0^{2\pi} d\varphi = 2\pi \left[\frac{r^3}{3}\right]_{r=0}^{r=a} \left[-\cos\theta\right]_{\theta=0}^{\theta=\pi} = \frac{4\pi a^3}{3}$$

例題 1 半径 a の円を底面とする高さ h の円柱 C_1 と，同じく半径 a の円を底面とする高さ w の円柱 C_2 が，図のように，2 つの円柱の中心線がそれぞれの中点で交わるように，直角に交わった図形を V とする。V の体積を求めよ。

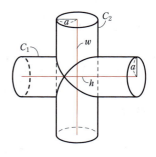

解答 C_1 の中心線が x 軸上に，C_2 の中心線が z 軸上にあり，中心線の交点が原点に一致するように配置する。V は2つの円柱の体積の和 $\pi a^2(h+w)$ から，2つの円柱の共通部分の体積を引いたものである。共通部分は
$$W = \{(x, y, z) \mid x^2+y^2 \leq a^2,\ y^2+z^2 \leq a^2\}$$
であり，その体積は $x \geq 0$，$y \geq 0$，$z \geq 0$ の部分 W' の体積の8倍である。

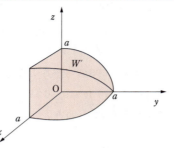

$D = \{(x, y) \mid x \geq 0,\ y \geq 0,\ x^2+y^2 \leq a^2\}$ とすると
$$\mu(W) = 8\iiint_{W'} dxdydz = 8\iint_D dxdy \int_0^{\sqrt{a^2-y^2}} dz$$
$$= 8\iint_D \sqrt{a^2-y^2}\,dxdy = 8\int_0^a dy \int_0^{\sqrt{a^2-y^2}} \sqrt{a^2-y^2}\,dx$$
$$= 8\int_0^a (a^2-y^2)dy = 8\left[a^2 y - \frac{y^3}{3}\right]_0^a = \frac{16a^3}{3}$$

よって，求める体積は $\mu(V) = \pi a^2(h+w) - \dfrac{16a^3}{3}$

練習 2 $a\ (>0)$ を半径とし原点を中心とする球
$$V_1 = \{(x, y, z) \mid x^2+y^2+z^2 \leq a^2\}$$
と，円柱
$$V_2 = \{(x, y, z) \mid x^2+y^2 \leq ax\}$$
の共通部分 $V = V_1 \cap V_2$ の体積を求めよ。

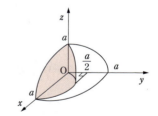

　$f(x)$ が $[a, b]$ 上で常に正の値をとる連続関数とするとき，次のような形の空間図形 V を **回転体** という。
$$V = \{(x, y, z) \mid a \leq x \leq b,\ y^2+z^2 \leq \{f(x)\}^2\}$$
V は $[a, b]$ 上の $y=f(x)$ のグラフを，空間内で x 軸の周りに1回転して得られる図形である。

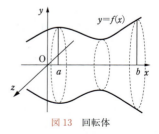

図13　回転体

例題 2 上の回転体 V の体積は $\mu(V) = \pi \displaystyle\int_a^b \{f(x)\}^2 dx$ で与えられることを示せ。

> **解答** (y, z) 平面上の原点を中心とした半径 $f(x)$ の円を $D(x)$ とする。
> 極座標変換 $y = r\cos\theta$, $z = r\sin\theta$ をすると $dydz = r\,drd\theta$ であり，r は $[0, f(x)]$ を，θ は $[0, 2\pi]$ を動くので
> $$\mu(V) = \iiint_V dxdydz = \int_a^b dx \iint_{D(x)} dydz$$
> $$= \int_a^b dx \int_0^{f(x)} r\,dr \int_0^{2\pi} d\theta = \int_a^b 2\pi \left[\frac{r^2}{2}\right]_0^{f(x)} dx = \pi \int_a^b \{f(x)\}^2 dx \quad \blacksquare$$

次の 2 つの集合 V_1 と V_2 の共通部分 $V_1 \cap V_2$ の体積を求めよ。
$V_1 = \{(x, y, z) \in \mathbb{R}^3 \mid (x^2 + y^2)^3 \leq 4x^2 y^2\}$
$V_2 = \{(x, y, z) \in \mathbb{R}^3 \mid x^2 + y^2 + z^2 \leq 1, z \geq 0\}$

◆ 曲面積

図 14 のような u, v でパラメータ表示された空間内の曲面
$$(u, v) \longmapsto \Phi(u, v) = (x(u, v), y(u, v), z(u, v))$$
を考える（第 5 章 ② 例 5 参照）。ただし，$x(u, v)$, $y(u, v)$, $z(u, v)$ は C^1 級であるとする。(u, v) が閉領域 D を動くとき，(x, y, z) 空間 $\mathbb{R}^3$ 内に描かれる曲面片の曲面積 S を求めよう。

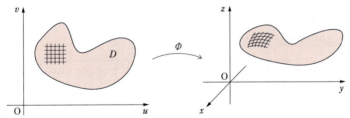

図 14 パラメータ表示された空間内の曲面

そのために，いままでと同じように，D を含む長方形領域
$\widetilde{D} = [a, b] \times [c, d]$ と，その分割 $\Delta : \begin{cases} a = a_0 < a_1 < a_2 < \cdots\cdots < a_{n-1} < a_n = b \\ c = c_0 < c_1 < c_2 < \cdots\cdots < c_{m-1} < c_m = d \end{cases}$
を考える。$\widetilde{D}$ は nm 個の小さい長方形領域
$$\widetilde{D}_{ij} = [a_i, a_{i+1}] \times [c_j, c_{j+1}] \quad (i = 0, 1, \cdots\cdots, n-1, \; j = 0, 1, \cdots\cdots, m-1)$$
に分割される。求める曲面積は，$D_{ij} = D \cap \widetilde{D}_{ij}$ の Φ による像の面積の $i = 0, 1, \cdots, n-1, \; j = 0, 1, \cdots, m-1$ の和の，分割による極限で計算される。$\Delta u = a_{i+1} - a_i$, $\Delta v = c_{j+1} - c_j$ とする。D_{ij} の Φ による像は，図 15 のような四辺

形になり，これは $\Phi(a_i, c_j)$ における接平面上の
平行四辺形で近似される。この平行四辺形は，
$\Phi(a_i, c_j)$ における2つの接ベクトル

$$\boldsymbol{v} = (x_u(a_i, c_j), y_u(a_i, c_j), z_u(a_i, c_j))\Delta u$$
$$\boldsymbol{w} = (x_v(a_i, c_j), y_v(a_i, c_j), z_v(a_i, c_j))\Delta v$$

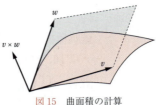

図15　曲面積の計算

によって生成される[4]。

ここで，次の線形代数学の事実を使う。

・2つの空間ベクトル $\boldsymbol{v} = (v_1, v_2, v_3)$, $\boldsymbol{w} = (w_1, w_2, w_3)$ について，その外積
$\boldsymbol{v} \times \boldsymbol{w} = (v_2 w_3 - w_2 v_3, v_3 w_1 - w_3 v_1, v_1 w_2 - w_1 v_2)$ は，$\boldsymbol{v}$, $\boldsymbol{w}$ と直交するベクトルで，その長さ $|\boldsymbol{v} \times \boldsymbol{w}|$ は $\boldsymbol{v}$ と $\boldsymbol{w}$ で生成される平行四辺形の面積に等しい。

これより，D_{ij} の Φ による像の面積 S_0 は，近似的に

$$S_0 \fallingdotseq \sqrt{(y_u z_v - z_u y_v)^2 + (z_u x_v - x_u z_v)^2 + (x_u y_v - y_u x_v)^2}\, \Delta u \Delta v$$

に等しい。求める曲面積 S は，i, j を，それぞれ 0 から $n-1$, $m-1$ に渡って
和をとり，分割を細かくすることで極限をとったもので，次の定理が成り立つ。

定理 2-1　パラメータ表示された空間内の曲面の曲面積

(u, v) が有界閉領域 D を動くとき，C^1 級のパラメータ表示
$(u, v) \longmapsto \Phi(u, v) = (x(u, v), y(u, v), z(u, v))$ で決まる空間内の
曲面の曲面積 S は，次で与えられる。

$$S = \iint_D \sqrt{(y_u z_v - z_u y_v)^2 + (z_u x_v - x_u z_v)^2 + (x_u y_v - y_u x_v)^2}\, du dv$$

例として，2変数関数 $z = f(x, y)$ のグラフで与えられる曲面を考える。
(x, y) が平面の有界閉領域 D を動くとき，これは次でパラメータ表示される。
$(x, y) \longmapsto (x, y, f(x, y))$　よって，定理 2-1 から，次の公式が得られる。

系 2-1　2変数関数のグラフの曲面積

平面上の有界閉領域 D の近傍で定義された C^1 級関数 $z = f(x, y)$ のグラフ
$\Gamma = \{(x, y, z) \mid (x, y) \in D, z = f(x, y)\}$ の曲面積 S は，次で与えられる。

$$S = \iint_D \sqrt{\{f_x(x, y)\}^2 + \{f_y(x, y)\}^2 + 1}\, dxdy$$

---

[4] (a_i, c_j) を中心にして，$x(u, v)$, $y(u, v)$, $z(u, v)$ を漸近展開すると，$\Phi(u, v)$ は
$(x_u(u, v), y_u(u, v), z_u(u, v))(u - a_i) + (x_v(u, v), y_v(u, v), z_v(u, v))(v - c_j)$ で1次近似される。

例題 3 $\{(x,\ y,\ z)\mid z=a^2-(x^2+y^2),\ z\geqq0\}$ $(a>0)$ の曲面積 S を求めよ。

解答 $z\geqq0$ から，$(x,\ y)$ の動く範囲は $D=\{(x,\ y)\mid x^2+y^2\leqq a^2\}$ である。

$f(x,\ y)=a^2-(x^2+y^2)$ として，系 2-1 の公式を適用する。

$f_x(x,\ y)=-2x,\ f_y(x,\ y)=-2y$

極座標変換 $x=r\cos\theta,\ y=r\sin\theta$ とすると $dxdy=r\,drd\theta$

θ は $[0,\ 2\pi]$ を，r は $[0,\ a]$ を動くので，$x^2+y^2=r^2$ から

$$S=\iint_D\sqrt{4x^2+4y^2+1}\,dxdy=\int_0^{2\pi}d\theta\int_0^a r\sqrt{4r^2+1}\,dr$$

$$=2\pi\left[\frac{1}{12}(4r^2+1)^{\frac{3}{2}}\right]_{r=0}^{r=a}=\frac{\pi}{6}\{(\sqrt{4a^2+1})^3-1\}$$

練習 4 半径 a $(a>0)$ の球の表面積を極座標変換を用いて求めよ。

　もう 1 つの例として，x についての C^1 級関数 $y=f(x)$ $(a\leqq x\leqq b)$ のグラフを，x 軸の周りに 1 回転してできる立体の曲面の曲面積 S を計算しよう。
この曲面は，次でパラメータ表示される。

$$(x,\ \theta)\longmapsto(x,\ f(x)\cos\theta,\ f(x)\sin\theta)\ (a\leqq x\leqq b,\ 0\leqq\theta\leqq2\pi)$$

よって，定理 2-1 から，次の公式が得られる。

系 2-2　1 変数関数のグラフの回転面の曲面積

x についての C^1 級関数 $y=f(x)$ $(a\leqq x\leqq b)$ のグラフを，x 軸の周りに 1 回転してできる立体の曲面の曲面積 S は，次で与えられる。

$$S=2\pi\int_a^b|f(x)|\sqrt{1+\{f'(x)\}^2}\,dx$$

練習 5 例題 3 の立体 $\{(x,\ y,\ z)\mid z=a^2-(x^2+y^2),\ z\geqq0\}$ $(a>0)$ を回転体とみて，その曲面積を計算せよ。

練習 6 次の回転体の曲面積を求めよ。

(1) $y=\sin x$ $(0\leqq x\leqq2\pi)$ を x 軸の周りに 1 回転してできる立体

(2) カテナリー $y=\dfrac{a}{2}(e^{\frac{x}{a}}+e^{-\frac{x}{a}})$ $(-a\leqq x\leqq a)$ を x 軸の周りに 1 回転してできる立体

(3) アステロイド $x^{\frac{2}{3}}+y^{\frac{2}{3}}=a^{\frac{2}{3}}$ を x 軸の周りに 1 回転してできる立体

3 広義の重積分とその応用

広義積分は1変数の場合と同様に，2変数以上でも考えることができる。広義の重積分は，1変数の広義積分と同様に広い応用をもつが，更に，ガウス積分やガンマ関数やベータ関数など，1変数の広義積分の値の計算や1変数の広義積分で定義される関数への応用もある。この節では，広義の重積分について基礎事項を述べた後に，その応用について述べる。

◆ 広義の重積分

有界とも閉領域とも限らない一般の領域D上で，関数$f(x, y)$を積分することを考えよう。これは1変数の場合は，第4章 3 (p. 147) で考察した広義積分に相当する。1変数の場合は，閉区間の端点を動かして，積分の極限をとった。2変数以上の場合は，「積分領域の列」という考え方を用いる。

一般の領域Dに対して，次の条件を満たす領域の列$\{K_n\}$（各K_nは平面R^2の部分集合）を考えよう。

(a) $K_1 \subset K_2 \subset \cdots\cdots \subset K_n \subset K_{n+1} \subset \cdots\cdots$

(b) すべてのnについて，$K_n \subset D$

(c) すべてのnについて，K_nは有界閉集合である。

(d) Dに含まれる任意の有界閉集合Fについて，十分大きいnをとると
$F \subset K_n$となる。

これらの条件を満たす$\{K_n\}$を，Dの**近似列**（きんじれつ）と呼ぶことにしよう。$f(x, y)$をD上の関数とする。Dの近似列$\{K_n\}$が，更に次を満たすとしよう。

(e) すべてのnについて，積分$\displaystyle\iint_{K_n} f(x, y)dxdy$が存在する。

このとき，$\{K_n\}$を「$f(x, y)$が積分可能なDの近似列」と呼ぶことにする。

定義 3-1 広義の重積分

少なくとも1つの，$f(x, y)$が積分可能なDの近似列$\{K_n\}$について，極限$I = \displaystyle\lim_{n\to\infty}\iint_{K_n} f(x, y)dxdy$が存在し，しかも，これが$f(x, y)$が積分可能な$D$の近似列のとり方に依存しないとき，$f(x, y)$は$D$上で広義積分可能である，あるいは広義の重積分$\displaystyle\iint_D f(x, y)dxdy$が収束するという。

---

266 第7章 積分（多変数）

次の補題が示すように，$f(x, y)$ が D 上で常に $f(x, y) \geqq 0$，または常に $f(x, y) \leqq 0$ である場合，1 つの近似列 $\{K_n\}$ について積分の列が収束すれば，D 上で広義積分可能である。

補題 3-1 $f(x, y)$ は D 上で常に $f(x, y) \geqq 0$，または常に $f(x, y) \leqq 0$ である関数とする。いま，$f(x, y)$ が積分可能な D の近似列 $\{K_n\}$ が 1 つ存在し，$I_n = \displaystyle\iint_{K_n} f(x, y)dxdy$ として，極限 $I = \lim\limits_{n \to \infty} I_n$ が存在するとする。

このとき，$f(x, y)$ が積分可能な D の任意の近似列 $\{K'_n\}$ について，極限 $I' = \lim\limits_{n \to \infty} \displaystyle\iint_{K'_n} f(x, y)dxdy$ が存在し，しかも $I' = I$ が成り立つ。

証明 すべての $(x, y) \in D$ で $f(x, y) \geqq 0$ である場合を証明する（他の場合も同様である）。

すべての n について，次のようにおく。

$$I_n = \iint_{K_n} f(x, y)dxdy, \quad I'_n = \iint_{K'_n} f(x, y)dxdy$$

$f(x, y)$ は負の値をとらない関数なので，次が成り立つ。

$$I_1 \leqq I_2 \leqq \cdots\cdots \leqq I_n \leqq I_{n+1} \leqq \cdots\cdots$$
$$I'_1 \leqq I'_2 \leqq \cdots\cdots \leqq I'_n \leqq I'_{n+1} \leqq \cdots\cdots$$

このとき，$I = \sup\limits_n I_n$ である。

任意の n について，有界閉集合 K'_n を考えると，十分大きな m をとれば $K'_n \subset K_m$ とできる。

よって，$I'_n \leqq I_m \leqq I$ であり，これがすべての n について言えるので，数列 $\{I'_n\}$ は上に有界である。

よって，第 1 章定理 3-1 ($p.39$) より，極限 $I' = \lim\limits_{n \to \infty} I'_n$ が存在する。

$I' = \sup\limits_n I'_n$ なので

$$I' \leqq I \quad \cdots\cdots \text{①} \quad \text{である。}$$

また，任意の n について，有界閉集合 K_n を考えると，十分大きな m をとれば $K_n \subset K'_m$ とできる。

よって，$I_n \leqq I'_m \leqq I'$ であり，これがすべての n について言えるので

$$I \leqq I' \quad \cdots\cdots \text{②} \quad \text{である。}$$

①，② より，$I = I'$ となり，補題が証明された。　■

例題1 $D=\{(x, y) \mid x\geq 0,\ y\geq 0\}$ のとき，次の広義積分の値を求めよ．
$$\iint_D \frac{dxdy}{(1+x^2)(1+y^2)}$$

解答 $K_n=\{(x, y) \mid 0\leq x\leq n,\ 0\leq y\leq n\}$ とすると，$\{K_n\}$ は D の近似列である．このとき
$$I_n=\iint_{K_n}\frac{dxdy}{(1+x^2)(1+y^2)}=\int_0^n\frac{dx}{1+x^2}\int_0^n\frac{dy}{1+y^2}$$
$$=\Big[\mathrm{Tan}^{-1}x\Big]_{x=0}^{x=n}\times\Big[\mathrm{Tan}^{-1}y\Big]_{y=0}^{y=n}=(\mathrm{Tan}^{-1}n)^2$$
$\displaystyle\lim_{n\to\infty}\mathrm{Tan}^{-1}n=\frac{\pi}{2}$ より $\displaystyle\lim_{n\to\infty}I_n=\Big(\frac{\pi}{2}\Big)^2=\frac{\pi^2}{4}$ なので
$$\iint_D\frac{dxdy}{(1+x^2)(1+y^2)}=\frac{\pi^2}{4}$$

練習1 次の広義積分の値を求めよ．
(1) $\iint_D e^{-y^2}dxdy$, $D=\{(x, y) \mid 0\leq x\leq y\}$
（ヒント：$K_n=\{(x, y) \mid 0\leq x\leq y\leq n\}$ とする．）
(2) $\iint_D \dfrac{\log(x^2+y^2)}{\sqrt{x^2+y^2}}dxdy$, $D=\{(x, y) \mid 0<x^2+y^2\leq 1,\ y\geq 0\}$
$\left(\text{ヒント：}K_n=\left\{(x, y) \,\middle|\, \dfrac{1}{n^2}\leq x^2+y^2\leq 1,\ y\geq 0\right\} \text{とする．}\right)$

◆ガウス積分

広義の重積分を用いてしばしば計算される，次の1変数の広義積分は，自然科学や工学，統計学など幅広い範囲で応用される．重要性の高いものである．

例題2 （**ガウス積分**）　等式 $\displaystyle\int_{-\infty}^{\infty}e^{-x^2}dx=\sqrt{\pi}$ を証明せよ．

指針 e^{-x^2} は偶関数なので，求める積分は $\displaystyle\int_0^{\infty}e^{-x^2}dx$ の 2 倍である．
これを計算するために，次の広義重積分を考える．
$$\iint_D e^{-x^2-y^2}dxdy,\ D=\{(x, y) \mid x\geq 0,\ y\geq 0\} \qquad (*)$$
まず，$K_n=\{(x, y) \mid x\geq 0,\ y\geq 0,\ x^2+y^2\leq n^2\}$ として，D の近似列 $\{K_n\}$ を考える．

証明 極座標変換を用いて積分 $I_n = \iint_{K_n} e^{-x^2-y^2} dxdy$ を計算すると

$$I_n = \iint_{K_n} e^{-x^2-y^2} dxdy = \int_0^n dr \int_0^{\frac{\pi}{2}} re^{-r^2} d\theta$$

$$= \frac{\pi}{2} \int_0^n re^{-r^2} dr = \frac{\pi}{2}\left[-\frac{1}{2}e^{-r^2}\right]_0^n = \frac{\pi}{4}(1-e^{-n^2})$$

$\lim_{n\to\infty} I_n = \frac{\pi}{4}$ なので，上記の広義積分 $(*)$ は存在して，その値は $\frac{\pi}{4}$ に等しい。

他方，同じ広義積分 $(*)$ を，$D_n = \{(x, y) \mid 0 \leq x \leq n, \; 0 \leq y \leq n\}$ で与えられる D の近似列 $\{D_n\}$ で計算すると

$$J_n = \iint_{D_n} e^{-x^2-y^2} dxdy = \iint_{D_n} e^{-x^2} e^{-y^2} dxdy$$

$$= \int_0^n e^{-x^2} dx \int_0^n e^{-y^2} dy = \left(\int_0^n e^{-x^2} dx\right)^2$$

これが $n \longrightarrow \infty$ で $\frac{\pi}{4}$ に収束するので，$\left(\int_0^\infty e^{-x^2} dx\right)^2 = \frac{\pi}{4}$ となる。

e^{-x^2} はすべての $x \in \mathbb{R}$ で正の値をとるので，これより

$\int_0^\infty e^{-x^2} dx = \frac{\sqrt{\pi}}{2}$ となる。

よって，$\int_{-\infty}^\infty e^{-x^2} dx = \sqrt{\pi}$ であり，題意の等式が示された。∎

ガウス積分の被積分関数 $e^{-x^2} = \exp(-x^2)$ を適当に平行移動して，更に適当な定数倍を施したものが，いわゆる正規分布（ガウス分布）の確率密度関数（平均を μ，分散を σ^2 とする）である。

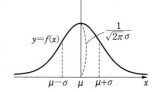

$$f(x) = \frac{1}{\sqrt{2\pi}\sigma} \exp\left(-\frac{(x-\mu)^2}{2\sigma^2}\right)$$

ガウス積分の計算より，$f(x)$ の実軸より上の積分は 1 に等しいことを示す。

$$\int_{-\infty}^\infty f(x) dx = \int_{-\infty}^\infty \frac{1}{\sqrt{2\pi}\sigma} \exp\left(-\frac{(x-\mu)^2}{2\sigma^2}\right) dx$$

ここで $x - \mu = y$ とおくと，上の式の右辺は

$$\int_{-\infty}^\infty \frac{1}{\sqrt{2\pi}\sigma} \exp\left(-\frac{y^2}{2\sigma^2}\right) dy = \frac{1}{\sqrt{2\pi}\sigma} \int_{-\infty}^\infty e^{-\frac{y^2}{2\sigma^2}} dy$$

ガウス積分の等式の関係から

$$\frac{1}{\sqrt{2\pi}\,\sigma}\int_{-\infty}^{\infty}e^{-\frac{y^2}{2\sigma^2}}dy=\frac{1}{\sqrt{2\pi}\,\sigma}\times\sqrt{2\pi\sigma^2}=1$$

よって，$\displaystyle\int_{-\infty}^{\infty}\frac{1}{\sqrt{2\pi}\,\sigma}\exp\left(-\frac{(x-\mu)^2}{2\sigma^2}\right)dx=1$ ■

◆ ガンマ関数とベータ関数

ガンマ関数とベータ関数については，第 4 章 ④ ($p.157\sim158$) で，すでに基本的な性質については述べた。ここでは，広義の重積分を用いて，ガンマ関数とベータ関数のさらに深い性質について議論する。

例題 3 等式 $\Gamma\left(\dfrac{1}{2}\right)=\sqrt{\pi}$ を証明せよ。

証明 ガンマ関数の定義 $\Gamma(s)=\displaystyle\int_0^{\infty}e^{-x}x^{s-1}dx$ から $\Gamma\left(\dfrac{1}{2}\right)=\displaystyle\int_0^{\infty}e^{-x}x^{-\frac{1}{2}}dx$

である。ここで $x=t^2$ として置換積分を行うと，$dx=2t\,dt$ より

$x^{-\frac{1}{2}}dx=2\,dt$ なので $\Gamma\left(\dfrac{1}{2}\right)=\displaystyle\int_0^{\infty}e^{-x}x^{-\frac{1}{2}}dx=2\int_0^{\infty}e^{-t^2}dt$

例題 2 ($p.268$) より $\displaystyle\int_{-\infty}^{\infty}e^{-t^2}dt=\sqrt{\pi}$ なので $\Gamma\left(\dfrac{1}{2}\right)=\sqrt{\pi}$ ■

例題 3 と第 4 章定理 4-1 ($p.157$) より，次のことがわかる。

定理 3-1 ガンマ関数の基本性質

任意の自然数 n について $\Gamma\left(n-\dfrac{1}{2}\right)=\dfrac{(2n-3)!!}{2^{n-1}}\sqrt{\pi}$

ただし，ここで奇数の自然数 n について $n!!=n(n-2)(n-4)\cdots\cdots 1$ であり，$(-1)!!=1$ とする ($p.139$ 参照)。

次の定理は，ガンマ関数とベータ関数を関係付けている点で，重要である。

定理 3-2 ガンマ関数とベータ関数

任意の正の実数 p, q について，次の等式が成り立つ。

$$B(p,\ q)=\frac{\Gamma(p)\Gamma(q)}{\Gamma(p+q)}$$

証明 任意の正の自然数 n に対して

$$K_n = \{(x,\ y) \mid x \geq 0,\ y \geq 0,\ x^2 + y^2 \leq n^2\}$$
$$D_n = \{(x,\ y) \mid 0 \leq x \leq n,\ 0 \leq y \leq n\}$$

として，第一象限 $D = \{(x,\ y) \mid x \geq 0,\ y \geq 0\}$ の 2 つの近似列 $\{K_n\}$ と $\{D_n\}$ を考える。D 上で $f(x,\ y) = 4e^{-x^2-y^2}x^{2p-1}y^{2q-1}$ の積分を，例題 2 と同様に，これらの近似列を用いて 2 通りに計算することを考える。

まず，$\{K_n\}$ を用いて計算する。

極座標変換を用いて積分を計算すると

$$\iint_{K_n} f(x,\ y)dxdy = 4\int_0^n dr \int_0^{\frac{\pi}{2}} re^{-r^2}(r\cos\theta)^{2p-1}(r\sin\theta)^{2q-1}d\theta$$

$$= \left(2\int_0^n e^{-r^2}r^{2p+2q-1}dr\right) \cdot \left(2\int_0^{\frac{\pi}{2}}\cos^{2p-1}\theta\sin^{2q-1}\theta\,d\theta\right)$$

$$= \left(\int_0^{n^2} e^{-t}t^{p+q-1}dt\right) \cdot \left(2\int_0^{\frac{\pi}{2}}\cos^{2p-1}\theta\sin^{2q-1}\theta\,d\theta\right)$$

$$\longrightarrow \Gamma(p+q)B(p,\ q) \quad \text{ただし，} \Gamma(p+q) \neq 0$$

ここで，最後の等式においては，最初の積分は $t = r^2$ で置換積分している。最後にとった極限は $n \longrightarrow \infty$ での極限を表し，ガンマ関数の定義から最初の積分は $\Gamma(p+q)$ に，2 番目の積分は第 4 章 ④ 例題 1（p. 159）より $B(p,\ q)$ に収束する。

次に，$\{D_n\}$ を用いて計算する。

$$\iint_{D_n} f(x,\ y)dxdy = \left(2\int_0^n e^{-x^2}x^{2p-1}dx\right) \cdot \left(2\int_0^n e^{-y^2}y^{2q-1}dy\right)$$

$$\longrightarrow \Gamma(p)\Gamma(q)$$

これらの結果が等しいので，$\Gamma(p+q)B(p,\ q) = \Gamma(p)\Gamma(q)$ となる。両辺を $\Gamma(p+q)$（$\neq 0$）で割ると題意の等式が導かれる。■

定理 3-2 と第 4 章 ④ 例題 1 を合わせると，次の公式が得られる。

$a > -1$，$b > -1$ である a，b について

$$\int_0^{\frac{\pi}{2}} \sin^a\theta \cos^b\theta\,d\theta = \frac{\Gamma\left(\dfrac{a+1}{2}\right)\Gamma\left(\dfrac{b+1}{2}\right)}{2\Gamma\left(\dfrac{a+b+2}{2}\right)}$$

a，b が 0 以上の整数の場合は，定理 3-1 と第 4 章定理 4-1⑶ から，すべての場合について値を求めることができる。

③ 広義の重積分とその応用 | 271

例 1

$$\int_0^{\frac{\pi}{2}} \sin^5\theta \cos^6\theta \, d\theta = \frac{\Gamma(3)\Gamma\left(\frac{7}{2}\right)}{2\Gamma\left(\frac{13}{2}\right)} = \frac{2! \cdot \frac{5!!}{2^3}\sqrt{\pi}}{\frac{11!!}{2^5}\sqrt{\pi}}$$

$$= \frac{2^3 \cdot 5!!}{11!!} = \frac{8}{11 \cdot 9 \cdot 7} = \frac{8}{693}$$

練習 2 次の積分の値を求めよ。

(1) $\int_0^{\frac{\pi}{2}} \sin^3\theta \cos^4\theta \, d\theta$
(2) $\int_0^{\frac{\pi}{2}} \sin^4\theta \cos^6\theta \, d\theta$
(3) $\int_0^{\pi} \sin^4\theta \cos^4\theta \, d\theta$

例題 4 次の積分をガンマ関数で表せ。

$$\int_0^{\infty} \frac{x^{b-1}}{1+x^a} dx \quad \text{ただし,} \ a>0, \ b>0$$

解答 $\dfrac{1}{1+x^a} = t$ とおくと $x = \left(\dfrac{1-t}{t}\right)^{\frac{1}{a}}, \ dx = \dfrac{-1}{a} \cdot \left(\dfrac{1-t}{t}\right)^{\frac{1}{a}-1} \cdot \dfrac{dt}{t^2}$

が成り立つ。

よって $\displaystyle\int_0^{\infty} \frac{x^{b-1}}{1+x^a} dx = -\frac{1}{a}\int_1^0 t^{-\frac{b}{a}}(1-t)^{\frac{b}{a}-1} dt$

$$= \frac{1}{a} B\left(1-\frac{b}{a}, \frac{b}{a}\right) = \frac{1}{a} \cdot \frac{\Gamma\left(1-\frac{b}{a}\right)\Gamma\left(\frac{b}{a}\right)}{\Gamma(1)}$$

$$= \frac{1}{a}\Gamma\left(1-\frac{b}{a}\right)\Gamma\left(\frac{b}{a}\right)$$

練習 3 次の積分をガンマ関数で表せ。

(1) $\int_0^1 x^{a-1}(1-x^b)^3 dx \ (a>0, \ b>0)$

(2) $\int_0^1 \dfrac{x^{p-1}}{\sqrt{1-x^q}} dx \ (p>0, \ q>0)$

4 発展：重積分の存在

ここでは，第4章⑤（p. 160～）で述べたことを多変数（主に2変数）の場合に拡張する。実際の議論は，実はほとんど形式的な書き換えだけでできるので，1変数の場合と同様な事項については，詳細を省略する。

◆分割とリーマン和

$f(x, y)$ を長方形領域 $D=[a, b]\times[c, d]$ 上の有界関数とする。①（p. 244）で述べたように，D の分割とは，閉区間 $[a, b]$ の分割と $[c, d]$ の分割の組

$$\Delta : \begin{cases} a=a_0<a_1<a_2<\cdots\cdots<a_{n-1}<a_n=b \\ c=c_0<c_1<c_2<\cdots\cdots<c_{m-1}<c_m=d \end{cases}$$

のことである。これによって，D は nm 個の小さい長方形領域

$$D_{ij}=[a_i, a_{i+1}]\times[c_j, c_{j+1}] \ (i=0, 1, \cdots\cdots, n-1, \ j=0, 1, \cdots\cdots, m-1)$$

に分割される。このとき，各 D_{ij} $(i=0, 1, \cdots\cdots, n-1, \ j=0, 1, \cdots\cdots, m-1)$ における $f(x, y)$ の値の上限を M_{ij}，下限を m_{ij} とする。

$$M_{ij}=\sup\{f(x, y) \mid (x, y)\in D_{ij}\}, \ m_{ij}=\inf\{f(x, y) \mid (x, y)\in D_{ij}\}$$

こうして，D_{ij} を底面とし高さ M_{ij} の角柱の体積の総和

$$S_\Delta=\sum_{i=0}^{n-1}\sum_{j=0}^{m-1}M_{ij}(a_{i+1}-a_i)(c_{j+1}-c_j)$$

と，D_{ij} を底面とし高さ m_{ij} の角柱の体積の総和

$$s_\Delta=\sum_{i=0}^{n-1}\sum_{j=0}^{m-1}m_{ij}(a_{i+1}-a_i)(c_{j+1}-c_j)$$

を考え，それぞれ分割Δに関する **上リーマン和** と **下リーマン和** という。

1変数の場合（第4章⑤）と同様に，S_Δ と s_Δ は分割の細分に対して，それぞれ単調に減少，および単調に増加する。ここで分割 Δ' がΔの細分であるとは，Δ' における $[a, b]$ と $[c, d]$ の分割が，Δにおける $[a, b]$ と $[c, d]$ の分割の細分になっていることである。Δによって得られる小さい長方形領域 D_{ij} は，Δ' によって得られる小さい長方形領域のいくつかに分割されている。

このとき，1変数の場合と同様に，次の不等式が成り立つ。

$$S_\Delta\geqq S_{\Delta'}, \ s_\Delta\leqq s_{\Delta'}$$

こうして，分割の細分の列 Δ, Δ', Δ'', $\cdots\cdots$ に対して，次ページの不等式の列が得られることも，1変数の場合と同様である。

$$s_\Delta \leqq s_\Delta{}' \leqq s_\Delta{}'' \leqq \cdots\cdots \leqq S_\Delta{}'' \leqq S_\Delta{}' \leqq S_\Delta$$

したがって，分割 Δ のすべてを考えたときの s_Δ の上限 $\sup s_\Delta$ と，S_Δ の下限 $\inf S_\Delta$ が存在する。

このとき，明らかに次が成り立つ。

$$\sup s_\Delta \leqq \inf S_\Delta \tag{$*$}$$

以上より，定積分（多変数）について，次のように定義できる。

定義 4-1　定積分（多変数）

不等式（$*$）が等式となるとき，長方形領域 $D=[a, b]\times[c, d]$ 上で有界な関数 $f(x, y)$ はリーマン積分可能であるという。

このとき，共通の値 $\sup s_\Delta = \inf S_\Delta$ を

$$\iint_D f(x, y)\,dxdy$$

と書いて，長方形領域 D における $f(x, y)$ の定積分という。

◆ 長方形領域上の積分可能性

1 変数の場合と同様に，次の定理 1-1（再掲）が成り立つ。

定理 1-1　長方形領域上の積分可能性

長方形領域 $D=[a, b]\times[c, d]$ 上で連続な関数 $f(x, y)$ は，D 上でリーマン積分可能である。

この定理の証明のためには，1 変数の場合と同様に，**一様連続性** の概念が必要となる。

定理 4-1　有界閉集合上の連続関数の一様連続性

D を $\mathbb{R}^n$ の有界閉集合とし，$f(x)$ $(x=(x_1, x_2, \cdots\cdots, x_n))$ を D 上の連続関数とする。このとき，$f(x)$ は D 上で一様連続である。すなわち，次が成り立つ。

（$*$）　任意の正の実数 ε に対して，正の実数 δ が存在して，$d(x, y)<\delta$ を満たすすべての $x, y \in D$ $(x=(x_1, x_2, \cdots\cdots, x_n),$ $y=(y_1, y_2, \cdots\cdots, y_n))$ について $|f(x)-f(y)|<\varepsilon$ となる。

一様連続性の条件（∗）と，通常の連続性の意味の違いも，1変数の場合と同様である。すなわち，一様連続性は論理式で書くと

（∗）　 $\forall \varepsilon > 0 \ \exists \delta > 0$ such that $\underline{\underline{\forall x, \ y \in D}}$
$$(d(x, y) < \delta \implies |f(x) - f(y)| < \varepsilon)$$
となって，x と y の役割は同等であるのに対して，D 上での連続性は

（†）　 $\underline{\underline{\forall y \in D}} \ \forall \varepsilon > 0 \ \exists \delta > 0$ such that $\underline{\underline{\forall x \in D}}$
$$(d(x, y) < \delta \implies |f(x) - f(y)| < \varepsilon)$$
となり，x と y の役割は異なる。

特に，二重下線の部分から，後者においては δ は y の D 内における位置に依存しているが，一様連続性（∗）においては，δ は x や y の位置にはよらず一様にとれるというところに，違いの本質がある。

定理 4-1 の証明は，第 4 章定理 5-1 (p. 165) の証明 (p. 165) において，閉区間 $[a, b]$ を有界閉集合 D に（そして「数列」を「点列」に）置き換え，ボルツァーノ・ワイエルシュトラスの定理を多変数版のボルツァーノ・ワイエルシュトラスの定理 (第 5 章定理 3-1) に置き換えれば，まったく同様である。

長方形領域 $D = [a, b] \times [c, d]$ は座標平面 $\mathbb{R}^2$ の有界閉集合なので，定理 4-1 より，D 上の連続関数は D 上で一様連続である。これより，定理 1-1 (p. 246) は，1 変数の場合の議論 (第 4 章 5 「定理 1-1 の証明 (p. 166)」) と同様に証明できる。

定理 4-1 を用いて，定理 1-1 を証明せよ。

◆ 面積零集合

次に，長方形領域とは限らない，一般の有界閉領域上の積分について議論するために，本書では「グラフで囲まれた領域」という概念を導入する。これは区分的に有限個の連続関数 ($y = \varphi(x)$ または $x = \phi(y)$ の形) のグラフによって囲まれた閉領域 D のことであり，このような領域 D 上では，任意の連続関数がリーマン積分可能である。

これについて議論するために，まずは，そのような領域を囲む境界となる曲線 (連続関数のグラフ) が，次のような意味で「面積＝0」である性質をもつことを示す必要がある。

定義 4-2　面積零集合

$\mathbb{R}^2$ の部分集合 A が次の条件を満たすとき，A は**面積零集合**[5]であるという。

(∗)　任意の正の実数 ε に対して，有限個の多重開区間[6]
$$L_i=(a_i,\ b_i)\times(c_i,\ d_i)\ (a_i<b_i,\ c_i<d_i,\ i=1,\ 2,\ \cdots\cdots,\ r)$$
が
$$A\subseteq L_1\cup L_2\cup\cdots\cdots\cup L_r,\ \sum_{i=1}^{r}(b_i-a_i)(d_i-c_i)<\varepsilon$$
となるように存在する。

条件 (∗) は，どんなに小さい任意の正の実数 ε についても，その総面積が ε よりも小さいような簡単な図形（多重開区間の有限個の和集合）の中に，A が完全に入ってしまうことを意味している。これは A の面積というものがあるとしても，それは 0 にならざるを得ないということを意味している。

1 点からなる集合 $A=\{P\}$ は面積零集合である。実際，A はいくらでも小さい面積をもつ多重開区間で覆われる。

一般に，有限個の面積零集合 $A_1,\ A_2,\ \cdots\cdots,\ A_N$ があるとき，その和集合 $A_1\cup A_2\cup\cdots\cdots\cup A_N$ もまた面積零集合である。したがって，特に $\mathbb{R}^2$ の有限個の点からなる集合は面積零集合である。他にも，平面上の任意の 2 点 P，Q を結ぶ線分 PQ も，面積零集合である。更に一般的に，次の補題が成り立つ。

補題 4-1　有界閉集合 $[a,\ b]$ 上の連続関数 $y=\varphi(x)$ のグラフ
$$\varGamma=\{(x,\ y)\ |\ y=\varphi(x),\ a\leqq x\leqq b\}$$
は面積零集合である。

証明　$\varGamma$ に対して，定義 4-2 の条件を確かめよう。
第 4 章定理 5-1 (*p.* 165) より，$\varphi(x)$ は $[a,\ b]$ 上で一様連続である。よって，任意の正の実数 ε に対して，正の実数 δ を，$x,\ x'\in[a,\ b]$ が $|x-x'|<\delta$ を満たすなら $|\varphi(x)-\varphi(x')|<\dfrac{\varepsilon}{2(b-a)}$ となるようにとれる。そこで，区間 $[a,\ b]$ の分割 $a=a_0<a_1<\cdots\cdots<a_r=b$ を，その間隔 $|a_{i+1}-a_i|\ (i=0,\ 1,\ \cdots\cdots,\ r-1)$ が δ より小さくなるようにとれば，

---

[5] より正確には「ジョルダン測度の意味で面積零集合」という。
[6] 開区間の直積 $(a,\ b)\times(c,\ d)=\{(x,\ y)\ |\ a<x<b,\ c<y<d\}$ を，本書では多重開区間という。

小さい閉区間 $[a_i,\ a_{i+1}]$ における $\varphi(x)$ の最大値 M_i と最小 m_i は

$M_i-m_i<\dfrac{\varepsilon}{2}(b-a)$ を満たしている。そこで,各 $i=0,\ 1,\ \cdots\cdots,\ r-1$

について,多重開区間 L_i を $L_i=(a_i-\rho,\ a_{i+1}+\rho)\times(m_i-\rho,\ M_i+\rho)$ で

定義する。ここで ρ は正の実数である。L_i は長方形領域

$D_i=[a_i,\ a_{i+1}]\times[m_i,\ M_i]$ を,上下左右に幅 ρ だけ広げて作った多重開

区間である。したがって,L_i の面積は $\rho\longrightarrow 0$ で D_i の面積に収束し,

かつ $\varGamma\subset L_0\cup L_1\cup\cdots\cdots\cup L_{r-1}$ が成り立っている。

$$\sum_{i=0}^{r-1}(D_i\text{ の面積})=\sum_{i=0}^{r-1}(a_{i+1}-a_i)(M_i-m_i)<\frac{\varepsilon}{2}$$

なので,ρ を十分小さくとれば,$L_i\ (i=0,\ 1,\ \cdots\cdots,\ r-1)$ の面積の総

和は ε を下回る。以上より,定義 4-2 の条件が確かめられた。　■

◆積分可能性定理

　面積零集合の概念を使うと,多変数の連続関数の積分可能性定理($p.246$,定

理 1-1)は,次のように一般化できる。

定理 4-2　積分可能性定理

　$f(x,\ y)$ を長方形領域 $D=[a,\ b]\times[c,\ d]$ 上の有界関数,$A\subseteqq D$ を部
分集合とし,A は面積零集合であるとする。関数 $f(x,\ y)$ が A に属さな
いすべての $(x,\ y)\in D$ で連続であるとき,$f(x,\ y)$ は D 上でリーマン積
分可能である。

　定理 1-1 との違いは,この定理では,関数 $f(x,\ y)$ は D 上では連続とは仮定
していないことにある。すなわち,この定理は積分可能性のためには,高々(多
くとも)面積 0 の例外集合を除いて連続であれば十分である,ということを主張
している。

証明　次のことを証明すればよい。

　（＊）　任意の正の実数 ε について,長方形領域の分割 $\varDelta$ を十分細かくと
　　　　れば,上リーマン和 $S_\varDelta$ と下リーマン和 $s_\varDelta$ について $S_\varDelta-s_\varDelta<\varepsilon$
　　　　となる。

　以下,いくつかの段階に分けて証明しよう。

第1段階　$f(x, y)$ は D 上で有界なので，すべての $(x, y) \in D$ に対して $|f(x, y)| < M$ である実数 M がとれる。A は面積零集合なので，多重開区間 $L_1, L_2, \cdots\cdots, L_r$ を $A \subset L_1 \cup L_2 \cup \cdots\cdots \cup L_r$ かつ

$$\sum_{k=1}^{r} \mu(L_k) < \frac{\varepsilon}{4M} \qquad (\dagger)$$

であるようにとれる。ここで，多重開区間 $L_k = (a_k, b_k) \times (c_k, d_k)$ に対して，$\mu(L_k) = (b_k - a_k)(d_k - c_k)$ とした。

第2段階　D から $L_1 \cup L_2 \cup \cdots\cdots \cup L_r$ を取り除いて得られた部分集合を D' としよう。D' は有界閉集合であり[*]，$f(x, y)$ は D' 上では連続なので，定理 4-1 ($p. 274$) より，$f(x, y)$ は D' 上で一様連続である。よって，正の実数 δ を，任意の (x, y)，$(x', y') \in D$ で，$d((x, y), (x', y')) < \delta$ であるものについて

$$|f(x, y) - f(x', y')| < \frac{\varepsilon}{2\mu(D)} \qquad (\ddagger)$$

であるようにとることができる。ここで，$\mu(D) = (b - a)(d - c)$ は D の面積である。

第3段階　D の分割 $\varDelta$ を十分細かくとって，それによってできる小さい各長方形 D_{ij} の中の任意の 2 点の距離は δ より小さくなるようにとる。また，上でとった多重開区間 $L_k = (a_k, b_k) \times (c_k, d_k)$

$(k = 1, 2, \cdots\cdots, r)$ に現れる a_k, b_k や c_k, d_k もその分点に加えて，改めて $\varDelta$ とする。こうすると，各 L_k は分割 $\varDelta$ によってできる，小さい長方形の有限個の和集合になっている。

また，上でリーマン和を定義したときに用いた記号を使うと

$$S_{\varDelta} - s_{\varDelta} = \sum_{i=0}^{n-1} \sum_{j=0}^{m-1} (M_{ij} - m_{ij}) \mu(D_{ij})$$

となる（$\mu(D_{ij})$ は D_{ij} の面積）。

この右辺の和を，次のように 2 つに分ける。

- D_{ij} の内部が何らかの L_k に含まれている (i, j) だけを選んで，それらだけで $(M_{ij} - m_{ij}) \mu(D_{ij})$ の和をとったものを S_1 とする。
- それ以外の (i, j) 全部について $(M_{ij} - m_{ij}) \mu(D_{ij})$ の和をとったものを S_2 とする。

このとき，$S_{\varDelta} - s_{\varDelta} = S_1 + S_2$ であり，次の不等式が成り立つ。

---

[*]　D' は有界閉集合である。実際，$L_1 \cup L_2 \cup \cdots\cdots \cup L_r$ は開集合なので，その補集合は閉集合，これと閉集合 D との共通部分はまた閉集合である。

まず，上でとった M を使うと，$M_{ij}-m_{ij} \leq 2M$ なので，上の不等式（†）より　$S_1 \leq 2M \sum_{k=1}^{r} \mu(L_k) < 2M \cdot \dfrac{\varepsilon}{4M} = \dfrac{\varepsilon}{2}$

また，S_2 については（‡）より $M_{ij}-m_{ij} < \dfrac{\varepsilon}{2\mu(D)}$ であるから

$$S_2 < \dfrac{\varepsilon}{2\mu(D)} \cdot \mu(D') \leq \dfrac{\varepsilon}{2\mu(D)} \cdot \mu(D) = \dfrac{\varepsilon}{2}$$

以上より　$S_\varDelta - s_\varDelta = S_1 + S_2 < \dfrac{\varepsilon}{2} + \dfrac{\varepsilon}{2} = \varepsilon$　（∗）　が確かめられた．■

◆ グラフで囲まれた閉領域

図 16 に示す座標平面上の，自分自身と交わりをもたない連続な閉曲線は，平面をその内部と外部に分ける[7]（図 16 左の図）．

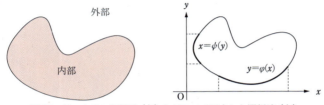

図 16　ジョルダン閉領域（左）とグラフで囲まれた閉領域（右）

こうして，自分自身と交わりをもたない連続な閉曲線 C およびその内部は，平面上の有界な閉集合を定義する．このような有界閉集合を，以下では **ジョルダン閉領域** と呼び，閉曲線 C をその **境界** と呼ぶことにする．

ジョルダン閉領域 D の境界 C が，図 16 右の図のように，x についての連続関数のグラフや y についての連続関数のグラフの和集合になっているとき，補題 4-1（$p.276$）より，C は面積零集合である．このようなジョルダン閉領域を，以下では **グラフで囲まれた閉領域** と呼ぶことにしよう．

グラフで囲まれた閉領域の重要な例は，1 で扱っている 2 つのグラフで挟まれた領域である（$p.252$，図 5 参照）．この場合，領域の上下は x についての連続関数のグラフで挟まれており，左右の境界は $x=a$（定数）という形の（y についての定数関数の）グラフになっている．

---

[7] これは証明が必要な定理（いわゆる「ジョルダンの閉曲線定理」）であるが，本書では直観的に明らかなこととして，証明なしで用いる．

定理 4-3 グラフで囲まれた閉領域上の積分可能性

$f(x, y)$ をグラフで囲まれた閉領域 D 上の連続関数とする。このとき，関数 $f(x, y)$ は D 上でリーマン積分可能である。

証明 D を完全に含むような長方形領域 $R=[a, b]\times[c, d]$ を考え，R 上の有界関数 $\tilde{f}(x, y)$ を次で定める。

$$\tilde{f}(x, y)=\begin{cases} f(x, y) & ((x, y)\in D) \\ 0 & ((x, y)\notin D) \end{cases}$$

$\tilde{f}(x, y)$ は D の境界 C に属さないすべての $(x, y)\in R$ で連続である。よって，定理 4-2 (*p.* 277) より，$\tilde{f}(x, y)$ は R 上でリーマン積分可能である。D 上でのリーマン積分の定義 (*p.* 244, ①参照) より $f(x, y)$ は D 上でリーマン積分可能であり，$\displaystyle\iint_D f(x, y)dxdy=\iint_R \tilde{f}(x, y)dxdy$ である。 ∎

5 補遺：定理の証明

ここでは，重積分の累次積分による計算のために必要な定理や補題の証明を与えよう。

◆累次積分に関する定理の証明

まずは，補題 1-1 ($p.\,249$) および補題 1-2 ($p.\,252$) の証明であるが，前者は後者の特別な場合である（長方形領域は 2 つのグラフで挟まれた領域の特殊例である）。よって，後者の補題 1-2 のみを証明すればよい。

補題 1-2 の 証明 関数 $F_1(x)$ が任意の $x_0 \in [a,\,b]$ で連続であることを示す。

ε を任意の正の実数とする。$\varphi(x)$ と $\phi(y)$ の連続性から，正の実数 δ を十分小さくとれば，$|x-x_0|<\delta$ のときの $|\phi(x)-\phi(x_0)|$ や $|\varphi(x)-\varphi(x_0)|$ の値は限りなく小さくできるので $c=\max\{\phi(x),\,\phi(x_0)\}$, $d=\min\{\varphi(x),\,\varphi(x_0)\}$ としたとき

$$\left|F_1(x)-\int_c^d f(x,\,y)dy\right|<\frac{\varepsilon}{3}, \quad \left|F_1(x_0)-\int_c^d f(x_0,\,y)dy\right|<\frac{\varepsilon}{3}$$

としてよい。

また，$f(x,\,y)$ は D 上で一様連続なので，δ を十分小さくとり直せば，$|x-x'|<\delta$ かつ $|y-y'|<\delta$ であるすべての $(x,\,y),\,(x',\,y')\in D$ について

$$|f(x,\,y)-f(x',\,y')|<\frac{\varepsilon}{3(d-c)}$$ となるようにできる。

このとき，$|x-x_0|<\delta$ を満たす任意の $x\in[a,\,b]$ について

$$\begin{aligned}
|F_1(x)-F_1(x_0)|=&\left|F_1(x)-\int_c^d f(x,\,y)dy\right. \\
&\left.+\int_c^d f(x,\,y)dy-\int_c^d f(x_0,\,y)dy+\int_c^d f(x_0,\,y)dy-F_1(x_0)\right| \\
\leqq&\left|F_1(x)-\int_c^d f(x,\,y)dy\right| \\
&+\int_c^d |f(x,\,y)-f(x_0,\,y)|\,dy+\left|F_1(x_0)-\int_c^d f(x_0,\,y)dy\right| \\
<&\frac{\varepsilon}{3}+\int_c^d \frac{\varepsilon}{3(d-c)}\,dy+\frac{\varepsilon}{3}=\frac{\varepsilon}{3}+\frac{\varepsilon}{3}+\frac{\varepsilon}{3}=\varepsilon
\end{aligned}$$

よって，$F_1(x)$ は $x=x_0$ で連続である。 ■

次に，定理 1-3 ($p.\,250$) と定理 1-4 ($p.\,252$) の証明をする。まず最初に，定理 1-4 から証明する。

定理 1-4 の **証明**　D を完全に含むような長方形領域 $R=[a,\ b]\times[c,\ d]$ を考え，R 上の有界関数 $\tilde{f}(x,\ y)$ を，定理 4-3 ($p.\ 280$) と同様に，次で定める。

$$\tilde{f}(x,\ y)=\begin{cases} f(x,\ y) & ((x,\ y)\in D) \\ 0 & ((x,\ y)\notin D) \end{cases}$$

R の分割　　$\Delta:\begin{cases} a=a_0<a_1<a_2<\cdots\cdots<a_{n-1}<a_n=b \\ c=c_0<c_1<c_2<\cdots\cdots<c_{m-1}<c_m=d \end{cases}$

をとり，nm 個の小さい長方形領域 $D_{ij}=[a_i,\ a_{i+1}]\times[c_j,\ c_{j+1}]$
$(i=0,\ 1,\ \cdots\cdots,\ n-1,\ j=0,\ 1,\ \cdots\cdots,\ m-1)$，および

$$M_{ij}=\sup\{\tilde{f}(x,\ y)\mid(x,\ y)\in D_{ij}\},\quad m_{ij}=\inf\{\tilde{f}(x,\ y)\mid(x,\ y)\in D_{ij}\}$$

を考える。$(x,\ y)\in D_{ij}$ ならば　　$m_{ij}\leqq\tilde{f}(x,\ y)\leqq M_{ij}$

であるから，まず両辺を y について c_j から c_{j+1} まで積分して

$$m_{ij}(c_{j+1}-c_j)\leqq\int_{c_j}^{c_{j+1}}\tilde{f}(x,\ y)dy\leqq M_{ij}(c_{j+1}-c_j)$$

次に，これを x について a_i から a_{i+1} まで積分して

$$m_{ij}(a_{i+1}-a_i)(c_{j+1}-c_j)\leqq\int_{a_i}^{a_{i+1}}\left(\int_{c_j}^{c_{j+1}}\tilde{f}(x,\ y)dy\right)dx$$
$$\leqq M_{ij}(a_{i+1}-a_i)(c_{j+1}-c_j)$$

これを $i,\ j$ についてすべて加えると

$$\sum_{i=0}^{n-1}\sum_{j=0}^{m-1}m_{ij}(a_{i+1}-a_i)(c_{j+1}-c_j)\leqq\int_a^b\left(\int_c^d\tilde{f}(x,\ y)dy\right)dx$$
$$\leqq\sum_{i=0}^{n-1}\sum_{j=0}^{m-1}M_{ij}(a_{i+1}-a_i)(c_{j+1}-c_j)$$

定理 4-3 より $f(x,\ y)$ は D 上で積分可能なので，この両端の和（下リーマン和および上リーマン和）は，分割を細かくすることで共通の値

$\displaystyle\iint_D f(x,\ y)dxdy$ に収束する。$\tilde{f}(x,y)$ の定義より

$$\iint_D f(x,\ y)dxdy=\int_a^b\left(\int_c^d\tilde{f}(x,\ y)dy\right)dx=\int_a^b\left(\int_{\phi(x)}^{\varphi(x)}f(x,\ y)dy\right)dx$$

である。よって，題意の等式が得られる。　■

定理 1-3 は次のように，定理 1-4 から証明することができる。

定理 1-3 の **証明**　長方形領域は 2 つのグラフで挟まれた領域の特殊例なので，最初の等式 $\displaystyle\iint_D f(x,\ y)dxdy=\int_a^b\left(\int_c^d f(x,\ y)dy\right)dx$ は，定理 1-4 の特別な場合である。x と y の役割を入れ替えても，長方形領域は 2 つのグラフで挟まれた領域である。

よって，2つ目の等式 $\int_a^b \left(\int_c^d f(x, y) dy \right) dx = \int_c^d \left(\int_a^b f(x, y) dx \right) dy$ も同様に証明される。■

◆ 重積分の変数変換公式の証明

この項では，定理 1-5 ($p.255$) を証明する。この定理の完全な証明は大変長くて，しかも技術的なので，ここでの証明は以下の点について概略にとどめる。

- 簡単のため，有界閉領域 E が (u, v) 平面の長方形領域 $[a, b] \times [c, d]$ である場合を扱う（一般のグラフで囲まれた閉領域でも，それを完全に覆う長方形領域 R を考えることで，ほぼ同様の議論ができる）。
- ところどころで議論の詳細は省略し，概略を示した。

以下，いくつかの段階に分けて証明する。

第1段階 有界閉領域 E において，$v = v_0$（一定）としたときの写像 $\Phi(u, v)$ による像 $C = \{(x(u, v_0), y(u, v_0)) \mid a \leq u \leq b\}$ は，D の中で u でパラメータ表示された曲線である（図17）。

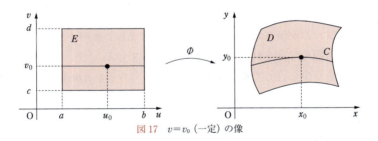

図17 $v = v_0$（一定）の像

まず，C が面積零集合であることを示そう。そのためには，補題 4-1 ($p.276$) より，C が $y = \varphi(x)$ の形の関数，または $x = \psi(y)$ の形の関数のグラフの有限個の和集合であることを示せばよい。

任意の $u_0 \in [a, b]$ をとる。$J(u_0, v_0) \neq 0$ であるから，$x_u(u_0, v_0) \neq 0$ または $y_u(u_0, v_0) \neq 0$ である。

$x_u(u_0, v_0) \neq 0$ であるとしよう（他の場合も同様である）。このとき，u_0 の近傍で $x_u(u, v_0) \neq 0$ である。よって，u についての1変数関数 $x(u, v_0)$ は u_0 の十分小さい近傍で，u についての狭義の単調関数である。

よって，第2章定理 4-1 ($p.77$) より，$x = x(u, v_0)$ は，$x_0 = x(u_0, v_0)$ の近傍で定義された逆関数 $u = \varphi(x)$ をもつ。

こうして，C は (x_0, y_0) $(y_0 = y(u_0, v_0))$ の近傍では，x についての関数 $y = y(\varphi(x), v_0)$ のグラフに一致する (図18)。

以上で，C は，その各点の十分に小さい近傍は $y = \varphi(x)$ の形の関数，または $x = \psi(y)$ の形の関数のグラフの形をしているが，C は有限個のそのようなグラフの和集合であり，補題 4-1

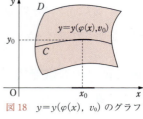

図18　$y = y(\varphi(x), v_0)$ のグラフ

($p. 276$) より，面積零集合である。(実はここで C のコンパクト性という性質を使っているが，詳細は省略する。)

D の境界を構成する 4 つの曲線は，それぞれ $u = a$, $u = b$, $v = c$, $v = d$ の像であるから，いま示したことにより，D はグラフで囲まれた閉領域である。

よって，定理 4-3 より，題意の左辺の積分 $\iint_D f(x, y) dx dy$ は存在する。

第2段階　次に，領域 E の分割 $\Delta : \begin{cases} a = a_0 < a_1 < a_2 < \cdots\cdots < a_{n-1} < a_n = b \\ c = c_0 < c_1 < c_2 < \cdots\cdots < c_{m-1} < c_m = d \end{cases}$ をとる。

分割の分線 (境界を区切る線) の Φ による像は，D 内の曲線となり，第1段階で示したことから，これらはすべて面積零集合である。分割の分線の Φ による像は，D が滑らかな曲線による網を構成し，その1つ1つの網目は，滑らかな曲線片で囲まれた四辺形の形になっている。

これをもう少し詳しく述べると，次のようになる。nm 個の小長方形 $E_{ij} = [a_i, a_{i+1}] \times [c_j, c_{j+1}]$ $(i = 0, 1, \cdots\cdots, n-1, j = 0, 1, \cdots\cdots, m-1)$ を考える。E_{ij} の Φ による像を D_{ij} としよう。D_{ij} は図19のように，滑らかな4つの曲線片で囲まれた四辺形になる。

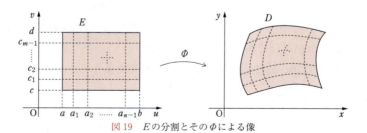

図19　E の分割とその Φ による像

$\alpha = x_u(a_i, c_j)$, $\beta = y_u(a_i, c_j)$, $\gamma = x_v(a_i, c_j)$, $\delta = y_v(a_i, c_j)$ として，2つのベクトル (α, β), (γ, δ) を考えよう。また，$\Delta u = a_{i+1} - a_i$, $\Delta v = c_{j+1} - c_j$ とおく。

①の $p.257$ で述べたように，小領域 D_{ij} は，2つのベクトル $\boldsymbol{v}=(\alpha\Delta u, \beta\Delta u)$ と $\boldsymbol{w}=(\gamma\Delta v, \delta\Delta v)$ で張られる平行四辺形 P_{ij} で近似される（図 9）。①で議論したように

$$\mu(P_{ij})=|J(a_i, c_j)|\mu(E_{ij})=|J(a_i, c_j)|(a_{i+1}-a_i)(c_{j+1}-c_j)$$

であるから，各 $\mu(D_{ij})$ は $|J(a_i, c_j)|(a_{i+1}-a_i)(c_{j+1}-c_j)$ で近似されることになる。

第3段階 $\mu(D_{ij})$ が $\mu(P_{ij})$ で近似されるということの意味を，正確に述べると，次のようになる。

・分割 Δ を細かくすることで $\dfrac{\mu(D_{ij})-\mu(P_{ij})}{\mu(E_{ij})}$ は 0 に収束する。

すなわち，任意の正の実数 ε に対して，十分細かい分割 Δ をとれば，$|\mu(D_{ij})-\mu(P_{ij})|<\varepsilon\mu(E_{ij})$ が任意の i, j について成り立つ。

これを証明しよう。そのために，図 20 のように，平行四辺形 P_{ij} の拡大 P'_{ij} と縮小 P''_{ij} を考え，D_{ij} の境界が P''_{ij} の境界と P'_{ij} の境界に挟まれた帯状の領域に入るようにする。このような P'_{ij} と P''_{ij} を求めよう。計算を楽にするために，ここだけ $a_i=0$, $c_j=0$ かつ $x(0, 0)=0$, $y(0, 0)=0$ とする（こうしても，計算には影響がない）。1 変数関数の漸近展開（$p.124$，第 3 章定理 4-2）より

図 20　平行四辺形の拡大と縮小

$$x(u, 0)=\alpha u+o(u), \quad y(u, 0)=\beta u+o(u)$$

である。

よって，D_{ij} の辺上の点 $(x(u, 0), y(u, 0))$ と P_{ij} の辺上の点 $(\alpha u, \beta u)$ との距離は $o(u)$ 程度である。同様に，D_{ij} の辺上の点 $(x(0, v), y(0, v))$ と P_{ij} の辺上の点 $(\gamma v, \delta v)$ との距離は $o(v)$ 程度である。これを残りの 2 つの辺についても行えば，次のような正の実数 σ, τ を選ぶことができることがわかる。

・P'_{ij} はベクトル $\boldsymbol{v}'=(\alpha\cdot(\Delta u+\sigma), \beta\cdot(\Delta u+\sigma))$ と
$\boldsymbol{w}'=(\gamma\cdot(\Delta v+\tau), \delta\cdot(\Delta v+\tau))$ で生成される平行四辺形

・P''_{ij} はベクトル $\boldsymbol{v}''=(\alpha\cdot(\Delta u-\sigma), \beta\cdot(\Delta u-\sigma))$ と
$\boldsymbol{w}''=(\gamma\cdot(\Delta v-\tau), \delta\cdot(\Delta v-\tau))$ で生成される平行四辺形

・$\displaystyle\lim_{\Delta u\to 0}\dfrac{\sigma}{\Delta u}=0, \ \lim_{\Delta v\to 0}\dfrac{\tau}{\Delta v}=0$

このとき $\mu(P'_{ij})-\mu(P''_{ij})=2\,|\alpha\delta-\beta\gamma|\,(\sigma\Delta v+\tau\Delta u)$

$\mu(E_{ij})=\Delta u\Delta v$ であるから，これより Δu，Δv が 0 に近づくと

$\quad\quad \mu(P'_{ij})-\mu(P''_{ij})=o(\mu(E_{ij}))$

であることがわかる。$|\mu(D_{ij})-\mu(P_{ij})|\leqq\mu(P'_{ij})-\mu(P''_{ij})$ なので，分割 Δ を細かくしていくことで，$\dfrac{\mu(D_{ij})-\mu(P_{ij})}{\mu(E_{ij})}$ は 0 に収束する。

第4段階　積分の性質から

$$\iint_D f(x,\ y)dxdy=\sum_{i=0}^{n-1}\sum_{j=0}^{m-1}\iint_{D_{ij}} f(x,\ y)dxdy$$

（第1段階で述べたことから，各 D_{ij} はグラフで囲まれた閉領域なので，定理4-3（$p.\,280$）から，右辺の積分は存在することに注意。）

各 i，j（$i=0,\ 1,\ \cdots\cdots,\ n-1$，$j=0,\ 1,\ \cdots\cdots,\ m-1$）について

$f_{ij}=f(x(a_i,\ c_j),\ y(a_i,\ c_j))$ とおいて　　$\displaystyle\sum_{i=0}^{n-1}\sum_{j=0}^{m-1}f_{ij}\cdot\mu(D_{ij})$　　　（＊）

という和を考えよう。このとき，

・分割 Δ を細かくしていけば，（＊）は $\displaystyle\iint_D f(x,\ y)dxdy$ に収束する。

実際，各 i，j について，D_{ij} における $f(x,\ y)$ の値の平均

$$\overline{f}_{ij}=\{\mu(D_{ij})\}^{-1}\iint_{D_{ij}} f(x,\ y)dxdy$$

を考えると，分割を細かくしていくことで $|\overline{f}_{ij}-f_{ij}|$ は 0 に収束する。すなわち，任意の正の実数 ε について，分割 Δ を十分細かくとれば $|\overline{f}_{ij}-f_{ij}|<\varepsilon\cdot\{\mu(D)\}^{-1}$ とできる。

このとき，各 i，j について

$$\left|\iint_{D_{ij}} f(x,\ y)dxdy-f_{ij}\cdot\mu(D_{ij})\right|<\frac{\mu(D_{ij})}{\mu(D)}\varepsilon$$

となっているので

$$\left|\iint_D f(x,\ y)dxdy-\sum_{i=0}^{n-1}\sum_{j=0}^{m-1}f_{ij}\cdot\mu(D_{ij})\right|$$

$$\leqq\sum_{i=0}^{n-1}\sum_{j=0}^{m-1}\left|\iint_{D_{ij}} f(x,\ y)dxdy-f_{ij}\cdot\mu(D_{ij})\right|<\sum_{i=0}^{n-1}\sum_{j=0}^{m-1}\frac{\mu(D_{ij})}{\mu(D)}\varepsilon=\varepsilon$$

よって，主張は示された。

第5段階　ε を任意の正の実数とする。第4段階より，分割 Δ を十分細かくとれば，次の不等式が成り立つ。

$$\left|\iint_D f(x,\ y)dxdy - \sum_{i=0}^{n-1}\sum_{j=0}^{m-1} f_{ij}\cdot\mu(D_{ij})\right| < \frac{\varepsilon}{3}$$

また $\displaystyle\sum_{i=0}^{n-1}\sum_{j=0}^{m-1} f_{ij}\cdot\mu(P_{ij}) = \sum_{i=0}^{n-1}\sum_{j=0}^{m-1} f_{ij}|J(a_i,\ c_j)|(a_{i+1}-a_i)(c_{j+1}-c_j)$　（＊＊）

という和も考える。$f(x(u,\ v),\ y(u,\ v))|J(u,\ v)|$ は E 上で連続であり，リーマン積分可能なので，これは分割 $\varDelta$ を細かくしていけば

$\displaystyle\iint_E f(x(u,\ v),\ y(u,\ v))|J(u,\ v)|dudv$ に収束する（$p.290$，章末問題 11）。

よって，分割 $\varDelta$ を十分細かくとり直せば，次の不等式が成り立つ。

$$\left|\iint_E f(x(u,\ v),\ y(u,\ v))|J(u,\ v)|dudv - \sum_{i=0}^{n-1}\sum_{j=0}^{m-1} f_{ij}\cdot\mu(P_{ij})\right| < \frac{\varepsilon}{3}$$

$f(x,\ y)$ の D における上界 M をとる。

$\displaystyle\sum_{i=0}^{n-1}\sum_{j=0}^{m-1} f_{ij}\cdot\mu(D_{ij})$ と $\displaystyle\sum_{i=0}^{n-1}\sum_{j=0}^{m-1} f_{ij}\cdot\mu(P_{ij})$ の差を計算すると

$$\left|\sum_{i=0}^{n-1}\sum_{j=0}^{m-1} f_{ij}\cdot\mu(D_{ij}) - \sum_{i=0}^{n-1}\sum_{j=0}^{m-1} f_{ij}\cdot\mu(P_{ij})\right|$$

$$\leqq \sum_{i=0}^{n-1}\sum_{j=0}^{m-1}|f_{ij}||\mu(D_{ij})-\mu(P_{ij})| \leqq M\sum_{i=0}^{n-1}\sum_{j=0}^{m-1}|\mu(D_{ij})-\mu(P_{ij})|$$

ここで，第 3 段階の結論から，分割 $\varDelta$ を十分細かくとり直せば，各 $i,\ j$ について $|\mu(D_{ij})-\mu(P_{ij})| < \dfrac{\mu(E_{ij})\varepsilon}{3M(b-a)(d-c)}$ とできる。よって

$$\left|\sum_{i=0}^{n-1}\sum_{j=0}^{m-1} f_{ij}\cdot\mu(D_{ij}) - \sum_{i=0}^{n-1}\sum_{j=0}^{m-1} f_{ij}\cdot\mu(P_{ij})\right| < \sum_{i=0}^{n-1}\sum_{j=0}^{m-1}\frac{|E_{ij}|\varepsilon}{3(b-a)(d-c)} = \frac{\varepsilon}{3}$$

以上より

$$\left|\iint_D f(x,\ y)dxdy - \iint_E f(x(u,\ v),\ y(u,\ v))|J(u,\ v)|dudv\right|$$

$$\leqq \left|\iint_D f(x,\ y)dxdy - \sum_{i=0}^{n-1}\sum_{j=0}^{m-1} f_{ij}\cdot\mu(D_{ij})\right|$$

$$+ \left|\sum_{i=0}^{n-1}\sum_{j=0}^{m-1} f_{ij}\cdot\mu(D_{ij}) - \sum_{i=0}^{n-1}\sum_{j=0}^{m-1} f_{ij}\cdot\mu(P_{ij})\right|$$

$$+ \left|\iint_E f(x(u,\ v),\ y(u,\ v))|J(u,\ v)|dudv - \sum_{i=0}^{n-1}\sum_{j=0}^{m-1} f_{ij}\cdot\mu(P_{ij})\right|$$

$$< \frac{\varepsilon}{3} + \frac{\varepsilon}{3} + \frac{\varepsilon}{3} = \varepsilon$$

これが任意の正の実数 ε で成り立つので，題意の等式

$$\iint_D f(x,\ y)dxdy = \iint_E f(x(u,\ v),\ y(u,\ v))|J(u,\ v)|dudv$$

が成り立つ。■

Column
コラム
ディリクレの不連続因子

一般に重積分の計算は極度に難しく，大きな困難が伴うためさまざまな工夫が要請される。1839 年，ルジューヌ・ディリクレ（1805-1859 年）は「ディリクレの不連続因子」と呼ばれるパラメータ付きの単純積分

$$\frac{2}{\pi}\int_0^\infty \frac{\sin\varphi}{\varphi}\cos g\varphi\, d\varphi$$

を導入し，これを重積分の計算に利用するという方法を考案した。
パラメータ g は正の定数で，この積分は

$$0<g<1 \text{ のときは } 1, \quad g=1 \text{ のときは } \frac{1}{2}, \quad g>1 \text{ のときは } 0$$

になるから，g の関数と見ると不連続関数である。これを

$$\frac{2}{\pi}\int_0^\infty \frac{\sin\varphi}{\varphi}\cos g\varphi\, d\varphi = \frac{1}{\pi}\int_0^\infty \frac{\sin(1+g)\varphi}{\varphi}d\varphi + \frac{1}{\pi}\int_0^\infty \frac{\sin(1-g)\varphi}{\varphi}d\varphi$$

と変形すると，積分 $\dfrac{2}{\pi}\displaystyle\int_0^\infty \dfrac{\sin a\varphi}{\varphi}d\varphi$ に基づいていることが判明する。

この積分の数値は $a>0$ のときは 1，$a=0$ のときは 0，$a<0$ のときは -1 である。ところが，この単純積分は意外にも 2 重積分を経由して計算される。
$a=1$ の場合を考えれば十分である。パラメータ t に依存する積分

$$J(t)=\int_0^\infty e^{-t\varphi}\frac{\sin\varphi}{\varphi}d\varphi$$

を考えて，ここに $\dfrac{\sin\varphi}{\varphi}=\displaystyle\int_0^1 \cos u\varphi\, du$ を代入すると，この積分は 2 重積分になる。
そこで積分の順序を入れ換えて

$$J(t)=\int_0^\infty e^{-t\varphi}\left\{\int_0^1 \cos u\varphi\, du\right\}d\varphi = \int_0^1\left\{\int_0^\infty e^{-t\varphi}\cos ux\, d\varphi\right\}du$$

と表示する。積分 $I(u)=\displaystyle\int_0^\infty e^{-t\varphi}\cos ux\, d\varphi$ は部分積分の手法により

$$I(u)=\frac{t}{t^2+u^2}$$

と算出されるから

$$J(t)=\int_0^1 I(u)\, du = \int_0^1 \frac{t}{t^2+u^2}du = \mathrm{Tan}^{-1}\left(\frac{1}{t}\right)$$

となる。ここで $t\longrightarrow 0$ とすると，一方では $\displaystyle\lim_{t\to 0}J(t)=\int_0^\infty \frac{\sin\varphi}{\varphi}d\varphi$ となり，また一方では $\displaystyle\lim_{t\to 0}J(t)=\lim_{t\to 0}\mathrm{Tan}^{-1}\left(\frac{1}{t}\right)=\frac{\pi}{2}$ となる。これより積分値 $\displaystyle\int_0^\infty \frac{\sin\varphi}{\varphi}d\varphi=\frac{\pi}{2}$ が求められる。

2 重積分は単純積分の単なる拡張ではなく，両者の間には不思議な連繫が認められるのである。

章末問題A

1. $D=\{(x,\ y)\mid x^2+y^2\leqq4,\ x\geqq0,\ y\leqq0\}$ 上の重積分
$$\iint_D \frac{x-y}{1+x^2+y^2}\,dxdy$$
を，x での積分と y での積分を入れ替えて 2 通りの累次積分の形に書き換えよ。
また，極座標変換を用いて，この重積分の値を求めよ。

2. 積分 $\iint_D (x^2+y^2)\,dxdy$ を，次のそれぞれの領域 D 上で計算せよ。

   (1) $D=\{(x,\ y)\mid 0\leqq x\leqq1,\ 0\leqq y\leqq1\}$

   (2) $D=\{(x,\ y)\mid 0\leqq y\leqq1-x,\ 0\leqq x\leqq1\}$

   (3) $D=\left\{(x,\ y)\ \middle|\ c\leqq\dfrac{x^2}{a^2}+\dfrac{y^2}{b^2}\leqq1\right\}$ $(a,\ b>0,\ 0<c<1)$

3. 積分 $\iint_D xy\,dxdy$ を，次のそれぞれの領域 D 上で計算せよ。

   (1) $D=\left\{(x,\ y)\ \middle|\ x^2\leqq y\leqq\dfrac{x}{2}\right\}$

   (2) $D=\{(x,\ y)\mid x\geqq0,\ y\geqq0,\ xy\geqq\sqrt{3},\ x^2+y^2\leqq4\}$

4. 次のパラメータ付けられた曲面の面積 S を求めよ。

   (1) $(x,\ y,\ z)=(u^2,\ \sqrt{2}\,uv,\ v^2)$ $(u^2+v^2\leqq1,\ u,\ v\geqq0)$

   (2) $(x,\ y,\ z)=\left(ar\cos\theta,\ br\sin\theta,\ \dfrac{1}{2}r^2(a\cos^2\theta+b\sin^2\theta)\right)$ $(0\leqq r\leqq1,\ 0\leqq\theta\leqq2\pi)$

   (3) $(x,\ y,\ z)=(r\cos\theta,\ r\sin\theta,\ \theta)$ $(0\leqq r\leqq1,\ 0\leqq\theta\leqq2\pi)$

5. (1) 曲面 $z=\left(\dfrac{x}{a}\right)^2+\left(\dfrac{y}{b}\right)^2$ $(a,\ b>0)$，曲面 $x^2+y^2=1$，平面 $z=0$ で囲まれた部分の体積を求めよ。

   (2) 曲面 $\sqrt[3]{\left(\dfrac{x}{a}\right)^2}+\sqrt[3]{\left(\dfrac{y}{b}\right)^2}+\sqrt[3]{\left(\dfrac{z}{c}\right)^2}=1$ $(a,\ b,\ c>0)$ で囲まれた部分の体積を求めよ。

章末問題 B

6. $D=\{(x, y) \mid 0 \leqq y < x \leqq 1\}$ で，$0 < \alpha < 1$ のとき，広義積分 $\displaystyle\iint_D \frac{dxdy}{(x-y)^\alpha}$ の値を求めよ。

7. $D=\{(x, y) \mid 0 < x^2+y^2 \leqq a^2\}$ $(a>0)$ のとき，広義積分 $\displaystyle\iint_D \log(x^2+y^2)dxdy$ の値を求めよ。

8. ガンマ関数やベータ関数を用いて，次の広義積分の値を求めよ。

   (1) $\displaystyle\int_0^1 \frac{x}{\sqrt{1-x^4}}dx$ (2) $\displaystyle\int_0^2 \frac{x}{\sqrt{2-x}}dx$ (3) $\displaystyle\int_0^1 \frac{x^5}{\sqrt{1-x^4}}dx$ (4) $\displaystyle\int_0^\infty e^{-\sqrt{x}}x^3 dx$

9. （微分と積分の順序交換）$f(x, y)$ と $f_y(x, y)$ が長方形領域 $D=[a, b]\times[c, d]$ で連続であるとする。このとき，等式 $\displaystyle\frac{d}{dy}\int_a^b f(x, y)dx = \int_a^b \frac{\partial}{\partial y}f(x, y)dx$ が成り立つことを示せ。

10. （発展問題）$f(x, y)$ が長方形領域 D 上で積分可能であるとする。このとき，$f(x, y)$ は D に含まれる長方形領域 D' でも積分可能であることを示せ。ただし，長方形領域 D の境界の各辺は，長方形領域 D' の境界の各辺と平行であるものとする。

11. （発展問題）長方形領域 $D=[a, b]\times[c, d]$ の任意の分割
$$\Delta : \begin{cases} a=a_0 < a_1 < a_2 < \cdots\cdots < a_{n-1} < a_n = b \\ c=c_0 < c_1 < c_2 < \cdots\cdots < c_{m-1} < c_m = d \end{cases}$$
に対して，すべての小区間 $D_{ij}=[a_i, a_{i+1}]\times[c_j, c_{j+1}]$ $(i=0, 1, \cdots\cdots, n-1$，$j=0, 1, \cdots\cdots, m-1)$ から点 p_{ij} を選ぶ。D 上でリーマン積分可能な関数 $f(x, y)$ について，和

$$\sum_{i=0}^{n-1}\sum_{j=0}^{m-1} f(p_{ij})(a_{i+1}-a_i)(c_{j+1}-c_j) \tag{$*$}$$

を考える。このとき，分割 Δ を細かくすることで，$(*)$ は $\displaystyle\iint_D f(x, y)dxdy$ に収束すること，すなわち，任意の正の実数 ε について，分割 Δ を十分細かくとれば，

$$\left| \iint_D f(x, y)dxdy - \sum_{i=0}^{n-1}\sum_{j=0}^{m-1} f(p_{ij})(a_{i+1}-a_i)(c_{j+1}-c_j) \right| < \varepsilon$$

とできることを示せ。

第 8 章

級数

① 級数／② 整級数／③ 整級数の応用

　無限個の項の和の形をした式を，級数という。級数はさしあたり形式的な式であり，それが和をもつ（収束する）とは限らない。また，和をもつ場合も，項の入れ替えでその値が変わるかもしれない。このように，級数においては，有限和の場合とは本質的に異なる現象が起こる可能性があり，そのため特別の取り扱いが必要となる。

　① では，級数についての一般論や，絶対収束・条件収束などの概念について学ぶ。変数 x についての無限個の項をもつ，いわゆる整級数は，それによって多くの関数が表現できる（展開できる）という意味で，応用上も理論上も大変重要である。

　② では整級数の一般論や，整級数で表される関数の連続性や微分可能性などの基本性質を扱う。

　③ では，具体的な関数の整級数による展開，すなわちテイラー展開やマクローリン展開などについて学ぶ。例えば，指数関数や対数関数，三角関数や逆三角関数などは，すべて整級数に展開することができる。この事実を逆に用いると，高等学校ではいくぶん直観的な議論によって導入されていたこれらの関数を「整級数によって定義する」ということもできる。すなわち，整級数を用いると，解析的に厳密な方法でこれらの関数を定義することができるわけである（しかし，このような議論は，いささか高級すぎるので，本書では採用しなかった）。また，整級数による展開を一般のべき関数に適用すると，高等学校で学んだ二項定理の一般化（定理 3-1 (*p.* 315)）が得られる。

1 級数

数列の項を順序よく無限個足していくという形式的な式を級数という。級数が和をもつ場合は，その和の値として得られる数の中には，興味深いものや，応用上重要なものもある。また，級数（整級数）によって定義される解析的な関数の中には，指数関数や三角関数などの，重要性の高いものも多い。

この章では，級数の収束や絶対収束などの基礎事項から出発して，整級数で定義される関数の性質などについて述べる。

◆ 数の無限和

数列 $\{a_n\}$ によって $\sum_{n=0}^{\infty} a_n = a_0 + a_1 + a_2 + \cdots\cdots$ の形式で表した式を（**無限**）**級数**（きゅうすう）という。これは，まだ値をもつかどうかわからないので，単に数列の各項を，初項 a_0 から順番に足していくという形式的なものと考える。

例 1　初項 a，公比 r の等比数列 $\{ar^n\}$ によって決まる級数 $\sum_{n=0}^{\infty} ar^n$ を **等比級数**，または **幾何級数** という。ただし，$r=0$ のときも含めて $r^0=1$ とする。

注意　この章では，数列は今まで通り第 1 項目 a_1 から始まるものだけでなく，第 0 項目 a_0 から始まるものも考える。

級数 $\sum_{n=0}^{\infty} a_n$ と番号 $n \geq 0$ に対して，第 n 項目までの和

$$S_n = \sum_{k=0}^{n} a_k = a_0 + a_1 + a_2 + \cdots\cdots + a_n$$

を **第 n 部分和** と呼ぶ。第 n 部分和を第 n 項目とすることで，新しい数列 $\{S_n\}$

$$S_0 = a_0, \quad S_1 = a_0 + a_1, \quad S_2 = a_0 + a_1 + a_2, \quad \cdots\cdots$$

ができる。この数列 $\{S_n\}$ を，級数 $\sum_{n=0}^{\infty} a_n$ の **部分和列** という。部分和列 $\{S_n\}$ が収束するとき，級数 $\sum_{n=0}^{\infty} a_n$ は **和をもつ**，または **収束する** という。

また，このとき，$\lim_{n \to \infty} S_n = \alpha$ ならば，級数 $\sum_{n=0}^{\infty} a_n$ の値は α である，すなわち

$$\sum_{n=0}^{\infty} a_n = \alpha \quad \text{と書く。}$$

例 2

初項 a，公比 r の等比級数 $\sum\limits_{n=0}^{\infty} ar^n$ を考える。

$$S_n = \sum_{k=0}^{n} ar^k = \begin{cases} \dfrac{a(1-r^{n+1})}{1-r} & (r \neq 1) \\ a(n+1) & (r=1) \end{cases}$$

であるから，これは $|r|<1$ のときに和をもち，次が成り立つ。

$$\sum_{n=0}^{\infty} ar^n = \frac{a}{1-r} \qquad (|r|<1)$$

$p.\,24$，第 1 章定理 2-1（数列の極限の性質）から，和をもつ級数については，次の定理が成り立つ。

定理 1-1　和をもつ級数の性質 1

級数 $\sum\limits_{n=0}^{\infty} a_n$，$\sum\limits_{n=0}^{\infty} b_n$ が和をもつとする。k，l を定数とするとき，

$\sum\limits_{n=0}^{\infty} (ka_n + lb_n)$ も和をもち $\sum\limits_{n=0}^{\infty} (ka_n + lb_n) = k\sum\limits_{n=0}^{\infty} a_n + l\sum\limits_{n=0}^{\infty} b_n$ が成り立つ。

また，$p.\,40$，第 1 章定理 3-3（コーシーの定理）より，級数 $\sum\limits_{n=0}^{\infty} a_n$ が和をもつ
ための必要十分条件は，その部分和列 $\{S_n\}$ がコーシー列であること，すなわち，
次の条件が成り立つことである。

・任意の正の実数 ε について，ある自然数 N が存在して，$k \geqq l \geqq N$ であるす
べての番号 k，l について $|a_l + a_{l+1} + \cdots\cdots + a_k| < \varepsilon$ が成り立つ。

注意　上の条件を論理式で書くと次のようになる。
$$\forall \varepsilon > 0 \quad \exists N \in \mathbb{N} \text{ such that } \quad \forall k \in \mathbb{N}, \ \forall l \in \mathbb{N}$$
$$(k \geqq l \geqq N \implies |a_l + a_{l+1} + \cdots\cdots + a_k| < \varepsilon)$$

特に，上の条件において，$k=l=n \geqq N$ なら $|a_n| < \varepsilon$ となるので，数列 $\{a_n\}$
は 0 に収束しなければならない。よって，次の定理が成り立つ。

定理 1-2　和をもつ級数の性質 2

級数 $\sum\limits_{n=0}^{\infty} a_n$ が和をもつなら，数列 $\{a_n\}$ は 0 に収束する。

1　級数　293

次の例が示すように，定理 1-2 (*p.293*) の逆は，一般には成り立たない。

例 3

調和数列 $a_n = \dfrac{1}{n}$ $(n=1, 2, \cdots\cdots)$ を考える。明らかに $\lim\limits_{n\to\infty} a_n = 0$ である。級数

$$\sum_{n=1}^{\infty} \frac{1}{n} = 1 + \frac{1}{2} + \frac{1}{3} + \frac{1}{4} + \cdots\cdots$$

が正の無限大に発散することを示そう。

図 1 より，広義積分 $\displaystyle\int_1^{\infty} \frac{dx}{x}$ が正の無限大に発散すればよいが，$M \longrightarrow \infty$ で $\displaystyle\int_1^M \frac{dx}{x} = \Big[\log x\Big]_1^M = \log M \longrightarrow \infty$ なので，これは正の無限大に発散する。

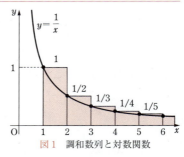

図 1　調和数列と対数関数

◆ 正項級数

級数は無限個の数の和であるから，通常の有限個の数の足し算とは異なった振る舞いをする可能性がある。例えば，通常の数の足し算の結果は，足される数の順番にはよらない。つまり，交換法則 $a+b = b+a$ が成り立つ。
したがって，何個の数の足し算でも，足される数をどのように入れ替えても，計算の結果は変わらない。

しかし，「無限個の数の足し算」である級数の場合は，一般にはそうではない（後述の *p.298，定理 1-6* 参照）ので，注意が必要である。

このようなことについて議論するために，まず最初に，正項級数というものについて考えよう。

級数 $\sum\limits_{n=0}^{\infty} a_n$ は，すべての項 a_n $(n=0, 1, 2, \cdots\cdots)$ が $a_n \geqq 0$ を満たすとき**正項級数**という。正項級数 $\sum\limits_{n=0}^{\infty} a_n$ の部分和列 $\{S_n\}$ は，明らかに単調増加な数列である。よって，*p.39，第 1 章定理 3-1*（有界単調数列の収束）から，$\{S_n\}$ が上に有界なら，級数 $\sum\limits_{n=0}^{\infty} a_n$ は和をもつ。

例題 1

級数 $\sum\limits_{n=1}^{\infty} \dfrac{1}{n^{\alpha}}$ は $\alpha > 1$ なら和をもつことを示せ。

証明 自然数Nについて

$$\sum_{n=1}^{N}\frac{1}{n^\alpha} \leq 1+\int_1^N \frac{dx}{x^\alpha}$$ であるが

$$1+\int_1^N \frac{dx}{x^\alpha} \leq 1+\int_1^\infty \frac{dx}{x^\alpha} = 1+\frac{1}{\alpha-1}$$
$$= \frac{\alpha}{\alpha-1}$$

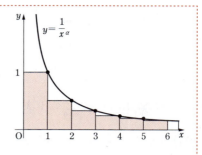

となり，正項級数 $\sum_{n=1}^{\infty}\frac{1}{n^\alpha}$ は

$\frac{\alpha}{\alpha-1}$ を上界にもつので上に有界であり，よって和をもつ。 ■

一般に，正項級数については，次の定理が成り立つ。

定理 1-3 正項級数の性質

正項級数 $\sum_{n=0}^{\infty} a_n$ が和をもつとする。このとき，数列 $\{a_n\}$ の項の順番をどのように入れ替えて数列 $\{a_{n(k)}\}$ ($k=0, 1, 2, \cdots\cdots$) を作っても，得られた級数 $\sum_{k=0}^{\infty} a_{n(k)}$ はまた和をもち，その値は変わらない。

すなわち，$\sum_{k=0}^{\infty} a_{n(k)} = \sum_{n=0}^{\infty} a_n$ が成り立つ。

証明 $\sum_{n=0}^{\infty} a_n = \alpha$ とする。すべての番号 i ($i=0, 1, 2, \cdots\cdots$) について，級数 $\sum_{k=0}^{\infty} a_{n(k)}$ の最初の $(i+1)$ 項 $a_{n(0)}, a_{n(1)}, \cdots\cdots, a_{n(i)}$ を考えよう。

$N=\max\{n(0), n(1), \cdots\cdots, n(i)\}$ とすると，これらの項は $a_0, a_1, \cdots\cdots, a_N$ に含まれるので

$$a_{n(0)}+a_{n(1)}+\cdots\cdots+a_{n(i)} \leq a_0+a_1+\cdots\cdots+a_N \leq \alpha$$

これは，級数 $\sum_{k=0}^{\infty} a_{n(k)}$ の部分和による数列が上に有界である（α を上界とする）ことを示している。

よって，級数 $\sum_{k=0}^{\infty} a_{n(k)}$ は和をもち，$\beta = \sum_{k=0}^{\infty} a_{n(k)}$ とすると，$\beta \leq \alpha$ が成り立つ。

また，最初の級数 $\sum_{n=0}^{\infty} a_n$ は，級数 $\sum_{k=0}^{\infty} a_{n(k)}$ の項の入れ替えになっているので，これらについて上の議論を繰り返せば，同様に $\alpha \leq \beta$ が導かれる。以上より，$\alpha = \beta$ となり，定理が証明された。■

一般に，正項級数 $\sum_{n=0}^{\infty} a_n$ に対して，和をもつ級数 $\sum_{n=0}^{\infty} b_n$ が存在して，すべての番号 n について $a_n \leq b_n$ が成り立つとき，$\sum_{n=0}^{\infty} b_n$ は $\sum_{n=0}^{\infty} a_n$ の **優級数**（ゆうきゅうすう）であるという。このとき，$\sum_{n=0}^{\infty} b_n = \beta$ とすると，$\sum_{n=0}^{\infty} a_n$ の部分和列は β を上界としてもつ。よって，次の定理が成り立つことがわかる。

> **定理 1-4** 優級数定理
> 優級数をもつ正項級数は和をもつ。

定理 1-4 を証明せよ。

◆絶対収束性

前項で述べたように，和をもつ正項級数においては，和の値は項の順番によらない。しかし，一般の級数についてはそうとは限らず，問題は少々複雑である。これについて述べるために，次のような定義をする。

> **定義 1-1 絶対収束と条件収束**
> 級数 $\sum_{n=0}^{\infty} a_n$ において，そのすべての項 a_n を絶対値付きの項でおき換えた級数 $\sum_{n=0}^{\infty} |a_n|$ が和をもつなら，級数 $\sum_{n=0}^{\infty} a_n$ は**絶対収束**するという。
> 級数が絶対収束しないが和をもつとき，**条件収束**するという。

すなわち，級数 $\sum_{n=0}^{\infty} a_n$ が条件収束するとは，それが和をもち，しかも $\sum_{n=0}^{\infty} |a_n|$ が正の無限大に発散することである。

注意 $p.320$，章末問題 11 の $1 - \dfrac{1}{2} + \dfrac{1}{3} - \dfrac{1}{4} + \cdots\cdots$ が条件収束する級数の例になっている。

次の定理が示すように，絶対収束する級数においては，通常の有限個の数の足し算と同様に，項の順番をどのように入れ替えても，和の値は変わらない。

定理 1-5 **絶対収束する級数の性質**

級数 $\displaystyle\sum_{n=0}^{\infty} a_n$ が絶対収束するとする。このとき，次が成り立つ。

(1) 級数 $\displaystyle\sum_{n=0}^{\infty} a_n$ は和をもつ。

(2) 数列 $\{a_n\}$ の項の順番を任意に入れ替えた数列 $\{a_{n(k)}\}$
 $(k=0, 1, 2, \cdots\cdots)$ について，その和の値は変わらない。すなわち，次が成り立つ。

$$\sum_{k=0}^{\infty} a_{n(k)} = \sum_{n=0}^{\infty} a_n$$

証明 (1) 数列 $\{a_n{}^+\}$ と $\{a_n{}^-\}$ を，次で定義する。

$$a_n{}^+ = \begin{cases} a_n & (a_n \geqq 0) \\ 0 & (a_n < 0) \end{cases}, \qquad a_n{}^- = \begin{cases} 0 & (a_n > 0) \\ -a_n & (a_n \leqq 0) \end{cases}$$

こうすると，すべての n について $a_n = a_n{}^+ - a_n{}^-$ であり，級数

$\displaystyle\sum_{n=0}^{\infty} a_n{}^+$ と $\displaystyle\sum_{n=0}^{\infty} a_n{}^-$ は，どちらも正項級数である。また，定義より，

級数 $\displaystyle\sum_{n=0}^{\infty} a_n{}^+$ と $\displaystyle\sum_{n=0}^{\infty} a_n{}^-$ は，どちらも $\displaystyle\sum_{n=0}^{\infty} |a_n|$ を優級数としてもつ。

よって，定理 1-4 より，$\displaystyle\sum_{n=0}^{\infty} a_n{}^+$ と $\displaystyle\sum_{n=0}^{\infty} a_n{}^-$ は和をもつ。

もともとの級数 $\displaystyle\sum_{n=0}^{\infty} a_n$ は，$\displaystyle\sum_{n=0}^{\infty} (a_n{}^+ - a_n{}^-)$ に等しいので，定理 1-1

(*p.* 293) より，これも和をもつ。

(2) $\displaystyle\sum_{n=0}^{\infty} a_n{}^+$ と $\displaystyle\sum_{n=0}^{\infty} a_n{}^-$ は，どちらも正項級数なので，項の順序をどのように入れ替えても，同じ値に収束する。

よって，これらの差である $\displaystyle\sum_{n=0}^{\infty} a_n$ も，項の順序をどのように入れ替えても，同じ値に収束する。　■

これに対して，次の定理（本書では証明を省略する）が示すように，条件収束する級数は項の入れ替えに対して，まったく異なる振る舞いをする。

> **定理 1-6** 条件収束する級数の性質
>
> 級数 $\sum\limits_{n=0}^{\infty} a_n$ が条件収束するとする。このとき，任意の実数 α について，数列 $\{a_n\}$ の項の順番を適当に入れ替えた数列 $\{a_{n(k)}\}$ $(k=0,\ 1,\ 2,\ \cdots\cdots)$ を $\sum\limits_{k=0}^{\infty} a_{n(k)}=\alpha$ であるように作ることができる。

つまり，条件収束する級数においては，その項を入れ替えることで，その和をいかなる実数に等しくすることができるということである。特に，条件収束する級数においては，足し算される数の順番を変えると，和の結果は異なる。したがって，条件収束する級数は，和の順番を勝手に入れ替えることはできないという意味で，特別の注意が必要であることがわかる。

◆ 収束判定条件

級数の収束については，便利な判定条件がいくつかある。これらの事実は，級数や，後述する整級数を議論する上での，理論的な基礎となる。

正項級数の収束判定として，次の定理が成り立つ。

> **定理 1-7** コーシーの収束判定
>
> 正項級数 $\sum\limits_{n=0}^{\infty} a_n$ について，極限 $\lim\limits_{n\to\infty} \sqrt[n]{a_n}=r$ が存在するとする。
>
> $r<1$ ならば，級数 $\sum\limits_{n=0}^{\infty} a_n$ は和をもつ。
>
> $r>1$ ならば，級数 $\sum\limits_{n=0}^{\infty} a_n$ は発散する。

証明 $r<1$ とする。

$r<t<1$ である実数 t を1つとると，有限個の番号 n を除いて $\sqrt[n]{a_n}\leqq t$ が成り立つ。

実際，$t-r=\varepsilon>0$ とすると，$\lim\limits_{n\to\infty}\sqrt[n]{a_n}=r$ なので，$n\geqq N$ であるすべての n について $|\sqrt[n]{a_n}-r|<\varepsilon$ となり，よって，特に $\sqrt[n]{a_n}<r+\varepsilon=t$ が成り立つ。このとき，有限個の番号 n を除いて $a_n\leqq t^n$ である。

例 2（$p.293$）と定理 1-4（$p.296$）より，級数 $\sum\limits_{n=0}^{\infty} a_n$ は和をもつ。

$r>1$ ならば，有限個の番号 n を除いて $\sqrt[n]{a_n}\geqq 1$ が成り立つので，定理 1-2 $(p.293)$ の対偶より，級数 $\displaystyle\sum_{n=0}^{\infty}a_n$ は発散する。■

注意 証明からわかるように，次のことが成り立つ。

・有限個の番号 n を除いて $\sqrt[n]{a_n}\leqq r$ となる $r<1$ が存在すれば，級数 $\displaystyle\sum_{n=0}^{\infty}a_n$ は和をもつ。

注意 $p.45$，第 1 章 $\boxed{4}$ でとりあげた概念を用いて述べると，定理 1-7 における極限 $\displaystyle\lim_{n\to\infty}\sqrt[n]{a_n}$ は，上極限 $\displaystyle\varlimsup_{n\to\infty}\sqrt[n]{a_n}$ でおき換えても，同じことが成り立つ。上極限 $\displaystyle\varlimsup_{n\to\infty}\sqrt[n]{a_n}$ は，数列 $\{a_n\}$ が有界でありさえすれば，必ず存在することに注意する。

例題 2 正項級数 $\displaystyle\sum_{n=0}^{\infty}\left(\frac{an+b}{cn+d}\right)^n$ $(a,\ b,\ c,\ d>0)$ は，$a<c$ なら和をもつことを示せ。

証明 $n\longrightarrow\infty$ のとき

$$\sqrt[n]{\left(\frac{an+b}{cn+d}\right)^n}=\frac{an+b}{cn+d}=\frac{a+\dfrac{b}{n}}{c+\dfrac{d}{n}}\longrightarrow\frac{a}{c}$$

なので，コーシーの収束判定（定理 1-7）より，$a<c$ であるとき，すなわち $\dfrac{a}{c}<1$ のとき，題意の正項級数は和をもつ。■

練習 2 正項級数 $\displaystyle\sum_{n=1}^{\infty}\left(1+\frac{1}{n}\right)^{-n^2}$ は和をもつことを示せ。

もう 1 つの重要な収束判定条件は，次の定理である。

定理 1-8 ダランベールの収束判定

正項級数 $\displaystyle\sum_{n=0}^{\infty}a_n$ について，極限 $\displaystyle\lim_{n\to\infty}\frac{a_{n+1}}{a_n}=r$ が存在するとする。

$r<1$ ならば，級数 $\displaystyle\sum_{n=0}^{\infty}a_n$ は和をもつ。

$r>1$ ならば，級数 $\displaystyle\sum_{n=0}^{\infty}a_n$ は発散する。

$\boxed{1}$ 級数 | 299

証明 $r<1$ とする。

$r<t<1$ である実数 t を 1 つとると，有限個の番号 n を除いて $\dfrac{a_{n+1}}{a_n} \leqq t$ が成り立つ。よって，番号 N を十分大きくとれば，$n \geqq N$ であるすべての番号 n について

$$a_n \leqq r a_{n-1} \leqq r^2 a_{n-2} \leqq \cdots\cdots \leqq r^{n-N} a_N$$

である。級数 $\displaystyle\sum_{n=N}^{\infty} r^{n-N} a_n = a_N \sum_{n=0}^{\infty} r^n$ は和をもつので，定理 1-4 $(p.296)$ より，題意の級数は和をもつ。

$r>1$ ならば，有限個の番号 n を除いて $a_{n+1} \geqq a_n$ が成り立つので，定理 1-2 $(p.293)$ の対偶より，級数 $\displaystyle\sum_{n=0}^{\infty} a_n$ は発散する。　■

例題 3 正項級数 $\displaystyle\sum_{n=0}^{\infty} \dfrac{a^n}{n!}$ $(a>0)$ は和をもつことを示せ。

証明 $a_n = \dfrac{a^n}{n!}$ とおく。$n \longrightarrow \infty$ のとき

$$\frac{a_{n+1}}{a_n} = \frac{\dfrac{a^{n+1}}{(n+1)!}}{\dfrac{a^n}{n!}} = \frac{a}{n+1} \longrightarrow 0 < 1$$

なので，ダランベールの収束判定 $(p.299,$ 定理 1-8$)$ より，題意の正項級数は和をもつ。　■

練習 3 次の正項級数の収束・発散を調べよ。

(1) $\displaystyle\sum_{n=1}^{\infty} \dfrac{n!}{n^n}$ 　　　 (2) $\displaystyle\sum_{n=1}^{\infty} a^n \log n$ $(a>0)$ 　　　 (3) $\displaystyle\sum_{n=1}^{\infty} \dfrac{n^k}{n!}$ $(k$ は実数$)$

注意 ダランベールの収束判定を用いて収束判定を行っても，$\displaystyle\lim_{n\to\infty} \dfrac{a_{n+1}}{a_n} = 1$ の場合は，これだけでは収束・発散の判定はできない。

例えば，級数 $\displaystyle\sum_{n=1}^{\infty} \dfrac{1}{n}$，$\displaystyle\sum_{n=1}^{\infty} \dfrac{1}{n^2}$ について $\dfrac{a_{n+1}}{a_n}$ を考えると，それぞれ $\dfrac{n}{n+1}$，$\dfrac{n^2}{n^2+2n+1}$ となり，どちらも $\displaystyle\lim_{n\to\infty} \dfrac{a_{n+1}}{a_n} = 1$ を満たすが，$p.294$ で示したように，前者は発散し（例 3），後者は収束する（例題 1）。

2 整級数

　この節では，変数を含む級数である，整級数を扱う。整級数の収束および収束半径について議論した後に，整級数で表される関数について考察する。

◆ 整級数

　数列 $\{a_n\}$ と実数 b，および変数 x によって

$$\sum_{n=0}^{\infty} a_n(x-b)^n = a_0 + a_1(x-b) + a_2(x-b)^2 + \cdots \qquad (*)$$

と表される級数を，$x=b$ を中心とした **整級数**，あるいは **べき級数** という。

　整級数 $(*)$ において，$t=x-b$ という変数変換をすれば，$t=0$ を中心とした整級数になる。よって，整級数について議論する上では，多くの場合，$x=0$ を中心とした整級数を扱えば十分である。

| 例 1 | x についての多項式　$f(x) = a_0 + a_1 x + a_2 x^2 + \cdots + a_n x^n$ は，$a_{n+1} = a_{n+2} = \cdots = 0$ とすることで，整級数とみなすことができる。一般に，整級数 $\sum_{n=0}^{\infty} a_n x^n$ は，有限個の番号 n を除いて $a_n = 0$ となるとき，x についての多項式である。|

　整級数 $\sum_{n=0}^{\infty} a_n x^n$ が多項式であるとき，x に任意の実数を代入して，その整級数の値（整級数の和）を得ることができる。一般の場合は，0 より他の値を x に代入できる（収束する）とは限らないが，代入できる限りにおいては，x についての関数を与えると考えることができる。

◆ 収束半径

　次の定理は，整級数を関数とみなす場合の定義域を決定する上で重要な役割を果たす。

> **定理 2-1　整級数の収束**
>
> 整級数 $\sum_{n=0}^{\infty} a_n x^n$ が $x=u$ ($\neq 0$) で収束するならば，$|x| < |u|$ を満たすすべての x で絶対収束する。

証明 級数 $\sum\limits_{n=0}^{\infty} a_n u^n$ が和をもつので，数列 $\{a_n u^n\}$ は 0 に収束する。

特に，数列 $\{a_n u^n\}$ は有界なので，すべての番号 $n \geqq 0$ について $|a_n u^n| < M$ となる正の実数 M が存在する。

このとき，任意の実数 x について，$r = \left| \dfrac{x}{u} \right|$ とすると，

$$|a_n x^n| = \left| a_n u^n \cdot \frac{x^n}{u^n} \right| \leqq M r^n$$

が成り立つ。

$|x| < |u|$ なら $r < 1$ から，級数 $\sum\limits_{n=0}^{\infty} |a_n x^n|$ は優級数 $\sum\limits_{n=0}^{\infty} M r^n$ をもつ。

よって，$|x| < |u|$ なら $\sum\limits_{n=0}^{\infty} a_n x^n$ は絶対収束する。　■

整級数 $\sum\limits_{n=0}^{\infty} a_n x^n$ が，$x = u$ で収束するときの $|u|$ の値の上限を r としよう。

すなわち　　$r = \sup \left\{ |u| \;\middle|\; 級数 \sum\limits_{n=0}^{\infty} a_n u^n は収束する \right\}$

$x = 0$ では明らかに収束するので，$r \geqq 0$ である。

また，$r = +\infty$ のこともあり得る。この r を整級数 $\sum\limits_{n=0}^{\infty} a_n x^n$ の **収束半径** という。

定理 2-1 から，次のことがわかる。

・$0 < r < +\infty$ のとき，整級数 $\sum\limits_{n=0}^{\infty} a_n x^n$ は，$|x| < r$ を満たすすべての x で絶対収束し，$|x| > r$ で発散する。

・$r = +\infty$ のとき，整級数 $\sum\limits_{n=0}^{\infty} a_n x^n$ はすべての実数 x で絶対収束する。

・$r = 0$ のとき，整級数 $\sum\limits_{n=0}^{\infty} a_n x^n$ は $x \neq 0$ で発散する。

特に，$r > 0$ ならば，$f(x) = \sum\limits_{n=0}^{\infty} a_n x^n$ は開区間 $(-r,\ r)$ 上の関数とみなすことができる。

例 2 整級数 $\sum\limits_{n=0}^{\infty} x^n$ は $|x| < 1$ で絶対収束し，$|x| > 1$ で発散する。

よって，その収束半径は 1 である。

302　第8章　級数

注意 一般に整級数 $\sum_{n=0}^{\infty} a_n x^n$ の収束半径を r $(0<r<+\infty)$ とするとき，$|x|=r$ で収束するかどうかは判定できない。例えば，下記の定理 2-2 を使うと，2 つの整級数 $\sum_{n=1}^{\infty} \dfrac{x}{n}$，$\sum_{n=1}^{\infty} \dfrac{x}{n^2}$ の収束半径はどちらも 1 であるが，$x=1$ では前者は発散し，後者は収束する。なお，下の練習 2 (2) も参照。

◆収束半径の計算

整級数の収束半径は，計算によって求めることができる。コーシーの収束判定（$p.\,298$，定理 1-7）およびダランベールの収束判定（$p.\,299$，定理 1-8）から，次の定理が成り立つ。

定理 2-2 整級数の収束半径

整級数 $\sum_{n=0}^{\infty} a_n x^n$ の収束半径を r とするとき，次が成り立つ。

(1) 極限値 $l=\lim\limits_{n\to\infty} \sqrt[n]{|a_n|}$ が存在するとき，$r=\dfrac{1}{l}$

(2) 極限値 $l=\lim\limits_{n\to\infty} \left| \dfrac{a_{n+1}}{a_n} \right|$ が存在するとき，$r=\dfrac{1}{l}$

注意 定理 2-2 において，極限値には正の無限大 $+\infty$ も含める。

また，形式的に $\dfrac{1}{0}=+\infty$ および $\dfrac{1}{\infty}=0$ とする。

練習 1 定理 2-2 を証明せよ。

例題 1 $\sum\limits_{n=0}^{\infty} \dfrac{x^n}{n!}$ の収束半径を求めよ。

解答 $a_n=\dfrac{1}{n!}$ について

$$\lim_{n\to\infty} \left| \frac{a_{n+1}}{a_n} \right| = \lim_{n\to\infty} \frac{1}{n+1} = 0$$

よって，題意の整級数の収束半径は $+\infty$ である。

練習 2 次の整級数の収束半径を求めよ。

(1) $\sum\limits_{n=0}^{\infty} x^n$ 　　(2) $\sum\limits_{n=0}^{\infty} \dfrac{x^n}{n^p}$ （p は実数）　　(3) $\sum\limits_{n=0}^{\infty} m^n x^n$ （m は自然数）

2 整級数 303

注意 上極限を用いると，収束半径 r は常に次のように書くことができる。

$$r = \frac{1}{\varlimsup\limits_{n \to \infty} \sqrt[n]{|a_n|}}$$

例えば，整級数 $\sum\limits_{n=0}^{\infty} x^{2n}$ については，その係数は 1 と 0 で振動するため極限値 $l = \lim\limits_{n \to \infty} \sqrt[n]{|a_n|}$ は存在せず，また数列 $\left\{ \dfrac{a_{n+1}}{a_n} \right\}$ を考えることもできない。

よって，*p. 303, 定理 2-2* からは収束半径を計算できないが，$\varlimsup\limits_{n \to \infty} \sqrt[n]{|a_n|} = 1$ なので，その収束半径は 1 である。

◆ 整級数で表される関数

前項で述べたように，整級数 $\sum\limits_{n=0}^{\infty} a_n x^n$ の収束半径が $r > 0$ なら，これは開区間 $(-r, r)$ 上の関数 $f(x) = \sum\limits_{n=0}^{\infty} a_n x^n$ を定義する。

定理 2-3 　**整級数で与えられる関数の連続性**

整級数 $\sum\limits_{n=0}^{\infty} a_n x^n$ の収束半径 r が $r > 0$ を満たすとする。このとき，関数 $f(x) = \sum\limits_{n=0}^{\infty} a_n x^n$ は $(-r, r)$ 上で連続である。

証明 　$0 < s < r$ を満たす任意の実数 s について，$f(x)$ が開区間 $I = (-s, s)$ 上で連続であることを示せば十分である。$t = \dfrac{r-s}{2}$ とする。

このとき，$s < t < r$ であり，整級数 $\sum\limits_{n=0}^{\infty} a_n x^n$ は $x = t$ で絶対収束する。

第 1 段階 　証明の最初のステップは，整級数 $\sum\limits_{n=0}^{\infty} a_n x^n$ の部分和 $f_n(x) = \sum\limits_{k=0}^{n} a_n x^k$ で与えられる多項式関数 $f_n(x)$ の列 $\{f_n(x)\}$ について，次のことを示すことにある。

（＊）　任意の正の実数 ε に対して，番号 N が存在して，$n \geqq N$ であるすべての n と，すべての $x \in I$ について $|f(x) - f_n(x)| < \varepsilon$ が成り立つ。

304 ｜ 第 8 章 　級数

任意の正の実数 ε をとる。級数 $\sum\limits_{n=0}^{\infty}|a_n|t^n$ は和をもつので，

$\lim\limits_{n\to\infty}|a_n|t^n=0$ である。特に，数列 $\{|a_n|t^n\}$ は有界なので，すべての n

について $|a_n|t^n<M$ となる正の実数 M がとれる。また，$0<\dfrac{s}{t}<1$ なの

で，等比級数 $\sum\limits_{n=0}^{\infty}\left(\dfrac{s}{t}\right)^n$ は収束する。

よって，番号 N を十分大きくとれば，$n\geqq N$ であるすべての n について

$\sum\limits_{k=n+1}^{\infty}\left(\dfrac{s}{t}\right)^k<\dfrac{\varepsilon}{M}$ とできる。

このとき，任意の $n\geqq N$ と $x\in(-s,\ s)$ について $|x|<s$ に注意すると

$$|f(x)-f_n(x)|\leqq\left|\sum\limits_{k=n+1}^{\infty}a_kx^k\right|\leqq\sum\limits_{k=n+1}^{\infty}|a_k||x|^k=\sum\limits_{n=k+1}^{\infty}|a_k|t^k\left(\dfrac{|x|}{t}\right)^k$$

$$<\sum\limits_{n=k+1}^{\infty}|a_k|t^k\left(\dfrac{s}{t}\right)^k<\sum\limits_{n=k+1}^{\infty}M\left(\dfrac{s}{t}\right)^k<\varepsilon$$

よって，（＊）が示された。

第2段階 次に，区間 I 上の連続関数の列 $\{f_n(x)\}$ が，第1段階の（＊）
の性質をもつとき，その極限 $f(x)=\lim\limits_{n\to\infty}f_n(x)$ は I 上で連続であること
を示そう（これを示せば，証明は終わる）。

任意の $a(\in I)$ をとる。$x=a$ での $f(x)$ の連続性を示すために，任意の
正の実数 ε をとる。（＊）から，すべての $x\in I$ について

$|f(x)-f_n(x)|<\dfrac{\varepsilon}{3}$ となる番号 n をとることができる。また，$f_n(x)$ は

連続なので，正の実数 δ が存在して，$|x-a|<\delta$ ならば

$|f_n(x)-f_n(a)|<\dfrac{\varepsilon}{3}$ となるようにできる。このとき，$|x-a|<\delta$ ならば

$$|f(x)-f(a)|\leqq|f(x)-f_n(x)|+|f_n(x)-f_n(a)|+|f(a)-f_n(a)|$$

$$\leqq\dfrac{\varepsilon}{3}+\dfrac{\varepsilon}{3}+\dfrac{\varepsilon}{3}=\varepsilon$$

よって，$f(x)$ が区間 I 上で連続であることが示せた。　■

◆項別積分と項別微分

整級数 $f(x)=\sum\limits_{n=0}^{\infty}a_nx^n$ について，次の整級数を考える。

$$F(x)=\sum\limits_{n=0}^{\infty}\dfrac{a_n}{n+1}x^{n+1},\qquad g(x)=\sum\limits_{n=1}^{\infty}na_nx^{n-1}$$

もし，$f(x)$ が有限和（多項式関数）なら，これらはそれぞれ $f(x)$ の原始関数と導関数を与える。

　以下で示されるように，これは $f(x)$ が有限和とは限らない一般の場合もあてはまる。すなわち，$f(x)$ の収束半径を r としたとき，$r>0$ ならば，開区間 $(-r,\ r)$ において $F(x)$ は $f(x)$ の原始関数を与え，$g(x)$ は $f(x)$ の導関数を与える。

これは，区間 $(-r,\ r)$ 上では，多項式関数の場合と同様に，整級数で表される関数も，それぞれの項の積分および微分を行うことで，原始関数と導関数を得ることができるということ，すなわち，**項別積分** と **項別微分** が可能であることを示している。

　一般に，整級数の項別積分の可能性については，次の定理が成り立つ。

　まず，このことから証明しよう。

定理 2-4　　**整級数の項別積分可能性**

　整級数 $f(x)=\sum\limits_{n=0}^{\infty} a_n x^n$ が正の収束半径 r をもつとする。

　このとき，$(-r,\ r)$ 上で $\displaystyle\int_0^x f(t)dt=\sum\limits_{n=0}^{\infty}\dfrac{a_n}{n+1}x^{n+1}$ が成り立つ。

証明　定理 2-3（$p.304$）の証明と同様に，整級数 $\sum\limits_{n=0}^{\infty} a_n x^n$ の部分和

$f_n(x)=\sum\limits_{k=0}^{n} a_n x^n$ で与えられる多項式関数の列 $\{f_n(x)\}$ を考える。

$x\in(-r,\ r)$ として，$|x|<s<r$ である実数 s をとると，$I=(-s,\ s)$ について，定理 2-3 の証明の第 1 段階で示した性質（*）が満たされる。

任意の正の実数 ε について，（*）のように番号 N をとると，$n\geqq N$ であるすべての n について

$$\left|\int_0^x f(t)dt-\int_0^x f_n(t)dt\right|\leqq\int_0^x |f(t)-f_n(t)|dt<\varepsilon\cdot|x|$$

よって，$n\longrightarrow\infty$ のとき $\displaystyle\int_0^x f_n(t)dt$ は $\displaystyle\int_0^x f(t)dt$ に収束する。

$\displaystyle\int_0^x a_n t^n dt=\dfrac{a_n}{n+1}x^{n+1}$ なので　　$\displaystyle\int_0^x f(t)dt=\sum\limits_{n=0}^{\infty}\dfrac{a_n}{n+1}x^{n+1}$

したがって，これは題意の等式を示している。　■

　続いて，整級数の項別微分可能性について示そう。次の定理が成り立つ。

306 │ 第 8 章　級数

> **定理 2-5** 整級数の項別微分可能性
>
> 整級数 $f(x)=\sum\limits_{n=0}^{\infty} a_n x^n$ について，整級数 $g(x)=\sum\limits_{n=1}^{\infty} n a_n x^{n-1}$ を考える。
>
> (1) $g(x)$ の収束半径は $f(x)$ の収束半径に等しい。
>
> (2) $f(x)$ が正の収束半径 r をもつとき，$f(x)$ は開区間 $(-r,\ r)$ 上で微分可能であり，$f'(x)=g(x)$ が成り立つ。

証明 (1) $f(x)$ の収束半径を r，$g(x)$ の収束半径を r' とする。まず，$r \le r'$ であることを示そう。

$r=0$ ならばこれは明らかなので，$r>0$ とする。

$|x|<r$ であるすべての x について，$g(x)$ が絶対収束することを示せばよい。$|x|<s<r$ となる s をとる。級数 $\sum\limits_{n=0}^{\infty} |a_n| s^n$ は和をもつので，任意の n について $|a_n| s^n < M$ となる実数 M をとることができる。

$t=\dfrac{|x|}{s}$ とすると $0<t<1$ であり

$$\sum_{n=1}^{\infty} |n a_n x^{n-1}| = \sum_{n=1}^{\infty} \frac{n}{s} |a_n s^n| t^{n-1} < M \sum_{n=1}^{\infty} \frac{n}{s} t^{n-1}$$

であるが，ダランベールの収束判定（$p.\,299,$ 定理 1-8）から，最後の級数は和をもつ。

よって，正項級数 $\sum\limits_{n=1}^{\infty} |n a_n x^{n-1}|$ は和をもち，$g(x)$ は絶対収束する。

次に $r' \le r$ であることを示そう。これも $r'=0$ のときは明らかなので，$r'>0$ とする。

$|x|<r'$ であるすべての x について，$f(x)$ が絶対収束することを示せばよい。しかし，これは $n \ge 1$ について

$$|a_n x^n| \le |x||n a_n x^{n-1}| < r'|n a_n x^{n-1}|$$

から容易にわかる。

以上で，$r=r'$ であることを示された。

(2) (1) より，$g(x)$ は正の収束半径 r をもつ正級数である。

定理 2-4 より，任意の $x \in (-r,\ r)$ について

$$\int_0^x g(t)\,dt = \sum_{n=1}^{\infty} a_n x^n = f(x)-a_0$$

である。左辺は x について微分可能なので，$f(x)$ は微分可能である。両辺を x について微分すると，$f'(x)=g(x)$ が得られる。 ∎

系 2-1

整級数 $f(x) = \sum_{n=0}^{\infty} a_n x^n$ が正の収束半径 r をもつとする。このとき，関数 $f(x)$ は開区間 $(-r, r)$ 上で C^{∞} 級であり，その導関数 $f'(x)$ は収束半径 r の整級数 $\sum_{n=1}^{\infty} n a_n x^{n-1}$ で表される。

証明 定理 2-5（p. 307）より $f'(x) = \sum_{n=1}^{\infty} n a_n x^{n-1}$ であり，その収束半径も r に等しい。よって，定理 2-5 を繰り返し適用することで，$f(x)$ は何回でも微分可能であることがわかる。 ■

系 2-2

整級数 $f(x) = \sum_{n=0}^{\infty} a_n x^n$ が正の収束半径 r をもつとする。このとき，任意の $k = 0, 1, 2, \cdots\cdots$ について，次の等式が成り立つ。

$$a_k = \frac{f^{(k)}(0)}{k!} \qquad ただし，f^{(k)}(x) は f(x) の k 次導関数を表す。$$

証明 $k = 0$ のときの題意の等式は明らかである。$f(x)$ を繰り返し項別微分することで，$k = 0, 1, 2, \cdots\cdots$ についての数学的帰納法により

$$f^{(k)}(x) = \sum_{n=k}^{\infty} n(n-1) \cdots\cdots (n-k+1) a_n x^{n-k}$$

がわかる。これに $x = 0$ を代入すると $f^{(k)}(0) = k! a_k$ となり，題意の等式が得られる。 ■

◆発展：関数列と一様収束

p. 304，[2] 定理 2-3 では，整級数で表される関数の連続性を示すために，その証明中の条件 (*) に注目した。これは「関数列の一様収束性」というものであり，この概念を基軸にすれば，そこでの議論の大半を一般化してすっきりさせることができる。

関数列と一様収束について，手短に述べよう。

区間 I 上で定義された関数の列 $\{f_n(x)\}$，すなわち

$$f_1(x), \ f_2(x), \ f_3(x), \ \cdots\cdots$$

のように番号付けられた関数の集まりを **関数列** という。

関数列 $\{f_n(x)\}$ が与えられると，任意の $a(\in I)$ について，$x=a$ での値の列 $\{f_n(a)\}$ という数列が定まる。すべての $a(\in I)$ について，数列 $\{f_n(a)\}$ が収束するとき，その値を $f(a)$ とすることで，I 上の関数 $f(x)$ が定まる。

このとき，関数列 $\{f_n(x)\}$ は関数 $f(x)$ に **収束する** といい

$$\lim_{n\to\infty} f_n(x) = f(x)$$

と書く。

関数列 $\{f_n(x)\}$ は関数 $f(x)$ に「収束する」ことを，後述の一様収束と区別するために，**各点収束する** ということもある。

注意 関数列 $\{f_n(x)\}$ が関数 $f(x)$ に各点収束するということは，論理式で書くと次のようになる。

 (a) $\forall a\in I \;\; \forall \varepsilon>0 \;\; \exists N\in \mathrm{N}$ such that $\forall n\in \mathrm{N} \;\; (n\geqq N \Longrightarrow |f(a)-f_n(a)|<\varepsilon)$

つまり，任意の $a(\in I)$ について個別に決まる数列 $\{f_n(a)\}$ が $f(a)$ に収束するということである。特に，上の論理式における番号 N は，ε だけではなく，$a\in I$ にも依存することに注意するべきである。

関数列 $\{f_n(x)\}$ が関数 $f(x)$ に各点収束することに対して，関数列 $\{f_n(x)\}$ が関数 $f(x)$ に **一様収束** するとは，次の論理式が成立することである。

 (b) $\forall \varepsilon>0 \;\; \exists N\in \mathrm{N}$ such that $\forall a\in I \;\; \forall n\in \mathrm{N} \;\; (n\geqq N \Longrightarrow |f(a)-f_n(a)|<\varepsilon)$

その意味は，定理 2-3 の証明中の条件 $(*)$ の x を a とおき換えた

 $(*)$ 任意の正の実数 ε に対して，番号 N が存在して，$n\geqq N$ であるすべての n と，すべての $a\in I$ について $|f(a)-f_n(a)|<\varepsilon$ が成り立つ。

ということである。

条件 (a) と条件 (b) の違いは「$\forall a\in I$」の位置が変わったことにあるが，その意味の違いは非常に大きい。(b) の条件式においては，N は ε のみに依存し，$a\in I$ には依存しない。いわば，N は区間 I 上の位置に対して「一様」にとれているわけである。

ここで，一様収束極限の連続性について，一般に次の定理が成り立つ。

定理 2-6 **一様収束極限の連続性**

区間 I 上の関数からなる関数列 $\{f_n(x)\}$ が，I 上の関数 $f(x)$ に一様収束するとする。このとき，各 $f_n(x)$ が連続ならば，$f(x)$ も連続である。

証明 定理 2-3 の証明の第 2 段階と同様に示される。　∎

次の例が示すように，この定理 2-6 における一様収束性の仮定は重要である。すなわち，連続関数からなる関数列 $\{f_n(x)\}$ が $f(x)$ に各点収束する場合は，$f(x)$ は連続とは限らない。

例 3 自然数 n について，実軸 R 上の関数 $f_n(x)$ を次で定義する。

$$f_n(x) = \begin{cases} 0 & (x \leq 0) \\ nx & \left(0 < x < \dfrac{1}{n}\right) \\ 1 & \left(x \geq \dfrac{1}{n}\right) \end{cases}$$

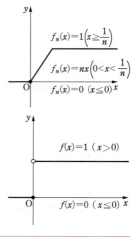

関数列 $\{f_n(x)\}$ は次の関数 $f(x)$ に収束する。

$$f(x) = \begin{cases} 0 & (x \leq 0) \\ 1 & (x > 0) \end{cases}$$

各 n について $f_n(x)$ は連続関数であるが，$f(x)$ は $x=0$ で連続ではない。

整級数の項別積分や項別微分に対応して，一様収束する関数列に対しても類似の定理を証明することができる。

> **定理 2-7 一様収束極限と定積分**
> 有界区間 I 上の関数からなる関数列 $\{f_n(x)\}$ が，I 上の関数 $f(x)$ に一様収束するとする。このとき，任意の $a(\in I)$ に対して $F_n(x) = \int_a^x f_n(t)dt$ および $F(x) = \int_a^x f(t)dt$ とすると，関数列 $\{F_n(x)\}$ は I 上で $F(x)$ に一様収束する。

証明 $I \subset [\alpha, \beta]$ とする。任意の正の数 ε について番号 N を，$n \geq N$ ならば任意の $x \in I$ について $|f(x) - f_n(x)| < \dfrac{\varepsilon}{\beta - \alpha}$ となるようにとる。

このとき，任意の $x \in I$ について

$$|F(x) - F_n(x)| \leq \int_a^x |f(t) - f_n(t)|dt < \varepsilon \cdot \dfrac{|x-a|}{\beta - \alpha} \leq \varepsilon$$

これは，$\{F_n(x)\}$ が I 上で $F(x)$ に一様収束することを示している。 ■

定理 2-8　一様収束極限と微分

有界区間 I 上の C^1 級関数からなる関数列 $\{f_n(x)\}$ が，I 上の関数 $f(x)$ に収束し，各 $f_n(x)$ を x で微分した関数列 $\{f_n'(x)\}$ が，I 上の関数 $g(x)$ に一様収束するとする。このとき，$f(x)$ も C^1 級であり $f'(x)=g(x)$ が成り立つ。また，$\{f_n(x)\}$ は $f(x)$ に一様収束する。

証明　定理 2-7 より，$\displaystyle\int_a^x f_n'(t)dt$ は $\displaystyle\int_a^x g(t)dt$ に I 上で一様収束する（a は I 上の任意の点）。しかし，$n \longrightarrow \infty$ で

$$\int_a^x f_n'(t)dt = f_n(x) - f_n(a) \longrightarrow f(x) - f(a)$$

なので $\{f_n(x)\}$ の収束は一様収束であり，$f(x)-f(a)=\displaystyle\int_a^x g(t)dt$ である。両辺を微分すると $f'(x)=g(x)$ が得られる。　■

3 整級数の応用

　第3章 4 (p. 120) では，有限テイラー展開と有限マクローリン展開について学んだ。収束する整級数の概念を用いると，これらを無限項の級数へと拡張して，整級数としてのテイラー展開・マクローリン展開を扱うことができる。この節では，整級数の応用として，テイラー展開とマクローリン展開について解説する。

◆ テイラー展開とマクローリン展開

　関数 $f(x)$ が $x=a$ の近傍で何回でも微分可能である（すなわち C^∞ 級である）とき，$x=a$ を中心とした整級数

$$\sum_{n=0}^{\infty} \frac{f^{(n)}(a)}{n!} t^n = \sum_{n=0}^{\infty} \frac{f^{(n)}(a)}{n!} (x-a)^n$$
$$= f(a) + f'(a)(x-a) + \frac{f''(a)}{2!}(x-a)^2 + \frac{f'''(a)}{3!}(x-a)^3 + \cdots\cdots$$

($t=x-a$ とした）を考えることができる。この整級数が正の収束半径をもち，これが定める関数が $x=a$ の近傍で $f(x)$ と一致するとき，関数 $f(x)$ は $x=a$ で **テイラー展開可能**，あるいは **解析的である** といい，

$f(x) = \sum_{n=0}^{\infty} \frac{f^{(n)}(a)}{n!} (x-a)^n$ を $f(x)$ の $x=a$ における **テイラー展開** という。

　$a=0$ のときのテイラー展開は **マクローリン展開** と呼ばれる。

例 1

$x=a$ を中心とした整級数 $\sum_{n=0}^{\infty} a_n(x-a)^n$ が正の収束半径 r をもつとし，これが開区間 $(a-r, a+r)$ 上に定める関数を $f(x)$ とする。

系 2-2 (p. 308) より　$a_n = \frac{f^{(n)}(a)}{n!}$　$(n=0, 1, 2, \cdots\cdots)$　である。

よって，$f(x)$ は $x=a$ でテイラー展開可能であり，$f(x) = \sum_{n=0}^{\infty} a_n(x-a)^n$ がその $x=a$ におけるテイラー展開を与える。

◆ 指数関数と三角関数

　次の補題は，さまざまな関数がテイラー展開可能であることを示す上で便利である。

補題 3-1 $x=0$ の近傍で C^∞ 級の関数 $f(x)$ と正の実数 r について，次の条件が満たされるとする。

(†) 正の実数 M が存在して，すべての $n=0,\ 1,\ 2,\ \cdots\cdots$ と，$|x|<r$ を満たすすべての x について $|f^{(n)}(x)|\leqq M$ が成り立つ。

このとき，$f(x)$ はマクローリン展開可能であり，そのマクローリン展開の収束半径は r 以上である。

証明 $|x|<r$ である x を任意にとり，$f(x)$ の有限マクローリン展開 (*p.122*)

$$f(x)=\sum_{k=0}^{n-1}\frac{1}{k!}f^{(k)}(0)x^k+R_n,\qquad R_n=\frac{1}{n!}f^{(n)}(\theta x)x^n\quad(0<\theta<1)$$

を考える。このとき剰余項 R_n について $|R_n|\leqq M\dfrac{|x|^n}{n!}\longrightarrow 0\ (n\longrightarrow\infty)$

であり，したがって，上の有限マクローリン展開は $n\longrightarrow\infty$ で収束し，その値は $f(x)$ に等しい。よって，$f(x)$ はマクローリン展開可能であり，その収束半径は r 以上である。 ■

例題 1 指数関数 e^x はマクローリン展開可能であることを示し，そのマクローリン展開が $e^x=\displaystyle\sum_{n=0}^{\infty}\frac{x^n}{n!}=1+x+\frac{x^2}{2}+\frac{x^3}{6}+\cdots\cdots$ で与えられることを示せ。また，その収束半径は $+\infty$ であることを示せ。

証明 $f(x)=e^x$ とする。任意の正の実数 r について $M=e^r$ とすると，$|x|<r$ である任意の x と，任意の $n=0,\ 1,\ 2,\ \cdots\cdots$ について $|f^{(n)}(x)|=e^x<M$ なので，$f(x)$ はマクローリン展開可能である。また r は任意の正の実数でよいので，その収束半径は $+\infty$ である。すべての $n=0,\ 1,\ 2,\ \cdots\cdots$ について $f^{(n)}(0)=e^0=1$ なので，そのマクローリン展開は題意のように与えられる。 ■

練習 1 $\sin x$ および $\cos x$ はマクローリン展開可能であることを示し，そのマクローリン展開がそれぞれ

$$\sin x=\sum_{n=0}^{\infty}\frac{(-1)^n x^{2n+1}}{(2n+1)!}=x-\frac{x^3}{3!}+\frac{x^5}{5!}-\frac{x^7}{7!}+\cdots\cdots$$

$$\cos x=\sum_{n=0}^{\infty}\frac{(-1)^n x^{2n}}{(2n)!}=1-\frac{x^2}{2!}+\frac{x^4}{4!}-\frac{x^6}{6!}+\cdots\cdots$$

で与えられることを示せ。また，それらの収束半径は $+\infty$ であることを示せ。

3 整級数の応用 313

注意 本書では，第 2 章 ④ ($p.76$) で，指数関数 e^x を直観的に導入したが，例題 1 のマクローリン展開を用いて定義するやり方もある。同様に，練習 1 のマクローリン展開を用いて，三角関数 $\sin x$ と $\cos x$ を導入するというやり方もある。

◆べき関数と二項定理

実数 α と 0 以上の整数 n について

$$\binom{\alpha}{n}=\begin{cases} 1 & (n=0) \\[2mm] \dfrac{\alpha(\alpha-1)\cdots\cdots(\alpha-n+1)}{n!} & (n\geqq1) \end{cases}$$

とし，これを二項係数という。$n\geqq1$ のときの右辺の分子は，α から $\{\alpha-(n-1)\}$ までの連続した n 個の数の積である。例えば

$$\binom{\alpha}{0}=1, \quad \binom{\alpha}{1}=\alpha, \quad \binom{\alpha}{2}=\frac{\alpha(\alpha-1)}{2}, \quad \binom{\alpha}{3}=\frac{\alpha(\alpha-1)(\alpha-2)}{3!}, \quad \cdots\cdots$$

である。

α が 0 以上の整数で，$0\leqq n\leqq\alpha$ なら，これは高等学校で学習したコンビネーション ${}_\alpha\mathrm{C}_n$ に等しく，$n>\alpha$ なら $\binom{\alpha}{n}=0$ である。

コンビネーションの場合と同様に，次の補題が成り立つ。

補題 3-2 $\quad\dbinom{\alpha-1}{n-1}+\dbinom{\alpha-1}{n}=\dbinom{\alpha}{n}$

証明 $n=1$ のときは，題意の等式は $1+(\alpha-1)=\alpha$ を表しており，明らかに成り立つ。$n>1$ のときは，次のように計算される。

$$\binom{\alpha-1}{n-1}+\binom{\alpha-1}{n}$$

$$=\frac{(\alpha-1)(\alpha-2)\cdots\cdots(\alpha-n+1)}{(n-1)!}+\frac{(\alpha-1)(\alpha-2)\cdots\cdots(\alpha-n)}{n!}$$

$$=\frac{\{n+(\alpha-n)\}(\alpha-1)(\alpha-2)\cdots\cdots(\alpha-n+1)}{n!}$$

$$=\frac{\alpha(\alpha-1)\cdots\cdots(\alpha-n+1)}{n!}=\binom{\alpha}{n} \quad\blacksquare$$

実数 α について，整級数 $\displaystyle\sum_{n=0}^{\infty}\binom{\alpha}{n}x^n$ を考える。

α が 0 以上の整数ならば，これは α 次の多項式である。

314 第 8 章 級数

そうでない場合は任意の 0 以上の数 n について $\binom{\alpha}{n} \neq 0$ であり，$n \longrightarrow \infty$ のとき

$$\left| \frac{\binom{\alpha}{n+1}}{\binom{\alpha}{n}} \right| = \left| \frac{\alpha-n}{n+1} \right| \longrightarrow 1 \text{ なので，} p.303, \text{定理 } 2\text{-}2\,(2) \text{ より，整級数 } \sum_{n=0}^{\infty} \binom{\alpha}{n} x^n$$

の収束半径は 1 である。次の定理は，高校で学んだ二項定理の一般化である。

定理 3-1　二項定理

整級数 $\displaystyle\sum_{n=0}^{\infty} \binom{\alpha}{n} x^n$ は，べき関数 $(1+x)^{\alpha}$ のマクローリン展開を与える。

すなわち，$|x|<1$ で　$\displaystyle(1+x)^{\alpha} = \sum_{n=0}^{\infty} \binom{\alpha}{n} x^n$　が成り立つ。

証明　右辺の整級数が開区間 $(-1,\ 1)$ 上で定義する関数を $f(x)$ とする。整級数の項別微分 ($p.308$, 系 2-1) より

$$f'(x) = \sum_{n=1}^{\infty} n \binom{\alpha}{n} x^{n-1} = \sum_{n=1}^{\infty} \alpha \binom{\alpha-1}{n-1} x^{n-1}$$

よって，補題 3-2 より

$$(1+x) f'(x) = \alpha \sum_{n=1}^{\infty} \left\{ \binom{\alpha-1}{n-1} x^{n-1} + \binom{\alpha-1}{n-1} x^n \right\}$$

$$= \alpha \left[1 + \sum_{n=1}^{\infty} \left\{ \binom{\alpha-1}{n-1} + \binom{\alpha-1}{n} \right\} x^n \right] = \alpha \left\{ 1 + \sum_{n=1}^{\infty} \binom{\alpha}{n} x^n \right\} = \alpha f(x)$$

また，$g(x) = (1+x)^{\alpha}$ は，$(1+x) g'(x) = (1+x) \alpha (1+x)^{\alpha-1} = \alpha g(x)$ を満たす。よって，$y=f(x)$ も $y=g(x)$ も，どちらも $(1+x) y' = \alpha y$ を満たしている[*]。

そこで，$|x|<1$ で定義された関数を $h(x) = \dfrac{f(x)}{g(x)}$ で定義する。

このとき　$h'(x) = \dfrac{f'(x) g(x) - f(x) g'(x)}{\{g(x)\}^2} = \alpha \cdot \dfrac{f(x) g(x) - f(x) g(x)}{(1+x) \{g(x)\}^2} = 0$

なので，第 3 章系 2-1 より開区間 $(-1,\ 1)$ 上で $h(x) = c$（定数）である。しかし $c = h(0) = f(0) = 1$ なので，$f(x) = g(x) = (1+x)^{\alpha}$ である。　■

---

[*]　すなわち，$y=f(x)$ も $y=g(x)$ も，変数分離形の微分方程式 ($p.322$, 第 9 章 $\boxed{1}$ 参照)
$(1+x) y' = \alpha y$ の解になっているということである。

注意 定理 3-1 ($p.315$) において，α が 0 以上の整数のとき，$n > \alpha$ なら $\begin{pmatrix} \alpha \\ n \end{pmatrix} = 0$ なので

$$(1+x)^\alpha = \sum_{n=0}^{\alpha} \begin{pmatrix} \alpha \\ n \end{pmatrix} x^n = \sum_{n=0}^{\alpha} {}_\alpha C_n x^n$$

となる。これは高等学校で学んだ二項定理の展開式に他ならない。

定理 3-1 の等式は，高等学校で学んだ $(1+x)^\alpha$ の二項展開を，α が任意の実数の場合に拡張したものになっている。

例 2

容易な計算で $\begin{pmatrix} -1 \\ n \end{pmatrix} = (-1)^n$ がわかる。よって，定理 3-1 ($p.315$) の等式において $n = -1$ として x を $-x$ におき換えると，$|x| < 1$ における次の等式が得られる。

$$\frac{1}{1-x} = \sum_{n=0}^{\infty} x^n = 1 + x + x^2 + x^3 + \cdots\cdots$$

これは公比 x の等比級数の和の公式（$p.293$，①例 2 参照）である。

例題 2

$\mathrm{Tan}^{-1}x$ がマクローリン展開可能であることを示し，そのマクローリン展開を求めよ。また，その収束半径を求めよ。

解答 $(\mathrm{Tan}^{-1}x)' = \dfrac{1}{1+x^2}$ に注目し，$\dfrac{1}{1+x^2}$ のマクローリン展開を求めて，これを項別積分する。二項定理（定理 3-1）より

$$\frac{1}{1+x^2} = \sum_{n=0}^{\infty} (-1)^n x^{2n} \qquad\qquad (*)$$

よって，これを項別積分して

$$\mathrm{Tan}^{-1}x = \sum_{n=0}^{\infty} \frac{(-1)^n}{2n+1} x^{2n+1} + C \qquad (C\text{は定数})$$

である。しかし，$\mathrm{Tan}^{-1}(0) = 0$ なので $C = 0$ である。

よって $\quad \mathrm{Tan}^{-1}x = \displaystyle\sum_{n=0}^{\infty} \frac{(-1)^n}{2n+1} x^{2n+1} \qquad\qquad (**)$

となる。定理 2-5 ($p.307$) より，右辺の収束半径は $(*)$ の右辺の収束半径に等しく，これは 1 である。特に，$\mathrm{Tan}^{-1}x$ はマクローリン展開可能で，$(**)$ はそのマクローリン展開を与え，その収束半径は 1 である。

練習 2　$\log(1+x)$ がマクローリン展開可能であることを示し，そのマクローリン展開は $\log(1+x)=\sum_{n=1}^{\infty}\dfrac{(-1)^{n+1}}{n}x^n$, $|x|<1$ で与えられることを示せ。

また，その収束半径を求めよ。

◆ 基本的な整級数展開のまとめ

$$\frac{1}{1-x}=\sum_{n=0}^{\infty}x^n \qquad (|x|<1)$$

$$(1+x)^{\alpha}=\sum_{n=0}^{\infty}\binom{\alpha}{n}x^n \qquad (|x|<1)$$

$$\text{ただし } \binom{\alpha}{n}=\begin{cases} 1 & (n=0) \\ \dfrac{\alpha(\alpha-1)\cdots\cdots(\alpha-n+1)}{n!} & (n\geqq 1) \end{cases}$$

$$\log(1+x)=\sum_{n=1}^{\infty}\frac{(-1)^{n+1}}{n}x^n \qquad (|x|<1)$$

$$\sqrt{1+x}=1+\sum_{n=1}^{\infty}\frac{(-1)^{n-1}(2n-3)!!}{(2n)!!}x^n \qquad (|x|<1)$$

$$\text{ただし } n!!=\begin{cases} n(n-2)(n-4)\cdots\cdots 2 & (n:\text{偶数}) \\ n(n-2)(n-4)\cdots\cdots 1 & (n:\text{奇数}) \end{cases} \qquad 0!!=(-1)!!=1$$

$$\frac{1}{\sqrt{1-x}}=\sum_{n=0}^{\infty}\frac{(2n-1)!!}{(2n)!!}x^n \qquad (|x|<1)$$

$$\frac{1}{\sqrt{1-x^2}}=\sum_{n=0}^{\infty}\frac{(2n-1)!!}{(2n)!!}x^{2n} \qquad (|x|<1)$$

$$\mathrm{Tan}^{-1}x=\sum_{n=0}^{\infty}\frac{(-1)^n}{2n+1}x^{2n+1} \qquad (|x|<1)$$

$$\mathrm{Sin}^{-1}x=\sum_{n=0}^{\infty}\frac{(2n-1)!!}{(2n)!!}\frac{x^{2n+1}}{2n+1} \qquad (|x|<1)$$

$$e^x=\sum_{n=0}^{\infty}\frac{x^n}{n!} \qquad (x\in\mathbb{R})$$

$$\sin x=\sum_{n=0}^{\infty}\frac{(-1)^n}{(2n+1)!}x^{2n+1} \qquad (x\in\mathbb{R})$$

$$\cos x=\sum_{n=0}^{\infty}\frac{(-1)^n}{(2n)!}x^{2n} \qquad (x\in\mathbb{R})$$

3　整級数の応用　317

Column コラム　べき級数の収束半径と関数の特異点

実数の変数 x のべき級数

$$a_0 + a_1(x-a) + a_2(x-a)^2 + a_3(x-a)^3 + \cdots\cdots$$

の収束半径を教える命題や公式はいくつも知られているが，どれも係数列 a_0, a_1, a_2, $\cdots\cdots$ の言葉で書かれているところは同じである。例えば，コーシーが提案してアダマールが補足した公式によれば，収束半径 ρ は等式

$$\frac{1}{\rho} = \varlimsup_{n \to \infty} |a_n|^{\frac{1}{n}}$$

により与えられる。一般的な形のべき級数の考察から始める場合にはこの公式が基礎になるが，関数を展開して現れるべき級数の場合には公式を使わなくても収束半径がわかることがある。例えば，関数 $f(x) = \dfrac{1}{1-x}$ を原点 $x=0$ の周りで展開するとべき級数

$$1 + x + x^2 + \cdots\cdots$$

が得られるが，コーシー＝アダマールの公式を使うまでもなく，収束半径は 1 であることがわかる。なぜなら，このべき級数の母体となる関数 $f(x)$ は $x=1$ において特異点をもつからである。べき級数の中心と特異点までの最短距離が収束半径である。

このような例は枚挙に暇がないが，関数

$$g(x) = \frac{1}{1+x^2}$$

を原点の周りに展開して得られるべき級数

$$1 - x^2 + x^4 - x^6 + \cdots\cdots$$

についてはいくぶん様子が異なっている。コーシー＝アダマールの公式により計算すると，このべき級数の収束半径も 1 である。関数 $g(x)$ は $x=1$ においても $x=-1$ においても特異点をもたないのである。ところが，変数 x のとりうる範囲を複素数まで広げると，不審は一挙に解消する。なぜなら，関数 $g(x)$ は複素平面上の単位円 $|x|<1$ において収束し，単位円周 $|x|=1$ 上の 2 点 $x = \pm\sqrt{-1}$ において特異点をもつからである。

正弦関数 $\sin x$ を原点の周りに展開して生じるべき級数

$$\sin x = x - \frac{1}{6}x^3 + \frac{1}{120}x^5 + \cdots\cdots$$

の場合には，収束半径は無限大である。正弦関数は実軸上に特異点をもたないが，それにとどまらず，変数を複素数の範囲に拡大して複素正弦関数 $\sin z$ を考えると，複素平面上のどこにも特異点が存在しない。その事実が，上記のべき級数の収束半径が無限大になる根拠である。

べき級数の収束性は複素数の範囲において考えるとき，はじめて明瞭に理解されることを，この簡単な例は教えている。

章末問題A

1. 次の級数の収束・発散を判定せよ。

(1) $\displaystyle\sum_{n=1}^{\infty} \frac{n}{e^n}$

(2) $\displaystyle\sum_{n=1}^{\infty} \frac{n!}{2^n}$

(3) $\displaystyle\sum_{n=1}^{\infty} \frac{|a|^{n-1}}{(n-1)!}$ （a は実数）

(4) $\displaystyle\sum_{n=1}^{\infty} n \sin\frac{\pi}{2^n}$

2. 次の級数の収束・発散を判定せよ。

(1) $\displaystyle\sum_{n=1}^{\infty} \left(\frac{2n+1}{3n+4}\right)^n$

(2) $\displaystyle\sum_{n=1}^{\infty} 2^n \left(\frac{n}{n+1}\right)^{n^3}$

(3) $\displaystyle\sum_{n=1}^{\infty} \frac{a^n}{n^n}$ （a は正の実数）

(4) $\displaystyle\sum_{n=1}^{\infty} \frac{n^n}{3^{1+2n}}$

3. 正項級数 $\displaystyle\sum_{n=0}^{\infty} a_n$ に対して，和をもつ正項級数 $\displaystyle\sum_{n=0}^{\infty} b_n$ が存在して，$\displaystyle\sum_{n=0}^{\infty} \frac{a_n}{b_n}$ が和をもつとする。このとき，$\displaystyle\sum_{n=0}^{\infty} a_n$ も和をもつことを示せ。

4. $f(x)$ を半開区間 $[1, \infty)$ 上で $f(x) \geqq 0$ を満たす単調減少関数とする。このとき，級数 $\displaystyle\sum_{n=1}^{\infty} f(n)$ が和をもつための必要十分条件は，広義積分 $\displaystyle\int_1^{\infty} f(x)\,dx$ が収束することであることを示せ。

5. 次の整級数の収束半径を求めよ。

(1) $\displaystyle\sum_{n=1}^{\infty} n^3 x^n$

(2) $\displaystyle\sum_{n=1}^{\infty} \frac{2^n}{n!} x^n$

(3) $\displaystyle\sum_{n=0}^{\infty} \left(\frac{1+n}{2+n}\right)^{n^2} x^n$

(4) $\displaystyle\sum_{n=1}^{\infty} \frac{(n!)^k}{(kn)!} x^n$ （k は自然数）

6. 次の関数のマクローリン展開を求めよ。

(1) $\dfrac{1}{1-x^2}$

(2) $\dfrac{1}{\sqrt{1-x}}$

(3) $(1+x)e^x$

(4) $(1+x)\sin x$

章末問題B

7. $f(x)$ がマクローリン展開可能であるとして，$f(x)=\sum\limits_{n=0}^{\infty} a_n x^n$ がそのマクローリン展開であるとする。もし，$f(x)$ が $x=0$ の近傍で恒等的に 0 であれば，すべての $n\geqq 0$ について $a_n=0$ であることを示せ。
($p.312$，$\boxed{3}$ の例1を用いる。)

8. $f(x)$ が $f(x)=\sum\limits_{n=0}^{\infty} a_n x^n$ とマクローリン展開されているとする。$f(x)$ が偶関数ならばすべての $n\geqq 0$ について $a_{2n+1}=0$ であることを示せ。また，$f(x)$ が奇関数ならば，すべての $n\geqq 0$ について $a_{2n}=0$ であることを示せ。(上の 7. を用いよ。)

9. 指数関数 e^x の整級数展開 $e^x=\sum\limits_{n=0}^{\infty}\dfrac{x^n}{n!}$ を用いて，指数法則 $e^{x+y}=e^x e^y$ $(x,\ y\in\mathbb{R})$ を証明せよ。

10. (1) $(\mathrm{Sin}^{-1}x)'=\dfrac{1}{\sqrt{1-x^2}}$ であることを用いて，$\mathrm{Sin}^{-1}x$ がマクローリン展開可能であることを示し，そのマクローリン展開は

$$\mathrm{Sin}^{-1}x=\sum_{n=0}^{\infty}\frac{(2n-1)!!}{(2n)!!}\cdot\frac{x^{2n+1}}{2n+1}$$

で与えられることを示せ*)。また，その収束半径を求めよ。

(2) 次の等式を示せ。

$$\frac{\pi}{6}=\sum_{n=0}^{\infty}\frac{(2n-1)!!}{2^{2n+1}(2n+1)(2n)!!}$$

11. $a_n>0$，$\lim\limits_{n\to\infty}a_n=0$，$a_1\geqq a_2\geqq a_3\geqq\cdots\cdots$ ならば，$\sum\limits_{n=1}^{\infty}(-1)^{n+1}a_n$ は収束することを示し，これを用いて，$1-\dfrac{1}{2}+\dfrac{1}{3}-\dfrac{1}{4}+\cdots\cdots$ は収束することを示せ。

---

*) $n!!$ の意味については，$p.317$ のまとめを参照。

320　第8章　級数

第9章

微分方程式

① 微分方程式の基礎／② 線形微分方程式

　微分積分学の自然科学および工学への応用という点で，微分方程式ほどその利用価値の明瞭なものはないであろう。物理学や電磁気学への直接的応用はもちろん，生物学や経済学，気象学や情報科学など，その応用範囲は極めて広い。その意味で，微分方程式についての基礎的な知識は，これまで微分積分学の基礎を一通り学んだ人にとって，新たな応用の可能性を開く，重要な知見となるであろう。

　この章では，代表的な微分方程式の解法や，その基礎的な構造について一通りの議論をすることを目的とする。

　手始めに，① では1階の常微分方程式の求積法による解法について概観する。求積法とは，既知の不定積分を含む等式の形で，微分方程式の解を求めるための方法である。その基礎は変数分離法にあり，多くの場合，この形の解法に帰着されることが多い。そこで，まず微分方程式の一般的な定義をした後に，変数分離法による解法から始めることにする。

　② では線形微分方程式を扱う。線形微分方程式の一般解は，特殊解と，対応する同次形の一般解の和で書けるが，非同次の場合の特殊解は，同次形の一般解の任意定数を関数化するという，いわゆる定数変化法によって求められる。応用上も理論上も重要なのは，定数係数の場合で，この場合の線形微分方程式の解法には，多項式の因数分解を用いた系統的な方法がある。

　この節では，これらの手法について学ぶ。

1 微分方程式の基礎

この章では，代表的な微分方程式の解法や，その基礎的な構造を解説する。

◆ 微分方程式とは

x についての関数 $y=y(x)$*⁾ の導関数の間の関係式によって書かれる方程式を **微分方程式** という。すなわち，(常) 微分方程式とは，$n+2$ 変数の関数 $F(z_0, z_1, \cdots, z_n, z_{n+1})$ によって

$$F(x, y, y', \cdots, y^{(n)}) = 0 \qquad (*)$$

の形で書かれる方程式のことである。微分方程式に含まれる未知関数 $y=y(x)$ の導関数が最大 n 次導関数であるとき，これを n 階微分方程式と呼ぶ。

$3y - xy' + 2(y')^2 = 0$　は，1 階微分方程式である。
$3y - xy' + 2y'' = 0$　は，2 階微分方程式である。

微分方程式 ($*$) において，区間 I 上の関数 $y=y(x)$ が任意の $x \in I$ について
$$F(x, y(x), y'(x), \cdots, y^{(n)}(x)) = 0$$
を満たすなら，$y=y(x)$ は微分方程式 ($*$) の I 上の **解** であるという。

2 階微分方程式　$y'' + y = 0$　を考える。
$y = \sin x$ はこの微分方程式の R 上の解である。

◆ 変数分離形

もっとも簡単な微分方程式は，**変数分離形** と呼ばれるものである。
これは右の形の微分方程式である。　　$y' - f(x)g(y) = 0$

この形の微分方程式は $\dfrac{1}{g(y)} dy = f(x) dx$ と変形してから，両辺を積分して

$\int \dfrac{dy}{g(y)} = \int f(x) dx$ と考えれば，その解を求めることができる。

注意　第 4 章 ② ($p.137$) でも注意したように，dx や dy についての等式は，ここでは形式的なものと解釈する。

*⁾ 微分方程式では，「関数 $y(x)$」とは書かず，「関数 $y=y(x)$」のように書くことが多い。

例題 1 微分方程式 $y'=xy$ を解け。

解答 変数分離形の形 $y'-f(x)g(y)=0$ に変形する。

$f(x)=x$, $g(y)=y$ とすると, $y'-xy=0$, $\dfrac{dy}{y}=x\,dx$ なので

$$\log y = \int \dfrac{dy}{y} = \int x\,dx = \dfrac{1}{2}x^2+c \quad (c は定数)$$

よって, $y=Ce^{\frac{x^2}{2}}$ である。ここで $C=e^c\,(\neq 0)$ は定数。
これは $C=0$ のときも含めて題意の微分方程式の解である。
したがって, 求める解は $\quad y=Ce^{\frac{x^2}{2}}, \quad C\in\mathbb{R}$

注意 例題 1 の解答では, 本来ならば y が恒等的に 0 である関数であるか, そうでないかで場合分けする必要がある。前者の場合, $y'=xy$ は自明に成り立つので, $y=0$ は解である。後者の場合は, $y(x)\neq 0$ である x の範囲で, 上の解答の議論をする。

結果的に, $y=Ce^{\frac{x^2}{2}}$ ($C\in\mathbb{R}$) となり, これは $C=0$ として $y=0$ も含む解となる。このようなことは, 本来は常に注意深く行うべきであるが, 以下では議論の煩雑さを避けるためにも, 上の解答のような省略形の議論を多用する。しかし, 大抵の場合, 議論の本質は保たれる。

例題 1 の解のように, 微分方程式の解となる関数を一般的な形で求めたものを, その微分方程式の**一般解**(いっぱんかい)という。それに対して, 例えば任意定数 C を $C=1$ として得られる $y=e^{\frac{x^2}{2}}$ のような特殊な場合の解を**特殊解**(とくしゅかい)という。

練習 1 次の微分方程式を解け。
(1) $y'=xy^2$ 　　(2) $xy'+y=y^2$ 　　(3) $y'=e^{x+y}$

変数分離形の微分方程式は, 以下のような具体的な現象に現れる。

例 3 **空気抵抗を受ける物体の落下**
質量 m の物体の時刻 t における落下速度を $v=v(t)$ とするとき, 受ける空気の抵抗は kv (k は定数) であるとする。このとき, 物体の落下速度の微分方程式は $m\cdot\dfrac{dv}{dt}=mg-kv$ となる (g は重力加速度)。

1 微分方程式の基礎 | 323

例題	物体の落下速度 $v(t)$ に関する $p.323$ の 例3 の微分方程式を，初期条件
2	$v(0)=0$，すなわち「時刻 $t=0$ での落下速度 $v(0)=0$」という条件の下
	で解け。

解答 例3の微分方程式は

$$\frac{1}{mg-kv} \cdot \frac{dv}{dt} = \frac{1}{m}$$

と変形されるので

$$\log|mg-kv| = -\frac{kt}{m} + C \qquad (C は定数)$$

となる。$t=0$ とすると，$v(0)=0$ なので，$\log mg = C$ である。

よって $v(t) = \frac{mg}{k}(1-e^{-\frac{k}{m}t})$

注意 例題2が求めている解は，例3の微分方程式の，初期条件 $v(0)=0$ を満たす特殊解に他ならない。なお，上の解答で $t \longrightarrow \infty$ とすると，落下速度は一定値 $\frac{mg}{k}$ に限りなく近づく。

例題2のように，与えられた微分方程式において，与えられた初期条件を満たす解を求めることを **初期値問題** という。

| 練習 | 練習1のそれぞれの微分方程式を，それぞれ与えられた初期条件の下で解け。 |
| 2 | (1) $x=1$ のとき $y=-1$ (2) $x=1$ のとき $y=\frac{3}{2}$ (3) $x=0$ のとき $y=0$ |

◆ 同次形

$\dfrac{dy}{dx} = f\left(\dfrac{y}{x}\right)$ の形の微分方程式を **同次形** の微分方程式という。

この形の方程式は，$u=\dfrac{y}{x}$ すなわち $y=ux$ とすると，$y'=u+u'x$ なので

$\dfrac{du}{dx} = \dfrac{\dfrac{dy}{dx}-u}{x}$，すなわち $\dfrac{du}{dx} = \dfrac{f(u)-u}{x}$ と変形される。これは変数分離形なので $u=u(x)$ を求めることができ，よって $y=y(x)=u(x)x$ を求めることができる。

324 第9章 微分方程式

例題 3 微分方程式 $y'=\dfrac{xy}{x^2+y^2}$ を解け。

解答 題意の微分方程式は $y'=\dfrac{\dfrac{y}{x}}{1+\left(\dfrac{y}{x}\right)^2}$ と変形できるので同次形である。

$\dfrac{y}{x}=u$ とすると，$y'=u+xu'$ であるから，

$xu'=\dfrac{u}{1+u^2}-u=\dfrac{-u^3}{1+u^2}$ となり変数分離形

$$-\frac{1+u^2}{u^3}\,du=\frac{1}{x}\,dx$$

に変形される。

この両辺を積分して $\dfrac{1}{2u^2}-\log|u|=\log|x|+C$ （C は定数）となる

ので，最終的に $\dfrac{x^2}{2y^2}=\log|y|+C$ を得る。

注意 例題 3 の解は，任意定数を含む x と y の関係式の形で与えられている。
したがって，この関係式から決まる，x についての陰関数 $y=y(x)$ の全体が，
与えられた微分方程式の一般解であると考えられる。

練習 3 次の微分方程式を解け。

(1) $y'=\dfrac{y}{x+y}$ 　　　　 (2) $y'=\dfrac{x+y}{x-y}$ 　　　　 (3) $y'=\dfrac{(x+y)^2}{xy}$

◆完全微分形

2 変数関数 $P(x,\ y)$，$Q(x,\ y)$ によって　$P(x,\ y)dx+Q(x,\ y)dy=0$　の形
の微分方程式を考えよう。この形の微分方程式においては，変数 x，y は平等の
扱いになっており，形式上は独立変数と従属変数の区別はない。
したがって，その解も x と y の間の関係式の形で与えられる。そこから，例えば
y を x の関数とする場合は，陰関数として解釈する。

微分方程式 $P(x,\ y)dx+Q(x,\ y)dy=0$ は

$$F_x(x,\ y)=P(x,\ y),\qquad F_y(x,\ y)=Q(x,\ y)$$

を満たす C^1 級関数 $F(x,\ y)$ が存在するとき **完全微分形** といい，一般に次の定
理が成り立つ。

1 微分方程式の基礎　325

定理 1-1　完全微分形方程式の解

微分方程式 $P(x, y)dx + Q(x, y)dy = 0$ について，関数 $F(x, y)$ が $F_x(x, y) = P(x, y)$，$F_y(x, y) = Q(x, y)$ を満たすなら，その解は $F(x, y) = C$（C は定数）である。

証明　x, y の間に $F(x, y) = C$ という関係が成り立つとする。

この両辺を，例えば x で微分すると，右辺は 0 で，左辺は

$$F_x(x, y) + F_y(x, y)\frac{dy}{dx} = P(x, y) + Q(x, y)\frac{dy}{dx}$$

となり，$P(x, y)dx + Q(x, y)dy = 0$ が満たされる。

逆にこの解が，例えば $y = y(x)$ で与えられるとすると

$$\frac{d}{dx}F(x, y(x)) = F_x(x, y) + F_y(x, y)\frac{dy}{dx}$$

$$= P(x, y) + Q(x, y)\frac{dy}{dx} = 0$$

なので，$F(x, y) = C$（C は定数）となる。　■

このようにして，完全微分形の微分方程式は解けることがわかった。

次に，与えられた微分方程式 $P(x, y)dx + Q(x, y)dy = 0$ が，完全微分形になるための条件について考えよう。

定理 1-2　完全微分形になるための条件

微分方程式 $P(x, y)dx + Q(x, y)dy = 0$ が完全微分形であるための必要十分条件は，次の条件（積分可能条件）が成り立つことである。

$$P_y(x, y) = Q_x(x, y)$$

また，このとき，上の $F(x, y)$ は次で与えられる。

$$F(x, y) = \int_a^x P(u, b)du + \int_b^y Q(x, v)dv \qquad (‡)$$

（ただし，(a, b) は $P(x, y)$，$Q(x, y)$ の定義域内の適当な点。）

証明　$P(x, y)dx + Q(x, y)dy = 0$ が完全微分形ならば，

$P_y(x, y) = F_{xy}(x, y) = F_{yx}(x, y) = Q_x(x, y)$ となる。

逆に，$P_y(x, y) = Q_x(x, y)$ が成り立つとしよう。

（‡）のように $F(x, y)$ において，これが $F_x(x, y) = P(x, y)$ と $F_y(x, y) = Q(x, y)$ を満たすことを確かめればよい。

$$\frac{\partial}{\partial x}F(x,\ y) = \frac{d}{dx}\int_a^x P(u,\ b)du + \frac{\partial}{\partial x}\int_b^y Q(x,\ v)dv$$
$$= P(x,\ b) + \int_b^y Q_x(x,\ v)dv$$
$$= P(x,\ b) + \int_b^y P_y(x,\ v)dv$$
$$= P(x,\ b) + P(x,\ y) - P(x,\ b)$$
$$= P(x,\ y)$$

（ここで1行目から2行目への変形に，微分と積分の順序交換（*p.* 290，第7章章末問題9）を用いた。）

また
$$\frac{\partial}{\partial y}F(x,\ y) = \frac{\partial}{\partial y}\int_a^x P(u,\ b)du + \frac{\partial}{\partial y}\int_b^y Q(x,\ v)dv = Q(x,\ y)$$

となり，定理が証明された。　∎

例題 4 次の微分方程式を解け。
$$(2x\sin(xy) + (x^2y + y^4)\cos(xy))dx + (3y^2\sin(xy) + (x^3 + xy^3)\cos(xy))dy = 0$$

解答　題意の微分方程式は
$$P(x,\ y) = 2x\sin(xy) + (x^2y + y^4)\cos(xy),$$
$$Q(x,\ y) = 3y^2\sin(xy) + (x^3 + xy^3)\cos(xy)$$

として，完全形の微分方程式
$$P(x,\ y)dx + Q(x,\ y)dy = 0$$

である。

これは完全微分形であり，$F(x,\ y) = (x^2 + y^3)\sin(xy)$ とすれば
$$F_x(x,\ y) = P(x,\ y),\quad F_y(x,\ y) = Q(x,\ y)$$

となる。よって，題意の微分方程式の解は
$$(x^2 + y^3)\sin(xy) = C \quad (Cは定数)$$

次の微分方程式を解け。
(1) $(2x + 4y + 1)dx + (4x + 3y - 1)dy = 0$
(2) $(x^3 + 2xy + y)dx + (y^3 + x^2 + x)dy = 0$
(3) $(y\sin x - x)dx + (y^2 - \cos x)dy = 0$

◆積分因子

完全微分形とは限らない微分方程式 $P\,dx+Q\,dy=0$ において，ある関数 $\mu(x,\ y)$ を全体に掛けて，$\mu P\,dx+\mu Q\,dy=0$ が完全微分形になることがある。このような $\mu=\mu(x,\ y)$ を **積分因子** という。

一般に，積分因子を求めることは容易ではない。積分因子 μ が満たすべき条件を求めよう。定理 1-2（$p.\,326$）より $(\mu P)_y=(\mu Q)_x$ が成り立つこと，すなわち

$$P\cdot\mu_y-Q\cdot\mu_x+\mu\cdot(P_y-Q_x)=0 \qquad\qquad (*)$$

が，$\mu=\mu(x,\ y)$ が積分因子であるための条件である。$(*)$ を解けば積分因子 μ を得ることができるが，これは一般に困難である。以下では，特別な場合に μ を求めることを考える。

[1]　$R(x)=\dfrac{1}{Q}(P_y-Q_x)$ が x のみの関数であるとき，

$\mu=e^{\int R(x)dx}$　とすると，$\mu=\mu(x)$ は積分因子である。

[2]　$S(y)=-\dfrac{1}{P}(P_y-Q_x)$ が y のみの関数であるとき，

$\mu=e^{\int S(y)dy}$　とすると，$\mu=\mu(y)$ は積分因子である。

例題 5　次の微分方程式を解け。

$$(x+2y)dx+dy=0$$

解答　$P=x+2y$，$Q=1$ とする。$P_y=2$，$Q_x=0$ なので，これは完全微分形ではない。しかし，$R=\dfrac{1}{Q}(P_y-Q_x)=2$ より，$\mu(x)=e^{2x}$ として，$\mu P=e^{2x}(x+2y)$，$\mu Q=e^{2x}$ を考えると，$(\mu P)_y=2e^{2x}=(\mu Q)_x$ である。

よって，$(\mu P)dx+(\mu Q)dy=0$ は完全微分形で，

$F(x,\ y)=\dfrac{1}{4}e^{2x}(2x+4y-1)$ とすると，$F_x=\mu P$，$F_y=\mu Q$ を満たす。

よって，解は　$e^{2x}(2x+4y-1)=C$　（C は定数）

練習 5　次の微分方程式を解け。

(1)　$(x+y^2+1)dx+2y\,dy=0$

(2)　$(1-xy)dx+(xy-x^2)dy=0$

(3)　$\{\cos(xy)+y\sin(xy)\}dx+x\sin(xy)dy=0$

328　第 9 章　微分方程式

$\boxed{2}$　線形微分方程式

この節では，代表的な微分方程式である線形微分方程式について解説する。

◆線形微分方程式とは

x の関数 $q(x)$，$p_0(x)$，$p_1(x)$，……，$p_{n-1}(x)$ によって，下の形に書かれる微分方程式を，未知関数 $y=y(x)$ についての（n 階の）**線形微分方程式** という。

$$y^{(n)}+p_{n-1}(x)y^{(n-1)}+\cdots\cdots+p_1(x)y'+p_0(x)y+q(x)=0 \qquad (*)$$

線形微分方程式 $(*)$ において，$q(x)=0$ のとき，これを **同次** であるといい，そうでないとき **非同次** であるという。

線形微分方程式は，微分作用素を用いて書くと見やすい。関数 $y=y(x)$ に対して，$Dy=y'$ と書くことにする。つまり，$D=\dfrac{d}{dx}$ は x の関数に対して，その x についての導関数 $Dy=\dfrac{d}{dx}y$ を対応させる微分作用素であり，$D^n y=y^{(n)}$ である（p. 234，第 6 章 $\boxed{5}$ 参照）。こうすると，$(*)$ の微分方程式は

$$E=D^n+p_{n-1}(x)D^{n-1}+\cdots\cdots+p_1(x)D+p_0(x) \qquad (**)$$

として　　　　　$Ey+q(x)=0$

と書くことができる。

同次線形微分方程式については，次の定理が成り立つ。

定理 $\boxed{2\text{-}1}$　同次線形微分方程式の性質

2 つの関数 $y_1(x)$ と $y_2(x)$ および実数 a，b について，次が成立する。

$$E(ay_1+by_2)=aEy_1+bEy_2 \qquad （E は，上記 (**)）$$

特に，$y=y_1(x)$ と $y=y_2(x)$ が同次線形微分方程式 $Ey=0$ の解であるとき，$ay_1(x)+by_2(x)$ もまた解である。

証明　$y=ay_1+by_2$ とすると，任意の 0 以上の数 k について
$D^k y=y^{(k)}=ay_1{}^{(k)}+by_2{}^{(k)}=aD^k y_1+bD^k y_2$ なので

$$\begin{aligned}
Ey&=D^n y+p_{n-1}(x)D^{n-1}y+\cdots\cdots+p_1(x)Dy+p_0(x)y\\
&=a\{D^n y_1+p_{n-1}(x)D^{n-1}y_1+\cdots\cdots+p_1(x)Dy_1+p_0(x)y_1\}\\
&\quad+b\{D^n y_2+p_{n-1}(x)D^{n-1}y_2+\cdots\cdots+p_1(x)Dy_2+p_0(x)y_2\}\\
&=aEy_1+bEy_2 \quad\blacksquare
\end{aligned}$$

注意 **線形代数学を履修した読者向け** 定理 2-1 は，同次線形微分方程式の解全体が，和と実数倍で閉じていること，すなわちそれらがベクトル空間をなすことを示している。

また，一般に線形微分方程式と同次線形微分方程式の解については，次の定理が成り立つ（ただし，E は *p.* 329 の（＊＊）を表す）。

定理 2-2 **線形微分方程式の一般解**

線形微分方程式 $\quad Ey+q(x)=0 \quad$ に対して，同次線形微分方程式
$$Ey=0$$
を考える。$y=y_0(x)$ が $Ey+q(x)=0$ の 1 つの解であるとき，その一般解は $\quad y=y_0(x)+Y(x) \qquad Y(x)$ は $Ey=0$ の解で与えられる。

証明 $y=y_0(x)+Y(x)$ が $Ey+q(x)=0$ の解であることは容易に確かめられる。
$y=f(x)$ が $Ey+q(x)=0$ の解であるとしよう。
このとき，$Y(x)=f(x)-y_0(x)$ とすると
$$EY=Ef-Ey_0=-q(x)-(-q(x))=0$$
より，$y=Y(x)$ は $Ey=0$ の解である。
$f(x)=y_0(x)+Y(x)$ であるから，題意が示された。∎

◆ 1 階線形微分方程式

1 階の同次線形微分方程式 $y'+p(x)y=0$ を考えよう。

これは変数分離形の特別な例である。$\dfrac{dy}{y}=-p(x)dx$ と変形されるから，両辺を積分して

$$\log|y|=-\int p(x)dx+c \ (c \text{ は定数})$$

よって $\quad y=Ce^{-\int p(x)dx} \quad$ と解ける。

一般の（同次とは限らない）1 階線形微分方程式

$$y'+p(x)y+q(x)=0$$

については，定理 2-2 より，その特殊解を 1 つ見つければ，一般解を求めることができる。その見つけ方として，次のような方法がある。

上で求めた同次のときの解の定数 C を，関数 $C(x)$ におき換えて $y'+p(x)y+q(x)$ を計算してみよう。

330 第 9 章 微分方程式

$y=C(x)Y(x)$, $Y(x)=e^{-\int p(x)dx}$ とすると，$Y'+p(x)Y=0$ なので
$$y'+p(x)y+q(x)=\{C(x)Y(x)\}'+p(x)C(x)Y(x)+q(x)$$
$$=Y(x)C'(x)+q(x)$$

と計算される。よって，$C'(x)=-q(x)e^{\int p(x)dx}$ となり，これを積分すれば $C(x)=-\int q(x)e^{\int p(x)dx}dx$ となる。

したがって，題意の微分方程式の特殊解として
$$y=-e^{\int p(x)dx}\int q(x)e^{\int p(x)dx}dx$$

をとる。これと定理 2-2 から，次の定理が成り立つ。

定理 2-3　1階線形微分方程式の一般解

1階線形微分方程式 $y'+p(x)y+q(x)=0$ の一般解は，次で与えられる。
$$\boldsymbol{y=-e^{\int p(x)dx}\left\{\int q(x)e^{\int p(x)dx}dx+C\right\}}\ (C\text{は定数})$$

上で行ったように，同次のときの解の定数を関数におき換えて，非同次の方程式の特殊解を求める方法を **定数変化法** という。

練習 1　次の1階線形微分方程式を解け。

(1) $y'+\dfrac{1}{x}y-x^2=0$ (2) $y'+y\cos x-\sin x\cos x=0$

(3) $y'+2y-3e^{4x}=0$

最後に，1階線形微分方程式が自然現象に現れている例を1つ挙げておこう。

例 1

電気回路

図1のような回路を考える。R は抵抗，L は自己インダクタンス，$I(t)$ で時刻 t における電流量を表すとする。

この回路における起電力は，$E(t)$ と自

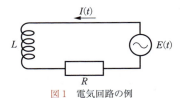

図1　電気回路の例

己誘導による起電力 $-L\cdot\dfrac{dI}{dt}$ であるから，キルヒホッフの法則より

$$RI(t)=E(t)-L\cdot\dfrac{dI}{dt}\quad\text{すなわち}\quad \dfrac{dI}{dt}+\dfrac{R}{L}I(t)-\dfrac{1}{L}E(t)=0$$

という微分方程式が成り立つ。これは $I=I(t)$ についての1階線形微分方程式である。

◆定数係数同次線形微分方程式

同次線形微分方程式 $\quad y^{(n)}+a_{n-1}y^{(n-1)}+\cdots\cdots+a_1y'+a_0y=0 \qquad (*)$

で, a_0, a_1, $\cdots\cdots$, a_{n-1} がすべて定数である場合を考えよう。この微分方程式

$(*)$ は, 微分作用素 $D=\dfrac{d}{dx}$ についての多項式

$$E=D^n+a_{n-1}D^{n-1}+\cdots\cdots+a_1D+a_0 \qquad (**)$$

を用いて $Ey=0$ と書き表される。

そこで, 変数 t についての多項式 $\quad F(t)=t^n+a_{n-1}t^{n-1}+\cdots\cdots+a_1t+a_0$

を考えよう。このとき, E は多項式 $F(t)$ の t に, 微分作用素 D を代入した形に

なっている。つまり, $E=F(D)$ である。

よって, 最初の微分方程式 $(*)$ は $F(D)y=0$ という形に書ける。

このように書ける同次線形微分方程式を **定数係数同次線形微分方程式** という。

この形の微分方程式の解について, 次の定理が成り立つ。

注意 以後断りのない限り, D は微分作用素, E は上記 $(**)$ を表す。

> 定理 2-4　**多項式の分解と微分方程式**
>
> t についての 2 つの**多項式** $F_1(t)$ と $F_2(t)$ が**互いに素**[1] であるとし,
> $F(t)=F_1(t)F_2(t)$ とする。このとき, $F(D)y=0$ の任意の解 y は,
> $F_1(D)y=0$ の解 y_1 と $F_2(D)y=0$ の解 y_2 によって, $y=y_1+y_2$ という形
> に書ける。
> 逆に, この形に書ける y は $F(D)y=0$ の解である。

注意 この定理の証明には, 次の事実を使う：多項式 $F_1(t)$ と $F_2(t)$ が互いに素なら
ば, $G_1(t)F_1(t)+G_2(t)F_2(t)=1$ となる多項式 $G_1(t)$, $G_2(t)$ が存在する。この
事実は, 高等学校で学んだ整数論についての類似の事実, つまり, 互いに素な整
数 n, m に対しては $an+bm=1$ となる整数 a, b が存在することと同様に,
（多項式の）ユークリッドの互除法を用いて証明できる。ここでは詳しい証明は
省略する。

証明 $\quad G_1(t)F_1(t)+G_2(t)F_2(t)=1$ となるように多項式 $G_1(t)$, $G_2(t)$ をとり,
$\quad y_1=G_2(D)F_2(D)y$, $y_2=G_1(D)F_1(D)y$ とする。

---

1)　複素数の範囲で $F_1(t)=0$ と $F_2(t)=0$ が共通の解をもたない。

332　第 9 章　微分方程式

このとき，$y_1+y_2=y$ である。また
$$F_1(D)y_1=F_1(D)G_2(D)F_2(D)y=G_2(D)F_1(D)F_2(D)y=G_2(D)F(D)y=0$$
なので，y_1 は $F_1(D)y=0$ の解である。

同様に，y_2 が $F_2(D)y=0$ の解であることもわかる。

逆に，$y=y_1+y_2$（y_1 は $F_1(D)y=0$ の解かつ y_2 は $F_2(D)y=0$ の解）とすると
$$F(D)y=F(D)(y_1+y_2)=F_2(D)F_1(D)y_1+F_1(D)F_2(D)y_2=0$$
より，y は $F(D)y=0$ の解である。■

例題 1 微分方程式 $(D-1)(D-2)y=0$ の一般解を求めよ。

解答 $t-1$ と $t-2$ は互いに素であるから，$(D-1)(D-2)y=0$ の一般解は $(D-1)y=0$ の一般解と，$(D-2)y=0$ の一般解の和である。

$(D-1)y=0$ は $y'=y$，$(D-2)y=0$ は $y'=2y$ と書けるから，変数分離形の微分方程式であり，それを解くと

$(D-1)y=0$ の一般解は $y=C_1e^x$

$(D-2)y=0$ の一般解は $y=C_2e^{2x}$

よって，$(D-1)(D-2)y=0$ の一般解は
$$y=C_1e^x+C_2e^{2x} \quad (C_1,\ C_2\ は定数)$$

定理 2-4 より，定数係数の同次線形微分方程式の解法は，次の 2 つの場合の解法に帰着される。

[1] $F(t)=(t-a)^m$（a は実数，m は自然数）

[2] $F(t)=(t^2+at+b)^m$（a, b は $a^2-4b<0$ を満たす実数，m は自然数）

これら [1]，[2] の場合の解法については，次の 2 つの定理としてまとめることができる。

定理 2-5 定数係数同次線形微分方程式の解 (1)

$F(t)=(t-a)^m$（a は実数，m は自然数）のとき，微分方程式 $F(D)y=0$ の一般解は次で与えられる。
$$y=c_0e^{ax}+c_1xe^{ax}+\cdots\cdots+c_{m-1}x^{m-1}e^{ax} \quad (c_0,\ c_1,\ \cdots\cdots,\ c_{m-1}\ は定数)$$

証明 x についての任意の多項式 $h(x)$ について

$$(D-a)h(x)e^{ax}=h'(x)e^{ax}+h(x)ae^{ax}-ah(x)e^{ax}=h'(x)e^{ax}$$

であるから，$h(x)$ の次数が $m-1$ 以下ならば，$(D-a)^m h(x)e^{ax}=0$ である。よって，題意の形の関数は $F(D)y=0$ の解である。

逆に $y=y(x)$ が $F(D)y=0$ の解であるとして，$h(x)=y(x)e^{-ax}$，すなわち $y(x)=h(x)e^{ax}$ とおく。

このとき，上で示したことにより $F(D)y=h^{(m)}(x)e^{ax}=0$

となり，これより $h^{(m)}(x)=0$ となる。これは $h(x)$ が高々 $(m-1)$ 次の多項式であることを示している（$p.342$，章末問題 2 参照）。

よって，$y=y(x)$ は題意の形である。　■

定理 2-6　定数係数同次線形微分方程式の解 (2)

$F(t)=(t^2+at+b)^m$ （a, b は $a^2-4b<0$ を満たす実数，m は自然数）のとき，微分方程式 $F(D)y=0$ の一般解は次で与えられる。

$$y=c_0 e^{-\frac{ax}{2}}\cos(\delta x)+c_1 xe^{-\frac{ax}{2}}\cos(\delta x)+\cdots\cdots+c_{m-1}x^{m-1}e^{-\frac{ax}{2}}\cos(\delta x)$$
$$+d_0 e^{-\frac{ax}{2}}\sin(\delta x)+d_1 xe^{-\frac{ax}{2}}\sin(\delta x)+\cdots\cdots+d_{m-1}x^{m-1}e^{-\frac{ax}{2}}\sin(\delta x)$$

ただし，c_0, c_1, $\cdots\cdots$, c_{m-1}, d_0, d_1, $\cdots\cdots$, d_{m-1} は定数で，

$$\delta=\sqrt{b-\frac{a^2}{4}}\ \text{とする。}$$

証明 題意の形の関数が，微分方程式 $F(D)y=0$ の解であることは計算で確かめられる。そこで，逆にこの微分方程式の解がこの形になることを証明しよう。いくつかの段階に分けて証明する。

第1段階　$m=1$ のときを証明しよう。$y(x)=e^{-\frac{ax}{2}}Y(x)$ とおくと，$y(x)$ が恒等的に 0 であるときは明らかなので，$Y(x)$ は恒等的に 0 ではないとする。このとき

$$y'=e^{-\frac{ax}{2}}\left(Y'-\frac{a}{2}Y\right),\qquad y''=e^{-\frac{ax}{2}}\left(Y''-aY'+\frac{a^2}{4}Y\right)$$

と計算されるので　$F(D)y=(D^2+aD+b)e^{-\frac{ax}{2}}Y(x)=e^{-\frac{ax}{2}}(Y''+\delta^2 Y)$

が成り立つ。これによって問題は $Y=Y(x)$ についての微分方程式

$$Y''+\delta^2 Y=0$$

を解くことに帰着される。

この両辺に Y' を掛けると，$Y'Y''+\delta^2 YY'=0$ となるが，$(Y^2)'=2YY'$

334 | 第9章　微分方程式

などを用いて変形すると，$(Y'^2)'+\delta^2(Y^2)'=(Y'^2+\delta^2 Y^2)'=0$ となる。
よって，$Y'^2+\delta^2 Y^2$ は定数であるが，これは正なので
$$Y'^2+\delta^2 Y^2=c^2 \ (c \text{ は正の実数})$$
と書ける。

ここで，$\delta Y=cz$ として変形すると，変数分離形 $z'=\delta\sqrt{1-z^2}$ になる。δ は正の実数であることに注意すると
$$\frac{dz}{\sqrt{1-z^2}}=\delta\,dx$$
となるので，両辺を積分して $\mathrm{Sin}^{-1}z=\delta x+C \ (C \text{ は定数})$，すなわち，$z=\sin(\delta x+C)$ となる。よって
$$Y(x)=\frac{c}{\delta}\sin(\delta x+C)$$
$$=\left(\frac{c}{\delta}\sin C\right)\cos(\delta x)+\left(\frac{c}{\delta}\cos C\right)\sin(\delta x)$$
ここで $c_0=\dfrac{c}{\delta}\sin C,\ d_0=\dfrac{c}{\delta}\cos C$ として整理すると
$$y(x)=e^{-\frac{ax}{2}}Y(x)=c_0 e^{-\frac{ax}{2}}\cos(\delta x)+d_0 e^{-\frac{ax}{2}}\sin(\delta x)$$
となり，題意の $m=1$ の場合の形になる。

第2段階 一般の m の場合を証明する。第1段階で導き出したように，求める解は $y(x)=e^{-\frac{ax}{2}}Y(x)$ とおくことで，$Y=Y(x)$ についての微分方程式 $Y''+\delta^2 Y=0$ に帰着する。また，δx と x を取り替えることで，$\delta=1$ の場合に帰着できる。

よって，次を証明すればよい：$(D^2+1)^m y=0$ の一般解は，x についての高々 $(m-1)$ 次の多項式 $f(x)$, $g(x)$ によって
$$y=f(x)\cos x+g(x)\sin x$$
で与えられる。これを数学的帰納法で証明しよう。

$m=1$ の場合は既に第1段階で示している。$m=k \ (k\geqq 1)$ の場合を仮定して，$m=k+1$ の場合を導こう。

$y=Y(x)$ が $(D^2+1)^{k+1}y=0$ の解であるとして
$$(D^2+1)Y=Y''+Y$$
を考える。これは $(D^2+1)^k y=0$ の解なので，数学的帰納法の仮定から，x についての高々 $(k-1)$ 次の多項式 $f(x)$, $g(x)$ によって
$$Y''+Y=f(x)\cos x+g(x)\sin x$$
と書ける。

$\boxed{2}$ 線形微分方程式 | 335

そこで，微分方程式

$$y'' + y = f(x)\cos x + g(x)\sin x \qquad\qquad (\dagger)$$

を考えよう。*p. 330, 定理 2-2* より，この微分方程式 $(\dagger)$ の 1 つの解 $Y_0(x)$ を任意に求めれば，その一般解は $Y_0(x)$ と $y''+y=0$ の解との和で書ける。

後者は（第 1 段階より）$c_0\cos x + d_0\sin x$（$c_0,\ d_0$ は定数）という形なので，結局，微分方程式 $(\dagger)$ が

$$Y_0 = F(x)\cos x + G(x)\sin x \ (F(x),\ G(x) \text{ は高々 } k \text{ 次の多項式}) \quad (\ddagger)$$

という形の解を少なくとも 1 つもてば，Y も同様の形になって証明が終わる。

そこで，微分方程式 $(\dagger)$ の解で $(\ddagger)$ の形のものが少なくとも 1 つ存在することを示そう。これは，具体的に $F(x)$ と $G(x)$ を次の形で求めることによって示される。

$$F(x) = c_1 x + c_2 x^2 + \cdots\cdots + c_k x^k$$

$$G(x) = d_1 x + d_2 x^2 + \cdots\cdots + d_k x^k$$

$$Y''_0 + Y_0 = (F'' + 2G')\cos x + (G'' - 2F')\sin x$$

と計算されるので，次が成り立つように $c_1,\ c_2,\ \cdots\cdots,\ c_k,\ d_1,\ d_2,$ $\cdots\cdots,\ d_k$ が決まれば十分である。

$$\begin{cases} F'' + 2G' = f \\ G'' - 2F' = g \end{cases}$$

この条件を $c_1,\ c_2,\ \cdots\cdots,\ c_k,\ d_1,\ d_2,\ \cdots\cdots,\ d_k$ を用いて書くと，次の 4 つになる。

(i) $\quad i(i-1)c_i + 2(i-1)d_{i-1} = \{f \text{ の } (i-2) \text{ 次の係数}\}$ $(2 \leqq i \leqq k)$

(ii) $\quad 2kd_k = \{f \text{ の } (k-1) \text{ 次の係数}\}$

(iii) $\quad i(i-1)d_i - 2(i-1)c_{i-1} = \{g \text{ の } (i-2) \text{ 次の係数}\}$ $(2 \leqq i \leqq k)$

(iv) $\quad -2kc_k = \{g \text{ の } (k-1) \text{ 次の係数}\}$

条件 (ii) と (iv) より，c_k と d_k が決まる。次にこれを (i) と (iii) の $i=k$ の場合に代入すれば，c_{k-1} と d_{k-1} が決まる。

これを更に (i) と (iii) の $i=k-1$ の場合に代入すれば，c_{k-2} と d_{k-2} が決まる。これを繰り返すと，すべての $c_1,\ c_2,\ \cdots\cdots,\ c_k,\ d_1,\ d_2,\ \cdots\cdots,$ d_k を決めることができる。

こうして得られた $F(x)$ と $G(x)$ によって $(\ddagger)$ のように $y=Y_0(x)$ を作れば，これは作り方から微分方程式 $(\dagger)$ の解である。　■

例2 単振動

図2のようなバネの運動を考えると，フックの法則により
$$m \cdot \frac{d^2x}{dt^2} = -kx$$
（mはおもりの質量，kはバネ定数）という微分方程式が成り立つ。

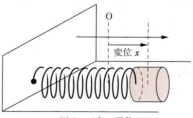

図2 バネの運動

これは p.334, 定理2-6のべき指数が1の場合の微分方程式であり，その一般解は
$$x(t) = A\cos\left(\sqrt{\frac{k}{m}}\right)t + B\sin\left(\sqrt{\frac{k}{m}}\right)t \quad (A, B は定数)$$
という形になる。

例題2 次の微分方程式を解け。
$$y''' + y'' + y' - 3y = 0$$

解答 $F(t) = t^3 + t^2 + t - 3$ とすると，題意の微分方程式は $F(D)y = 0$ である。

$F(t) = (t-1)(t^2 + 2t + 3)$ と因数分解されるので，題意の一般解は $(D-1)y = 0$ の一般解と $(D^2 + 2D + 3)y = 0$ の一般解の和に分解される（p.332, 定理2-4）。

p.333, 定理2-5 より，前者の一般解は $y = Ce^x$ （Cは定数）である。また，定理2-6 より，後者の一般解は
$$y = Ae^{-x}\cos\sqrt{2}\,x + Be^{-x}\sin\sqrt{2}\,x \quad (A, B は定数)$$
である。

よって，題意の微分方程式の一般解は次で与えられる。
$$y = Ce^x + Ae^{-x}\cos\sqrt{2}\,x + Be^{-x}\sin\sqrt{2}\,x \quad (A, B, C は定数)$$

練習2 次の微分方程式を解け。
(1) $y''' - 6y'' + 2y' + 36y = 0$
(2) $y^{(5)} - y^{(4)} - 2y''' + 2y'' + y' - y = 0$
(3) $y^{(4)} + 2y''' + 3y'' + 2y' + y = 0$

◆非同次線形微分方程式の特殊解

非同次の線形微分方程式は，その特殊解が1つでも求まれば，定理 2-2 より，その一般解を求めることができる。そこで，非同次の線形微分方程式の特殊解を求める方法が望まれ，その方法にはさまざまなものがある。

多項式 $F(t)$ と関数 $q(x)$ からなる

$$F(D)y = q(x)$$

という形の線形微分方程式を考えよう。$q(x) = 0$ なら，これは定数係数の同次線形微分方程式である。ここでは同次とは限らない，一般的な状況を考える。

$F(t) = G(t)H(t)$ と分解したとする。もし $y = y(x)$ が $F(D)y = q$ の解ならば，$z = H(D)y$ は $G(D)z = q$ の解である。

したがって，与えられた微分方程式 $F(D)y = q$ は

・z についての線形微分方程式 $G(D)z = q$

・y についての線形微分方程式 $H(D)y = z$

という2つの線形微分方程式に分解され，段階的に解いていけばよいことがわかる。

よって，多項式の分解を考えることで，次の2つの場合に特殊解を見付け出せばよいことがわかる。

[1]　$F(t) = t - a$（a は実数）すなわち，$y' - ay = q(x)$

[2]　$F(t) = t^2 + at + b$（a, b は $a^2 - 4b < 0$ を満たす実数）すなわち，

$y'' + ay' + by = q(x)$

[1] の場合の特殊解の求め方は，既に p. 331, 定理 2-3 で述べている。すなわち，次の定理が成り立つ。

定理 2-7　定数係数1階線形微分方程式の一般解

定数係数1階線形微分方程式 $y' - ay = q(x)$ の一般解は，次で与えられる。

$$y = e^{ax}\left\{\int e^{-ax}q(x)\,dx + C\right\} \quad (C は定数)$$

例題 3　微分方程式 $y'' + y' - 6y = \cos x$ を解け。

解答 $F(t)=t^2+t-6=(t-2)(t+3)$ なので，題意の微分方程式は $(D-2)(D+3)y=\cos x$ である。対応する同次方程式 $(D-2)(D+3)y=0$ の一般解は，定理 2-4 と定理 2-5 ($p.332$, 333) から $y=Ae^{2x}+B^{-3x}$ (A，B は定数) で与えられる。

$z=(D+3)y$ とすると，題意の微分方程式より $(D-2)z=\cos x$ なので，その特殊解として

$$z=e^{2x}\int e^{-2x}\cos x\,dx=-\frac{2}{5}\cos x+\frac{1}{5}\sin x \qquad がとれる。$$

次に $(D+3)y=-\dfrac{2}{5}\cos x+\dfrac{1}{5}\sin x$ を解くと，同様にして特殊解

$$y=-\frac{7}{50}\cos x+\frac{1}{50}\sin x \qquad がとれる。$$

以上より，題意の微分方程式の一般解は，次で与えられる。

$$y=-\frac{7}{50}\cos x+\frac{1}{50}\sin x+Ae^{2x}+B^{-3x} \ (A，B は定数)$$

練習 3 次の微分方程式を解け。

(1) $y''-2y'-3y=e^{-x}$ 　　　　　(2) $y''+y'=e^{3x}+x$

(3) $(D-1)(D-2)(D+3)y=e^x$

　次に [2] の場合について，定数変化法による特殊解の見付け方を検討しよう。微分方程式 　　　　$y''+ay'+by=q(x)$ 　　　　　　　　　　（＊）

の特殊解を見つけるために，対応する同次方程式

　　　　　　$y''+ay'+by=0$ 　　　　　　　　　　（＊＊）

を考える。$p.334$，定理 2-6 で導き出したように，その解は

$$y=Ae^{-\frac{ax}{2}}\cos(\delta x)+Be^{-\frac{ax}{2}}\sin(\delta x) \quad \left(A，B は定数，\delta=\sqrt{b-\frac{a^2}{4}}\right)$$

で与えられる。そこで，この定数 A，B を関数にして

$$y=A(x)u(x)+B(x)v(x) \quad (u(x)=e^{-\frac{ax}{2}}\cos(\delta x)，\ v(x)=e^{-\frac{ax}{2}}\sin(\delta x))$$

という形で（＊）の解を探すことにしよう（$u(x)$，$v(x)$ は（＊＊）の解であることに注意する）。

　y の微分を計算すると，$y'=A'u+B'v+Au'+Bv'$ となる。ここで，更に $A'u+B'v=0$ という付帯条件を付けて特殊解を探してみよう。このとき，$y'=Au'+Bv'$ であり，$y''=A'u'+B'v'+Au''+Bv''$ である。よって $y''+ay'+by=A(u''+au'+bu)+B(v''+av'+bv)+A'u'+B'v'=A'u'+B'v'$

なので，$A'u'+B'v'=q(x)$ が成り立てば，y は（*）の解になる．

以上より
$$\begin{cases} A'u+B'v=0 \\ A'u'+B'v'=q(x) \end{cases}$$

が成り立つように $A(x)$，$B(x)$ を選べばよいとわかる．これを解くと

$$A'=-\frac{v \cdot q(x)}{uv'-vu'}, \quad B'=\frac{u \cdot q(x)}{uv'-vu'}$$

となるので，後はこれを積分して

$$A(x)=-\int \frac{v \cdot q(x)}{uv'-vu'}dx, \quad B(x)=\int \frac{u \cdot q(x)}{uv'-vu'}dx$$

とすれば，$y=A(x)u(x)+B(x)v(x)$ は（*）の特殊解となる．

$uv'-vu'=\delta e^{-ax}$ と計算され，以上より，次の定理が成り立つことがわかった．

定理 2-8　定数係数 2 階線形微分方程式の一般解

定数係数 2 階線形微分方程式 $y''+ay'+by=q(x)$ $(a^2-4b<0)$ の一般解は，次で与えられる．

$$y=\left(-\delta^{-1}\int e^{\frac{ax}{2}}\sin(\delta x)q(x)dx+C_1\right)e^{-\frac{ax}{2}}\cos(\delta x)$$
$$+\left(\delta^{-1}\int e^{\frac{ax}{2}}\cos(\delta x)q(x)dx+C_2\right)e^{-\frac{ax}{2}}\sin(\delta x) \ (C_1,\ C_2 \text{ は定数})$$

ただし，$\delta=\sqrt{b-\frac{a^2}{4}}$ とする．

微分方程式 $y''+y=\dfrac{1}{\cos x}$ を解け．

解答　対応する同次方程式 $y''+y=0$ の解は $u=A\cos x+B\sin x$ の形である．$u=\cos x$，$v=\sin x$ として上の解法を適用すると

$$A(x)=-\int_0^x \frac{\sin t}{\cos t}dt=\log|\cos x|, \quad B(x)=\int_0^x dt=x$$

とすればよく，特殊解 $\cos x \log|\cos x|+x\sin x$ が求まる．一般解は，これに同次形 $y''+y=0$ の一般解を加えた次で与えられる．

$$y=(\log|\cos x|+C_1)\cos x+(x+C_2)\sin x \ (C_1,\ C_2 \text{ は定数})$$

次の微分方程式を解け．
(1) $y''+y'+y=e^{-x}$ 　　　　　　　　(2) $(D^3+D^2+D+1)y=e^x$

Column コラム
オイラーを悩ませた微分方程式

18世紀の半ば，オイラーは変数分離形の微分方程式

$$\frac{dx}{\sqrt{1-x^4}}+\frac{dy}{\sqrt{1-y^4}}=0$$

の解の探索を試みて成功せず，行き悩んでいた．レムニスケート曲線 $r=\sqrt{\cos 2\theta}$ の弧長は積分 $\int_0^r \frac{dr}{\sqrt{1-r^4}}$ により表示されることを想起すると，オイラーが直面していたのはレムニスケート曲線に由来する微分方程式である．即座に解が見つかりそうに思えるにもかかわらず，オイラーは高い壁に行く手をはばまれていた．

この困難を乗り越える手掛かりはイタリアからもたらされた．1750年，シニガリアの数学者ファニャーノ（1682-1766年）は全2巻の数学論文集を編み，ベルリンの科学アカデミーに滞在中のオイラーのもとに送付した．1751年のクリスマスのころの出来事である．そこにはレムニスケート積分に関する一連の論文が収録

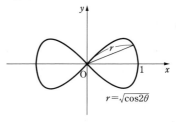

されていたが，オイラーの目に留まったのはレムニスケート積分をレムニスケート積分に移す変数変換

$$x=\frac{\sqrt{1-y^2}}{\sqrt{1+y^2}}$$

であった．実際，この変換を実行すると，等式

$$\int_0^x \frac{dx}{\sqrt{1-x^4}}=\int_y^1 \frac{dy}{\sqrt{1-y^4}}$$

が成立する．視点を変えると，x と y が代数的な等式 $x=\frac{\sqrt{1-y^2}}{\sqrt{1+y^2}}$，すなわち $x^2+y^2+x^2y^2=1$ により結ばれているとき，微分方程式

$$\frac{dx}{\sqrt{1-x^4}}=-\frac{dy}{\sqrt{1-y^4}}$$

が満たされるということにほかならない．

これを言い換えると，等式 $x^2+y^2+x^2y^2=1$ はこの微分方程式の1つの代数的な解である．オイラーはこれに示唆を得て，代数的な一般解

$$x^2+y^2+c^2x^2y^2=c^2+2xy\sqrt{1-c^4} \quad (c\text{ は任意の定数})$$

を発見することができた．

オイラーの悩みはこうして解消した．

章末問題 A

1. 次の微分方程式を解け.
   (1) $y'=ay(1-y)$ (a は実数)　　　　(2) $y'=1+y^2$ (変数分離形)
   (3) $(3x^2+y^2)dx+2xydy=0$ (完全微分形)
   (4) $(2x-y)dx+x(1+xy)dy=0$ (積分因子を求める)
   (5) $(2xy-x^2)y'+y^2-2xy=0$ (同次形)

2. 微分方程式 $y^{(m)}=0$ (m は自然数) の一般解は, 高々 $(m-1)$ 次の多項式関数全体, すなわち, $y(x)=c_0+c_1x+\cdots\cdots+c_{m-1}x^{m-1}$ (c_0, c_1, $\cdots\cdots$, c_{m-1} は定数) であることを示せ.

3. (1) $y'=g\left(\dfrac{\alpha x+\beta y+p}{\gamma x+\delta y+q}\right)$ (α, β, γ, δ, p, q は定数で $\alpha\delta-\beta\gamma\neq0$) の形の微分方程式は, $u=\gamma x+\delta y+q$, $v=\alpha x+\beta y+p$ とおくことで, 同次形の微分方程式 $\dfrac{dv}{du}=f\left(\dfrac{v}{u}\right)$ の形になることを示せ.

   (2) 微分方程式 $y'=\dfrac{x-2y+3}{2x+y-1}$ を解け.

4. (1) $y'=g\left(\dfrac{k\alpha x+k\beta y+p}{\alpha x+\beta y+q}\right)$ (α, β, k, p, q は定数で $\beta\neq0$) の形の微分方程式は, $u=\alpha x+\beta y+q$ とおくことで, 未知関数 $u=u(x)$ に関する変数分離形になることを示せ.

   (2) 微分方程式 $y'=\dfrac{1}{x+y+1}$ を解け.

5. 微分方程式 $y'=\dfrac{x-2y+1}{x-2y+3}$ を解け.

6. 微分方程式 $y'+y\tan x=\dfrac{1}{\cos x}$ を解け.

7. 次の微分方程式を解け.
   (1) $y''-3y'+y=2x^2$　　　　　　　　(2) $y''+y'+2y=2$

章末問題 B

8. (ベルヌーイの微分方程式) 微分方程式 $y'+p(x)y=q(x)y^m$
   (m は $m\neq0$, 1 なる整数) を考える. これは $z=y^{1-m}$ とすることで, z についての1階線形微分方程式に変形できることを示せ.

9. 次の微分方程式を解け.
   (1) $y'+y=e^xy^2$　　　(2) $2xy'+y=x^2y^3$　　　(3) $y'-y=xy^2$

答 の 部

注意 各章ごとに，練習問題と章末問題の答の数値，図などを示した。証明は省略し「略」とした。なお，省略した証明も含め，本書の姉妹書『チャート式シリーズ 大学教養 微分積分』の中では詳しく解説されている。

第1章 実数と数列

1 実数の連続性

練習 1　上界は　3, 3.1　　下界は　-2, -2.1

練習 2　A：有界ではない　B：上に有界，上界の1つは $\sqrt{2}$

　　　　　C：有界，上界の1つは $\sqrt{2}$，下界の1つは $-\sqrt{2}$　　**練習** 3　略

練習 4　$A：U(A)=\varnothing$, $L(A)=\varnothing$　$B：U(B)=\{x \mid x \geqq \sqrt{2}$, $x \in \mathbb{R}\}$, $L(B)=\varnothing$

　　　　　$C：U(C)=\{x \mid x \geqq \sqrt{2}$, $x \in \mathbb{R}\}$, $L(C)=\{x \mid x \leqq -\sqrt{2}$, $x \in \mathbb{R}\}$

練習 5　Bは上に有界，上限は $\sqrt{2}$；Cは有界，上限は $\sqrt{2}$，下限は $-\sqrt{2}$

練習 6　上限，下限の順に　(1) 3, 1　(2) $\dfrac{4}{3}$, 1　(3) $\dfrac{1}{2}$, 0　　**練習** 7　(1) 1.4142　(2) 3.143

2 数列の収束と発散

練習 1　(1) 負の無限大に発散する　(2) 収束する。極限値は 0

　　　　　(3) 正の無限大に発散する　(4) 収束する。極限値は 0

練習 2　(1) 1　(2) 0　(3) ∞　(4) $\dfrac{1}{2}$

練習 3　順に　1000 以上の整数；$\left[\dfrac{1}{\varepsilon}-1\right]+1$ 以上の整数　([ ] はガウス記号)

練習 4　略　　　**練習** 5　略

練習 6　証明は略　(1) 振動する　(2) 正の無限大に発散する　(3) 振動する

練習 7　(1) 上に有界である。下に有界ではない　(2) 有界である　(3) 有界である

　　　　　(4) 下に有界である。上に有界でない

練習 8　略

3 単調数列とコーシー列

練習 1　略　　　**練習** 2　証明は略　(1) 極限は 2　(2) 極限は $1+\sqrt{3}$

章末問題

1　(1) 上限は b, 下限は a　(2) 上限は b, 下限は a　(3) 下限は a　(4) 上限は 4　(5) ない

2　略　　　3　(1) $\dfrac{1}{2}$　(2) $\dfrac{1}{e^2}$　(3) $\dfrac{1}{e}$

4　略　　　5　略　　　6　(1) 略　(2) 略　(3) 1　　　7　略　　　8　略　　　9　略

第2章 関数（1変数）

1 関数の極限

練習 1　(1) 2　(2) 18　(3) -4　　**練習** 2　(1) 4　(2) $-\dfrac{12}{7}$　(3) 2

練習 3　(1) ∞　(2) $-\infty$　(3) $-\infty$　　**練習** 4　(1) 1　(2) -4　(3) -2

練習 5　(1) -1　(2) $+\infty$　(3) $-\infty$

練習 6　(1) ともに -1　(2) ともに 0　(3) 順に　$\dfrac{2}{3}$, $-\dfrac{2}{3}$　(4) 順に　$+\infty$, $-\infty$

2 極限の意味

練習 1　$\varepsilon=0.05$ のとき $\delta=0.01$；$\varepsilon=0.005$ のとき $\delta=0.001$；ε が一般のとき　$\delta \leqq \sqrt{1+\varepsilon}-1$

練習 2　略　　**練習** 3　略　　**練習** 4　略

3 関数の連続性

練習 1　略

答の部 　343

練習2　(1) 略　(2) 閉区間：最大値，最小値をもつ　開区間：最小値をもつが最大値はもたない

4 初等関数

練習1　略　　練習2　(1) $\dfrac{1}{e}$　(2) $\dfrac{1}{e}$　(3) 2　　練習3　(1) 1　(2) $\dfrac{4}{9}$　(3) -1

練習4　(1)　　　　　　　　　　(2)　　　　　　　　　　(3)

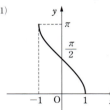
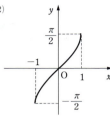
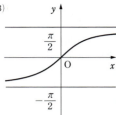

練習5　(1) $\dfrac{\pi}{3}$　(2) $\dfrac{\pi}{10}$　(3) $\dfrac{\pi}{6}$　(4) $\dfrac{3}{4}\pi$　(5) $\dfrac{\pi}{2}$　　練習6　略　　練習7　略

章末問題

1　(1) 1　(2) $\dfrac{\sqrt{2}}{2}$　(3) $\dfrac{6}{5}$　(4) $-\dfrac{1}{2}$　　2　(1) 1　(2) 1

3　(1) 1　(2) 1　　4～10　略

第3章　微分（1変数）

1 微分可能性と微分

練習1　$x=0$ で連続であるが，微分可能ではない　　練習2　略　　練習3　略

練習4　逆関数，導関数の順に　(1) $y=x^7,\ y'=7x^6$　(2) $y=x^2+1\ (x\geqq 0),\ y'=2x$

(3) $y=\sqrt[3]{\dfrac{1}{x}-3}\ (x\neq 0),\ y'=-\dfrac{1}{3}\sqrt[3]{\dfrac{1}{x^4(1-3x)^2}}$

練習5　略　　練習6　略　　練習7　略

練習8　(1) $n=0$　(2) C^∞ 級である（証明は略）

2 微分法の応用

練習1　$x=\pm\dfrac{\sqrt{10}}{2}$ における値 $f\left(\pm\dfrac{\sqrt{10}}{2}\right)=-\dfrac{9}{4}$ は極小値である　　練習2　略

練習3　略　　練習4　漸化式 $c_1=2,\ c_n=\dfrac{2}{3}\left(c_n+\dfrac{1}{c_n{}^2}\right)$ で構成される数列 $\{c_n\}$

3 ロピタルの定理

練習1　(1) 3　(2) $\dfrac{1}{2}$　(3) -1　　練習2　0

練習3　(1) 0　(2) 0　(3) 0　　練習4　略　　練習5　略

4 テイラーの定理

練習1

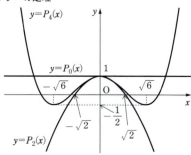

練習2

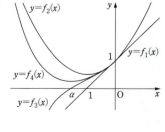

練習 3 略　　　**練習 4** 略　　　**練習 5** (1) 3 (2) $\dfrac{1}{2}$ (3) -1

章末問題

1 略　　　2 (1) $k\cosh kx$ (2) $k\sinh kx$ (3) $\dfrac{k}{\cosh^2 kx}$

3 (1) $\dfrac{\log x-1}{(\log x)^2}$ (2) $\dfrac{1}{(2x^2+1)\sqrt{1+x^2}}$ (3) $\dfrac{2}{e^{2x}+1}$　　　4 略　　　5 $n=-2,\ 1,\ 2$

6 (1) 略 (2) $c_2=\dfrac{3}{4},\ c_3=\dfrac{59}{86}$　　　7 (1) $-\dfrac{1}{3}$ (2) $\dfrac{1}{3}$ (3) $\dfrac{1}{6}$

8 (1) 近似値：$0.099833\cdots\cdots$ ；誤差：$\dfrac{1}{240000}$

9 (1) $n=3$, 極限値は $\dfrac{1}{3}$ (2) $n=2$, 極限値は $-\dfrac{3}{2}$

第4章　積分（1変数）

2 積分の計算

練習 1 略

練習 2 (1) $\dfrac{2}{3a}(ax+b)\sqrt{ax+b}+C$ (2) $-2\sqrt{1-x}+\dfrac{2}{3}(1-x)\sqrt{1-x}+C$

　　　(3) $-\dfrac{1}{3}\cos^3 x+C$

練習 3 (1) $\log(x^2+x+1)+C$ (2) $-\log(1+\cos x)+C$ (3) $-\log|\cos x|+C$

練習 4 (1) $-x\cos x+\sin x+C$ (2) $x\,\mathrm{Sin}^{-1}x+\sqrt{1-x^2}+C$ (3) $x\cosh x-\sinh x+C$

練習 5 略　　　**練習 6** 略

練習 7 (1) $\log\dfrac{4}{3}$ (2) $\log 3-\dfrac{3}{2}\log 2+\dfrac{\pi}{4}+\dfrac{1}{6}$ (3) $\dfrac{3}{2}\pi+2$

練習 8 $\dfrac{4\sqrt{3}}{9}\mathrm{Tan}^{-1}\!\left(\dfrac{2x+1}{\sqrt{3}}\right)-\dfrac{x-1}{3(x^2+x+1)}+C$

練習 9 (1) $\tan\dfrac{x}{2}+C$ (2) $\tan\dfrac{x}{2}-\log(1+\cos x)+C$

　　　(3) $\dfrac{1}{4}\tan^2\dfrac{x}{2}+\tan\dfrac{x}{2}+\dfrac{1}{2}\log\left|\tan\dfrac{x}{2}\right|+C$

練習 10 (1) $2\,\mathrm{Tan}^{-1}\sqrt{x-1}+C$ (2) $\dfrac{1}{2}\{x\sqrt{1+x^2}-\log(x+\sqrt{1+x^2})\}+C$

　　　(3) $-\dfrac{1}{3}\sqrt{\dfrac{1-x}{1+x}}\cdot\dfrac{2+x}{1+x}+C$

3 広義積分

練習 1 (1) 2 (2) 1 (3) $-\infty$　　　**練習 2** ∞　　　**練習 3** 略　　　**練習 4** π

練習 5 略　　　**練習 6** 略

4 積分法の応用

練習 1 $\dfrac{3}{2}a$　　　**練習 2** 略

5 発展：リーマン積分

練習 1 略

章末問題

1 (1) $\dfrac{1}{12}\log|x+2|-\dfrac{1}{24}\log(x^2-2x+4)+\dfrac{1}{4\sqrt{3}}\mathrm{Tan}^{-1}\!\left(\dfrac{x-1}{\sqrt{3}}\right)+C$

　　(2) $\dfrac{1}{4}\log\left|\dfrac{x-1}{x+1}\right|-\dfrac{1}{2}\mathrm{Tan}^{-1}x+C$

答の部　345

2 (1) $2\log(\sqrt{x-1}+1)+\dfrac{2}{\sqrt{x-1}+1}+C$

(2) $\dfrac{1}{2}x\sqrt{x^2+a}-\dfrac{1}{2}(a-2b)\log|x+\sqrt{x^2+a}|+C$

3 (1) $x\tan\dfrac{x}{2}+2\log\left|\cos\dfrac{x}{2}\right|+C$

(2) $-\dfrac{2x}{\tan\dfrac{x}{2}+1}+2\log\left|\tan\dfrac{x}{2}+1\right|+2\log\left|\cos\dfrac{x}{2}\right|+x+C$

(3) $\log\left(\tan^2\dfrac{x}{2}-2\tan\dfrac{x}{2}+5\right)+\mathrm{Tan}^{-1}\dfrac{1}{2}\left(\tan\dfrac{x}{2}-1\right)+C$

4 略　　**5** (1) $\dfrac{\pi}{\sqrt{2}}$　(2) $\dfrac{\pi}{2}$　(3) $-\pi$　(4) $\log 2-\dfrac{1}{2}$　(5) 2　(6) $\dfrac{\pi}{4}$

6 略　　**7** (1) $8a$　(2) $a\left\{\pi\sqrt{4\pi^2+1}+\dfrac{1}{2}\log(2\pi+\sqrt{4\pi^2+1})\right\}$　　**8** 略　　**9** 略

第 5 章　関数（多変数）

1 ユークリッド空間

練習 1　略　　練習 2　略　　練習 3　略　　練習 4　略

2 多変数の関数

練習 1　前者　$x=a$,　$z=a^2-y^2$

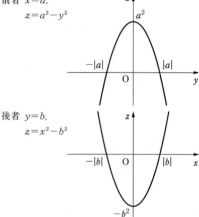

後者　$y=b$,　$z=x^2-b^2$

練習 2　前者 $z=0$, 後者 $z=0$

練習 3　略　　練習 4　2　　練習 5　略

練習 6　連続である　　練習 7　略　　練習 8　略

章末問題

1　略　　2　(1) もたない　(2) もつ, 2　(3) もつ, 0

3　略　　4　略　　5　略　　6　略　　7　略　　8　(1) 略　(2) 略

第 6 章　微分（多変数）

1 多変数関数の微分

練習 1　$f_x(a, b)$, $f_y(a, b)$ の順に

(1) $4ab^2-3b^3$, $4a^2b-9ab^2+4b^3$　(2) $\cos(a+b)$, $\cos(a+b)$

(3) $\dfrac{-3a^2-2ab+b^2}{(a^2+b^2)^2\sqrt{2a+b}}$, $\dfrac{a^2-8ab-3b^2}{2(a^2+b^2)^2\sqrt{2a+b}}$ (4) $2ae^b$, a^2e^b

練習2 $f_x(x,\ y)$, $f_y(x,\ y)$ の順に

(1) $4x^3-6xy^2-2y^3$, $-6x^2y-6xy^2+16y^3$ (2) $\dfrac{1}{\cos^2(x-y)}$, $-\dfrac{1}{\cos^2(x-y)}$

(3) $\dfrac{2(x^2+y^2-x)}{(x^2+y^2)^2}e^{2x+3y}$, $\dfrac{(3x^2+3y^2-2y)}{(x^2+y^2)^2}e^{2x+3y}$

練習3 全微分可能ではない　　　**練習4** 証明略。$z=ex+ey-e$

練習5 $\dfrac{6e^{2t}-2e^{-2t}}{3e^{2t}+e^{-2t}+1}$　　　**練習6** $g_u(u,\ v)=(1+|u|)e^{|u|}\sin v$, $g_v(u,\ v)=ue^{|u|}\cos v$

練習7 確認は省略。$f_{xx}(x,\ y)$, $f_{xy}(x,\ y)$, $f_{yx}(x,\ y)$, $f_{yy}(x,\ y)$ の順に

(1) $12x^2-6y^2$, $-12xy-6y^2$, $-12xy-6y^2$, $-6x^2-12xy+48y^2$

(2) $\dfrac{2\sin(x-y)}{\cos^3(x-y)}$, $-\dfrac{2\sin(x-y)}{\cos^3(x-y)}$, $-\dfrac{2\sin(x-y)}{\cos^3(x-y)}$, $\dfrac{2\sin(x-y)}{\cos^3(x-y)}$

② 微分法の応用

練習1 (1) $f(x,\ y)=1+x-y+\dfrac{1}{2}x^2-xy+\dfrac{1}{2}y^2$ (2) $1-\dfrac{1}{2}x^2-2xy-2y^2$ (3) $y+xy$

練習2 $(x,\ y)=\left(-\dfrac{1}{3},\ \dfrac{1}{3}\right)$ で極小値 $-\dfrac{1}{3}$

③ 陰関数

練習1 $x+y-\sqrt[3]{4}=0$　　　**練習2** $\left(\sqrt[3]{2},\ \sqrt[3]{4}\right)$　　　**練習3** $(x,\ y(x))=(2,\ 1)$ で極小値4

練習4 $(x,\ y)=\left(\pm\dfrac{1}{\sqrt{2}},\ \pm\dfrac{1}{\sqrt{2}}\right)$ で最大値 $\dfrac{3}{2}$, $(x,\ y)=(0,\ 0)$ で最小値0

④ 発展：写像の微分

練習1 (1) $\begin{bmatrix} 1 & 2v \\ 2u & -1 \end{bmatrix}$ (2) $\begin{bmatrix} \cos v & -u\sin v \\ \sin v & u\cos v \end{bmatrix}$

⑤ 発展：微分作用素

練習1 (1) $2axy^3+3bx^2y^2$ (2) $2(ax+by)\cos(x^2+y^2)$ (3) $(a+b)e^{x+y}$　　　**練習2** 略

章末問題

1 (1) $f_x(x,\ y)=3ax^2+2bxy+cy^2$, $f_y(x,\ y)=bx^2+2cxy+3dy^2$

(2) $f_x(x,\ y)=\dfrac{\cos x}{\cos y}$, $f_y(x,\ y)=\dfrac{\sin x\sin y}{\cos^2 y}$ (3) $f_x(x,\ y)=-\dfrac{y}{x^2+y^2}$, $f_y(x,\ y)=\dfrac{x}{x^2+y^2}$

2 $z=2x+12y-17$

3 (1) $\dfrac{d}{dt}f(\sin t,\ \cos t)=f_x(\sin t,\ \cos t)\cos t-f_y(\sin t,\ \cos t)\sin t$

(2) $\dfrac{\partial}{\partial u}f\left(\dfrac{u^2v}{1+u+v^2},\ uv\right)=\dfrac{uv(2+u+2v^2)}{(1+u+v^2)^2}f_x\left(\dfrac{u^2v}{1+u+v^2},\ uv\right)+vf_y\left(\dfrac{u^2v}{1+u+v^2},\ uv\right)$,

$\dfrac{\partial}{\partial v}f\left(\dfrac{u^2v}{1+u+v^2},\ uv\right)=\dfrac{u^2(1+u-v^2)}{(1+u+v^2)^2}f_x\left(\dfrac{u^2v}{1+u+v^2},\ uv\right)+uf_y\left(\dfrac{u^2v}{1+u+v^2},\ uv\right)$

4 $f_x(x,\ y)$, $f_y(x,\ y)$, $f_{xx}(x,\ y)$, $f_{xy}(x,\ y)$, $f_{yx}(x,\ y)$, $f_{yy}(x,\ y)$ の順に

(1) $2y(1+xy)$, $2x(1+xy)$, $2y^2$, $2(1+2xy)$, $2(1+2xy)$, $2x^2$

(2) $2x\cos(x^2+y^2)$, $2y\cos(x^2+y^2)$, $2\cos(x^2+y^2)-4x^2\sin(x^2+y^2)$, $-4xy\sin(x^2+y^2)$,
$-4xy\sin(x^2+y^2)$, $2\cos(x^2+y^2)-4y^2\sin(x^2+y^2)$

(3) $\dfrac{2xy}{1+x^2}$, $\log(1+x^2)$, $\dfrac{2y(1-x^2)}{(1+x^2)^2}$, $\dfrac{2x}{1+x^2}$, $\dfrac{2x}{1+x^2}$, 0

(4) $\dfrac{y^2}{1+x^2y^2}$, $\text{Tan}^{-1}(xy)+\dfrac{y^2}{1+x^2y^2}$, $-\dfrac{2xy^4}{(1+x^2y^2)^2}$, $\dfrac{2y}{(1+x^2y^2)^2}$, $\dfrac{2y}{(1+x^2y^2)^2}$, $\dfrac{2x}{(1+x^2y^2)^2}$

答の部 347

5 略　　　**6** $\dfrac{d}{dx}f(x,\ g(x))=f_x(x,\ g(x))+f_y(x,\ g(x))g'(x)$

7 (1)　$f(x,\ y)=\log 2+(x-1)+(y-1)-(x-1)(y-1)+o((x-1)^2+(y-1)^2)$

(2)　$f(x,\ y)=\dfrac{1}{\sqrt{2}}-\dfrac{1}{2\sqrt{2}}(x-1)-\dfrac{1}{2\sqrt{2}}(y-1)+\dfrac{1}{8\sqrt{2}}(x-1)^2+\dfrac{3}{4\sqrt{2}}(x-1)(y-1)$

$\qquad\qquad\qquad +\dfrac{1}{8\sqrt{2}}(y-1)^2+o((x-1)^2+(y-1)^2)$

(3)　$f(x,\ y)=\dfrac{\pi}{4}-\dfrac{1}{2}(x-1)+\dfrac{1}{2}(y-1)+\dfrac{1}{4}(x-1)^2+\dfrac{1}{4}(y-1)^2+o((x-1)^2+(y-1)^2)$

8　$(x,\ y)=(0,\ 0)$ で極大値 1

9　$(x,\ y)=(-1,\ 1)$ で最大値 2，$(x,\ y)=(1,\ -1)$ で最小値 -2

10　$(x,\ y)=\left(\pm\dfrac{\sqrt{2}}{2},\ \pm\dfrac{1}{2}\right)$ で最大値 $\dfrac{\sqrt{2}}{4}$，$(x,\ y)=\left(\pm\dfrac{\sqrt{2}}{2},\ \mp\dfrac{1}{2}\right)$ で最小値 $-\dfrac{\sqrt{2}}{4}$

　　　ただし，複号はそれぞれについて同順とする。

11　略

第 7 章　積分（多変数）

1　重積分

練習1　(1)　3　(2)　1　(3)　2　　　　**練習2**　(1)　$\dfrac{1}{12}$　(2)　$\dfrac{1}{4}$　(3)　$\left(1-\dfrac{\sqrt{3}}{2}\right)(e-1)$

練習3　(1)　π　(2)　$-\dfrac{9}{20}$　(3)　$\dfrac{2}{15}$

練習4　(1)　$\displaystyle\int_0^1\left\{\int_{\sqrt[3]{y}}^1 f(x,\ y)dx\right\}dy$　(2)　$\displaystyle\int_0^1\left\{\int_y^{\sqrt{y}} f(x,\ y)dx\right\}dy$　(3)　$\displaystyle\int_0^2\left\{\int_{-\sqrt{1-\frac{y^2}{4}}}^{\sqrt{1-\frac{y^2}{4}}} f(x,\ y)dx\right\}dy$

練習5　(1)　$\dfrac{1}{12}$　(2)　$\dfrac{7}{6}$　(3)　$\dfrac{3}{20}(a+b)$

練習6　(1)　e^2-1　(2)　$\dfrac{97}{12}$　　　**練習7**　(1)　$\dfrac{e^{a^2}}{2}\pi$　(2)　$\dfrac{1}{15}$　　　**練習8**　(1)　$\dfrac{3}{32}\pi$　(2)　$\dfrac{5}{64}\pi$

2　重積分の応用

練習1　略　　　**練習2**　$\dfrac{2}{9}(3\pi-4)a^3$　　　**練習3**　$\dfrac{2}{3}\pi-\dfrac{8}{9}$

練習4　$2\displaystyle\iint_D\sqrt{\left\{-\dfrac{x}{f(x,\ y)}\right\}^2+\left\{-\dfrac{y}{f(x,\ y)}\right\}^2+1}\,dxdy=2\int_0^{2\pi}d\theta\int_0^a\dfrac{a|r|}{\sqrt{a^2-r^2}}\,dr=4\pi a^2$

練習5　$\dfrac{\pi}{6}\{(\sqrt{4a^2+1})^3-1\}$

練習6　(1)　$4\pi\{\sqrt{2}+\log(\sqrt{2}+1)\}$　(2)　$\dfrac{\pi}{2}a^2\left(e^2-\dfrac{1}{e^2}+4\right)$　(3)　$\dfrac{12}{5}\pi a^2$

3　広義の重積分とその応用

練習1　(1)　$\dfrac{1}{2}$　(2)　-2π　　　**練習2**　(1)　$\dfrac{2}{35}$　(2)　$\dfrac{3}{512}\pi$　(3)　$\dfrac{3}{128}\pi$

練習3　(1)　$\dfrac{1}{b}\cdot\dfrac{\Gamma\left(\dfrac{a}{b}\right)\Gamma(4)}{\Gamma\left(\dfrac{a}{b}+4\right)}=\dfrac{6b^3}{(a+3b)(1+2b)(a+b)a}$　(2)　$\dfrac{\sqrt{\pi}}{q}\cdot\dfrac{\Gamma\left(\dfrac{p}{q}\right)}{\Gamma\left(\dfrac{1}{2}+\dfrac{p}{q}\right)}$

4　発展：重積分の存在

練習1　略

章末問題

1　$\displaystyle\int_0^2\left(\int_{-\sqrt{4-x^2}}^0\dfrac{x-y}{1+x^2+y^2}\,dy\right)dx,\ \ \int_{-2}^0\left(\int_0^{\sqrt{4-y^2}}\dfrac{x-y}{1+x^2+y^2}\,dx\right)dy,\ \ 4-2\operatorname{Tan}^{-1}2$

2 (1) $\dfrac{2}{3}$ (2) $\dfrac{1}{6}$ (3) $\dfrac{\pi}{4}ab(a^2+b^2)(1-c^2)$ **3** (1) $\dfrac{1}{1536}$ (2) $1-\dfrac{3}{4}\log 3$

4 (1) $\dfrac{\sqrt{2}}{4}\pi$ (2) $\dfrac{2}{3}(2\sqrt{2}-1)ab\pi$ (3) $\dfrac{1}{2}(\sqrt{2}+\log 2)$

5 (1) $\dfrac{1}{4}\left(\dfrac{1}{a^2}+\dfrac{1}{b^2}\right)\pi$ (2) $\dfrac{8}{35}\pi abc$ **6** $\dfrac{1}{(1-\alpha)(2-\alpha)}$ **7** $\pi a^2(2\log a-1)$

8 (1) $\dfrac{\pi}{4}$ (2) $\dfrac{8\sqrt{2}}{3}$ (3) $\dfrac{\pi}{8}$ (4) 10080 **9** 略 **10** 略 **11** 略

第8章 級数

1 **級数**

練習1 略 **練習2** 略

練習3 (1) 収束し，和をもつ (2) 収束し，和をもつ (3) 収束し，和をもつ

2 **整級数**

練習1 略 **練習2** (1) 1 (2) 1 (3) $\dfrac{1}{m}$

3 **整級数の応用**

練習1 略

練習2 証明は省略，収束半径は1

章末問題

1 (1) 収束し，和をもつ (2) 発散する (3) 収束し，和をもつ (4) 収束し，和をもつ

2 (1) 収束し，和をもつ (2) 収束し，和をもつ (3) 収束し，和をもつ (4) 発散する

3 略 **4** 略 **5** (1) 1 (2) ∞ (3) e (4) k^k

6 (1) $\displaystyle\sum_{n=0}^{\infty}x^{2n}$ (2) $\displaystyle\sum_{n=0}^{\infty}\dfrac{(2n-1)!!}{(2n)!!}x^n$ (3) $\displaystyle\sum_{n=0}^{\infty}\dfrac{n+1}{n!}x^n$

(4) $\displaystyle\sum_{n=1}^{\infty}\dfrac{(-1)^{n-1}}{(2n-1)!}x^{2n-1}+\sum_{n=1}^{\infty}\dfrac{(-1)^{n-1}}{(2n-1)!}x^{2n}$

7 略 **8** 略 **9** 略 **10** (1) 証明略，収束半径は1 (2) 略 **11** 略

第9章 微分方程式

1 **微分方程式の基礎**

※ 以下，C は定数を表すものとする。

練習1 (1) $y=-\dfrac{2}{x^2+C}$ (2) $y=\dfrac{1}{Cx+1}$ (3) $y=-\log\{-(e^x+C)\}\ (C<0)$

練習2 (1) $y=-\dfrac{2}{x^2+1}$ (2) $y=\dfrac{3}{3-x}\ (x\neq 3)$

(3) $y=-\log(2-e^x)\ (x<\log 2)$

練習3 (1) $y=0,\ \log|y|-\dfrac{x}{y}=C$ (2) $\mathrm{Tan}^{-1}\dfrac{y}{x}-\dfrac{1}{2}\log(x^2+y^2)=C$

(3) $\log|x^2(x+2y)|-\dfrac{2y}{x}=C$

練習4 (1) $x^2+4xy+\dfrac{3}{2}y^2+x-y=C$ (2) $\dfrac{1}{4}x^4+\dfrac{1}{4}y^4+x^2y+xy=C$

(3) $-y\cos x+\dfrac{1}{2}x^2+\dfrac{1}{3}y^3=C$

練習5 (1) $e^x(x+y^2)=C$ (2) $\log x-xy+\dfrac{y^2}{2}=C$ (3) $e^{-x}\cos(xy)=C$

答の部 | 349

2 線形微分方程式

練習 1 (1) $y=\dfrac{1}{4}x^3+\dfrac{C}{x}$ (2) $y=\sin x+Ce^{-\sin x}-1$ (3) $y=\dfrac{1}{2}e^{4x}+Ce^{-2x}$

※ 以下，$A \sim E$，および $C_1 \sim C_5$ は定数を表す。

練習 2 (1) $y=Ae^{-2x}+Be^{4x}\cos\sqrt{2}\,x+Ce^{4x}\sin\sqrt{2}\,x$

(2) $y=Ae^x+B\cos x+Cx\cos x+D\sin x+Ex\sin x$

(3) $y=Ae^{-\frac{x}{2}}\cos\dfrac{\sqrt{3}}{2}x+Bxe^{-\frac{x}{2}}\cos\dfrac{\sqrt{3}}{2}x+Ce^{-\frac{x}{2}}\sin\dfrac{\sqrt{3}}{2}x+Dxe^{-\frac{x}{2}}\sin\dfrac{\sqrt{3}}{2}x$

練習 3 (1) $y=C_1e^{3x}+\left(C_2-\dfrac{1}{16}-\dfrac{x}{4}\right)e^{-x}$ (2) $y=C_1+C_2e^{-x}+\dfrac{1}{12}e^{3x}+\dfrac{1}{2}x^2-x+1$

(3) $y=C_1e^x+C_2e^{2x}+C_3e^{-3x}-\dfrac{1}{4}xe^x$

練習 4 (1) $y=C_1e^{-\frac{x}{2}}\cos\dfrac{\sqrt{3}}{2}x+C_2e^{-\frac{x}{2}}\sin\dfrac{\sqrt{3}}{2}x+e^{-x}$

(2) $y=C_1e^{-x}+C_2\cos x+C_3\sin x+\dfrac{1}{4}e^x$

章末問題

1 (1) $y=1,\ \dfrac{y}{y-1}=Ce^{ax}\ (y\neq1)$ (2) $y=\tan(x+C)$ (3) $x^3+xy^2=C$

(4) $2\log|x|+\dfrac{1}{2}y^2+\dfrac{y}{x}=C\ (x\neq0)$ (5) $xy(y-x)=C$

2 略 3 (1) 略 (2) $x^2-4xy-y^2+6x+2y=C$

4 (1) 略 (2) $x+y+2=Ce^y$ 5 $2\log|x-2y-1|=-x+y+C$ 6 $y=\sin x+C\cos x$

7 (1) $y=C_1e^{\frac{3+\sqrt{5}}{2}x}+C_2e^{\frac{3-\sqrt{5}}{2}x}+2x^2+12x+32$ (2) $y=C_1e^{-\frac{x}{2}}\cos\dfrac{\sqrt{7}}{2}x+C_2e^{-\frac{x}{2}}\sin\dfrac{\sqrt{7}}{2}x+1$

8 略 9 (1) $y=0,\ y=-\dfrac{e^{-x}}{x+C}$ (2) $y=0,\ y^2=-\dfrac{1}{x(x+C)}$ (3) $y=0,\ y=-\dfrac{e^x}{(x-1)e^x+C}$

索 引

あ行

アステロイド	156
一意(性, 的)	12, 31
一様収束	309
一様連続性	163, 274
一般解	323
$\varepsilon-N$ 論法	27
$\varepsilon-\delta$ 論法	62
ε 近傍	173
陰関数	220
裏	7
n 次導関数	102

か行

解	322
開区間	17
回転体	262
開領域	174
ガウス記号	6, 59
ガウス積分	268
下界	14
下極限	47
各点収束する	309
下限	16
片側極限	59, 65
仮定	7
加法定理	10
関数行列	231
関数列	308
完全微分形	325
ガンマ関数	156, 270
偽	6
逆	7
逆三角関数	79
逆写像	11
逆正弦関数	79
逆正接関数	80

逆余弦関数	80
級数(無限)	292
境界	279
狭義単調関数	12, 77
極限	23, 56, 60, 180
極限値	23, 56, 60, 180
極座標変換	258
局所的	103
曲線の長さ	155
極値	103, 216
曲面積	264
距離	172
近傍	11, 173
空間極座標	261
区分求積法	131
系	9
結論	7
原始関数	134
弧	174
高階の偏微分	208
広義積分	147, 266
広義単調関数	12
広義の重積分	266
項別積分	306
項別微分	306
公理	9
コーシーの 収束判定	69, 298
コーシー列	39
弧状連結	174
開球	173

さ行

〜が従う	11
3 倍角の公式	10
C^n 級関数	102, 211
C^r 級写像	229

最小値(min)	6
最大値(max)	6
最大値・最小値 原理	74, 185
三角関数の合成	10
三角不等式	6, 28
指数関数	76
実数の連続性	18
実直線	170
写像	11, 186
収束半径	302
上界	14
上極限	47
条件	7
上限	16
小数展開	50
小数部分	6
剰余項	122, 215
初期値問題	324
真	6
数学的帰納法	8
整級数	301
正項級数	294
整数部分	6
正則点	221
積分因子	328
積分定数	134
積 → 和公式	10
接平面	200
漸近展開	125
線形微分方程式	329
全微分可能性	199
全微分可能性の判定	204
像	11
双曲線関数	81
双曲線正弦関数	81
双曲線正接関数	81

索引 351

双曲線余弦関数	81	ニュートン法	111	非同次線形	
		ネイピアの定数	44,67	微分方程式	329

た行

大域的	103	**は行**		**ま行**	
対偶	7	背理法	8	マクローリン展開	312
対数関数	77	発散	23,58	右極限	59,65
代数関数	75	半角の公式	10	命題	6
体積をもつ	260	左極限	59,65	面積零集合	275
多項式関数	75	否定	7	面積をもつ	260
多重積分	248	非同次	329		
ダランベールの		微分可能である	92	**や行**	
収束判定	299	微分係数	92	ヤコビ行列	231
単調減少数列	37	微分積分学の		有界	14,31
単調増加数列	37	基本定理	133	有界閉集合	177
単調に減少する	37	微分方程式	322	優関数	152
単調に増加する	37	符号付き面積	130	優級数	296
鎖法則（チェイン・		不定積分	134	ユークリッド空間	170
ルール）	98,233	部分数列	33	有限テイラー展開	122,215
置換積分	136	部分積分	137	有限マクローリン	
中間値の定理	74,185	部分分数分解	139	展開	122,215
稠密性（有理数）	21	部分列	33	有理関数	75
直積	171	部分和列	292		
定義	9	分割	160	**ら行**	
定数係数同次		分枝	219	ラグランジュの	
線形微分方程式	332	平均値の定理	106	未定乗数法	224
定数変化法	331	閉区間	17	ラプラス作用素	235
定積分	132	閉領域	279	ランダウの記号	124
テイラー展開	312	ベータ関数	157,270	ランダウの漸近記法	124
テイラーの定理	120,213	べき関数	100	リーマン積分	
定理	9	べき級数	301	可能	131,245
停留点	104	変曲点	109	リーマン和	161,273
点列	190	変数分離形	322	臨界点	104
導関数	92	変数変換	254	累次積分	248
同次	329	偏導関数	197	連続関数	71
同次形	324	偏微分係数	196	ロピタルの定理	112
特異点	221	偏微分作用素	234	ロルの定理	105
特殊解	323	法線ベクトル	201	論理記号	8
		補題	9		
な行		ボルツァーノ・ワイエル		**わ行**	
2重積分	244	シュトラスの定理		ワイエル	
2倍角の公式	10		41,191	シュトラスの公理	19
二項定理	315			和 ⟶ 積公式	10

第 1 刷	2019 年 11 月 1 日	発行
第 2 刷	2020 年 1 月 10 日	発行
第 3 刷	2020 年 2 月 1 日	発行
第 4 刷	2020 年 3 月 1 日	発行
第 5 刷	2020 年 7 月 1 日	発行
第 6 刷	2021 年 2 月 1 日	発行
第 7 刷	2021 年 12 月 1 日	発行
第 8 刷	2023 年 2 月 1 日	発行
第 9 刷	2024 年 2 月 1 日	発行
第10刷	2025 年 2 月 1 日	発行

● カバーデザイン　株式会社麒麟三隻館

● カバーイラスト　占部浩

● カバー著者近影　撮影・河野裕昭

● 見返し写真

前上　Network, abstract illustration／KTSDESIGN/SCIENCE PHOTO LIBRARY
　　　　　　　　　　　　　／gettyimages

前下　Group of Three Horse Saddles／(c) LOOK Photography/UpperCut RF/amanaimages

後上　著者撮影

後下　Deutsche Marks／Randy Allbritton/gettyimages

ISBN978-4-410-15229-0

著　者　加藤文元

発行者　星野　泰也

発行所　数研出版株式会社

数研講座シリーズ
大学教養
微分積分

〒101-0052　東京都千代田区神田小川町 2 丁目 3 番地 3
　　　　　〔振替〕00140-4-118431

〒604-0861　京都市中京区烏丸通竹屋町上る大倉町205番地
　　　　　〔電話〕代表 (075)231-0161

ホームページ　https://www.chart.co.jp

印刷　創栄図書印刷株式会社

乱丁本・落丁本はお取り替えいたします。
本書の一部または全部を許可なく複写・複製すること，
および本書の解説書・解答書ならびにこれに類するも
のを無断で作成することを禁じます。

241010

正規分布と重積分

ドイツ旧10マルク紙幣には正規分布のグラフが印刷されている。正規分布の積分（ガウス積分）は，重積分を用いると簡単に計算できる（第7章 ③ 269ページ）。フランスのサン・マロにあるシャトーブリアンの墓標は，2つの円柱を組み合わせた形であるが，重積分を用いると，このような図形の体積も計算できる（第7章 ② 例題1，261ページ）。

ドイツ旧10マルク紙幣